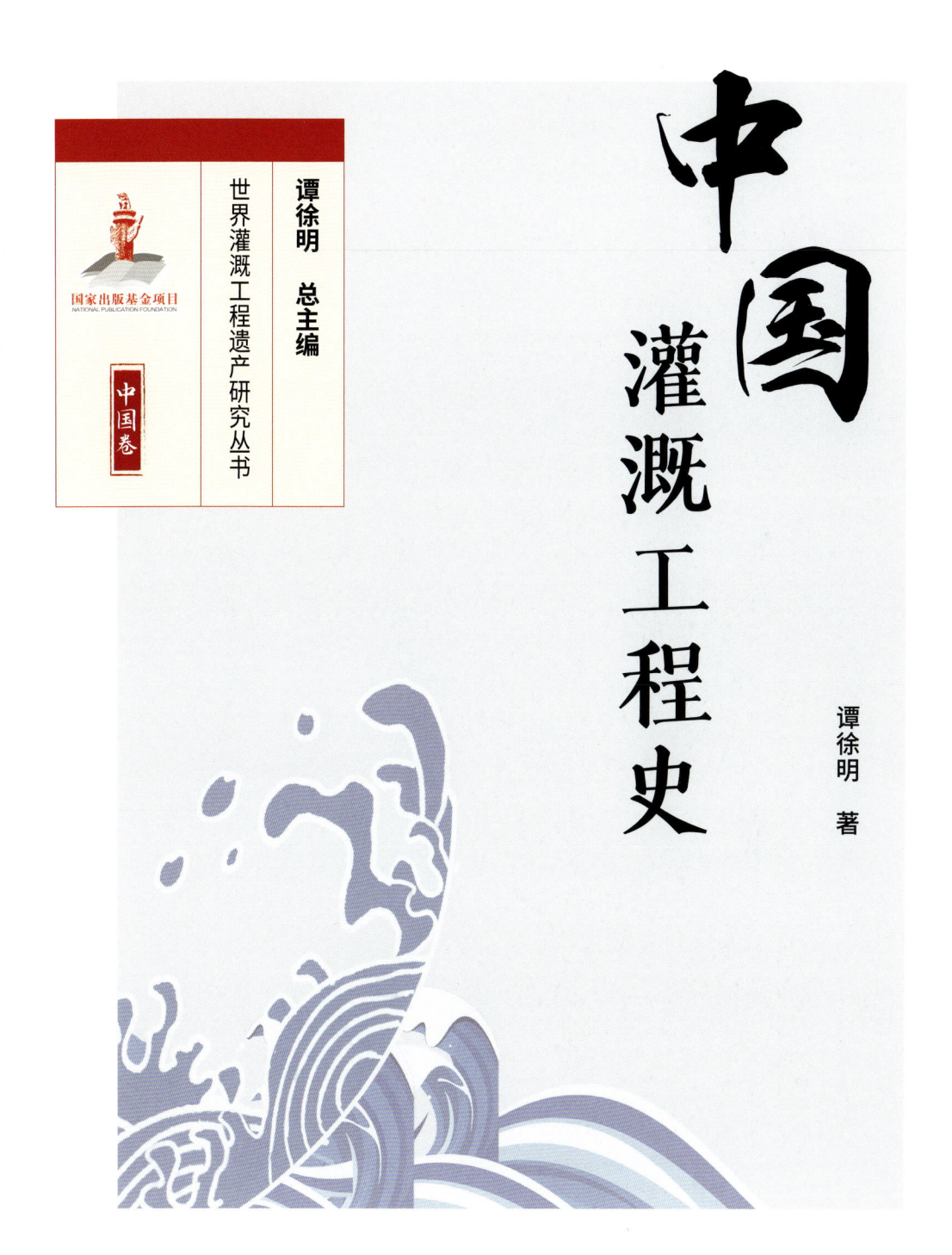

世界灌溉工程遗产研究丛书

谭徐明 总主编

国家出版基金项目
NATIONAL PUBLICATION FOUNDATION

中国卷

中国灌溉工程史

谭徐明 著

长江出版社
CHANGJIANG PRESS

世界灌溉工程遗产研究丛书

中国卷

总序

在世界广袤的大地上，分布着丰富且类型多样的人类文明，古代灌溉工程就是其中之一。直到今天，还有相当数量的古代灌溉工程在持续地为人们提供着生活、灌溉和生态供水服务。现存的古代灌溉工程历经长久考验，没有成为西风残照的废墟，也没有成为书籍中刻板的回忆，而是以与自然融为一体的形态存在，并成为兼具工程价值、科学价值和文化价值的人类文明奇迹。

2014年，国际灌溉排水委员会（ICID）开始在世界范围内评选收录灌溉工程遗产，旨在挖掘、保护、利用和宣传具有历史意义的灌溉工程所蕴含的自然哲理、科学思想、文化价值和实用价值。从2014年至2020年，经由中国国家灌排委员会推荐和国际评委会评审，我国有安徽的芍陂、四川的都江堰等二十处具有历史意义的灌溉工程入选世界灌溉工程遗产名录。由此，古老而丰富的中国灌溉工程遗产向世界又开启了一个了解和认识中国文明史的新窗口，让更多的人走进中国悠久而辉煌的水利史，探索这些工程中蕴藏的人与自然和谐相处的理念和古代贤人因势利导的治水智慧和方略。

粮食充裕则天下稳定，人民安居乐业，而灌溉工程正是在洪涝干旱灾害频发的自然环境下保障粮食丰收的关键所在。中国是灌溉文明古国，历朝历代从一国之君到州县官员无不重农桑兴水利，并确立了从中央到民间权、责、利相互结合的灌溉管理制度。农耕文明下的这些灌溉工程及其管理制度和道德约束，为水利发展注入了民族精神，并在历史的长河中衍生出独特的文化和记忆，使得现存的古代灌溉工程在这一独特的文化滋养下世代相传、经久不衰。每一处灌溉工程遗产都是人与自然和谐相处和可持续发展活生生的实证。

中国 5000 年的农耕文明史中，因水资源禀赋和自然环境差异而建造出类型丰富、数量众多的灌溉工程。留存下来的古代灌溉工程得以延续至今，往往缘于这一灌溉工程在规划、选址、选型、建设和管理上的可持续性，随着科技和社会的发展，其功能和效益仍在扩展中。如安徽寿县的芍陂，是我国历史最悠久的大型陂塘蓄水灌溉工程，它始建于战国时期最强盛的楚国，历经 2600 多年后，至今仍灌溉着 67 万亩农田，并成为今天淠史杭灌区的反调节水库。再如有 2270 多年历史的四川都江堰，是世界上年代最久远、仍在发挥作用的无坝引水灌溉工程。留存至今的古代灌溉工程堪称人与自然和谐相处的典范，是可持续发展的活样板。

抛弃历史的前进，终究是无本之木，善于继承方能更好创新发展。在我们拥有先进科学技术的当代，从灌溉工程遗产中汲取经过历史检验的科学理念、智慧和经验，把现代科学技术与经过历史检验的思想和理念相结合，有助于更好地设计和建造人水和谐与可持续发展的灌溉工程。灌溉工程遗产也是重要的文化传承，在灌区现代化建设的过程中应该同时加强对灌溉工程遗产和灌溉文明的保护，让中华大地上美轮美奂的古代灌溉工程和丰富多彩的灌溉文化依然充满生命力，让历史文化在流水潺潺的水渠、在生机勃勃的田野得到永恒延续发展，为我国灌溉文化的生命传承和建设现代化生态灌区注入不竭的动力。

中国水利水电科学研究院原总工程师
2011—2014 年国际灌溉排水委员会第 22 届主席

2023 年 8 月于北京玉渊潭

世界灌溉工程遗产研究丛书

中国卷

古代提水灌溉机械高转筒车（据元代王祯《农书·农器图谱》绘制）

目录

导　言　　　　　　　　　　　　　　　001

绪　论　　　　　　　　　　　　　　　002

◇ 第一编　上古时期 ◇
灌溉工程起源与早期发展

（距今10000年—公元前221年）

第一章　华夏文明与灌溉起源

（距今10000年—5000年）　　　017

第一节　史前稻作农业与灌溉起源　　018

　一、稻作农业区与史前文化区的分布　019

　二、灌溉工程起源　　　　　　　　　021

第二节　井的发明与地下水资源的利用　024

　一、河姆渡井塘与浦江溪塘　　　　　024

　二、商遗址的井与井灌　　　　　　　026

001

第二章　西周至战国时期灌溉工程的发展　028

第一节　从沟洫到渠道工程体系　029

一、沟洫起源　030

二、区域农田水利与沟洫工程体系　032

三、周原的水资源开发利用与西周虞衡制度　036

第二节　诸侯国的灌溉工程：
以楚国、魏国为例　040

一、楚国崛起与芍陂兴建　040

二、魏引漳十二渠　048

第三节　九州地理及水土资源论　051

一、九州区划与水土资源　052

二、区域水土资源分类与规划　055

三、气象、水文及明渠水流性态认知与阐释　057

◇　第二编　中古时期　◇

灌溉工程技术完善与传播

（公元前 221—1279 年）

第三章　秦汉帝国水利区形成及发展　066

第一节　都江堰与成都水利区　068

一、李冰创建都江堰　069

二、汉晋时期的都江堰　　071

　　三、成都水利区形成　　075

　　四、汉至两晋时期的都江堰管理体制　　078

第二节　秦汉时期关中水利区　　082

　　一、两汉时期渭河流域的水资源开发　　083

　　二、郑国渠的规划与建设　　085

　　三、历代引泾工程　　088

第三节　鉴湖：山—原—海间的塘泊工程　　097

　　一、海退与古越文明的消长　　097

　　三、马臻与鉴湖水利　　101

第四节　河套地区引黄灌溉工程　　103

　　一、宁夏引黄灌溉工程　　105

　　二、内蒙引黄灌溉工程及其演变　　116

第五节　河西和西域灌溉工程及其发展　　121

　　一、河西绿洲灌溉工程　　122

　　二、新疆内陆河灌溉工程　　129

第四章　灌溉及水力机械（具）的发明与推广　　138

第一节　井灌：从园圃到农田　　139

　　一、井灌的发生　　140

　　二、井灌：走向大田　　142

第二节　提水机具（械）的发明与演进　147

一、戽斗：最古老的提水机具　148

二、滑车与机汲　150

三、辘轳　153

四、各式水车　155

五、桔槔及其应用　157

第三节　井灌技术传播的典型案例：

　　　　浙江诸暨拗井　159

一、井灌：自然与社会的选择　160

二、田间井灌工程体系与管理　162

第四节　水力利用的技术发明与发展　164

一、水力工程诞生——水轮的发明　166

二、水磨、水碾、连机碓、水罗的发明　170

三、水力提水机械　172

四、水力纺车的问世　176

第五节　水力机械普及的黄金年代　177

一、东汉至南北朝时期水力应用：

　　以粮食加工为主　178

二、水能应用的发展：水碾、水磨及其

　　水权之争　181

第五章　魏晋南北朝时期的重要灌溉工程　　185

第一节　魏晋屯田水利：前代水利区的继承与新水利区的奠基　　186

一、华北屯田与海河、黄河流域水利区　　187

二、河内郡引沁工程：从石门到广济渠　　190

第二节　江淮陂塘水利　　193

一、丹阳湖圩区水利　　195

二、湖塘蓄水工程　　199

三、赤山湖与赤山湖湖条　　201

第六章　隋唐宋时期的灌溉工程及其技术进步　　208

第一节　黄河及海河流域既往灌溉工程的继承与发展　　209

一、唐关中灌溉工程　　209

二、黄淮海平原灌溉工程　　211

第二节　太湖溇港、塘浦与圩田　　214

一、南太湖湖州溇港　　216

二、东太湖苏锡常地区塘浦圩田　　222

第四节　拒咸蓄淡工程　　228

一、它山堰　　230

二、福建福清天宝陂　　238

三、福建莆田木兰陂　　244

　　四、浙江永宁江、金清港河口水闸群　　251

第五节　大型堰坝引水工程　　257

　　一、浙江丽水通济堰　　259

　　二、汉江上游中游诸堰　　264

　　三、岷江中游新津通济堰　　278

　　四、抚河千金陂—中洲围　　283

◇ 第三编　近古时期 ◇

灌溉工程技术普及与转折

（公元 1280—1949 年）

第七章　区域屯田及其新水利区开辟　　292

第一节　畿辅水利营田　　293

　　一、水利营田始末　　294

　　二、畿辅水学　　300

　　三、畿辅玉田水利营田　　306

第二节　珠江三角洲基围工程　　313

　　一、珠江三角洲基围简史　　314

　　二、珠三角基围工程的典范——桑园围　　318

第二节　台湾和海南岛灌溉工程兴起与发展　334

　　一、台湾地区灌溉工程起源和发展　334

　　二、八堡圳：台湾灌溉工程始建与转型　336

　　三、海南琼山拒咸蓄淡和陂塘工程　337

　　四、雷州半岛海康拒咸蓄淡工程　341

第四节　元明时期屯田区的灌溉工程　343

　　一、云南滇池六河水利　344

　　二、延甘宁边镇屯田与水利兴起　351

　　三、延安、庆阳府灌溉工程　354

　　四、榆林镇灌溉工程及红石峡渠　358

第八章　元明清时期灌溉工程的普及与技术进步　366

第一节　灌溉工程普及和技术特点　368

　　一、浙江龙游县的灌溉工程与姜席堰　371

　　二、四川夹江县灌溉工程与东风堰　377

第二节　"水"社会的典型案例：以山西引泉灌区水权管理　383

　　一、霍泉引水工程及其灌区管理　384

　　二、《霍渠水法》及其实施　389

　　三、温泉渠轮灌制度与《霍例水法》　391

第三节　南方丘陵山区的乡村灌溉工程　　397

　一、贵州鲍屯乡村水利　　398

　二、徽州主要灌溉工程类型　　408

　三、徽州乡土水利的典范：歙县堨坝　　411

　四、吕堨工程及其管理　　414

　五、浦江乡村水利——天渠和水仓　　418

　六、喀斯特区灌溉工程：湖南新田鹅井陂　　425

　七、梯田及其田间水利工程　　427

附　录　　434

　附录一　世界灌溉工程遗产概况　　434

　附录二　中国的世界灌溉工程遗产　　438

导　言

　　灌溉工程是最早出现且分布最为广泛的水利工程类型。中国灌溉的发生至少可以溯源至1万年前。秦汉以降历朝历代更是无不以重农桑、兴水利为基本国策。农耕文明下的制度和道德约束，为水利注入了文化和民族精神，并在时间的长河中衍生出独特的文化，灌溉工程在这一文化的滋养下世代相传。延续至今且仍在兴利的古代灌溉工程遗产是中华民族重要的文化记忆。每一处灌溉工程遗产都是活生生的实证，将一个民族的文化底蕴和科学、技术、美学的价值观呈现出来，为当今和未来的人们生动再现出曾经的历史。

绪　论

　　古代水利工程中以灌溉效益为主的工程数量最多，延续至今且继续发挥作用的也最多。古代灌溉工程兴建、管理中的权力、责任、利益三者结合的机制，赋予了灌溉工程旺盛的生命力，并衍生出丰富多元的灌溉文化。

　　古人常以水利或沟洫指代具备灌溉与排水、水力利用、水运等功能的工程，现代或以农田水利工程总而统之。本书所涉及的灌溉工程大多涉及这些功能，但是以工程的灌溉效益为重。灌溉工程类型与水源有关。一般以江河溪流为水源，往往修筑堰坝或辅以陂塘的引蓄工程体系；若以地下水为水源，则以凿井和提水机具为主，或井渠结合方式获取。灌溉工程尾闾田间沟渠为用水户管理，所涉及的灌溉技术附着于田制或农学，不在本书灌溉工程的技术范畴。

　　灌区是现代人对水利工程受益区的特定术语，即以骨干水利工程为核心，有完善配套工程的兴利区域。中国古代没有灌区的概念，工程受益的地域范围、获取的效益也没有明晰的边界，有的区域获得的是灌溉效益，有的区域则主要是获得排水除涝的效益；有的用水户因拥有水渠的水磨、水碾而获益，有的用水户因获得灌溉或生活用水而获益。当然也有的区域或用水户可能从工程运行中获得多方面的利益。用水利区来表述工程受益区所获得的灌溉、排水、防洪、园林、市政供排水、水力利用、水运等方面的综合效益可能比较合适。而对于单纯灌溉工程，用灌区表述其受益区或更为贴切，但也或多或少有诸如乡村供水、水力利用等效益同时存在。本书没有采用现代灌区的概念来表述灌溉工程特定的受益区，而以水利区来指代工程不同时期兴利的区域。

中国古代一个区域灌溉工程的兴起和延续，既是社会发展的推动，也推动着社会发展。灌溉的起源与史前文明如影相随，新石器文化遗址多数有井的遗存，在稻作农业发祥地，或多或少也留有沟渠的遗迹。在诸侯列国并存的春秋战国至大一统的秦汉帝国时期（即公元前7世纪—前1世纪），朝气勃勃的封建经济带动了灌溉工程兴建的第一次高潮。由于生产关系改变，社会生产力释放，如芍陂、都江堰、郑国渠等大型灌溉工程开始兴建，出现了以水能为动力的水力加工机械和提水机械的创造与发明。汉代引黄灌溉支撑了西域屯田，由此奠定了中国北部疆界。此后历史见证屯田和灌溉到达哪里，哪里就是中国的疆界。第二次灌溉工程发展的高潮发生在唐宋时期。强大的唐朝和文化发达的两宋将中华文明推向了新的发展高峰，灌溉工程技术有了长足进步。500年间在长江中下游平原、太湖平原和珠江口三角洲地区诞生了灌排结合的围堤工程，拉开了中国东部、南部新经济区成长的序幕。元明清三代，灌溉工程持续向丘陵山区扩展，奠定了古代中国农业大国的地位。

中国悠久的灌溉历史，得益于农耕文化的滋润。历朝历代从一国之君到州县官员无不重农桑、兴水利。农耕文明下的制度和道德约束，为水利注入了文化和民族精神。古代灌溉工程在这一文化滋养下世代相传。2014年国际灌溉与排水委员会（ICID）世界灌溉工程遗产名录的设置，使留存至今且还在继续发挥作用的中国古代灌溉工程走近公众。这些有着数百年上千年历史的工程，不仅有工程效益的传承，更承载着中华民族的文化记忆，每一处灌溉工程遗产都是历史实证，呈现出一个民族的文化底蕴、科学精神和技术高度。

一、中国灌溉工程的地域特点

中国地处东亚季风区，大部分地区雨热同期，适于植物生长。但是，全年和多年降水量的季节和区域分布差异很大。中国从青藏高原向东呈阶梯状向太平洋倾斜的地貌特点，进一步加剧了区域间降水的不均匀性。中国大陆从东南沿海到西北内陆，年降水量从1600毫米以上递减到不足200毫米。东部地区全年降水量的60%~80%集中于6月至9月，其中最大1个月降雨又占全年降水量的30%~50%。因此，中国东部地区常常发生暴雨洪水。而降雨与农作物需水期错位引发或旱或涝，造成农作物减产或绝收的水旱灾害，可以发生于全国任何地区。因此灌溉是中国大部分地区农业生产的基本保障。

不同地理纬度、不同区域的地形、地貌、土壤和季风气候等自然条件千差万别，由此而有不同的灌溉或排水需求，而有类型多样、规模或大或小的工程。分布最为广泛的引水工程，渠首多选择江河出峡谷进入平原的地方，受益区则位于江河冲积扇平原，工程多具有灌溉、水力利用（水磨、水碾）、排水、水运等多方面的功能。以陂塘为主的灌溉工程系统是山区和丘陵地区普遍采用的工程型式，以区间地表径流为水源，利用洼地筑堤而成储水塘。如果与引水工程结合，则成为"长藤结瓜"式的区域性灌溉工程。

江河下游三角洲平原则是由堤防、渠系和水闸构成基围工程，是集成了灌溉、防洪、排涝、水运和水产综合效益的工程体系（表1）。

表1　　　　　　　不同自然环境下的灌溉工程型式

地形	水源	工程型式	典型工程举例
山麓或冲积扇平原	江河溪流	无坝分水和引水工程	四川都江堰 广西灵渠 陕西郑国渠 宁夏、内蒙引黄灌溉工程
	高山融雪水	井渠	新疆坎儿井*
江河中下游平原	江河湖区	塘浦围田	江苏塘浦围田* 浙江湖州太湖溇港
	江河入海口及三角洲平原	三角洲基围	广东顺德、南海桑园围*
		闸坝拒咸蓄淡工程	浙江宁波它山堰 福建莆田木兰陂
山区及丘陵	河流溪涧	陂塘蓄水渠系	安徽寿县芍陂
		陂渠串联	湖北襄阳长渠
山区及丘陵	泉水、地下水	引水工程	山西临汾霍渠灌区* 陕西曲沃温泉灌区
		提水灌溉	浙江诸暨井灌工程
	降雨和坡积水	水梯田灌排体系	紫鹊界梯田

除标注*外，典型工程选用已经列入世界灌溉工程遗产名录的古代灌溉工程

区域环境必然制约水资源利用方式，进而影响水利工程技术的发生和发展。在多年降水量500毫米至2000毫米且区间径流发育的地区是稻作农业适应区，也是多类型水利工程分布的区域。灌溉工程使水资源在更大的空间和时间内实现调度。公元1世纪前后，传统水利的主要工程技术已经大致具备。以江河为水源，拦河筑堰（或称坝、埭）壅水或顺流引水入渠，可以使更大的区

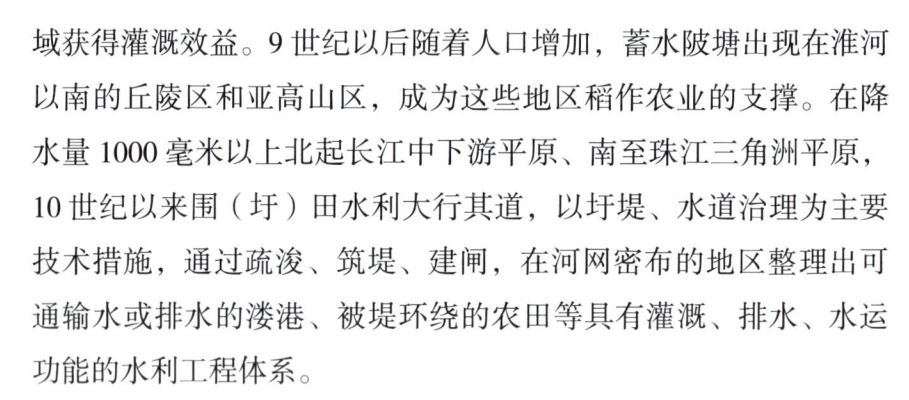

域获得灌溉效益。9世纪以后随着人口增加，蓄水陂塘出现在淮河以南的丘陵区和亚高山区，成为这些地区稻作农业的支撑。在降水量1000毫米以上北起长江中下游平原、南至珠江三角洲平原，10世纪以来围（圩）田水利大行其道，以圩堤、水道治理为主要技术措施，通过疏浚、筑堤、建闸，在河网密布的地区整理出可通输水或排水的溇港、被堤环绕的农田等具有灌溉、排水、水运功能的水利工程体系。

气候条件的差异，尤其降雨年际和年内平均降水量的不同，产生了草原牧区、稻作和旱作等不同农业区。灌溉工程和灌溉活动优化了区域自然环境，营造出区域新的生态系统。如在干旱区，如果有了人工灌溉条件，可以从牧区变为旱作区。若做到一年两灌或三灌，荒漠、草原变为绿洲，如甘肃河西走廊黑河灌区、新疆吐鲁番盆地坎儿井。在有充分灌溉保障的半干旱区可以经营稻作农业。陕西、山西、宁夏、内蒙的引泾、引汾、引黄灌溉工程，以及新疆伊犁河灌溉工程等都有或大或小的稻作区，尤其是宁夏银川平原，被誉为"塞上江南"，种稻历史长达千年。在亚高山区由于完善的田间工程，也可以种植水稻。亚高山区水梯田的出现，避免了农耕产生的水土流失，维系了山区良好的生态环境。滨海和环湖低洼区，沟渠工程使潮起潮落的滩涂湿地成为水陆通达、农业兴盛的经济区。灌溉工程也可能对区域环境带来负面的影响，如关中、华北平原灌区土壤盐碱化，就是排水不畅衍生的灾害。在水网地区具备了良好的灌溉和排水条件以后，开发强度加大，人口密度增加，又造成新的人水矛盾，成为洪涝灾害频发的地区，如长江中游江汉平原垸区，自19世纪至20世纪不得不行使平垸行洪措施，以给洪水留空间来保护更多的耕地和乡村城镇。

二、中国灌溉工程的历史特点

人类历史是从制造工具开始的，灌溉工程的规模和类型首先取决于生产工具和材料。自170万年前旧石器时代进入距今约1万年的新石器时代，人类才终于进入部落氏族社会。历史学的传说时代，或考古学的新石器时代，从逐水草而居的畜牧经济过渡到定居农业，同时灌溉起步，灌溉工程具备了原始的形态。

沟渠是起源最早的工程设施。古史时代华夏、东夷、三苗、狄戎等文化集团分布与农业起源区一致。农业不是起源于大江大河的沿岸，而是发生在江河二三级支流流域台地，即"小河流域农业而非大河流域农业"[①]。农业起源于粟、黍、稷等旱作，旱作可以是雨养农业，在降水量400毫米的地方都可以种植。稻作则不然，在降水量低于1500毫米的地方，从野生稻到栽培稻，实现这个革命性的转变必须有灌溉发生。20世纪以来考古发现的距今5000年至3000年的稻作农业区大多分布在降水量在800~1200毫米的地方，而早期的灌溉水源应该就近引自天然溪流或塘泊。为保证农业产量而兴建引水与排水工程应是西周至战国时期，这时农业已经成为主要经济支撑。

井是开发利用地下水资源的基础设施，是生活和灌溉用水的主要水源之一。考古发现河姆渡遗址的井大约距今7000年左右，这是迄今为止历史最早的井。池塘和井，最初主要是生活用水，兼有小范围灌溉的功能，应该是最早的灌溉工程。井的产生在人类文明史上具有里程碑价值，标志着部落可以定居在远离河流的

[①] 邹豹君：《中国文化起源地》，（台湾）《清华学报》新6卷，1967年第1期。

地方，并有了生活和生产用水的基本保障。部落氏族社会的晚期，出现了大禹治水那样大规模的治水活动。治水对后世影响深远，奠定了以九州、九河为核心的华夏文化版图。夏商周时期从青铜器时代过渡到铁工具时代。铁工具的使用促进了农业和灌溉工程的长足发展。凿井技术提高，井的深度加大，井壁衬砌也由木构发展到砖、石结构等。井也越来越多用于生产，如灌溉、制陶等。

周平王元年（公元前770年）周王室东迁，中国历史进入春秋战国时代，诸侯国富国强兵之下，兴修水利很快成为各国国策。这一时期水利工程技术有多方面的突破，如引水与蓄水工程结合，出现了区域性的具有多种效益的水利工程。春秋战国时期，水利已经成为各诸侯国的强国之本，由沟洫发展出具有供水、排水、水运等不同功能或多重功能的工程体系。

春秋战国至秦汉时期，农业逐渐成为主要经济，农耕和水利成为富国强兵的国策（图1）。区域性的大规模灌溉工程开始兴建。灌溉工程技术进入到新的发展阶段。公元前605年，淮河流域中游地区楚国令孙叔敖兴建芍陂，利用淮河中游平原洼地，引当地径流入塘。此后，魏的漳水十二渠，秦的都江堰、郑国渠，都是举国兴建的区域性灌溉工程。这些工程自汉代以后都成为地方政府管理的公共工程。汉武帝曾就傍郑国渠高地开六辅渠事，阐述他的水利观：农业是国家之本，依靠灌溉而育五谷，应修沟渠及陂塘以备旱；应减轻京畿地区过高的稻作租赋，均渠堰之力役，鼓励农耕、不误农时（图1）。这是历代王朝最早以水利为中心的国策，对其后历朝历代的统治者影响至深。唐宋以来，长江以南开发加快，灌溉工程向南扩展的进程中，工程技术的主要突破是砌石结构的堰坝和节制闸在灌溉工程中大量应用。石结构的应用，极大减少了维修工程量，提高了工程效益。及至元明清，随着人口持续增加，国土开发深度和广度增加，各类灌溉工程被极大地普及，蓄水陂塘和水梯田这类微型的灌溉工程遍及丘陵及山区。

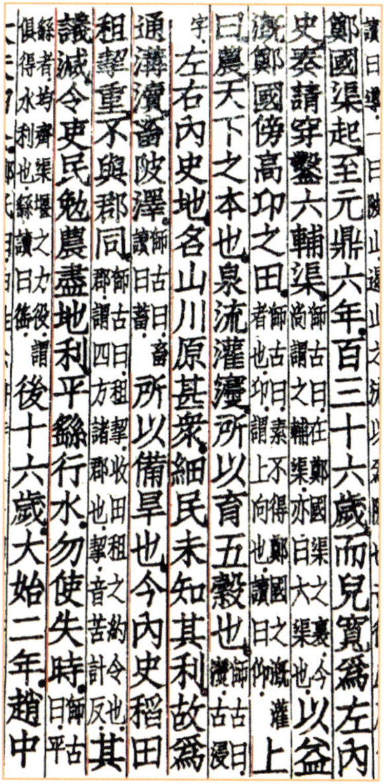
鄭國渠起，至元鼎六年，百三十六歲，而兒寬爲左內史，奏請穿鑿六輔渠，師古曰：在鄭國渠之裏，今尚謂之輔渠，亦曰六渠也。以益溉鄭國傍高卬之田。師古曰：素不得鄭國之溉灌者也。卬謂上向也。卬讀曰仰。上曰：農，天下之本也。泉流灌寖，所以育五穀也。師古曰：寖，古浸字。左右內史地，名山川原甚衆，細民未知其利，故爲通溝瀆，畜陂澤，師古曰：畜讀曰蓄。所以備旱也。今內史稻田租挈重，不與郡同，師古曰：租，田租也。挈，收田租之約令也。郡謂四方諸郡也。挈音苦計反。其議減。令吏民勉農，盡地利，平繇行水，勿使失時。師古曰：平繇者，均齊渠堰之力役，謂俱得水利也。繇讀曰傜。後十六歲，大始二年，趙中

图 1　汉武帝（公元前 155—前 74 年）关于农业和灌溉工程的国策[①]

春秋战国时期，灌溉工程技术进步基于对水科学领域的认知提升。《管子·度地》是战国时期水科学的代表作。其中记载了明渠水跃和消能、水位和水力坡降等水流水力学现象和计算方法，还阐释了有压管道输水的基本原理。在水利工程施工方面，则提出了不同土壤含水量以及最佳施工季节的施工技术等。此外，与农田灌溉有关的节气和物候知识也有系统归纳。二十四节气中有关降水的就有雨水、谷雨、小雪、大雪以及白露、寒露、霜降等节气，而反映物候的惊蛰、清明、小满、芒种等，也表明作物生长期和需水状况。

秦汉以后的两千多年，灌溉工程并无大变革，这是囿于材料、结构没有革命性的突破。因地制宜是古代水利工程的主要技术特

①《前汉书·沟洫志》，《四部备要·前汉书》，中华书局影印本，1989 年，第 567 页。图中部分原文："上曰：农，天下之本也。泉流灌浸，所以育五谷也。左、右内史地，名山川原甚众，细民未知其利，故为通沟渎，畜陂泽，所以备旱也。今内史稻田租挈（契）重，不与郡同，其议减。令吏民勉农尽地利，平繇（徭）行水，勿使失时。"

点，体现在规划、工程建筑和材料结构上。以木桩、竹笼、埽工、抛石为主的临时性建筑结构，决定了古代水利工程必须从规划和建筑工程上适应河流，适应地形。灌溉工程自始建后往往经历了较长时间才达到完善。延续至今的灌溉工程，在长达数百年甚至数千年的历史时期中，工程并非一成不变，有的甚至发生了巨大的改变，但是主要的改变是引水枢纽和灌区配套工程的改变。工程延续取决于管理机制。如都江堰自战国末年兴建，至汉代渠首工程体系形成，至唐代灌区范围大致涵盖了成都平原，各历史时期枢纽工程的具体设施不尽相同。今天的都江堰渠首枢纽分水鱼嘴、飞沙堰、人字堤、宝瓶口等工程设施位置、形制和名称，除宝瓶口外都是明清时期承袭下来的。泾河引水工程郑国渠的演变更是巨大。泾河下切，渠首枢纽不断上移，至明代已经不能引水，不得不改引泉水入渠，灌溉面积大为减少。直到1936年泾惠渠兴建，改为现代大坝拦水。对古代灌溉工程的历史应该从始建、完善、延续至今三个时间段来把握，进而对古代灌溉工程的价值有客观的认知。

三、中国灌溉工程的社会属性与文化特质

春秋时期齐国政治家管仲（？—公元前645年）对于治国必先治理灾害有一段精辟的论述："善为国者，必先除其五害。"[①]五害即水灾、旱灾、风雾雹霜灾（气象灾害）、疾病、虫灾等五种灾害。这五种灾害中，与灌溉工程兴建和维护密切关联的就是水旱灾害。春秋战国以来，这一统治理念通过诸子百家对大禹治水

[①]《管子校正》，卷18，《诸子集成》，中华书局，1957年，第303页。

的称颂被赋予了政治教化功用，将兴利除害融入古代政治文明中。

中国古代官制中，水行政置官应是最早的之一。公元前600多年诸侯国中普遍设置了司空一职，就是主持兴建和管理公共工程的"水官"。《荀子·王制》记载司空的职责："修堤梁，通沟浍，行水潦，安水臧，以时决塞。岁虽凶败水旱，使民有所耘艾，司空之事也。"① 至汉代在州（郡）县行政长官之下设官置吏，拥有在辖区内处置水利事务的权力（图2）。在中央层级则外派谒者或御史巡视地方防洪和灌溉工程，形成了从中央到地方、专业事务机构与行政管理部门结合的条块管理体系。

▶1959年在芍陂塘堤遗址发现汉代草土堰遗址及都水官铁权等。权即秤砣，在征收某些比较贵重的建筑材料（如铁锭、铜块）时使用，也是古代权力的象征。这是东汉主管水利官员"都水官"专有的铁权。

图2　东汉都水官铁权

9世纪时，强大的唐朝颁布了第一部国家水利法规——《水部式》，这是主要针对关中京畿、河西和西域地区的水利法规。对半干旱、干旱区水资源实施了水权垄断，以确保农业灌溉用水。《水部式》还有维修渠道和堤防的岁修经费、工程材料来源、劳动定额等规章制度，以保障工程可持续。唐代《水部式》之后，各代将水管理的法规纳入法典中。对区域性的灌溉工程，明确地方政府是管理的主体。从渠首工程到田间工程，实施权、责、利结合的机制。受益区涉及多个行政区，岁修经费由政府承担，设有专

①《荀子集解》，卷5，《诸子集成》，中华书局，1957年，第107页。

官或管理机构。支渠以下是地方政府督导下的民间自治水管理体系。地方水利的政府管理是实现水资源公共利益的保障。乡村自建自管的工程和灌溉秩序主要通过自治性的组织或乡村的公共权力——乡规民约来实现。不同层次的水权背向水利工程所依托的不同投资者和管理者,以及相应的管理组织与形式。历史上形成了中央—地方水管理体系、官方—民间水管理组织,在利益发生冲突时,政府可以有效地制衡或调节局部和全局利益,实现公共利益最大化。

持之以恒的灌溉工程管理衍生出特有的文化。由官方组织的水崇拜和水神信仰帮助确立了官方在工程管理中的权威地位,在官民之间、民众之间形成了沟通的文化纽带。东汉首创为御大灾者立祠,水神的官方祭祀制度由此开始。都江堰的李冰祠即始建于此时。唐代有完善的国家礼制,水神的自然神和人神祭祀被列入地方祭祀体系中。唐以来城隍庙、河神庙、堰祠社稷坛成为州城、县治和水利工程的标准配置。传承至今的灌溉工程,无论其规模大小几乎都有自己的水神庙,既祀水利宗师大禹,更祀工程的创建者或守成者,甚至对工程运用中的水事纠纷调解或制度制定有重要贡献者也列为配神一并祭祀。

在土地私有的古代中国,灌溉工程作为公益性设施,凡是受益者超出单一宗族范围,通常地方政府会涉足规章制度制订、重大用水纠纷调停,而宗族世家或乡绅通过乡村自治组织主导区域水利工程的兴建和管理。政府与用水户通过权、责、利的利益相关来平衡利益冲突和管理矛盾。灌溉工程创建后,在其后的运行中,不断完成工程设施配套建设;而与此相适应的管理制度也在这个进程中建立和完善起来,管理组织延伸至乡村社会管理的末端。

用水户灌溉组织的良性运作又为工程的持续运用注入活力。清人林则徐曰："夫水之行于地也，焕然而成文，故水利之废兴，农田系焉，人文亦系焉。"①从对水的认知，到工程建设，再到水利工程的维系，由水利而及人文，古代水神崇拜生发其间，并深切地浸濡于受益区域文化中。水神祭祀活动与宗教和民俗日益融合，也异化出水神崇拜在民间和官方的不同走向：在民间主要是祈福和年节聚会的时候，而于官方则是管理的文化表达，从程序化的仪式中，向民众传递政府对水管理的权威。数千年来，水神崇拜在以"水"为中心的制度层面，为农业社会提供了灌溉工程管理的文化基石。

---

① ［清］林则徐：《娄水文征》序，《云房山文钞原稿》，卷4，浙江省图书馆藏。此文作于道光十六年（公元1836年）。

中国灌溉工程史

第一编 上古时期

灌溉工程起源与早期发展

（距今10000年—公元前221年）

农业发生对灌溉起源具有里程碑的价值。考古发现证实旱作和稻作农业发生在黄河、淮河两个流域的台地到平原的过渡带，以及长江中下游平原，距今约10000~4000年左右。旱作以粟类为主（含黍、稷等谷类品种），稻作则从采集野生稻进入栽培稻阶段。① 这一时期在历史学界被称作古史时代，或传说时代。②

公元前3000年后期的大洪水是各部族共同的遭遇。大禹治水传说的发生地大都在其后夏商周三代（约公元前2070—前256年）政治、经济的中心区域，这也是最早的中国农业的发祥地。当农业在这些区域成为社会部分或大部分经济支撑时，灌溉工程同步产生并在这一阶段得到迅速发展。统治中原的周王朝将疆域分封诸侯，各自为政的诸侯国日益强大。当周的诸侯国统治地位逐渐削弱后，造就了春秋后期至战国百家争鸣的时期，这也是水科学与技术的奠基时代，一个富有创造力的时代，有灌溉、水运、供排水等功能的水利工程亦肇始于这个时代。

井是史前文明演进的里程碑，它的出现意味着人类社会从逐水草而居的游牧过渡到定居的聚落，考古发现最早的井在距今约7000年的河姆渡遗址。距今5000年的良渚文化遗址发现了圆木衬砌的水井。这种圆木刨开中部掏空后用作井壁衬砌的水井，可以在沼泽中取用较为干净的生活用水。夏商周三代文化遗址中的水井、供排水水道已经是聚落或城邑常用的设施，并成为农田灌溉

---

① 严文明：《东方文明的摇篮》，《农业发生与文明起源》，科学出版社，2000年，第164—168页。

② 徐旭生：《中国古史的传说时代——我国古代部族三集团考》，中国文物出版社，1985年；本书初版于20世纪40年代，60年代根据考古发现做了增订。徐旭生的部族三集团是指华夏、东夷、苗蛮，这是分布于中原的三大部族。据近50年考古发现同时并存的还有岷江上游蜀和东南越族等。

和制陶的主要水源。①

沟洫是在井之后产生或被广泛应用的早期水利工程。沟洫、河渠是春秋至宋以前水利的代名词，概念与现代渠系工程不尽相同。最早的水利工程应该是以排水为主要功能的沟道或称"濠"，主要解决聚居区洪水或渍涝的排水问题。在考古发现和先秦文献中得到的证实是农田中出现灌溉渠道大约是西周时期。战国时期各诸侯国将水利作为富国强兵的根本，开始兴建坝（堰）与渠道结合的水利工程。

在世界灌溉工程遗产中，始建于公元前7世纪、位于楚都寿春附近的芍陂以及始建于公元前3世纪的秦蜀郡都江堰、关中郑国渠和岭南灵渠②，都是强盛的诸侯国兴建的诸多工程中的典型案例。这些工程在大一统的秦汉王朝时期，经过逐步完善，最终形成了从渠首到灌区的工程体系和受益范围相对稳定的水利区。

---

① 杜金鹏：《夏商城邑水利文化遗产的考古发现及其价值》，《考古》，2016年第1期，第97—99页。

② 灵渠灌溉工程体系依托灵渠南北干渠，唐代逐渐形成完善渠系工程，至南宋成为具有水运、灌溉、城乡供水功能的水利工程，受益区分布于广西兴安、临桂一带。

第一章　华夏文明与灌溉起源

（距今10000年—5000年）

中国是旱作农业和稻作农业的发源地。粟是中国半干旱黄土区的原生植物，水分利用效率高，距今8000年左右已经从采集野生过渡到驯化种植。在年平均降水量500~700毫米的区域，仅依靠降雨，正常年景可以满足粟、黍、稷这类的旱作生长的基本需求。古代旱作区大多保持无灌溉的雨养农业形态。考古发现证实仰韶文化时期（距今10000至5000年）栽培粟大多分布在黄河上游的洮河、庄浪河，中游的渭河、汾河等支流流域的黄土台地，以及黄淮下游山麓向平原的过渡带，这里土地肥沃，易耕种，且溪流发育，是雨养农业适宜区。史前旱作农业区水利出现在规模较大的聚居部落，始于为解决人畜用水而凿井或开渠这类有组织的集体行动。

灌溉源起于气候条件适宜稻作且年降水量在600~1500毫米的区域。这样的区域水稻播种和育秧期有基本的水分保障。黄河流域的稻作农业发生在距今7000年。河南渑池仰韶村、柳子镇等典型的仰韶文化层都发现了稻谷遗存。长江中下游、太湖流域及浦阳江流域的湖南、湖北、江西、江苏、浙江等多个文化遗址发现了距今10000至7000年的稻作农业遗存。湖南澧县彭汕头遗址出现了栽培稻化石，浙江河姆渡和江苏苏州草鞋山遗址则发现了水稻田和沟渠。江汉平原屈家岭文化时期（相当于中原龙山文化早期）

已经大范围种植水稻，稻米已经成为主要食物来源。[①]

史前稻作农业分散在多个独立的文化区，北达海河流域，南至太湖流域及东南沿海。史前灌溉起源在多个文化区发生，这些地区水稻已经成为主要粮食来源。灌溉水源最早取自自然水塘洼地的积水，但是一旦发生灌溉，必然触发灌溉工具和工程的出现。灌溉的发生是社会形态大变革时期和水利工程技术起源的标志。

第一节　史前稻作农业与灌溉起源

中国是世界水稻的起源地之一。稻作农业从野生稻驯化到规模化栽培稻的演进，是稻作农业从雨养到有灌溉的过程。稻作农业发生在野生稻采集进入了采集与种植并存的阶段。在栽培稻逐渐替代采集的阶段，为维系作物生长而采取的补水措施即灌溉发生。灌溉的实施，使水稻收成有望，进而产量增加，这样就促进了工程措施跟进。

受季节降雨的影响，栽培稻生长期需要水分保证，稻作农业最先发生在适宜稻作，而又不是水量特别丰沛的地区。史前至先秦时期，稻作农业区主要分布在太湖平原、长江中下游平原，在黄淮海平原、关中平原也有零星分布。在雨量超过1500毫米的华南地区，渔猎和野生稻采集延续了更长时间，农业发生或许在战国至秦汉时期。稻作农业发生的区域也是灌溉发端的地方。

[①] 何炳棣：《黄土与中国农业的起源》，中华书局，2017年，第132—136页。

一、稻作农业区与史前文化区的分布

20世纪50年代至90年代在史前文化遗址考古中发现了稻作农业遗存上百处，按照时期和所在流域统计，长江中下游流域史前栽培稻遗存最多，其次是黄淮平原。2000年，在钱塘江支流浦阳江上游的浦江县上山发现了距今11000至8400年的早期新石器时代文化类型，这一遗址被命名为"上山文化"。在已出土的文物中，有约80件夹炭陶器，大多数为大口盆型。在夹炭陶的表面，含有较多的稻壳印痕，胎土发现了掺和的大量稻壳、稻叶。此外，还出土了用于脱壳的石球、石磨盘等。这一发现证实10000年前上山人不仅种植水稻，还用石磨棒和石磨盘磨稻谷脱壳。水稻从采集过渡到栽培，是史前文明从游牧、渔猎到定居的演进时期。这一时期水稻在食物中的占有比例逐渐提高，距今约5000至3500年，水稻在一些文化区成为主要食物来源，旱作及采集、渔猎、养殖仍在食物中占有较大比重。随着稻作扩张，部落居民对稻米的依赖相应增加，为了保证或增加产量，改善自然降水过多或过少的状况，产生了引水或排水的沟渠。

A. 上山文化浙江龙游荷花山遗址出土伴有稻壳的红陶（距今约10000年）

B. 良渚文化浙江余杭遗址出土的碳化稻（距今5000年）

图 1-1　史前栽培稻的考古发现——灌溉起源的文化标识

表 1-1　　　　　　　史前稻作农业遗址分布和数量[1]

区域		新石器中期 约公元前 7000—前 5000 年	新石器晚期 约公元前 5000—前 3000 年	青铜器早期 约公元前 3000—前 2000 年
长江	中游	10	25	28
	下游		20	24
淮河	上游	1	9	9
珠江	三角洲			2

　　稻作农业对土地经营精细程度的要求超过旱作农业，在水稻育秧期需要平整土地，控制田间水位，从秧苗到灌浆期要求既有水的浸润又不能淹没，需要较为稳固的田埂和田间的灌溉和排水沟渠来维系适当的水量。稻田需要持续地经营，才不会抛荒。因此栽培稻农业形成规模的过程中，农业和水利技术随之同步提高。

　　考古发现在稻作农业为主的文化区手工业技术水平比较高，稻作灌溉农业对文明推动显然超过纯旱作区。当稻作农业从野生稻驯化过渡到有规模的栽培稻之后，水稻生长期的水源保障成为水稻有收的重要条件。这一阶段已经有了定居的聚落，人们开始采用耕耙工具平整土地，田间有灌溉与排水的沟洫、蓄水塘泊等。公元 1 世纪前稻作大多采取火耕水耨的植稻技术。即在整治后的水田或沼泽地上整田，然后放水润土，草与稻并生至七八寸高，芟去杂草，复下水灌溉，草死稻长。约公元 1 世纪时水稻秧苗移栽技术渐次推广。

　　考古发现早期稻作农业区与古史时代文化集团即华夏、东夷、三苗等部落活动区域重合。古史时代是自炎黄部落五帝演进到华

---

[1] 数据引自严文明：《中国史前的稻作农业》，《农业发生与文明起源》，科学出版社，2000 年，第 1 页。原文分期"青铜器早期"作"铜石并用时代"。

夏部落联盟的时代，也是史前稻作农业的发祥地之一。炎黄部族活动在黄河中下游及渭河流域，是最早定居从事农耕的一族。春秋战国至汉代文献认定五帝各不相同，后世多以司马迁《五帝本纪》中所列炎帝、黄帝、颛顼、帝喾、尧、舜、禹为序。炎帝时"治五气，艺五种，抚万民，度四方"，传之黄帝则"置左右大监，监于万国。万国和，而鬼神山川封禅与为多焉"。①炎帝、黄帝开启农耕、征战，部落联盟大致底定。至于尧舜之时，"皋陶为大理，平，民各伏得其实；伯夷主礼，上下咸让；垂主工师，百工致功；益主虞，山泽辟；弃主稷，百谷时茂；契主司徒，百姓亲和；龙主宾客，远人至。……唯禹之功为大，披九山，通九泽，决九河，定九州"②。这是由华夏部落联盟进而向国家过渡的时期，开疆辟土，置百官设刑、礼、工、虞（山泽）、稷（农）各官。尧舜之时遭遇大洪水，华夏部落联盟从共工、鲧到禹治水，最终完成了史前社会的转型，第一个王朝——夏诞生。夏商周时期稻作农业在这些区域继续扩展。

二、灌溉工程起源

在史前稻作农业区，距今7000年的河姆渡遗址发现了骨耜，距今5000年的良渚文化遗址中出土了多具开沟的三角形石犁。这类工具出现的区域都发现了稻田和沟渠的遗址。如苏州草鞋山距今5000年的古稻田遗址，在32块稻田田块之间发现了沟与塘、井相通的设施。在余杭良渚稻作区有宽3米的渠道，堤岸采用木桩衬砌（图1-2）。

---

① ［汉］司马迁：《史记·五帝本纪》，中华书局，1959年，第5—6页。
② ［汉］司马迁：《史记·五帝本纪》，中华书局，1959年，第43页。

A. 城河木桩护岸工程　　B. 护岸埽工　　C. 草袋充填粘土的构筑物

图1-2　良渚文化时期的水工程遗存（距今5000年—距今4000年）

新石器时期仰韶文化、龙山文化区，多数的遗址分布于黄河、淮河二、三级支流两岸台地，或距离河流较远但是有泉水的地区。至迟在公元前4000年左右旱作和稻作农业已经涵盖了黄淮海平原（表1-1）。淮河流域的稻作区集中在淮河上中游，这一带是淮夷部落活跃的地区，是最早融入华夏部落联盟的农耕部族之一。淮河上中游流域今安徽西部、河南中南部，以及黄河支流渭河、汾河流域多年平均降水量600~700毫米，即使考虑到西周气候处于暖湿期，最多可能达到900毫米左右。这些地区稻作农业形成规模，必定有相应的灌溉措施维系。据考古发现和先秦时期文献佐证，淮河中下游流域是发生灌溉最早的区域之一。

夏商周时期，黄河中游支流渭河、汾河谷地和二三级台地农业区是早期稻作农业区。源自先秦民歌的《诗经》，多有描写这些地区稻作的诗句。这些地区灌溉的发生至迟在西周时期。如《小雅·白华》"滮池北流，浸彼稻田"，《豳风·七月》"十月获稻，为此春酒，以介眉寿"，不仅描写了周原（今西安西北渭河、泾河之间）植稻的场景，还披露彼时用稻谷酿酒的情形。在周早期封建的唐虞故地，今山西翼城汾河盆地，有《唐风·鸨羽》"王事靡盬，不能艺稻粱"的诗句佐证西周时山西稻作的存在。又如《鲁颂·闷宫》："奄有下国，俾民稼穑，有稷有黍，有稻有秬；奄有下土，缵禹之绪"，可见鲁核心区汶河一带旱作与稻作并有。长江中下游存在史前稻作农业集中的区域，从气候、水资源量来看这一地区本是水稻适宜地区，即使没有灌溉，依靠自然降雨或者傍河湖滩地种植也可以维系稻作农业水量的基本需求。

在夏商周文化圈外的辽东半岛今大连和阜新两市，也有史前沟渠和稻作的考古发现。20世纪90年代在大连大嘴子聚落遗址出土了距今3000年左右的粳稻碳化石。附近的阜新高台山勿欢池遗址发现了距今3500年的沟渠遗址。沟渠分布纵横交错，可以分出干渠、支渠、毛渠。干渠渠口宽1.5~3米，底宽0.5~1米，深0.9~1.2米；支渠渠口宽1~1.5米，底宽0.4~0.5米，深0.5~1米；毛渠渠口宽0.5~1米，底宽0.3~0.5米，深0.3~0.5米。干渠和支渠相交处有柱洞，大约是分水设施闸或堰。各级渠系将耕地分隔成长方形田块，渠道与地块有高差，可以自流引水。[①]这一区域现代多年平均降水量低于800毫米，考虑商周时正处于气候史的湿润期，年降水量可能在900毫米左右，那么这一稻作区必须有灌溉支撑才可能维系，这一早期农业区证实了西周史料有关沟洫记载的真实性。

[①]《阜新发现距今三千五百年的灌溉水渠》，中国文物报，1993年2月7日；孙守道：《阜新勿欢池三千年前灌溉水渠的发现与稻作东传问题（摘要）》，《农业考古》，1998年第1期，第410页。

第二节　井的发明与地下水资源的利用

井的产生是生产力和生产方式大变革时期的标志，也是水利工程的先声。井的出现意味陶的使用进入更大的日常生活范畴，人们可以用陶罐、木桶、竹筒之类的器具在河流较远的地方取得水源；人们可以获得比河流更为稳定、干净的水源，由是部落的栖息地可以较长期地固定在一个区域内，定居地的农耕因此而发生、发展。而井水用于灌溉，当在定居后食物的来源主要来自栽培农作物之后。

一、河姆渡井塘与浦江溪塘

《吕氏春秋·勿躬》："伯益作井"，伯益是跟随大禹治水的人。[1] 殷商及至战国时人们将井、堤、濠等最早的水利工程都归于大禹和他的追随者的发明。考古发现证实了井的出现远远早于这个时期。浙江余姚河姆渡遗址中，发现了距今5600年的井（图1-3）。浙江余姚河姆渡遗址地处水源丰富滨海平原区，考古发掘认定为"原始水井"[2] 从水利工程技术角度定名"塘井"更为恰当。塘是迄今为止最早期的聚落供水工程。塘井遗址是直径约6米的不规则圆形坑，坑呈锅底状，圆形大坑中部是边长2米的方井，最大深度1.35米，井壁用木桩衬护（图1-3）。井塘遗址周围是呈放射状的原木桩构件和芦席残片，坑内分布大块石，底为黑色淤泥，

---

[1] 类似记载还有《孟子》《史记》。
[2] 杨鸿勋：《河姆渡遗址木构水井鉴定》，《建筑考古学论文集》，文物出版社，1987年，第52页。

方坑出土了带耳的汲水陶罐。显然河姆渡塘井是聚落生活用水的水源，丰水时人们在水塘边取水，枯水时水位下降，由木或石踏步至井边取水。这一水源工程显然是部落重要的公共设施，得到过很好的维护。井塘结合的工程，具有很强的自然适应性，大大地提升了供水保证率，即使很长时间干旱，井内依然有水；而且通过坑塘过滤，井水可以维持有较好水质。

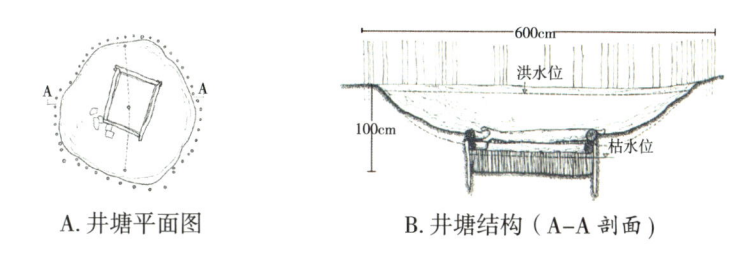

A. 井塘平面图　　B. 井塘结构（A-A 剖面）

C. 丰水时取水方式　　D. 枯水期取水方式

图 1-3　河姆渡井塘水源工程（距今约 7000 年—距今 5000 年）复原[①]

河姆渡文明由于海侵而中断，然而与井塘同一技术类型的溪井出现在同一文化区域的浦阳江上游山区。在山溪河流中开挖的浅井，是当地作为备旱水源的溪井。2020 年笔者在浙江浦江县山区嵩溪发现了与之功能相似的"溪井"。嵩溪水流湍急，山溪沿河中有拦河低堰，壅高水位，平常可以溪边取水，山溪断流，溪中水井就是抗旱的水源。溪井沿河分布，开在近岸河道中，井口

---

① 杨鸿勋：《河姆渡遗址木构水井鉴定》，《建筑考古学论文集》，文物出版社，1987 年，第 54—57 页。

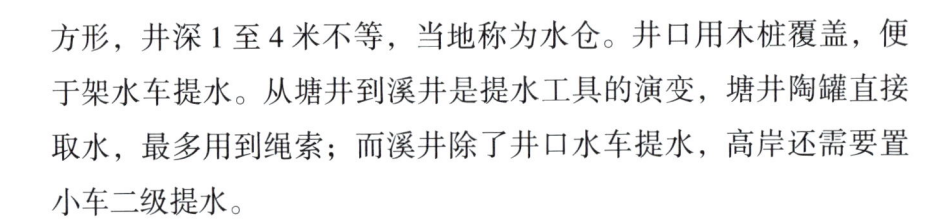

方形，井深1至4米不等，当地称为水仓。井口用木桩覆盖，便于架水车提水。从塘井到溪井是提水工具的演变，塘井陶罐直接取水，最多用到绳索；而溪井除了井口水车提水，高岸还需要置小车二级提水。

二、商遗址的井与井灌

龙山文化至殷商时期，中原地区文明演进加速。海河流域北方出现了深度超过10米的深水井。河南安阳洹河沿岸7.7千米内发现了19个龙山文化聚落。在众多的龙山聚落遗址中几乎都有水井的发现，这一时期的水井井口变小，出现井深超过5米、最大深度达到15米的深水井。

山西襄汾陶寺遗址发现龙山文化早期水井，井口圆形，口径3米，井深13~15米，井内木构衬护立柱、挡板。同一时期河南汤阴白营遗址水井，井深11米，井壁衬护采用井字木架结构，木架共46层，最下层木柱落在井下部的胶泥土基上。龙山文化后期河北邯郸涧沟遗址，发掘出水井口呈圆形，口径2米，深7米，井内完整的和破损的陶罐、陶壶、陶瓶多达100多件，显然是使用较长时间的水井。洛阳矬李遗址的两眼水井圆形，口径2米，深6.2米，井中遗物有各类型的陶罐。

河北石家庄藁城区台西村商遗址的两口商代水井，其中一号井深5.9米，井口直径约3米，井口以下4米是圆木井盘，井盘周围有30余根桩木加固。2号井稍早。口径1.53米×1.38米，井深3.7米（图1-4）。两口井底都有木构井盘。井壁上部有草拌泥遗痕，并分布很多小孔，孔内存有木橛，显然用草拌泥和木橛护壁。井深和地下水位有关，在工程技术方面涉及开凿提水机具和井壁衬砌技术，藁城商代水井或许是生产水源，小井井口木桩加固，便于井灌。藁城台西村商遗址发现了蚕丝、麻纺织品以及铁矿渣。遗址还发现了以夯土为基础，上部用土坯砌垒的房屋。台西村商代水井口径较大，井深不大，或许是主要用于如制陶、灌溉的水井。

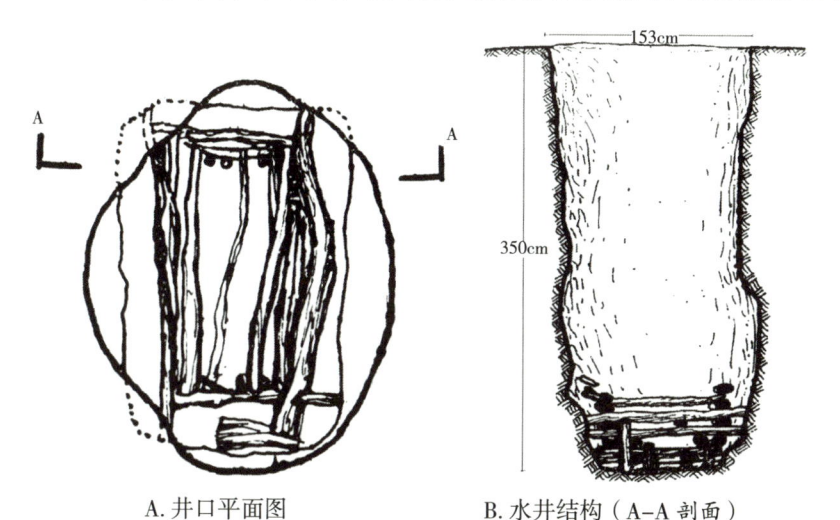

A. 井口平面图　　　　B. 水井结构（A-A 剖面）
图 1-4　河北藁城商水井遗址考古复原图

商代水井的应用不只是生活用水，殷商时期井水已经作为灌溉水源。井水作为灌溉水源意味着三个方面的技术突破：地下水勘探、凿井、提水机具和汲水器物。成书于西汉的《氾胜之书》称"昔汤有旱灾，伊尹为区田，教民粪种，负水浇稼"[①]。用于灌溉的水井要求井在短时间内有较大的出水量。龙山文化晚期和商代水井遗存普遍发现的小口尖底汲水陶罐和竹索提示我们最早出现井灌的区域应该是黄河流域。春秋战国时期井灌被普遍用在园圃灌溉中，而大田井灌要等到桔槔、辘轳这类提水机械的发明之后。

① 《氾胜之书精释》，农业出版社，1980 年，第 62 页。

第二章　西周至战国时期灌溉工程的发展

周兴起于渭河上游姬姓古老部落，以后稷为始祖，这是一个较早进入农耕的部族。后稷是与禹同时代的部落首领。西周的天下，先得豳、岐，然后都丰、镐，在关中封王臣后夺夏地，于夏故地建洛邑，封晋国；再并商地，封宋、卫、齐、鲁、燕。地处岐山南麓的周原是周南下从游耕到定居文明转折的发生地。周本就是擅长农业的部族，从豳到岐山周原，更是疆理田亩，着力发展农耕。公元前11世纪后半叶，周文王迁都丰后，周原仍是周人的重要政治中心。直到西周末年，西戎入侵，周原遂成废墟。

西周封建制下，周王畿地区以沟洫划分公田与私田，沟洫既是公私田的界限也兼有灌溉或排水的功能。这一与治田结合的沟洫体系，春秋战国时期在农业较为发达的诸侯国渐次推行起来。战国早期孔子将沟洫溯源到大禹的创造，并将西周沟洫与田称作井田制，将井田上升到治理天下的高度。《论语·泰伯》："子曰：禹吾无间然矣。菲饮食，而致孝乎鬼神；恶衣服，而致美乎黻冕；卑宫室，而尽力乎沟洫，禹吾无间然矣。"[1] 此为孔子推崇大禹功德之三事，即重祭祀，轻衣冠，尽力于沟洫。这是孔子为诸侯国为政者树立的礼仪、治国、施政的标杆。儒家所称颂的西周井田制，

---

[1]《论语·泰伯》，《十三经注疏》，中华书局，1979年，第2488页。

其实后世从未实施过。

春秋战国时期农业逐渐成为各诸侯国主要经济形态，灌溉工程在这一时期快速发展起来，从田间沟洫发展到由堰坝、陂塘、沟渠构成的工程体系；灌溉的水源也从自然降雨或地下水，发展到以江河溪流为水源，长距离地输水，有较大受益范围的水利区。层级分明的灌溉工程体系始于西周，至战国时强大的诸侯国开始以举国之力兴修水利。当有引水、蓄水功能的工程体系出现后，在更大时空范围满足生活供水和农业生产的需求成为现实，成为富国强兵问鼎中原的资本。

春秋战国时期新生的诸侯国崛起，数百年间此起彼伏的消长，封建政体的渐次没落，曾经贵族专有的在官之学变为私家之学，这是空前绝后百家争鸣的时代。在"水"的领域，这是发现和认知的时代。从成书于春秋的《尚书》到两汉的《周礼》《山海经》，其间诸子百家关于水的著述，唤起学术之兴风起云涌，此后再没有可以与之比肩的时期。

第一节　从沟洫到渠道工程体系

洛阳矬李后岗遗址发现了距今4000至3000年，宽2~3米，深约1米的渠道遗存，证明夏代聚落区已有沟洫。[1]沟洫最早可能源于排水的需求。在部落聚居区排走滞涝，是维系基本生活条件而采取的工程措施。最早的农耕区往往傍水或在洼地，庄稼有收开沟排水往往比灌溉更为重要。当田间沟洫为耕地提供灌溉和排

---

[1] 吴汝祚：《夏文化初论》，《中国史研究》，1979年2期。

水条件，成为保证收成的主要措施时，沟洫逐渐发展，增加了斗门、分水之类的设施，形成了有水量节制功能的渠道工程体系。

周的井田制度，即周王室的土地（公田）和诸侯王私田，决定了兼具灌排两种功能的沟洫、田径、道路都是作为公共工程来兴建的。《周礼》记掌邦之野的遂人，即管理沟洫者的职责："凡治野，夫间有遂，遂上有径；十夫有沟，沟上有畛；百夫有洫，洫上有涂；千夫有浍，浍上有道；万夫有川，以达于畿。"这是公共工程及管理的理想体系，除了周天子所在的王畿或有实施的可能性，当时及后世都是难以施行于"天下"的。

一、沟洫起源

沟洫是水利中最早出现的工程之一，它最初应是为排水而开挖。当大禹及其追随者面对经年不消的滞涝时，开沟渠是最早能够做到的消除积水、留下生存空间的技术手段。《淮南子·原道训》："禹之决渎也，因水以为师。"[1]寻找洪水通道最好的老师是洪水本身，这也是沟洫规划最早的依据。

灌溉渠系出现在距今4000多年前的殷商时期。在商代的甲骨文中，出现了井、田和沟组成的符号"田巜"，意指田边的水沟。考古发现了距今3600年前殷商都城附近的灌溉系统，在长约245米的渠道遗迹中，可以看出干渠、支渠和毛渠间存在着显著的差别：在干渠与支渠相交处发现了分水石堤，通过渠道断面的改变发现了支渠分出毛渠的走向。纵横交错的渠道将田地分割成若干长方形。渠与渠、地与地之间有明显的水位落差。

西周（公元前1046年—前771年），在渭河流域、黄河下游

---

[1]《淮南子·原道训》，《诸子集成》，中华书局，1957年，第5页。

（今山东、河南一带）政治中心区都有发达的农业。西周被奉为"神圣的王制"的制度——"井田沟洫"，就是将一块土地分为呈"井"字状的9块，中央是蓄水的井，其余8块是被渠道环绕的公私田。

相传大禹治水时"左准绳，右规矩""行山表木，定高山大川"①，这是测量技术在沟洫规划与建设中被应用的最早记载。但付诸水利工程实践的测量应是始于西周。与西周的起源同步的是农业的发生。被后人称为"缵禹之绪"的后稷是西周始祖，他是"洪水既平，乃植菽麦"的拓荒者。②后稷的曾孙公刘则是先秦文献中记载的农田灌溉的先驱者。在周族定居的泾河平原上，相传公刘"既溥既长。既景乃冈，相其阴阳，观其流泉。其军三单，度其隰原，彻田为粮"③。这段文字包括了水源勘查、沟洫规划与建设，是灌溉工程最早的文字描述，证明了在周人的农田中已经有灌溉沟渠。

殷商时，具有沟洫的农田是富足的象征，只有王族或少数贵族才可能拥有稳定的灌溉水源和沟洫，因此他们的农田可以有稳定而高产的收获。《诗经》："滮池北流，浸彼稻田。"④这是西周时公侯稻田有灌溉设施的写照。滮池位于咸阳以南渭水支流滮水的上源，滮水自南向北注入渭水。滮池临西周的都城丰城和镐

---

①［汉］司马迁：《史记·夏本纪》，卷2，中华书局，1959年，第51页。

②《诗经·鲁颂》："赫赫姜嫄，其德不回。上帝是依，无灾无害。弥月不迟，是生后稷。降之百福。黍稷重穋，稙稚菽麦。奄有下国，俾民稼穑。有稷有黍，有稻有秬。奄有下土，缵禹之绪。后稷之孙，实维大王。居岐之阳，实始剪商。"《毛诗正义》，卷20，《十三经注疏》，1979年，第614—615页。

③《诗经·大雅·公刘》，《毛诗正义》，卷17，《十三经注疏》，中华书局，1979年，第540页。

④《诗经·小雅·白华》，《毛诗正义》，卷15，《十三经注疏》，中华书局，1979年，第496页。

第一编　上古时期　灌溉工程起源与早期发展

城（今陕西西安西南）。引滈池水"浸彼稻田"不是一般农户能够做到的。《诗经》还有对平整耕地、引水灌溉的描写："原隰既平，泉流既清"①，原是高地，隰是洼地，经过平整的耕地和有保证的灌溉水源，这是当时人们对美好生活追求的实际诉求。

公元前11世纪左右，西周统治阶层推行的田制——井田制，企望将诸侯封地内的人—土地—沟渠（或道路）作为整体来管理。沟洫原为井田的构成，战国时推崇西周政治的知识阶层将沟洫提升到制度的层面来推行，随即产生了层级分明、功能明确的渠系规划，他们更在理论方面对堰流及明渠水流予以阐释，其概括之精准，后人少有能够超越。

二、区域农田水利与沟洫工程体系

西周实行两都制，都邑"宗周"和"成周"。周自豳迁至周原后迅速扩张，文王、武王时，周势力东扩，都邑迁至今渭河沣河之间。文王的丰邑在沣河西，周武王作镐京处河东。成周位于今洛阳附近，在西周青铜器铭文、《尚书》文献中，称为新邑、新邑洛，分为王城和成周两个城邑。宗周有黄河、渭河及二三级支流之间的平原、台塬和谷地，成周有伊河、洛河的平原和谷地，土地肥沃，水资源条件优越。考古发现西周遗址多分布在泉源山溪、滨河台地、两河交汇、沼塘河滨，这些地方只需要开沟渠，就可以取水和引水。②沟洫工程在分封制的西周得到普及，从分散沟渠

---

① 《诗经·小雅·黍苗》，《毛诗正义》，卷15，《十三经注疏》，中华书局，1979年，第495页。

② 石璋如：《关中考古调查报告》，《"中央研究院"历史语言研究所集刊》，第27本，1956年。

演变为具有一定灌溉区域的渠系工程。

西周时，周人农业以旱作为主，兼有稻作。谷地和台地的旱作多是雨养农业，在靠近河流沼泽近水和湿润的地方种植水稻。农业之外周人还有相当部分的采集和狩猎作为食物的来源。战国时孟子所称的周文王治岐施行的井田制，实为西周土地公有，王室和贵族拥有籍田即为公田，征用民力耕种，还有部分授田授予农民耕种，是为私田。籍田集中在都邑周围，与牧场和荒野交错，而有灌溉条件的稻田更是稀有。昭王、穆王之后，王道式微。西周末年关中大旱，《诗经·大雅》："饥馑荐臻""周余黎民，靡有孑遗"，干旱持续至厉、宣、幽王时期，旱灾和与戎狄战争加快了周的衰落。

周平王元年（公元前 770 年）周东迁洛邑，是为东周，进入了春秋战国时期，中原诸侯列国兴起，西周王畿井田制在新的社会形态下消亡。中原大地齐、楚、秦、晋、赵、燕、魏等诸侯国先后崛起。公元前 594 年鲁国实施初税亩，不分公田、私田一律按亩征税，基于封建制的沟洫失去了支撑，突破了周王室和诸侯对水资源的垄断，新生的诸侯国兴建的大型水利工程、区域性引水工程和陂塘蓄水工程出现。

产生于西周公田制的沟洫，在春秋战国时期不再是附着于井田，而是普遍施行于农田的工程设施，并从田间工程发展到区域性工程。区域性水利工程不只是打破土地所有者私地范围，甚至要突破诸侯国疆界，这必然引发上下游左右岸利益冲突。水源与沟洫的社会化管理在春秋时期产生。

有关沟洫引发的利益冲突，最早记载出现在公元前 6 世纪春秋最早的称霸诸侯国——郑国。《左传》襄公十年（公元前 563 年）

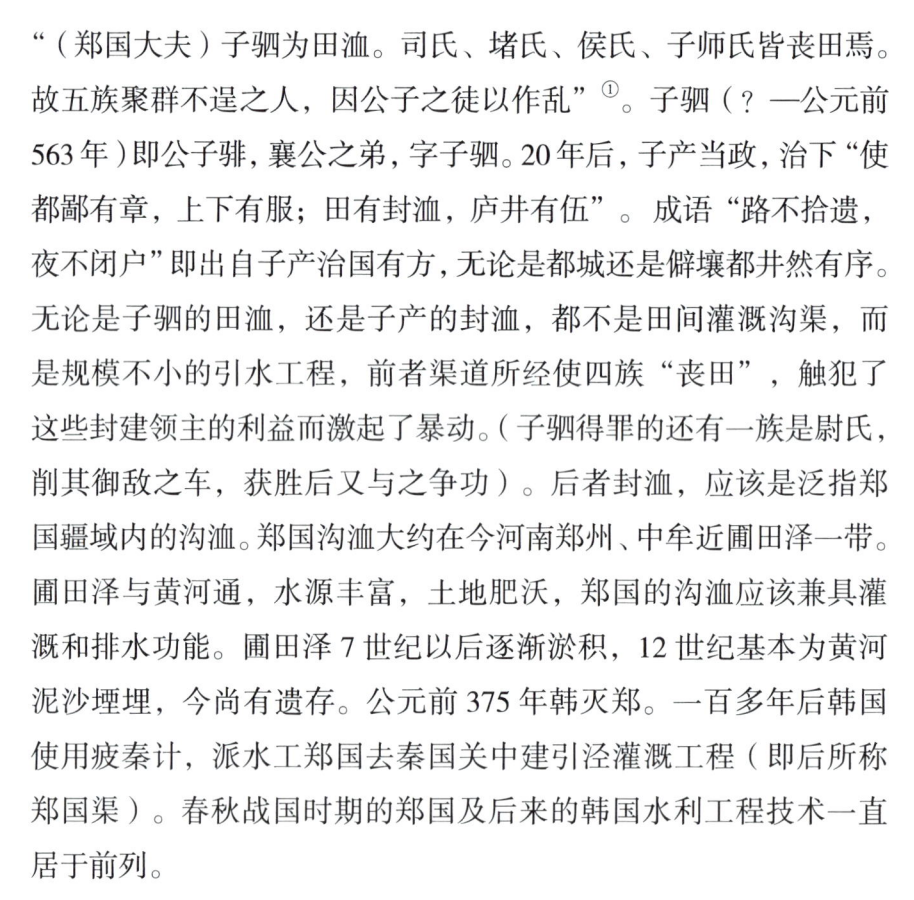

"（郑国大夫）子驷为田洫。司氏、堵氏、侯氏、子师氏皆丧田焉。故五族聚群不逞之人，因公子之徒以作乱"[①]。子驷（？—公元前563年）即公子骓，襄公之弟，字子驷。20年后，子产当政，治下"使都鄙有章，上下有服；田有封洫，庐井有伍"。成语"路不拾遗，夜不闭户"即出自子产治国有方，无论是都城还是僻壤都井然有序。无论是子驷的田洫，还是子产的封洫，都不是田间灌溉沟渠，而是规模不小的引水工程，前者渠道所经使四族"丧田"，触犯了这些封建领主的利益而激起了暴动。（子驷得罪的还有一族是尉氏，削其御敌之车，获胜后又与之争功）。后者封洫，应该是泛指郑国疆域内的沟洫。郑国沟洫大约在今河南郑州、中牟近圃田泽一带。圃田泽与黄河通，水源丰富，土地肥沃，郑国的沟洫应该兼具灌溉和排水功能。圃田泽7世纪以后逐渐淤积，12世纪基本为黄河泥沙堙埋，今尚有遗存。公元前375年韩灭郑。一百多年后韩国使用疲秦计，派水工郑国去秦国关中建引泾灌溉工程（即后所称郑国渠）。春秋战国时期的郑国及后来的韩国水利工程技术一直居于前列。

随着西周至战国时期刀耕火种的原始农业过渡到灌溉农业，水利工程类型和技术日渐丰富。春秋战国时期，农业已经成为诸侯国主要的经济形态（图2-1），除了稻作，旱作灌溉日渐普遍，蓄水、灌溉、排水、防洪等工程类型出现。这一时期的文献中，产生了功能明确的水利工程类型记载，以及灌区的概念和农田水利规划科学与技术的表述。

[①] 杨伯峻编著：《春秋左传注》，中华书局，第979—980页。

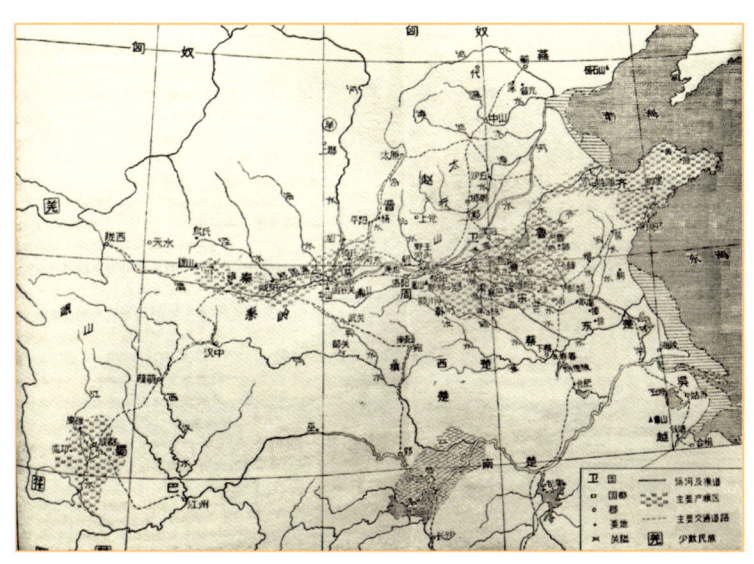

图 2-1　战国时期农业区及主要水利工程分布

《周礼·地官司徒·稻人》篇下，描述了蓄水、灌溉、排水、防洪等工程，"稻人掌稼下地。以潴蓄水，以防止水，以沟荡水，以遂均水，以列舍水，以浍泻水"[①]。其中沟洫工程体系及其功能的表述尤其清晰，分洪的沟（荡水），分配水量的遂（均水），列和浍应该是不同级别的排水沟（舍水和泻水）。

在《周礼·冬官考工记·匠人》篇中则系统记载了沟渠分级及其定名、各级渠道断面标准尺寸。"匠人为沟洫。耜广五寸，二耜为一耦。一耦之伐，广尺，深尺，谓之甽；田首倍之，广二尺，深二尺，谓之遂；九夫为井，井间广四尺，深四尺，谓之沟；方十里为成，成间广八尺，深八尺，谓之洫；方百里为同，同间广二寻，深二仞，谓之浍。专达于川，各载其名。"耦即耕种单元，相当于田中畦垄。畦或垄之间是最底层的田间沟渠。《周礼·冬

---

① 《周礼·地官》，卷16，《十三经注疏》，中华书局，1979年，第746页。

官考工记·匠人》篇的畎、遂、沟、洫、浍与现代的毛、农、斗、支、干渠可一一对应。畎、遂是田间渠道，沟和洫是一个区域的输水支渠，浍相当于输水干渠，与河流或湖塘相通，这是一个理想的沟洫工程体系。

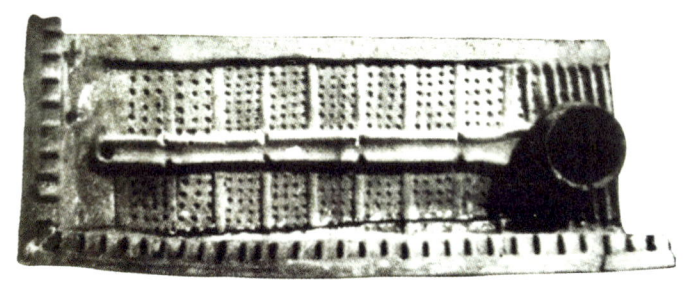

图2-2　汉代井田与沟洫陶制模型[①]

《周礼·地官司徒·稻人》篇按功能划分出水利的工程体系，是最早的水利工程分类。《周礼·冬官考工记·匠人》篇则提出了一个区域的沟洫工程体系架构。尽管在古代乃至现代的灌区中，都不会整齐划一地规划、设计和建设，但是它的价值在于提出了一个完整的、标准化的灌溉工程体系。灌区规划的科学表述是《周礼·冬官考工记·匠人》篇最重要的贡献。

三、周原的水资源开发利用与西周虞衡制度

与商早期同时，后稷后代公刘率族人于黄河之东、汾河下游，为避狄戎，自邰西迁。公刘后300多年至古公亶父为部族首领时，周人迁至扶风、岐山两县交界处的周原。[②]周原地处岐山、终南山之间，是周西迁后迅速向中原扩张的发祥地。周人充分利用了岐山南麓丰富的泉水和地表径流，兴建了具有引水、蓄水、供水功

[①] 井田制下农田渠道被称作井田沟洫，陶具出土于河南淮阳于庄汉墓。
[②] 钱穆：《周初地理考》，《古史地理论丛》，三联书店，2007年，第7—8页。

能的水利工程，得以在更大时空范围获得稳定的水源供给，减少了对自然水源的依赖，为周经济发展和扩张提供保障。周至文王、武王时扩疆土南下，达于丰、镐，与商在河、洛间互为征伐。之后周灭商，建立了周王朝，开始了周宗室统治的诸侯分封制。

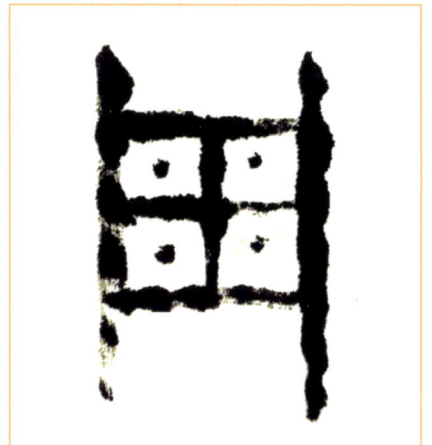

图2-3 甲骨文"周"①　　图2-4 明仇英《后稷事迹图》②

周人西迁后至公刘时，周部落定居迁豳（今陕西彬州、旬邑），开始由游牧部族演变为牧耕兼有③，《诗·大雅·公刘》："笃公刘，既溥既长。既景乃冈，相其阴阳，观其流泉。其军三单，度其隰原，彻田为粮。"④定居于豳的周人，引泉水为生活生产水源。《豳风·七月》："十月获稻，为此春酒。"定居于豳的周人，已经开始种稻，

---

①"周"字的象形为大沟或路中间的田。自周太王古公亶父迁周氏部族至岐山，周族以农耕壮大。周800年历史对中国文化影响至深。

②周奉后稷为祖先。传说尧舜时后稷为农官，教民耕种，后世奉为农耕之神、社稷之神。图出自《帝王道统万年图》，现藏台北故宫博物院。

③史念海：《周原的变迁·周人与周原》，《河山集》二集，三联书店，1981年，第217—224页。

④《诗经·大雅·公刘》，《毛诗正义》，卷17，《十三经注疏》，中华书局，1979年，第540页。

水稻不仅用于口粮，还开始用于酿酒。

　　古公亶父时为避开北方游牧部落的侵扰，周人再次举族迁至周原。周原即今岐山、凤翔、扶风、武功一带。周原地处岐山、终南山之间，周人称岐山为北山，终南山为南山，南北两山森林茂密，山麓泉水丰富。沣河是周原的主要河流，发源凤翔老爷岭，横贯周原东西，经凤翔、岐山、扶风至武功入渭河二级支流漆水河。沣河水源除了地表径流还有众多泉水汇入。这些泉水主要分布在岐山南麓，自然池沼洼淀密集，水资源条件优于豳。周人定居周原，避开了游牧部落的侵扰，更有利于经营农业。在周原后建邑筑城，发展农业。20世纪70年代至21世纪初，考古学者多次对周原遗址的城邑聚落建筑、车马坑、池渠遗址进行发掘，发现了大体量多处淤土遗迹和沟渠遗址。① 这是位于岐山扶风之间周原遗址区内的供水体系。这一体系由云塘—齐镇—召陈池塘和与之相关引水渠构成。东西向的渠道流经高等级居住区和手工业作坊区。云塘村的池塘呈半月形，东西长约248米、南北宽约190米，总面积约38147平方米。塘周用石块或石板砌筑，塘底铺石，塘西北部留有缺口，与引水渠连通的进水口。云塘遗址按平均水深2米计，是一处库容接近8万立方米的蓄水工程。周原的这一蓄引结合的工程体系可引泉水或地表水入塘，通过蓄水塘的调节和净化，再经过沟渠为聚落或城邑提供生活生产用水。

　　目前尚未见到西周时集合引水、蓄水、输水、田间灌溉为一体的水利工程考古发现和相关记载，看来小规模的沟渠是周原普遍的工程设施。周原依水而建的聚落、城邑，傍水垦种的农田，

---

　　① 周原考古队：《陕西宝鸡市周原遗址2014—2015年的勘探与发掘》，《考古》，2016年第7期。

只需要极少的工程设施，就可以对泉水、山溪、河流、池沼等不同水源开发利用。汉代成书的《周礼》①对虞衡制度的记载，反映出周王室凭借王权对王畿区域水土资源所有权占有，并通过制度渗入西周社会管理体系中，依靠它保证生活和生产用水。

《周礼·太宰》记载了周的经济形态及其社会管理机制："以九职任万民。一曰三农，生九谷；二曰园圃，毓草木；三曰虞衡，作山泽之材；四曰薮牧，养蕃鸟兽；五曰百工，饬化八材；六曰商贾，阜通货贿；七曰嫔妇，化治丝枲；八曰臣妾，聚敛疏材；九曰闲民，无常职，转移执事。"②《周礼》按社会分工，将万民分为九类，各置官以管。九职中农林、耕织和自然资源的管理占了大部分。其中虞衡是掌山泽之官，山泽之材即为今所称水土资源。虞衡因管理水资源类型不同，分为川衡、泽衡（或作泽虞）。川衡即河流山泉的管理，泽虞则是湖泊、塘沼等的管理。

据《周礼·地官司徒》记载，川衡、泽虞的管理其实主要是所有权的管制，禁止私自开发利用。川衡者"掌巡川泽之禁令，而平其守。以时舍其守，犯禁者执而诛罚之"。泽虞者"掌国泽之政令，为之厉禁，使其地之人，守其财物，以时入之于玉府，颁其余于万民。凡祭祀、宾客，共泽物之奠。丧纪，共其苇蒲之事；若大田猎，则莱泽野及弊田，植虞旌以属禽"③。西周水资源属国有，禁止开采。川衡巡守河湖之官，其职责是法，"犯禁者执而诛罚

---

① 《周礼》在汉代最初名为《周官》，始见于《史记·封禅书》。在先秦文献中，集中记载先秦官制的文献是《尚书》的《周官》篇和《荀子》的《王制》篇。周及秦汉金文记载证明，《周礼》虽非西周所作，但是确实保存了大量西周史料。
② 《周礼》，卷2，《十三经注疏》，中华书局，1979年，第646页。
③ 《周礼》，卷2，《十三经注疏》，中华书局，1979年，第747—748页。

之"。显然川衡执法面对的不是普通民众，而是有田产的领主阶层。周代把河流、湖泊视为公共资源，设专官管理。河湖所产除交纳玉府外为万民所有，即"入之于玉府，颁其余于万民"。《周礼》的这些记载，反映出周对水资源具备了公有的意识和水权的管制框架。当然在私有制下没有发育起来的奴隶制国家，《周礼》所规定的川泽共有当然是周天子及其诸侯的国有或共有。

第二节　诸侯国的灌溉工程：以楚国、魏国为例

　　春秋战国时期，随着周封建制式微，诸侯国相继崛起。诸侯国为富国强兵无不发展农业大兴水利。随着铁工具广泛应用，水利工程规模扩大，引水、蓄水和输水工程构成的水利工程体系在战国时期诸侯强国中相继兴建。鲁引汶水、晋引汾水的灌溉工程大都出现在这一时期。楚国人在淮河支流淠河兴建了最早的蓄水工程——芍陂，魏国则有最早的无坝引水工程——漳水十二渠。战国后期崛起的秦在统一六国期间，建成了都江堰、郑国渠。都江堰和郑国渠建成和兴利主要在秦汉时期，这两处水利工程在下一章叙述。

一、楚国崛起与芍陂兴建

　　楚国是地处长江中游荆蛮之地后起的侯国。周成王时（公元前1042—前1021年）封楚人首领熊绎为子爵，楚国始立。《国语》记："昔成王盟诸侯于岐阳，楚为荆蛮，置茅蕝，设望表，与鲜卑守燎，故不与盟"，在同原岐会盟祭祀仪礼上，楚王熊绎只能管理祭酒，与鲜卑首领守燎，无资格与诸侯共祀。楚人历经数百年筚路蓝缕，以启山林的奋斗，至楚成王、庄王时期（公元前

671—前591年）走上了北上争霸强国行列，实力向北、向东南发展。春秋中期，楚国顺伏牛山筑城，南北连绵数百里，是为楚长城之方城。楚成王十六年（公元前656年），齐桓公率中原诸侯八国联盟军南下攻楚，楚成王率军北上，以楚方城为城，汉水为池，逼迫齐桓公与楚签订召陵之盟。自此楚据有长江流域（今湖北、湖南、江西、陕西东南），淮河流域（今安徽、河南东南部和山东西南的广大疆域），成为与东南吴，中原秦、韩、齐等诸侯国比肩的强国之一。

西周末，楚地从刀耕火种、以粟为主的荆蛮部族进入了农耕文明转折期。楚立国后至楚武王、文王以起，楚国向南、向东开拓，逐渐占据江淮流域。楚人东进后大力发展农业，国力大增。楚庄王时（公元前613—前591年）正值楚国开疆拓土争雄称霸时期，今安徽、河南是楚国与中原诸侯以淮河为界的对峙地带。其时孙叔敖（公元前约630—前593年）为令尹。孙叔敖，芈姓，蒍氏，字孙叔，敖为官称。蒍氏是楚国贵族世家，孙叔敖父蒍贾做过楚国工正、司马。期思陂和芍陂是孙叔敖主持兴建的蓄水工程（图2-5）。这两处水利工程的兴建，使淮南成为楚国的粮食基地。春秋末年寿春（今安徽寿县）筑城，成为继郢都之外又一个经济政治中心。战国末年楚大部分国土为秦吞并，考烈王二十二年（公元前241年）楚迁都寿春。孙叔敖兴建陂塘奠定了淮南水利的基本格局，一直延续至现代。20世纪50年代随着梅山、佛子岭、龙河口水库建成，芍陂纳入淠史杭灌区，成为佛子岭水库的反调节水库。

期思陂大约始建于公元前605年，《淮南子·人间训》："孙

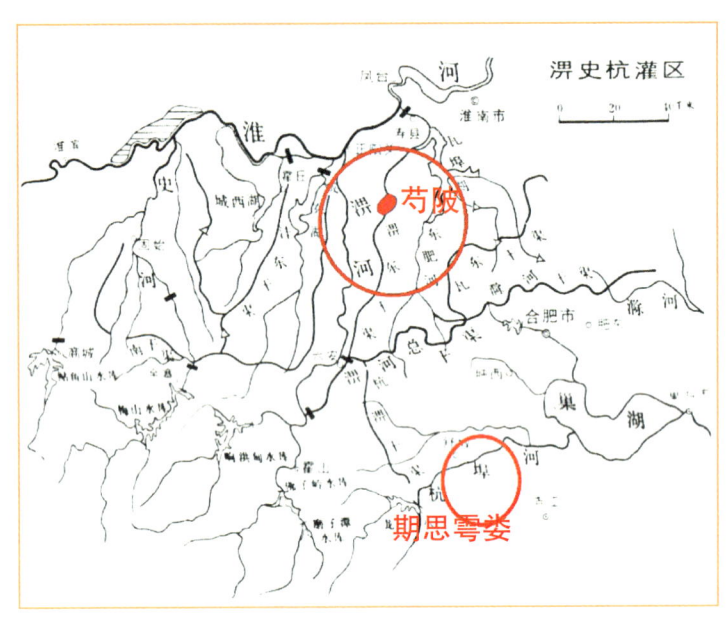

图 2-5　淮河中游南系及期思雩娄、芍陂位置图

叔敖决期思水，而灌雩娄之野。庄王知其可以为令也。"①期思、雩娄为汉代置县。期思即今河南固始，雩娄为今安徽金寨，两县南北接壤，这是淮河流域最早的灌溉工程，现为梅山灌区。后世期思、雩娄记载甚少，但是这一区域历代都有灌溉陂塘。孙叔敖因期思雩娄灌溉效益而为楚令，中国最早、规模最大、持续运用时间最长的蓄水工程因此诞生。

淮南平原南为大别山余脉丘陵山地，北有淮河横贯东西，淠河自南而北流入淮河。芍陂利用天然洼地筑堤，引淠河及诸多区间溪流入塘。芍陂是楚庄王十五年（公元前 599 年）孙叔敖任令尹后兴建的蓄水工程。春秋时期的芍陂陂堤应是不连续的，修筑

---

① 《淮南子》，《诸子集成》，中华书局，1957 年，第 326 页。《淮南子》成书于汉代，春秋时期期思陂情况缺乏记载。

在自然塘泊的缺口处约拦蓄水。随着灌溉效益发挥，对工程依赖程度愈高，陂堤、引水渠、放水斗门、输水渠渐次完善。东汉时有关芍陂的记载，尽管工程情况记载甚少，但是记载的灌溉效益却很显著，已是淮南的粮食产区。①三国曹魏正始时（公元240—249年）邓艾在淮南屯田，北临淮河，东至凤阳、定远，西至淠河方圆四百余里，芍陂及大大小小陂塘悉数引水灌溉，为曹魏稳定淮南根据地，在与东吴对峙中发挥了重要作用。

西晋太康时，芍陂尚有岁修制度，每年维修动用数万人。东晋时在此侨置安丰县，此后芍陂又称"安丰塘"。魏晋南北朝时，以淮河为界，淮河领域成为北朝与南朝政权战争冲突区，芍陂多年失于管理，豪强侵占陂塘私垦为田。南朝宋元嘉七年（公元430年），刘义欣为豫州刺史，镇寿阳（今寿县），看到芍陂堤堨久坏，引水渠堙塞多年，水源枯竭，于是疏通水道，整治塘堤，打击占垦陂塘的豪吏，芍陂得以恢复。北魏时成书的《水经注》记载这一时期的芍陂，陂堤长二三百里，有五门（引水口），可灌田万顷。②按陂堤周长100千米，平均水深以0.5米计，库容可达到1.25亿立方米库容，应该是历史时期芍陂水域面积最大的时期。如此大的库容可以实现水资源多年调蓄，即使遭遇枯水年也可以满足灌区的用水需求。

芍陂由蓄水工程和灌区渠系构成。隋之前，芍陂陂堤、水门

---

①《后汉书·王景传》：建初八年（公元83年）王景"迁庐江太守……郡界有楚相孙叔敖所起芍陂稻田。景乃驱率吏民，修起芜废，教用犁耕，由是垦辟倍多，境内丰给"。《后汉书》，卷76，中华书局，1965年，第2466页。

②据《水经注·肥水》："陂周百二十许里，……陂有五门，吐纳川流。西北为香门陂。陂水北径孙叔敖祠下，谓之芍陂渎。"巴蜀书社影印本，1985年，第510—511页。

渠系等设施尚不完备，芍陂水域并不稳定，芍陂外也分布众多大大小小塘泊，形成了可以互为补充的灌溉水源。随着南北朝时期淮南开发，人口密度增加，土地开发利用强度增加，芍陂工程体系逐渐完善，形成了稳定的水域。隋开皇时（公元581—600年）寿州大总管赵轨重修芍陂，环陂塘立36水门，灌溉面积达到五千顷。塘堤合围，水门环陂，渠道总长为390多千米，最长的干渠道达30多千米。赵轨重修后的芍陂，工程体系延续至今。唐代芍陂灌溉面积增加到万顷，宋代最盛时芍陂陂周三百二十多里，灌溉面积上万顷。随着芍陂工程体系的完善，用水制度也细化了。宋代人见到的芍陂，"窦堤三十六门，均水与入，各有后先"[①]。通过控制水门，不仅可以"均水"，还能维护用水秩序。明代芍陂仍为36门，灌溉渠道延伸，总长达八百里，其中单条渠道最长者达六十余里，最短者为七里，灌溉面积在扩大。清代有水门28门，灌溉渠道总长二百八十四里，其中最长者仅十五里，最短者为四里。元明清持续开展滩区围垦，使芍陂水域面积不断缩小，到清末只剩30%的水面。至1949年芍陂南北长约二十里，东西宽不及十里，灌溉面积约八万亩。20世纪50年代时纳入淠史杭灌区后，芍陂成为其中反调节水库，灌溉面积七十万亩，属于大型灌区。现代芍陂的塘堤和水门保留了明清的数量和形制。今天芍陂有水门26处，堤周长约25千米，水面面积约34平方千米，平均水深3米，蓄水近1亿立方米。

---

① [宋] 宋祁：《寿州风俗记》，《景文集》，卷46，《四库全书》（标点本），第1088册，上海古籍出版社，1987年。窦堤，应是指陂堤内的引水涵洞。

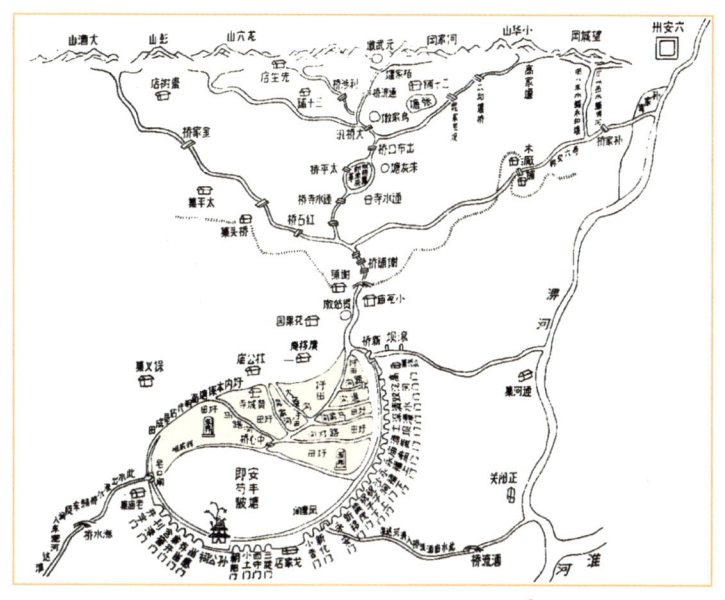

A. 清代芍陂工程体系及水域沿革①

B. 芍陂塘堤（2015年）
堤顶高出堤脚后耕地 3~6 米之间，这是芍陂围垦过程中塘堤不断加高的结果

图 2-6　芍陂沿革及其工程体系

① 据《（光绪）寿州志》绘制，图中阴影部分是 10—16 世纪被围垦的水域。

淮南平原南高北低、中部洼地的地形，造就了芍陂这样的蓄水工程，但是一旦失于管理，就会重新沦为少有节制功能的自然塘泊和沼泽。历史上芍陂多次经历数年、数十年、上百年的废弃，在战乱结束后很快得以修复并不断完善。芍陂自春秋创建至今2600余年，无论是复建还是管理，都是置于威权管理体制下。《后汉书·王景传》记载东汉王景淮南屯田，于芍陂"刻石铭誓，令民知常禁"[1]。在芍陂出土的都水官水权证实了在汉代芍陂灌区已经置官管理。芍陂灌区因工程的维护、灌溉管理制度形成了政府主导下的水利共同体，即为官方管理制度与灌区乡规民约结合的灌区水管理机制。

维护这一机制的文化是芍陂水神崇拜，它发挥了维系管理，沟通官民的功能。至迟于公元5世纪时，芍陂有专祠——孙公祠。现存的孙公祠为明代成化十九年（公元1483年）重修（图2-7），距芍陂北大堤约200米，占地3300平方米，建筑面积525平方米。现存有山门3间、还清阁两层6间、大殿3间、东西配殿各3间及回廊。孙公祠有春秋两祭，由寿州知府派礼官主持，正殿奉芍陂创建者楚令尹孙叔敖；东配殿供明代寿州知州黄克缵，他以驱逐占垦豪强而被封为芍陂功臣；西配殿则是清代寿州知州颜伯珣，纪念其在任七年对芍陂兢兢业业的修治。东西庑堂还有配祭自汉代至清代治陂有功的官员48人。

---

[1]《后汉书·王景传》，卷76，中华书局，1965年，第2644页。

A. 孙公祠主殿

B. 原孙公祠建筑遗存，现为孙叔敖纪念馆

C. 孙公祠内明万历芍陂界石碑（拓片）

▲碑记："以古制，律今塘，则种而田者十七，塘而水者十三。"反映了淮南地区人水矛盾下，芍陂不断围垦，16世纪末芍陂的情况。现代芍陂纳入淠史杭灌区后，陂堤加高，蓄水量增至1亿立方米。

图 2-7　芍陂孙公祠及其文化遗存

孙公祠祭祀仪礼自宋代延续至20世纪40年代。水神祭祀议程首先是主祭者在祭祀前一日"省牲"，即查验祭祀用的牲畜是否合格。祭祀当日孙公祠内陈设齐整，主祭以下官员皆穿公服，礼仪由通赞和引赞主持。司祭的工作人员各司其事，考钟伐鼓，主祭官就位，瘗毛血，迎神。之后行初献礼。初献礼主祭盥洗，举酒樽行跪礼；亚献礼和终献要完成上香、献帛、献爵、诵读祝文、行礼等程序。

孙公祠春秋祭祀物品有严格的要求及摆放位置，正殿陈设的物品最丰富，除了羹、牲馔之外，还有粮食如菽、稻、麦、高粱，蔬菜如菱角、藕、芡、茭、水芹、金针菜等，大多是当地水生蔬菜，肉类如鸡、鸭、鹅、鱼、虾，此外还要陈设猪和羊、香案、帛、爵、烛、祝文等。东西配二席较正殿稍微简单，蔬菜、粮食、鱼肉相对减少，也没有祝文和香案，多了香一束和纸锞一束，体现出不同祭祀规格。祭祀仪式表达了对芍陂修治先辈的敬仰，更重要的功能还是体现政府在管理中的威权地位。

孙公祠是灌区管理的公所，规章制度刻碑陈列于此，是官方执法的依据和对用水户的约束。每年春秋两祭同时例行召开灌区董事会议，产生于用水户的董事代表出自乡村士绅阶层，代表了不同区域用水户的利益。董事会议是用水户之间或是官民之间调解用水纠纷、维护灌溉秩序的场所，行政官员的威权加上共同崇拜的神灵或先贤，构成了相互沟通的纽带，营造出了既是威权的，又利于用水户、官方等不同利益方协调的水管理机制和文化。

二、魏引漳十二渠

战国中期经过数百年的诸侯争霸战争，最终形成韩赵魏楚燕齐秦七国称雄局面。这些诸侯国无不重视水利，拥有数量较多或规模较大的工程设施。其中魏国、秦国和楚国是兴建水利工程最多、规模最大的国家。有明确始建年代记载的最早灌溉工程是战国时魏国的引漳灌渠，或称引漳十二渠，魏的都城邺城在今河北省临漳县西南的邺镇。漳水穿邺城而过。有一流传甚广的故事成就了工程的声名。魏文侯时（公元前446—前397年）西门豹为邺令，其时魏还保留着商代杀人祭河、祈求河水安澜的风俗。但西门豹治邺以戏剧性的方式惩处了作恶的豪强和巫婆，改变了魏国河伯娶妻的恶俗。① 西门豹对魏国最大的贡献是开漳水十二渠，史称"西门豹引漳水溉邺，以富魏之河内"②。漳水今称漳河，是海河流域的主要河流，也是高含沙河流。漳水十二渠是指多进水口的引水方式，多口引水可以避免一口淤塞而致全部工程失效的后果。漳水十二渠引浑水淤灌，灌溉的同时可以施肥压碱，变斥卤为良田。渠成后，邺郡成为魏国主要粮食产区，亩产高出当时平均数的4倍以上。③

西门豹的引漳工程维系时间不详，最长不超过百年。魏襄王

---

① 西门豹治邺时，邺有河伯娶妇之说，河伯是河神，不为其娶妻，漳河会泛滥成灾。地方乡官不治水，还勾结巫婆强征相貌稍好的女子溺河为河伯妇，要不被征上就要行贿。邺城百姓大量逃亡。西门豹将巫婆沉河，并称河伯要娶大户豪强的贵妇，由此终结了邺城恶俗。

② 《吕氏春秋·乐成》记载始开渠者为史起。史起是魏襄王时人，约晚西门豹100年。《史记·河渠书》记西门豹引漳溉邺，《汉书·沟洫志》以《吕氏春秋》说为是。姚汉源先生认为西门豹修渠在前，史起继开于后。姚汉源：《西门豹引漳灌溉》，《水利水电科学研究院论文集》，第12集，水利电力出版社，1982年。

③ ［汉］王充《论衡·率性》："魏之行田百亩，邺独二百亩。西门豹灌以漳水，成为膏腴，则亩收一钟。"一钟是六石四斗，《汉书·食货志》记载当时平均亩产一石五斗。

时（公元前318—前296年）邺令史起"又堰漳水，以溉邺田"（《水经·浊漳水注》），两汉时西门渠仍在使用，且灌溉效益显著。东汉元初二年（公元115年）"诏……修理西门豹所分漳水为支渠，以溉民田"（《后汉书·安帝纪》），其时距西门豹兴建漳水十二渠已经过去了500多年，汉代的引漳灌区已经成为区域重要的水利工程。东汉末曹操以邺为根据地，大修渠堰，时称天井堰，"二十里中作十二墱，墱相去三百步，令互相灌注。一源分为十二流，皆悬水门"①，墱即为堰，汉天井堰仍采用多口引水，灌今安阳、磁县一带，灌溉面积约十万亩。两汉三国两晋南北朝时，邺因引漳工程成为区域政治经济中心，亦为多个割据政权的都城，其中最重要的是东魏、北齐引漳灌渠的再次重建。这是规模较大的重修和扩建，新渠先后名万金渠、天平渠。唐宋时期，因为战乱工程时有废弃，承平时期天平渠维修管理不辍，并在原来的基础上不断开新支渠，灌区在今河南安阳、河北临漳境内，灌溉面积约十万亩。1959年，在河北磁县天平渠引水口附近兴建了岳城水库，天平渠遗存成为岳城水库渠系的一部分。

图2-8 天平渠岁修清淤标准——"天平渠底"碑

▲在天平渠引水口附近出土，应该是清代遗留物，这是引漳灌区管理制度得以延续的见证。

---

① ［北魏］郦道元：《水经注·浊漳水》，［清］杨守敬：《水经注疏》，卷10，江苏古籍出版社，1989年，第933—934页。

西晋左思《魏都赋》中对漳水十二渠和邺都沟渠的描写

西门溉其前，史起灌其后。墱流十二，同源异口。畜为屯云，泄为行雨。水澍稉稌，陆莳稷黍。黝黝桑柘，油油麻纻。均田画畴，蕃庐错列。姜芋充茂，桃李荫翳。家安其所，而服美自悦。邑屋相望，而隔逾奕世。

（邺都）内则街冲辐辏，朱阙结隅。石杠飞梁，出控漳渠。疏通沟以滨路，罗青槐以荫涂。比沧浪而可濯，方步櫩而有逾。习习冠盖，莘莘蒸徒。斑白不提，行旅让衢。设官分职，营处署居。夹之以府寺，班之以里闾。

——引自（清）严可均，《全上古三代秦汉三国六朝文》

第三节　九州地理及水土资源论

大禹治水以后，"四渎已修，万民乃有居"[①]，这便是中国第一个王朝夏朝诞生的根本。治水活动以后华夏民族文明的进程进入了新的时期，从夏商至春秋战国2000多年，由王朝集权统治的建立再蜕变为周天子封建制下的诸侯列国，由游牧过渡到以农业为主的经济体系。其间2000年灌溉逐渐成为农业的支撑，伴随这一进程的是灌溉工程从沟洫演进为具备引水、蓄水、输水、田间灌溉等设施的区域性灌溉工程体系。

周及其诸侯国对疆域内水土资源的开发利用，因自然环境不同而生发出技术的差异。春秋战国至秦汉时期诸子百家纷纷对区

---

① [汉] 司马迁：《史记·殷本纪》，这是司马迁引商汤的话，原文："古禹、皋陶久劳于外，其功于民，民乃有安。东为江，北为济，西为河，南为淮。四渎已修，万民乃有居。"中华书局，1959年，第97页。

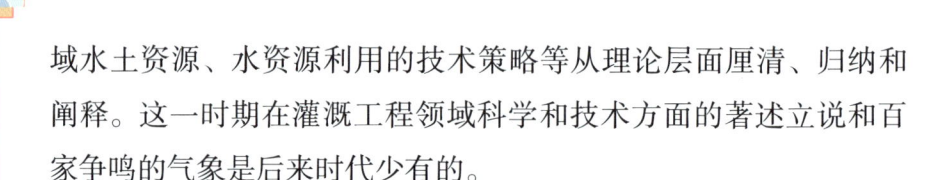

域水土资源、水资源利用的技术策略等从理论层面厘清、归纳和阐释。这一时期在灌溉工程领域科学和技术方面的著述立说和百家争鸣的气象是后来时代少有的。

一、九州区划与水土资源

先秦时期,诸子阐释中国疆域往往以禹治水而水落洲分为起源,遂引申到行政区划——州划分。以禹为首的华夏部落与不同区域不同氏族治水的行动,加速了各氏族间的融合,各部落认识了部落领地以外更大范围的山川江河,使江河成为政区最早划分的依据,并在后世多有沿袭。《山海经·海内经》:"禹卒布土以定九州"[①],《禹贡》的九州为:冀、兖、青、徐、扬、荆、豫、梁、雍。同时期成书的《周礼·职方氏》则为冀、兖、青、扬、荆、豫、雍、幽、并九州。不同文献表述的九州略有不同。两者的出入是《禹贡》为徐梁二州,而《周礼》为幽并二州,差异应是《禹贡》与《周礼》成书时间不同,周天子封地亦有所别所致。

与九州同时被记载的湖泊和江河,是中国疆域最早获得命名的水体。到战国时人们将诸侯国领地与九州所在一一对应,"何谓九州?河汉之间为豫州,周也。两河之间为冀州,晋也。河济之间为兖州,卫也。东方为青州,齐也。泗上为徐州,鲁也。东南为扬州,越也。南方为荆州,楚也。西方为雍州,秦也。北方为幽州,燕也"[②]。九州与春秋战国诸侯国的疆界划分成为中国政区划分的基础。

---

① 《山海经》,卷18,《钦定四库全书》(影印本),第6页。
② 《吕氏春秋·有始览》,《诸子集成》,中华书局,1957年,第125页。

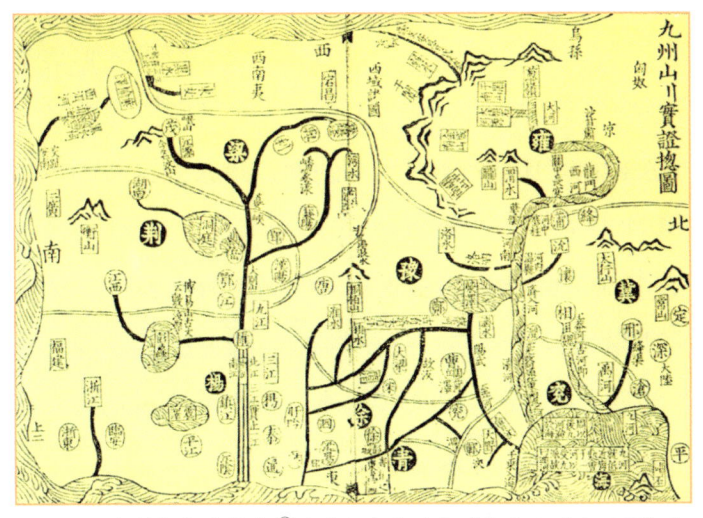

图 2-9　九州与九薮分布[①]（引自南宋时期《禹贡山川地理图》）

表 2-1　　《周礼·职方氏》描述的九州范围及水资源情况

州名	相当于今范围	水资源分布
扬州	淮河中游以南到海，即今江苏南、上海、安徽东南、浙江东部	泽薮：具区（即今太湖） 川：三江，指长江下游及太湖一带的河道网 浸：五湖，泛指长江下游太湖平原诸湖
荆州	长江中游及汉水下游以南的地区，即湖南、湖北及江西部分地区	泽薮：云梦及今长江两岸沼泽 川：江水和汉水，指长江及汉江中游 浸：颍、湛指今长江中游涢水和沮漳河
豫州	大致相当于今河南省	泽薮：圃田，在今郑州、开封间，与黄河通，北宋以后为黄河泥沙湮没 川：荥、雒，即今颍河和洛河 浸：波溠，即今汝河和唐白河

①《九州山川实证总图》成图时间为南宋淳熙四年（公元1177年），原图存北京国家图书馆。图作者依据《禹贡》山、河、湖、海及九州疆域的记载绘制而成。图中的文字标注古今（夏与南宋）的沿革，凡宋代建置用阳文，地名套以黑圈，山河名加方框，河道变迁辅以说明。

053

续表

州名	相当于今范围	水资源分布
青州	今江苏、安徽的淮北,河南东部、山东南部及半岛大部	泽薮:望诸,今豫东和鲁南一带的古湖泊,已湮没 川:淮水和泗水 浸:沭水和沂水
兖州	今山东西南及北部、河南北部、河北东南部	泽薮:大野,今山东巨野东北至东平一带古沼泽湖泊,已湮没 川:黄河和济水(已湮没) 浸:卢维,指古漯水及汶水
雍州	今陕西、山西黄河以西地区	泽薮:弦蒲,在今陕西陇县以南,千水两岸的古沼泽地 川:泾水及支流油水 浸:渭水和北洛河
幽州	今河北东北部,辽宁南部及山东半岛东端	泽薮:貔养,今山东莱阳东的古沼泽地 川:河水和济水 浸:即淄水及其支流时水
冀州	今山西和河北省南部	泽薮:杨纡,西汉时称大陆泽和宁晋泊等 川:漳河 浸:汾水和潞水
并州	今河北省西北部,山西北部	泽薮:昭余,在今汾河东山西介休东北至祁县以东,已湮没 川:虖池、呕夷,即滹沱河及永定河 浸:涞水、易水

何谓"九河"?自战国时期至西汉著作《尚书》《山海经》《吕氏春秋》《周礼》《淮南子》大同小异,反映了相应时期江河流域开发程度。西汉《淮南子·坠形训》对江河水系的阐释最有代表性:"何谓九薮?曰越之具区,楚之云梦,秦之阳纡,晋之大陆,郑之圃田,宋之孟诸,齐之海隅,赵之钜鹿,燕之昭余";"何

谓六水？曰河水、赤水、辽水、黑水、江水、淮水"。①六水中不含先秦的四渎中济水，西汉末年黄河屡屡决溢夺济水水道，时济水水道已堙。此外西汉对江河地理的认知从中原扩展至东北地区。12世纪时，南宋人将先秦记载的九州、九薮落实到当时的地图上，一千多年的行政区沿革，河流湖泊演变，南宋人已经把握得非常清晰，重现了先秦中国山川和疆域。

二、区域水土资源分类与规划

西周至战国时期按区域地对水土资源系统的归纳，开启了基于水资源基本条件规划区域灌溉工程和农业发展的先河。

《尚书·禹贡》是基于西周疆域的水土资源规划。②《禹贡》对九州土壤作了分类，并以是否适合农作物生长定其高下。冀州：土质为白壤，其"田中中"；兖州"黑坟"，其"田中下"；青州为"白坟"，其"田上下"；徐州为"赤埴坟"，属"田上中"；扬州、荆州系"涂泥"，为"田下下"或"田下中"；豫州的土壤属"壤"和"坟垆"，为"田中上"；梁州是"青黎"土，为"田下上"；雍州是"黄壤"，系"田上上"。③

《周礼·职方氏》是战国人论述夏官司马的属官"职方氏"职掌的专书，书中包括九州疆域及其江河、畜牧家畜、农作物、人口情况等，这是中国区域水资源的最早系统阐述。表达了西周以

---

① 《淮南子》，卷4，《诸子集成》，中华书局，1957年，第55—56页。
② 西汉人司马迁将《尚书·禹贡》列为夏书。《尚书》的成书时代，在19世纪末至20世纪中学界有成书西周和战国两种认识。对华夏的疆域作者认同以西周疆域为主，参以战国中期的各国疆域。有关《禹贡》的学术论争和科学内涵讨论见辛树帜《禹贡新解》，农业出版社，1963年。
③ 《尚书·禹贡》，卷6，《十三经注疏》，中华书局，1979年，第147—148页。

来"我理我疆"封建行政的理念。较之《禹贡》更为系统，针对性更强。

《职方氏》将九州水资源分为泽薮、川、浸三种类型。泽薮是人们从事水产和渔业的水域的湖泊；川是可以通水运的江河水道；浸特指有灌溉之利的塘泊或河流。《职方氏》一一列举了各州的疆域及其水资源分布情况。在《职方氏》的记载中，除雍、冀二州外，其余七州都宜种稻，反映出夏商至汉代黄淮海平原气候比较温暖和湿润，水稻是当时除黍、稷以外普遍的农作物。

《职方氏》更对各州土壤适合种植的作物种类有全面的总结。称：扬州、荆州宜稻，豫州宜种谷五种（即黍、稷、菽、麦、稻），青州宜稻、麦，兖州宜黍、稷、稻、麦四谷，雍州宜黍、稷，幽州宜黍、稷、稻三种，冀州宜黍、稷，并州宜谷五种。[1]

九州之内，除雍州、冀州，其余七州都宜种稻。稻作农业普及，反映出其时气候条件较为温暖，水利设施也有基本保证。

后于《禹贡》《职方氏》的还有战国末期的《管子》《淮南子》等，对水土规划有更强的针对性。《管子·地员》针对土壤特性将土壤分为90种，并指出相应的适宜种植的农作物。90种土壤按肥力分上、中、下三等，上等按品质排次序，依次为：粟土、沃土、位土、隐土、壤土、浮土六种。每一种再细分为赤、青、白、黑、黄五类。每一等级的土有两类适宜植物，则九州之土90类，适宜植物凡36种。《淮南子·地形训》则主要阐释不同河流灌溉水质与作物的关系："汾水濛浊而宜麻，济水通和而宜麦，河水中浊而宜菽，洛水轻利而宜禾，泗水多力而宜黍，汉水重安而宜竹，

---

[1]《周礼·职方氏》，卷33，《十三经注疏》，中华书局，1979年，第861页。

江水肥仁而宜稻。"[1]

春秋末期楚国人蒍掩的税赋策略是一例区域水资源规划与应用的著名案例。鲁襄公二十五年（公元前548年），在楚国任司马的蒍掩受命理清封国内税赋来源。他在楚地开展了对山林、湖泊、土地、农作物种植种类等的一系列调查，并据此制定陂塘、堤防建设以及土地整治的规划。蒍掩最后根据资源情况向令尹子木提出了楚国量入收赋的策略，以及在封地内征收车、马、兵、甲数量的标准。[2] 楚国对自己疆域水土资源情况的把握，使得其能够建立较为合理的税赋制度，有计划地开展诸如水利、道路等公共工程的建设。此后楚国实力增强，成为春秋末战国初的强国之一。

三、气象、水文及明渠水流性态认知与阐释

距今4000年左右，进入农耕文明的殷商人，对降雨已经有细微的观察，并能根据雨量强度对降雨进行分类。在出土的殷墟甲骨文中，有关雨的卜辞约占全部甲骨文的1/5。这些卜辞将降雨分为大雨、小雨、幺雨（毛毛雨）、耳雨（不断下的小雨）等；按降雨状况则有多雨、雨少、雨疾、从雨等，以及对降雨时间、方位的记录。

成书于公元前370年左右的《左传》提出降雨和降雪深度的划分标准：连降三日或三日以上的雨为"霖"，高于地面一尺的

---

[1] [汉]刘安：《淮南子·地形训》，《诸子集成》，中华书局，1957年，第61页。
[2] 《春秋·左传》："（襄公二十五年）楚蒍掩为司马，子木使庀赋，数甲兵。蒍掩书土田，度山林，鸠薮泽，辨京陵，数疆潦，表淳卤，规偃猪，町原防，牧隰皋，井衍沃。量入修赋，赋车籍马，赋车兵、徒兵、甲楯之数。"

降雪为"大雪"。① 同时期的《礼记·月令》则依据降雨时间对农业生产的影响将雨情分为"时雨"（正当农时的雨）、"苦雨"（洪涝致农作无收的雨）和"秋雨"（收获期久雨不晴的雨）三种。②

战国后期对江河的认知从地理学视角向水文、水资源的层面深化，出现了对江河水系分类、对河流形态描述的学术论著，其中最有代表性的首推《管子·度地》，它对江河水系构成和分类，以及对河流（或明渠）水力学现象的阐释，在水文学和水力学领域中无疑是重要的学科建树。

（一）江河水系构成与类型

《管子·度地》："水有大小，又有远近。水之出于山而流入于海者，命曰经水；水别于他水，入于大水及海者，命曰枝水；山之沟，一有水，一毋水者，命曰谷水；水之出于它水，沟流于大水及海者，命曰川水；出地而不流者，命曰渊水。此五水者，因其利而往之，可也；因而扼之，可也。"③ 这段论述根据地表水水源、流经，划分了干流（经水）、支流（枝水和它水）、山溪（谷水）、人工河（川水）、湖泽（渊水）等类型，并提出了有针对性的水资源利用如引水（因其利而往之）与挡水（因而扼之）两种技术策略，这是非常清晰而准确的江河水系分类方法，且有利于此后对水资源利用方式的讨论。

（二）关于水流势能的阐释：引水、分水的基本原理

《管子·度地》："水可扼而使东西南北及高乎？……曰：

---

① 《左传》，成书于公元前375—前351年。
② 《礼记·月令》，成书于公元前3世纪。
③ 《管子·度地》，《诸子集成》，中华书局，1957年，第303—304页。

可。夫水之性，以高走下则疾，至于漂石，而下向高，即留而不行。故高其上，领瓴之。尺有十分之，三里满四十九者，水可走也。乃迁其道而远之，以势行之。"

这句话的含义是水自高处向下流，通过河流的挡水建筑（坝或堰）和渠道，可以将河水引到用水的地方，是为"扼"水，而形成领瓴之的势能。类似的还有《孟子·告子上》，其说曰："今夫水，搏而跃之，可使过颡；激而行之，可使在山。"[①] 所谓激而行之，指的是通过技术措施阻遏水势，改变水流方向，所谓引水上山是可以做到的。

《管子·度地》的这段文字中，提出了水道比降的概念："夫水之性，以高走下则疾，至于漂石，而下向高，即留而不行，故高其上，领瓴之。尺有十分之，三里满四十九者，水可走也"[②]，是说在水道长三里的距离内，渠底高度降四十九寸，水道便可行水。"三里满四十九"大约相当于1‰的坡降。

在水道上修筑挡水的坝或堰，将水位抬高，就为"使水东西南北及高"创造了水力条件；通过渠道比降的设计，可以控制水道中水流的流速和引水的远近，是以"迁其道而远之，以势行之"。上述对水流势能的阐释，将堰坝、渠道设计原理包含其中了。

（三）管道有压流、水跃及漩流现象的描述

《管子·度地》："水之性，行至曲，必留；退，满，则后推前。地下则平行，地高即控。"[③] 这段话是有压流即对虹吸现象的描述，

---

① 《孟子·告子上》，《诸子集成》，中华书局，1957年，第434页。
② 《管子·度地》，《诸子集成》，中华书局，1957年，第304页。
③ 《管子·度地》，《诸子集成》，中华书局，1957年，第304页。

意思是当水流遇到向下弯曲的管道口（即现代所称的"倒虹吸管进口"）时，水必先充满底部弯管，待管道全部充水后，若还有水不断进入，就会推着前水，从另一端不断地涌出。前提一定是管道进出口要有高差。在商都城殷墟（今河南安阳小屯）、春秋战国时期燕下都（今河北易县）和秦都咸阳等地都有陶制下水管道的考古发现。对管道有压流现象的阐释，源自当时人对管道水流的观察。

　　水跃和漩流是渠道或河流常见的两种水力学现象，是水流势能消耗的过程。水跃是当急流突然遭遇建筑物阻挡而产生水浪；漩流是行进中的水流受阻后，流速急减后在一定范围内形成的回流。《管子·度地》描述了水流发生水跃和漩流两种水力现象，"杜曲激则跃，跃则倚，倚则环，环则中，中则涵，涵则塞，塞则移，移则控，控则水妄行"。"曲"是指水道边界发生突然改变（出现例如阻水建筑或物体），因而导致了水流性态在局部突然改变（是为"杜曲激"），即出现水跃。水跃之后产生了旋涡回流，形成了对河（渠）岸基础的淘刷。水流不断在扩大的冲坑中回流，终将造成河（堤）岸的破坏，以致"水妄行"，即决口改道。这段对立又统一的水流动力学的阐述，指出了江河改道、河渠岸坡坍塌的机理。

　　大禹治水以后，"四渎已修，万民乃有居"[①]，这是中国第一个王朝夏朝立世的经济基础。大禹治水以后华夏民族进入了农业

[①] [汉]司马迁：《史记·殷本纪》，卷3，这是司马迁引商汤的话，原文："古禹、皋陶久劳于外，其有功于民，民乃有安。东为江，北为济，西为河，南为淮。四渎已修，万民乃有居。"中华书局，1959年，第97页。

文明阶段，自夏商周至春秋战国 2000 多年，由部族联盟蜕变为周天子封建下的诸侯列国，由刀耕火种的原始农业过渡到灌溉农业。尤其春秋战国时期的百家争鸣，也带来了古代水科学的繁荣。区域水土资源的分类、水资源利用的技术策略，以及河渠水力学、水文学现象的理论阐述，为灌溉工程技术发展提供了基础。此后，中国历史上再也没有如战国时期这般辉煌的科学发现和理论建树，尽管有元代王祯《农书》、明代徐光启《农政全书》对灌溉工程各类技术的归纳总结，但是科学层面的突破实在是寥若晨星。

中国灌溉工程史

第二编 中古时期

灌溉工程技术完善与传播

（公元前221—1279年）

秦王朝建立了以皇权为最高统治、以郡县为地方行政单元的一统国家，其后的汉朝更从制度上完善了这一中央集权的行政管理体制。秦汉王朝建立的中央政权直达地方的管理系统，使得建设较大规模的水利工程，实现超越行政区的水资源调配成为可能。

秦汉时期中国进入了第一次大水利的高潮。战国末年，秦在蜀郡兴建的都江堰，于关中兴建的郑国渠，经过400多年的经营，工程体系得以完善。这些大型引水工程的受益区，后世逐渐成长为区域经济或政治中心并延续至今。

两汉时，黄河下游华北平原成为全国人口密度最大的地区。优越的水土条件，使华北平原的土地在这一时期几乎垦殖殆尽，冀州、兖州诸郡成为支撑帝国在关中地区之外又一农业经济区。汉代黄河决溢泛滥，成为威胁这一粮食产区的主要灾害。自武帝始，国家水利的重点放在了应对黄河决溢的堵口和筑堤防洪上，灌溉工程则开始由地方政府主持兴建，并在建成后成为工程管理和处理水事纠纷的主体。

汉代以来，水资源利用方式和灌溉工程类型更为丰富。西汉武帝时，汉朝疆域向西部大举拓展，内地水利工程技术也在这一时期传至西北。其时在河西及河朔，置酒泉、武威、张掖、敦煌、西河、朔方、五原诸郡，在轮台（今新疆巴音郭楞蒙古自治州）设西域都护府，将西域诸国纳入汉的属国。为巩固边疆，汉朝屯田西北及西域，由此青海河湟地区（今贵德、化隆、西宁、乐都等地）、甘肃河西走廊的西北内陆河以及宁夏和内蒙黄河河套地区的水资源开始得到开发。新疆塔里木盆地、吐鲁番盆地、准噶尔盆地的轮台、渠犁、车师、楼兰、于阗等地开始了绿洲水利的历史。河西及西域，地处黄河上游流域和内陆河流域，降水量多年平均50~300毫米，除此之外，灌溉水源主要来自内陆河和融雪洪水。在这些地区的农业完全依靠灌溉工程，可以说水利所兴之处，便是农耕文明之区。两千年来，在中国西北的灌溉工程时有兴衰，因水利而在西部划分出了不同时期的农耕与游牧文明界限。

东汉至魏晋南北朝是中国历史上战乱频繁的时期。但是，战乱并非500年历史的全部。随着东汉以来中央集权统治地位逐渐式微，区域割据政权此消彼长的社会环境下，门阀士族势力兴起，同时带来了区域性思想活跃和文化繁荣的气象。在水的领域，这是一个历史上少有的技术发明时代。1世纪时发明的水轮，到这一时期应用于提水灌溉、食品、工业原料加工用途的水力机械，如水车、水碓、水磨、水碾、水排、水纺车等相继问世。水轮是工业革命前最伟大的技术发明，开启了以水力为动力的时代，这是电诞生之前，人类最早掌握的由自然能转化的动能。唐宋时期是水利、水力机械（机具）发展和普及的又一里程碑。其时因地制宜的水资源利用方式，不仅创造了地域特点鲜明的水利工程建筑，更有联机水碓、水磨、水碾、高水车等水力机械诞生。唐宋时期，以水磨、水碾为代表的水力机械逐渐向民间扩散，并从灌溉、粮食加工扩展到制陶、造纸、茶叶、制药等耗费劳力的环节。13世纪王祯的《农书》最早以文字与图谱并重的形式对各种水力机械、提水机械进行了系统而准确的记载，囊括了古代水利机械、机具的所有类型。

东汉末、魏晋南北朝、晚唐及北宋末，淮河以北数次处于割据战争或外族南侵的战乱之中，中原人口数次南迁。9至13世纪是长江以南灌溉与排水工程长足发展的时期。堰坝工程无论是结构还是建造技术都有多方面的突破，永久性的砌石工程使得有坝引水、蓄水、拒咸功能的排水工程类型更加丰富。在水资源丰富、水系发育、地势低洼的长江中下游平原、太湖平原、两浙地区、萧绍宁及珠江三角洲地区，出现了开河、筑堤、圩田等水利措施并举的圩（围）区水利或湖区水利，营造出了农业发达、人口繁盛的新经济区。在这一开发的进程中，灌溉辐射到更为广大的南方山区和丘陵。至12世纪时，现代所有的灌溉与排水工程类型除机电灌排外都已经具备。

第三章　秦汉帝国水利区形成及发展

在诸侯国分立的春秋战国时期，难以进行跨越边界的江河堤防建设与管理，也不可能兴建引水枢纽与受益区分离的灌溉工程。战国后期后起的强国秦开始兴建跨政区跨水系的水利工程。秦统一中国后，集权王朝的建立为规模宏大的灌溉工程建设创造了条件。中国历史上灌溉工程建设的第一次高潮是在强大的汉王朝中期。

汉代（公元前202—公元220年）400多年间是水利工程突飞猛进的时代。兴起于秦以咸阳为中心的关中平原、黄河下游平原和岷江成都平原大型灌溉工程已经成为支撑新的王朝最重要的经济区，这些水利区与经济区重合的格局一直维系至唐中期。西汉司马迁创造了"水利"这一用以指代兴利于防洪、灌溉、水运等公共工程或事业的术语。"水利"一词产生的背景是汉武帝时期的瓠子堵口事件工程，以及汉王朝远至西北边疆（今甘肃、宁夏、内蒙），近则都城所在的关中大大小小的灌溉工程相继兴建。汉武帝元光三年（公元前132年）黄河在瓠子（今河南濮阳）决口。此后黄河泛滥于今河北山东一带长达二十三年。元封二年（公元前109年）武帝发兵卒数万人前往瓠子堵口。武帝亲临堵口现场，沉白马、玉璧于河，并率群臣、将军负薪堵口。功成，筑宣防宫。"自是以后，用事者争言水利。朔方、西河、河西、酒泉皆引河及川谷以溉田，而关中辅渠、灵轵引堵水；汝南、九江引淮，东海引巨定，泰山下引汶水，皆穿渠为溉田，各万余顷。它小渠及陂山通道者不可胜言，然其著者在宣防。"[①] 两汉420余年，黄河、淮河的中原腹地，既有在江河干流上修筑堰坝引水的大型工程，也有蓄积山溪雨洪的陂塘蓄水工程。长江、太湖之间，长江、淮河之间，以及钱塘江、曹娥江之间的湖区工程陆续兴建。

汉代最值得注意的新经济区，出现在汉水的支流湍水和淯水（今合称唐白河）之间的南阳郡（治今河南南阳）。南阳太守召信臣（？—公元前31年）建六门陂，创造了引与蓄结合的工程类型，即在河流引水，利用洼地修筑若干蓄水陂塘，开凿渠道将这些陂塘串联起来，通过陂塘蓄水，可以在一定程度上调节丰枯水量，更有效地利用水资源。这一具有蓄水、水量调节和输水功能的灌溉工程系统被称为"长藤结瓜"，使原来只能旱作的区域成为稻作区，粮食产量得以大幅度提高。为了维护公共水源用水秩序，召信臣制订了"均水约束"，将其刻在石碑上立于田间。从西汉到北魏，及至隋唐，700年间这类"长藤结瓜"式的引蓄结合的工程体系一脉相承，并得到了很好的经营。北魏时，六门陂连接的陂塘有29处，陂塘和渠道工程配套设施完善，塘、闸、堤防、渠道共同作用，是蓄灌节制有度、水量得到有效管理的灌区。

兴建于战国末年的都江堰和郑国渠工程体系，经过百余年的逐渐完善，至汉代演变为区域性的大型灌溉工程，在它们的支撑下两汉时期成都平原和关中平原成为区域经济中心，并称为天府

[①] [汉] 司马迁：《史记·河渠书》，《二十五史河渠志注释》，中国书店，1990年，第11页。

之国。都江堰和郑国渠是具有适应江河演变的工程体系。郑国渠受泾河下切的影响，渠首不断适应性上移，直到明代改引泉水入渠，灌溉效益大为减少，直到20世纪30年代泾惠渠建成，赋予了郑国渠新的生机。都江堰无坝引水工程则延续至今，基本保留了持续两千多年的工程体系。

图3-1　四川宜宾出土的东汉陶水田模型

▲模型上右为水塘，左是农田。水塘与农田之间的堤岸上有一缺口（水缺），水塘的水经过水缺流进右上部第一块田中，然后通过各自左侧田埂上的水缺依次流进第二块田和第三块田中。如此，经过阳光照射田中水温就会逐渐升高，有利于水稻的生长，这种方法称为串灌。

第一节　都江堰与成都水利区

岷江流域是中华文明的发祥地之一。古蜀国于中原文化圈外拥有自己的文化。有关古蜀国的文字记载最早出现在成书于战国时期的《山海经》、两汉时期的《蜀王本纪》，以及东晋时期的《华阳国志》中，这些史料勾画出古蜀大概的更替进程。古蜀人是与氐羌同源的支系，距今约4000年的蜀人生活在岷江上中游，经历了蚕丛、蒲卑、鱼凫三代，每一代都是几百年，是与中原黄帝同时代的文化族群。古蜀人在蒲卑时代的望帝杜宇时,活动中心移向成都平原北部。这期间蜀地发生了类似中原尧时代的大洪水。杜宇的丞相鳖灵治水有功于古蜀国,杜宇让位,鳖灵为蜀王,是为开明王。古蜀国由此进入了鱼凫开明王时代。开明朝历时300多年,直到秦灭蜀。

一、李冰创建都江堰

战国末年,秦统一六国前蜀国首先被兼并。蜀国灭亡后,秦惠王九年(公元前316年)秦以蜀旧地置侯国,降蜀王为蜀侯。秦惠王十四年(公元前311年)张仪筑城于成都、郫、临邛等县,将大批人口迁移到成都平原中部。秦昭王二十二年(公元前285年),平蜀侯绾谋反后置蜀郡,张若为首任蜀郡守,开始经营成都。其时成都是与咸阳同制的都市,城有少城、内城,里间整齐,列肆开市,广营府舍。城中和附近郊外有万岁池、龙坝池、千秋池和柳池,池与池彼此相通,冬夏池水盈盈,苑囿环绕。[①]自然条件优越的蜀郡,成为秦征服六国战争提供粮食和兵源的大后方。秦设蜀郡29年后,秦昭王五十一年(公元前256年),蜀郡守李冰兴建了都江堰。

都江堰位于岷江上游成都的西北。这里是岷江进入成都平原的起点,在地形上具有自流引水的良好条件。要实现引岷江水进入成都,首先需开凿引水口。开凿离堆是李冰的主要功绩。离堆是岷山余脉伸入岷江的一段山崖,由此凿开的进水口即今我们所

---

① [晋]常璩:《华阳国志·蜀志》,《四部丛刊初编》,(上海)商务印书馆,1935年,第18页。《华阳国志》成书于晋穆帝永和十年前后(公元354年),作者常璩系江原人(今崇州市),所记蜀中历史上迄古蜀国,下至成汉末代汉王。

称的宝瓶口，是都江堰最早兴建的关键工程（图3-2）。都江堰其后经历了不断发展和完善的过程，而渠首工程都是于宝瓶口以上的岷江，利用河道、江心洲布置的分水、泄洪等工程设施。如果说离堆的开凿为岷江水资源的利用开创了广阔的前景，那么都江堰渠首工程对河道地理位置的合理利用注定了它具有长久生命力。

图3-2　离堆—宝瓶口（胡步川摄，20世纪50年代）

▲左为离堆，与右侧山体构成了宝瓶口，这是都江堰永久的进水口，两千年来从未改变过。

都江堰最早兴建的目的应该是在成都平原之间开通一条水路，这条水路以成都为中心，连通岷江、沱江，进而形成联系长江的水运网。在修建100多年后的汉代，都江堰演变为以灌溉为主，兼有供水、水运功能的水利工程，成都平原成为"水旱从人，不知饥馑"的天府之国，两千多年来一直作为西南政治、经济中心存在。

《史记·河渠书》中有关都江堰的最早记载

荥阳下引河东南为鸿沟，以通宋、郑、陈、蔡、曹、卫，与济、汝、淮、泗会；于楚，西方则通渠汉水、云梦之野；东方则通（鸿）沟江淮之间；于吴，则通渠三江五湖；于齐，则通菑济之间；于蜀，蜀守冰凿离碓（堆），辟沫水之害，穿二江成都之中。此渠皆可行舟，有余则用溉浸；百姓飨其利。至于所过，往往引其水益用溉田畴之渠，以万亿计，然莫足数也。

——（汉）司马迁，《史记·河渠志》

二、汉晋时期的都江堰

都江堰见诸文字记载是在它建成的 100 多年后。汉武帝元鼎六年（公元前 111 年）郎中令司马迁奉使巡视天下，曾经"西瞻蜀之岷山及离碓（堆）"[1]。在司马迁《史记·河渠书》的记载中，早期的都江堰，只有离堆和李冰开凿的成都二江，且二江是水运的水道。都江堰、鱼嘴、飞沙堰、宝瓶口这些关键工程的名称最早见于文献是在 13 世纪。都江堰要满足年际内较长时间供水，除了离堆有进水口外，还需要配套工程设施。

在都江堰逐渐完善的进程中，汉代无疑是重要的阶段。[2] 在 3 世纪的文献中，都江堰的工程体系才清晰可见。晋太康时（公元 280—289 年），左思著名的《蜀都赋》，以及为其作注的同时代人刘逵涉及了当时都江堰的情况。《蜀都赋》："沟洫脉散，疆里绮错。黍稷油油，粳稻莫莫。指渠口以为云门，洒滮池而为陆泽。"刘注："李冰于岷山下造大堋以壅江水，分散其流，溉灌平地，故曰'指渠口以为云门'也。"[3] 晋代人常璩《华阳国志》记："冰

---

[1] ［汉］司马迁：《史记·河渠书》，《二十五史河渠志注释》，中国书店，1990 年，第 12 页。

[2] 谭徐明：《都江堰史》，中国水利水电出版社，2009 年，第 50—51 页。

[3] ［晋］左思：《蜀都赋》，［清］严可均校辑：《全上古三代秦汉三国六朝文·全晋文》，卷 74，中华书局，1958 年，第 1882 页；［晋］刘逵注，引自《文选》卷 4，《四部备要》，中华书局影印本，1989 年，第 56 页。

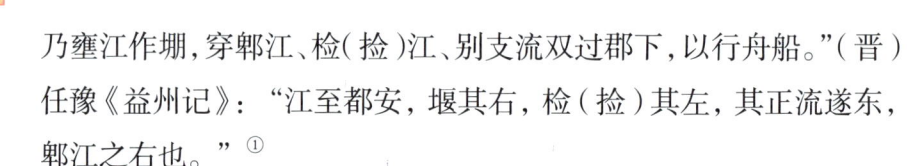

乃壅江作堋，穿郫江、检（捡）江、别支流双过郡下，以行舟船。"（晋）任豫《益州记》："江至都安，堰其右，检（捡）其左，其正流遂东，郫江之右也。"①

《水经注》对工程还有更为详细的说明："江水又历都安县，李冰作大堰于此，壅江作堋，堋有左右口，谓之湔堋，入郫江、捡江，以行舟。……俗谓都安大堰，亦曰湔堰，又谓之金堤。"②堋，或称都安大堰、湔堰、金堤，是分水设施，功能与后来的鱼嘴完全相同；其时的都江堰还有用于测量水位的石人。石人于1970年和2014年在都江堰渠首岁修时发现。石人是古代测量水位的标准参照。放置在关键位置，据此控制引水干渠的疏浚尺度，以节制和调整引水量。③

从公元前2世纪到3世纪的文献记载可以清晰地看到都江堰早期演变的脉络，可以肯定的是，至迟公元1世纪时都江堰渠首已经配备了分水、引水等工程设施，依靠竹笼或抛石修筑的堰，以及岷江水道天然的水力条件可以引到足够的水量。都江堰改变了成都平原的自然环境，在为平原带来充足水源的同时，也重构了平原的河流水系。此后2000年成都平原上城镇、乡村，乃至行政区划的形成或演变与水的利用与管理都有密切关系。

---

① [晋]任豫：《益州记》，已经佚失，转引自[北魏]郦道元：《水经注·江水》，卷33，巴蜀书社影印本，1989年，第519页。
② [北魏]郦道元：《水经注·江水》，卷33，巴蜀书社影印本，1989年，第519页。
③《华阳国志》记载了石人设置的位置与功能，"（李冰）于玉女房下白沙邮，作三石人立三水中。与江神要：水竭不至足，盛不没肩"。今都江堰市有白沙镇，在宝瓶口以上约1千米处，当时内外江分水口在今鱼嘴以上500米。

A. 成都水利全图（1886年）①

▲19世纪末的都江堰渠首由都江鱼嘴、平水槽、飞沙堰、人字堤、宝瓶口组成。都江堰渠首分水及节制工程适应岷江江心洲的改变，各时期并不完全相同。岷江左岸依山的建筑是二王庙。东汉始建李冰祠，南齐更名为崇德庙，清雍正更名为二王庙。二王庙是道教二郎神专祀庙，也是都江堰的堰庙，是举行堰工会议的地方。

B. 都江堰渠首分水、导流和节制工程实景（1908年摄）②

▲自上游至下游是鱼嘴、金刚堤，这两部分是分水和导流设施。平水槽是溢洪工程，与飞沙堰、人字堤和宝瓶口共同节制水量，现已不存。

① [清]宋兆熊、樊晋锡绘，引自[清]傅崇矩：《成都通览》，成都通俗出版社，宣统元年（1909年）。

② [德] E.伯兹曼：《中国建筑与景观》（Ernst Boerschmann, Baukunst und Landschaft in China）, Provinzen. Verlag Ernst Wasmuth, Berlin, 1923, pp. 119.

第二编 中古时期 灌溉工程技术完善与传播

073

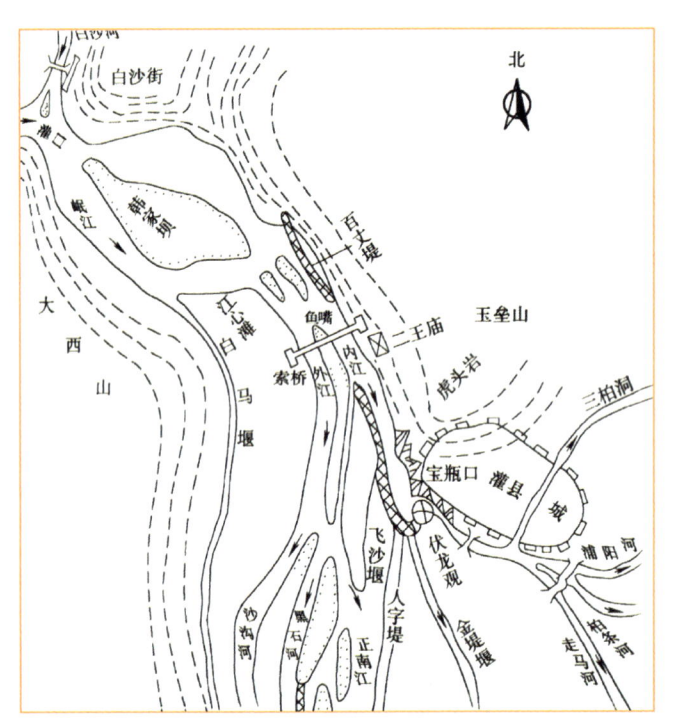

C. 古代都江堰渠首枢纽工程布置图

D. 离堆与人字堤（1998年摄）

▲离堆形成的天然缺口是都江堰内江永久性进水口。离堆左岸临水处设有水则，南宋道教在此立道场，名伏龙观。伏龙观下是人字堤，与飞沙堰相连，是都江堰关键工程，低水位时壅水入内江，多余洪水自此排往岷江。

图3-3 都江堰古代渠首枢纽工程及其设施

古代都江堰水利工程基本特点：无坝、无闸，以最少的工程设施发挥灌溉、行洪、水运多方面的效益。都江堰的干支渠系架构起成都平原河流水系和城镇村落的基本格局，对成都平原的自然与社会环境影响深刻。

汉代，都江堰渠首工程、灌区渠系的完善与成都平原稻作农业的发展互为推动。成书于4世纪的《华阳国志》亦将此归功于李冰："（冰）又溉灌三郡，开稻田，于是蜀沃野千里，号为陆海。旱则引水浸润，雨则杜塞水门。故记曰：水旱从人，不知饥馑，时无荒年，天下谓之天府也。"① 三郡即蜀郡、广汉郡和犍为郡，其中广汉和犍为是汉代所设郡，犍为郡（治今四川宜宾）、广汉郡（治今四川梓潼）均不在都江堰受益区。汉蜀郡（治成都）辖成都、繁、郫、江原、新都、广都六县。汉晋间"绵与雒（今德阳一带）各出稻稼，亩收三十斛，有至十五斛"。折算成今量，大约相当于水稻亩产400~780斤。天府之国最富庶的地区是蜀郡郫、繁两县，所谓"郫繁曰膏腴，绵洛曰浸沃"②，郫繁两县的范围比今天大得多，相当于今都江堰市、郫县、彭县、新都、成都青白江区和金堂，显然这是当时都江堰灌溉最有保障的地区，位于成都平原的东北和西北部，即今蒲阳河和柏条河两条干渠流经的地区。蜀郡六县的稻作农业在汉代居于全国农业经济之首。

三、成都水利区形成

2世纪时，都江堰渠道分布远远超出了秦成都二江的范围。西汉文帝时（公元前179—前157年）蜀郡守文翁"穿湔江口，溉灌

---

① 《华阳国志·蜀志》，卷3，四部丛刊初编本，（上海）商务印书馆，1935年，第18页。
② 《华阳国志·蜀志》，卷3，四部丛刊初编本，（上海）商务印书馆，1935年，第18页。

繁田千七百顷"①，繁即汉蜀郡繁县（今成都新都），文翁扩大的灌区"繁田"，正处于岷江与沱江之间的平原。这片灌区的扩张，使成都平原西北有了灌溉水源的保证。这是都江堰灌区在内江流域扩展的最早记载。文翁"穿湔江口"的工程，使都江堰的内江水系与沱江通联，起到了区域水资源丰枯互补的调配作用，有效地扩大了农田灌溉面积。东汉时，在内江干渠上开望川原，引水郫江，灌溉广都一带。广都，今为成都双流区。望川原即双流境内的牧马山。望川原"凿石二十里"，开挖工程巨大。这两处渠道都在成都平原中部的台地。汉代这些干渠的兴建，使成都平原形成了完善的渠道工程体系，灌渠延伸到平原的边缘和中部台地。

秦以前的成都没有骨干河流贯穿平原腹地，区间河流和池塘并不彼此连通。李冰所开成都二江，实际是对原有区间河流进行整治，或有少量的开凿连通工程。都江堰的兴建为成都提供了骨干输水水道，岷江稳定且丰沛的水源不仅带来了舟楫之利，还为城市提供了生活水源，对成都发展影响深远。汉代成都二江之间开石犀溪，为城市增加了排水和行洪水道。石犀溪因汉代置石犀牛镇水而得名，这是汉成都的重要市政设施。成都二江双过郡下，干渠所经，便成为物流集散地。秦汉成都平原的城镇乡村大多依河而生（图3-4）。自西北而东南贯穿全城的二江对成都城市的发育也有重要的影响，（汉）扬雄笔下的成都："尔乃其都门二九，四百余间。两江珥其前，九桥带其流。"成都"二江"营造了成都"两江珥其前"的城市格局。在二江以北，成都城郭急剧扩展，合秦大城、少城而为十八郭。东为大城，西为少城。大

---

① ［晋］任豫：《益州记》，转引自［北魏］郦道元：《水经注·江水》，卷33，巴蜀书社影印本，1985年，第519页。

城立官署，少城为商肆和作坊，城市功能明确分区。这也自此奠定了成都街区市坊的基本格局。成都二江自西北入城，至东南出城，构成了古代城市完善的陆路和水路交通网。

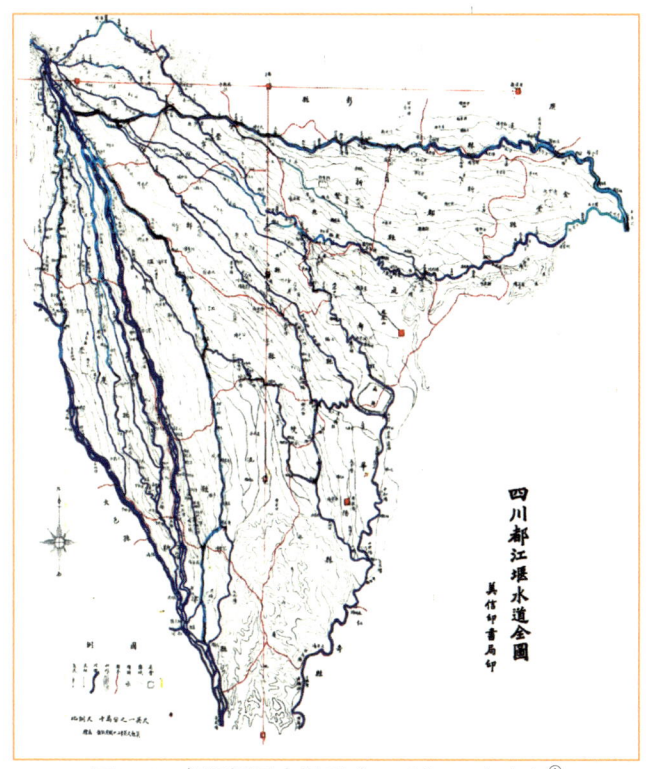

图 3-4　都江堰干支渠系（20 世纪 30 年代）[①]

9 世纪前，成都是没有护城河的城市，二江造就了成都城开放的格局，依托都江堰提供的稳定水源，城市有舟楫之利，自内城可由东入岷江，东北有水路通沱江，西北沿干渠至岷江上游，进入羌藏地区，今甘孜、阿坝一带。成都二江与岷江各水系的沟通，

---

① 都江堰内江经由宝瓶口流向成都平原的渠道，呈扇状分布成都平原。经过上千年的演变，呈天然河流的形态。8‰至5‰的地形坡降，使成都平原实现了自流灌溉。

改变了成都地理位置上闭塞的劣势，成都作为西南政治、文化和经济的中心地位由此而奠定。成都二江的市政功能，随着成都的发展而凸现出来。宋代开糜枣堰，再开一水道入成都，是为现在的府河，形成了府河、锦江（又名南河）二江环抱的城市河流骨架。今天的成都二江源出都江堰内江走马河、柏条河。走马河至郫县（今郫都区）插板堰分出清水河，自西而南入成都，在成都市区段称锦江（或南河）。柏条河至郫县石堤堰分出府河，自西而东入成都。锦江在成都东合江亭汇入府河，府河南流至双流归于岷江。

四、汉至两晋时期的都江堰管理体制

汉代，灌溉已经成为都江堰的主要功能。随着区域农业对都江堰供水的依赖程度提高，都江堰作为官堰，政府在水利管理上具有权威的地位。自汉代起，在都江堰受益区的郡县政府建制中就有水利的专官，负责渠首管理和灌区主要工程维护经费的划拨与监督范围内组织调度工程维护的劳役，大修时还要调拨军队士兵参与其中。各分水渠的堰坝牵涉下游灌区的水量分配，分水口工程维护和分水方式都由郡县水利官主导制度建设和实施。

东汉时蜀郡设有都水掾，是管理都江堰的专官。三国时蜀汉政权"以此堰农本，国之所资，以征丁千二百人主护之。有堰官"[1]，堰官和1200人的护堰队伍是针对都江堰渠系管理和成都平原灌溉用水秩序而设置的。西晋时，蜀郡辖县六：成都、广都（今双流）、繁（今属新都）、江原（今崇州）、临邛（今邛崃）、郫（今郫都）。

---

[1] [北魏] 郦道元：《水经注·江水》，卷33，巴蜀书社影印本，1985年，第519页。

其时成都平原东南部以及岷江中游支流都有发达的灌溉，较之汉代，灌区向西北、东南台地延伸。晋蜀郡置蜀渠都水行事、蜀渠平水、水部都督等官，专门负责灌溉用水调度，可见都江堰的管理在地方行政中日渐重要。①

东汉末年，刘备屯兵新野，为寻求根据地成其帝业，三顾茅庐问计诸葛亮。诸葛亮在他著名的"隆中对"中，建议刘备进军益州，"益州险塞，沃野千里，天府之土，高祖因之以成帝业"。成都平原"天府之国"由此而来。章武元年（221年）刘备在成都称帝，偏居四川的蜀国与强大的魏国和吴国三足鼎立。在三国鼎峙的时期（公元220—263年），魏有12州93郡720县约443万人，吴有4州43郡331县230万人，而蜀只有1州22郡100县94万人，蜀是其中最弱小的一国。但这一政权维持了43年，物质基础的支撑无疑是重要条件。221年蜀建都成都后，奉行务农殖谷、闭关息兵的政策，重视农业，维护都江堰的水利发展。建

图3-5 蜀汉丞相诸葛亮都江堰干渠九里堤护堤令碑②

---

① [宋]赵明诚：《金石录·晋护羌校尉彭祈碑》，《四部丛刊续编》，卷20，上海书店影印本，1984年，第9页。

② 三国蜀汉政权对水利的管理还有护堤令为佐证。章武三年（公元223年）九月十五日蜀国颁布丞相诸葛亮护堤令。这一我国现存最早的防洪法令被刻在碑上立于都江堰干渠郫江的河岸。碑上的文字是："丞相诸葛令，按九里堤捍护都城，用防水患，今修筑竣，告尔居民，勿许侵占、损坏，有犯，治以严法，令即遵行。"九里堤即今府河在成都西北桥一段的堤防。

兴十四年（公元236年）夏四月，"后主至湔，登观坂，看汶水之流，旬日还成都"①。蜀后主刘禅在都安堰停留时间恰是水稻栽种期间，是成都平原灌溉最紧张的季节。蜀后主"看汶水之流"，可能是一次与灌溉祀典活动有关的出行。蜀汉时设都安县，置都安侯相，此为当时州县属官少有，也是今都江堰市历史上设置县级行政单位之始。晋时都江堰称"都安大堰"，县因堰得名是因为这里是都江堰渠首所在地，置县则便于对渠首工程的管理。

西晋人常璩所称的"水旱从人，不知饥馑，时无荒年"的天府之国，特指的是由都江堰水利工程提供灌溉水源的成都平原。西汉时，当中原因为天灾人祸发生大饥荒时，往往由中央政府组织移民成都平原，或者额外大量征调粮食救济。如汉高祖二年六月（公元前205年）"关中大饥，米斛万钱，人相食，令民就食蜀汉"②。元鼎二年（公元前115年）长江中游因水灾发生饥荒，汉武帝急输巴蜀粮至江陵救济灾民。③

都江堰采用竹、木、卵石这类材料，制作成竹笼、杩杈、羊圈（木桩框架，填以卵石，又称石囤）这类构件，修筑鱼嘴、堰坝，这些结构材料修筑的水利工程往往是临时性的，需要年年岁修，所以都江堰的延续必须有持续管理。都江堰也创造了古代公共工程管理的典范。从渠首到灌区，无坝无闸的引水、分水形式，满足了上下游、左右岸的公平用水。它以灌溉、水运、市政、景观多方面的效益造就了持续时间最长、受益范围最大的成都水利区。

---

① ［晋］陈寿《三国志·蜀书》，卷35，中华书局，1962年，第912—913页。
② ［汉］班固《汉书·高祖纪》，卷1，中华书局，1962年，第38页。
③ ［汉］班固《汉书·武帝纪》，卷6，中华书局，1962年，第182页。

成都水利区自汉代以来，开始形成并逐渐完善了自政府至民间的渠首和渠系工程管理组织，建立了为官方和民众共同遵守的用水制度，是成都水利区延续2000多年的关键。

《华阳国志》中有关李冰和都江堰的记载①

周灭后，秦孝文王以李冰为蜀守。冰能知天文地理，谓汶山为天彭门。乃至湔氐县，见两山对如阙，因号天彭阙。仿佛若见神，遂从水上立祀三所，所祭用三牲、珪璧沉濆。汉兴，数使使者祭之。

冰乃壅江作堋。穿郫江检（捡）江，别支流，双过郡下，以行舟船。岷山多梓柏大竹，颓随水流，坐致材木，功省用饶。又溉灌三郡，开稻田，于是蜀沃野千里，号为陆海。旱则引水浸润，雨则杜塞水门。故记曰：水旱从人，不知饥馑，时无荒年，天下谓之天府也。外作石犀五头，以厌水精。穿石犀溪于江南，命曰犀牛里。后转为耕牛二头。一在府市市桥门，今所谓石犀门，是也；二在河中。乃自湔堰上，分穿羊摩江灌江西。于玉女房下自涉邮（白沙邮），作三石人立三水中。与江神要：水竭不至足，盛不没肩。

时青衣有沫水，出蒙山下，伏行地中，会江南安，触山胁溷崖，水脉漂疾，破害舟船，历代患之。冰发卒凿平溷崖，通正水道。或曰冰凿崖时，水神怒，冰乃操刀入水中，与神斗。迄今蒙福。僰道有故蜀主兵，阑亦有神作大滩江中，其崖崭峻不可凿，乃积薪烧之。故其处悬崖有赤白五色。冰又通笮，通

---

① 引自《华阳国志·蜀志》，卷3，四部丛刊初编本，（上海）商务印书馆，1935年，第18页。

文井江。径临邛与蒙溪，分水白木江会武阳，天社山下合江。……又有绵水出紫崖山，经绵竹入洛。东流过资中，会江阳。皆溉灌稻田，膏润稼穑。是以蜀川人称郫繁曰膏腴，绵洛为浸沃也。又识齐水脉，穿广都（今双流）盐井诸陂池。蜀于是盛有养生之饶焉。

第二节　秦汉时期关中水利区

关中平原又称渭河平原，南迄秦岭，北至关中北山，地处黄土高原东南部，黄河流域的中游、黄河支流渭河自西而东穿过关中平原（图 2-3）。关中平原地形西高东低，呈黄土高原台原的地貌特点。台原黄土堆积数米至数十米不等，土质细腻、疏松、盐分较高。土壤易耕且易盐碱化。渭河为对称水系分布，北支主要支流为泾河、洛河，南支有黑河、坝河等，流域多年年均降水量约 600 毫米，降水年内分布严重不均，6 至 9 月降水量约占全年降水量的 80%；年际降水量变幅亦很大，时有多年持续干旱发生，如西周末年的厉王、宣王、幽王、平王时，都有大旱发生，尤其是宣王时，五年不雨，泾、渭、洛河两岸的草木树林皆干枯而死。[1]《诗·大雅》："周余黎民，靡有孑遗。"[2] 是为西周末年关中大旱而致周人西迁的记载。渭河流域水资源开发始于西周，有灌溉的土地是零星分布，数量和规模都很小。以秦郑国渠的兴建为先声，经过秦以降上百年的水利建设，至汉中期，关中地区拥有了当时

---

[1]［汉］皇甫谧《帝王世纪》："宣王元年（公元前 826 年）天下大旱，二年不雨，至六年乃雨。"《太平御览》，卷 85，中华书局，1960 年，第 402 页。

[2]《诗经·大雅·云汉》，《十三经注疏》，中华书局影印本，1998 年，第 562 页。

中国最为密集的灌溉工程。

一、两汉时期渭河流域的水资源开发

郑国渠始建于秦始皇元年（公元前246年），因汉代司马迁《史记·河渠书》的记载，后世多认同兴建郑国渠是韩国阻止秦东伐的阴谋，工程进行中被秦发现。水工且为间谍的郑国游说修渠之利而免于一死，并最终建成了这一伟大水利工程。郑国渠建成于秦末，虽然与秦兼并诸侯的战争并无直接关系，但是渠成而产生的灌溉效益有力地支撑了秦京畿地区的经济。西汉司马迁称郑国渠，"溉泽卤之地四万余顷。收皆亩一钟。于是关中为沃野，无凶年，秦以富疆，卒并诸侯"。引泾工程始于郑国渠，它兴建于秦国统一六国战争的末年，发挥效益最好的时期是秦汉及隋唐。

两汉时期除了泾水上的郑国渠外，东汉泾河下游阳陵县（今陕西咸阳市东）有京兆尹樊陵兴建的樊惠渠。时人蔡邕《京兆樊惠渠颂》描写工程情况："树柱累石，委薪积土，基跂功坚，体势强壮。折湍流，款旷波，会于新渠之下。流水门，通窦渎，洒之于畎亩。清流浸润，泥涝浮游，曩之卤田，化为甘壤。粳黍稼穑之所入，不可胜算。"[1] 这是位于泾水下游的灌溉工程。渠首是堆石结构分水堰，灌区工程有进水口（斗门）、蓄水池（折湍流，款旷波）、干渠、引水涵洞（窦渎）等，工程体系极其完备。阳陵因泾水的淤水灌溉，盐碱地变成了优质农田。

在渭水的干流上，武帝时兴建了成国渠，灌区在今陕西眉县、

---

[1] 引自《全上古三代秦汉三国六朝文》，卷74，中华书局，1958年。

扶风、武功、兴平一带，成国渠在魏晋、唐代时都有重修或扩建。20世纪30年代兴建的渭惠渠干渠与汉成国渠经行一致。在渭水的支流上，汉代兴建的还有灵轵渠、沣渠。

在渭水另一支流洛水上的龙首渠，以最早的引水隧洞而著名。武帝时，一个名叫庄熊罴的人上书，建议临晋（今大荔县）开渠引洛灌溉今陕西蒲城一带的土地，并称如此灌溉一万多顷，使盐碱地可得十万石的粮食产量。武帝于是征调一万余人开渠。龙首渠穿越商颜山段十余里隧洞。商颜山黄土层沉积厚100多米，采用了竖井定位的施工技术。20世纪30年代在龙首渠的渠首附近兴建了洛惠渠。

汉代关中的灌溉工程，历经其后朝代，时有兴废，但是水利区延续至今。20世纪30年代相继建成了关中八惠工程，成为我国最早一批建成的现代灌区。

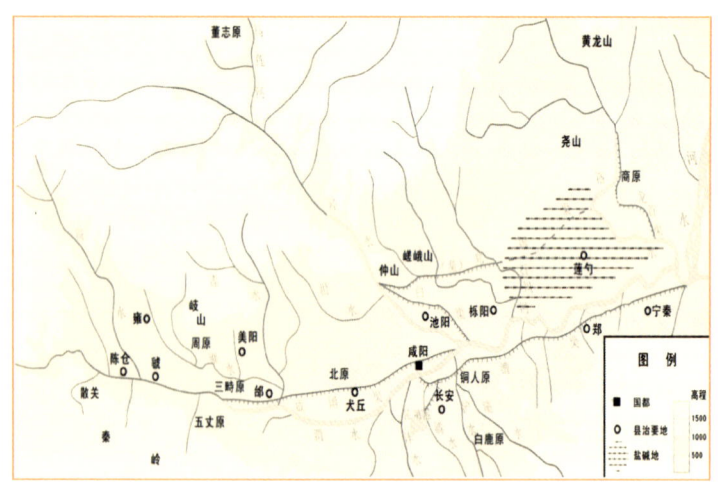

图3-6　汉关中灌溉工程分布

二、郑国渠的规划与建设

关中平原属渭河流域，泾河是其最大支流。泾河发源于甘肃六盘山，至陕西高陵县汇入渭河，全长455.1千米，河道平均比降为2.47‰。泾河在泾阳县张家山出峡谷，进入土地肥沃的关中平原。泾河是季节性河流，有水文记载以来，测得的最大流量是9200立方米每秒，最小流量1.91立方米每秒，常年平均流量15~20立方米每秒。泾河流域多年平均降水量为533毫米，且主要集中在7、8、9三个月，因此人工灌溉是关中盆地农业的必要支撑。

郑国渠的规划者是秦重臣吕不韦。公元前246年，时年十三岁的秦始皇登基，吕不韦为委事大臣之一。其时秦已并巴蜀及汉中。中原大部亦为秦地，置有南郡、上郡、河南郡、太原郡、上党郡、三川郡等。兴建郑国渠是雄心勃勃的吕不韦的决策，他对大水利似乎情有独钟，李冰修都江堰也是在这期间。吕不韦是韩国故都阳翟人，韩国在战国诸侯国中以擅长水利著称。先秦时将具有水利工程规划、设计和施工管理专长的人尊为"水工"。水工郑国应该是吕不韦从韩国招徕入秦的。始皇十年（公元前237年）吕不韦获罪，因此有郑国为间，修渠疲秦说。吕不韦获罪后，郑国渠继续施工，历时十几年方完工。

秦郑国渠道的经行和工程设施没有当时的文献记载。建成700多年后，北魏地理学家郦道元在《水经注·沮水》中记载了秦郑国渠渠首和干渠经行的一些情况。秦郑国渠的渠首大约在今泾阳县泾河东岸木梳湾。干渠东西长三百余里，其间横穿冶峪水、清

A. 秦渠道经行及演变

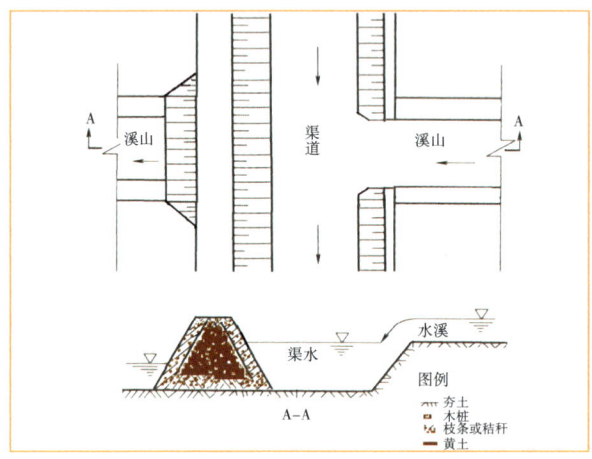

B. 渠道与山溪平交工程

图 3-7 秦汉郑国渠渠道经行与平交工程推测图

峪水、漆沮水（石川河），然后东北入沮水支流，经富平县南入洛水[①]。后人对渠道与天然河流的穿越有两种揣测：平交，天然河流还可以提供补充水源，但是洪水经常冲断渠道，维护工程量大；立交，即用渡槽，汉代长安已有应用案例。郑国渠至少要采用了平交技术才能够将水流输送到适合耕作的平原区。如在渠道与山溪在相交处修溢流堰，这样沿途既可陆续将溪水收入渠道，还可以将余水及时排走（图 3-7B）。何况泾河是季节性河流，郑国渠三百里渠道上有沿途山溪河流的陆续汇入，才有可能获得司马迁所称的灌溉四万顷的效益。

[①]《水经注·沮水》："渠首上承泾水于中山西瓠口，所谓瓠中也。……渠渎东径宜秋城北，又东径中山南，……郑渠又东径舍车宫南，绝冶谷水。郑渠故渎又东径巀嶭山南，池阳县故城北，又东，绝清水。又东径北原下，浊水注焉。自浊水以上，无浊水上承云阳县东。……又东历原，径曲梁城北，又东径太上陵南原下，北屈径原东，与沮水合。……其水又东北流，注于洛水也。"文学古籍刊行社本，1954年，第20页。

郑国渠所引泾水是渭水的支流，多年平均含沙量高达141公斤每立方米（据张家山站测定），来自陇东黄土高原、含有大量有机质的高含沙水流灌溉农田，取得了改良盐碱地、施肥和灌溉一举三得的效益。郑国渠建成后，原来瘠薄的渭北平原，成为"无凶年"的沃野。郑国渠所经的今三原、高陵、泾阳、富平等地的土地得到了灌溉，亩产高达一钟之多，相当于现今亩产二百五十斤左右，这大约是整个灌区的平均亩产量。[①]郑国渠建成后，增强了秦国的经济实力。公元前221年秦最终吞并六国，完成了统一大业。

郑国渠的实际灌溉面积很可能没有达到规划预期的数字，但仍是超越时代的水利工程。其干渠"并北山，东注洛，三百余里"，灌溉面积号称四万顷，相当于今制二百八十万亩。吕不韦的引泾工程规划宏大，后代引泾工程再也没有如此气势磅礴。汉重建引泾灌溉工程，称白公渠，溉田三十一万亩；隋唐开郑白渠，灌溉面积十万余亩；宋代称丰利渠，溉田七万亩；元代称洪口堰或称白渠或王御史渠，溉田不到四万亩；明清时，灌溉面积最多时近三万亩；近代泾惠渠，筑拦河大坝，灌溉面积达到七十六万亩，灌区规模也没有超过秦郑国渠。[②]

秦郑国渠的规划不仅对水利技术有独到的理解，更显示了秦一统天下意识对水利规划理念的影响。干渠经行在平原二级阶地的最高线上，渠线自西向东延伸，使干渠以南的整个区域都在它

---

① 秦郑国渠灌区亩产量采用《中国水利史稿》说法，参见本书第3章，第124页。
② 郭迎堂：《历代泾渠管理的初步研究》，中国水利水电科学研究院硕士论文，1990年。

的可灌范围内，保证了支渠最大范围的延伸，以及各级渠道的自流引水，从而获得了尽可能大的灌溉面积。郑国渠干渠的平均坡降约为0.64‰，与现代灌区干渠的平均坡降几乎相同。干渠渠线的选择合理地利用了当地的地形条件，显示了秦较高的测量和施工技术水平。秦建成了三百里干渠，并能够管理使之发挥效益，应该得益于当时高度集权体制对水利工程从修建到管理的控制。

三、历代引泾工程

汉武帝元鼎六年（公元前111年）左内史倪宽兴修了六辅渠。这条渠位于秦郑国渠迤北，引用的水源是干渠以北的山溪。[①]倪宽对汉关中水利的重要贡献是"定水令，以广溉田"[②]。"水令"是第一次见于文献记载的灌溉制度。开六辅渠16年后，汉在秦郑国渠的基础上重建引泾工程。太始二年（公元前95年），赵中大夫白公建议"穿渠引泾水，首起谷口，尾入栎阳（相当于今陕西西安高陵区），注渭中，袤二百里，溉田四千五百余顷"[③]。白渠干渠总长是郑国渠的三分之二，渠道为西北东南走向，灌溉区在今陕西泾阳、三原境。此后白渠与郑国渠齐名，文献常合称为郑白渠。东汉人班固将其时流传民间称颂郑白渠的歌谣收入《汉书·沟洫志》，生动地再现彼时郑白渠及其水利的效益："田于何所？池阳谷口。郑国在前，白渠起后。举臿为云，决渠

[①]［汉］班固《汉书·沟洫志》："见倪宽为左内史，奏穿凿六辅渠，以益溉郑国傍高卬之田。"《二十五史河渠志注释》，中国书店，1990年，第22页。《史记·河渠书》："关中辅渠、灵轵引堵水。"堵水，或作诸水。

[②]［汉］班固：《汉书·倪宽传》，卷58，中华书局，1962年，第2630页。

[③]［汉］班固：《汉书·沟洫志》，卷29，中华书局，1962年，第1685页。

为雨。泾水一石，其泥数斗。且溉且粪，长我禾黍。衣食京师，亿万之口。"① 因郑白渠的灌溉之利，泾渭之间土地成为关中的粮食高产区。汉武帝时丞相张禹在灌区内有田产四百顷之多。② 关中平原的富庶，记录在班固的《西都赋》中，传诵一时。

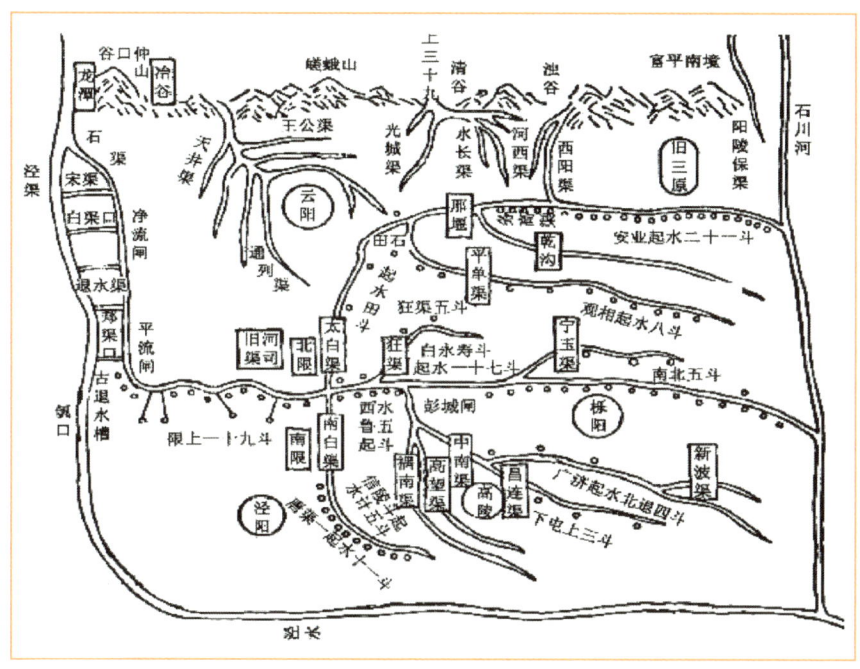

A. 秦郑国渠至宋代丰利渠引泾工程渠首演变及灌区工程③

▲由于泾河下切，引渠首引水口不断移向泾河上游，而灌区渠系工程因循前代或有局部改造。唐代引泾工程称白渠或郑白渠，宋名丰利渠，皆渠首及引水干渠上游新凿，宋丰利渠已经进入泾河峡谷。

---

① [汉]班固：《汉书·沟洫志》，卷29，中华书局，1962年，第1685页。
② [南朝宋]范晔：《后汉书·张禹传》，卷44，中华书局，1965年，第1498页。
③ [宋]宋敏求：《长安志·泾渠图说》，《四库全书》（标点本），第587册，上海古籍出版社，2003年，第495—587页。

B. 元明清时期引泾工程渠首演变[1]

▲元代先后开通济渠、王御史渠，上移至峡谷开石渠引水，其时灌溉面积四万多顷。14世纪时泾河下切，明代不得不中止引泾，先后开广惠渠、龙洞渠，改以泉水为源引水灌溉。先是广惠渠延伸至泾河峡谷中，傍山崖凿石开渠，以引取更多的山泉。因水量减少，灌溉面积减至二万亩。

图 3-8 秦至清历代引泾工程及其渠系工程演变

历代引泾工程都在峡谷出山口，进入平原的起点。在这一河段泾河流急是下切河床，渠首枢纽位置各时期不同，为了引水总趋势是自下游向上游延伸。综合秦汉及唐宋史料以及现场田野考察来看，秦汉郑国渠应是无坝引水工程。唐代由于泾河下切，重建的引泾工程郑白渠渠首分水堰"用石，锢以铁，积之于中流，拥为双派，南流者仍为泾水，东注者酾为二渠，故虽骇浪不能坏

---

[1] 中国国家图书馆藏（乾隆）《泾渠志·龙洞渠首图》，引自《陕西省古代地图集》，西安地图出版社，2020年，第153页。

其防"①。这是类似都江堰分水鱼嘴和灵渠铧嘴的水工建筑。《宋史·河渠志》记载分水石堰广百步（约合今制150米），捍水雄伟，谓之"将军翠"。这类抛石或砌石结构的导流分水坝，能够适应洪枯水位变幅极大的泾河。宋初将军翠废坏已久，北宋的渠首分水工程是用稍穰（也作"梢穰"，稷秆或高粱秆）、笆篱、栈木，充填石料修筑的

图 3-9　宋代郑国渠进水口以下段引水渠遗址（2015年）

图 3-10　现代泾惠渠引水干渠（2015年）

堰坝，因为每年岁修都要大举兴工重建，曾经尝试恢复唐代石翠，但是没有成功。②元代，渠首工程称洪口堰，为拦河低坝，工程的结构和材料与宋代类似，"洪口石堰当河中流，直振两岸，立石

---

①《玉海》，卷22，引北宋人的说法。郑白渠口永久性引水建筑物的记载首见于淳化二年（公元991年），上距唐末90余年。《宋史·河渠志》，《二十五史河渠志注释》，中国书店，1990年，第136—138页。

②《宋史·河渠志》："淳化二年（991）秋县民杜思渊上书言：'泾河内旧有石翠，以堰水入白渠。……其后多历年所，石翠坏，三白渠水少，溉田不足，民颇艰食。乾德中，节度判官施继业率民用梢穰、笆篱、栈木，截河为堰，壅水入渠。缘渠之民，颇获其利。然凡遇暑雨，山水暴至，则堰辄坏。'"《二十五史河渠志注释》，中国书店，1990年，第136—137页。

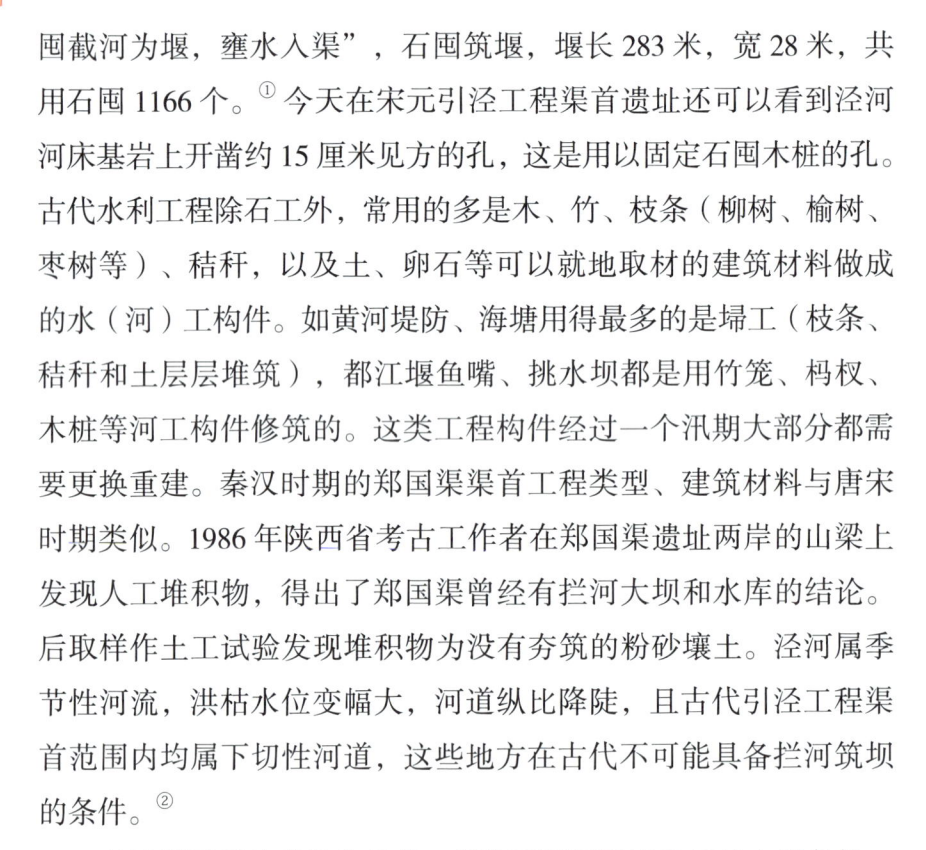

囤截河为堰，壅水入渠"，石囤筑堰，堰长283米，宽28米，共用石囤1166个。①今天在宋元引泾工程渠首遗址还可以看到泾河河床基岩上开凿约15厘米见方的孔，这是用以固定石囤木桩的孔。古代水利工程除石工外，常用的多是木、竹、枝条（柳树、榆树、枣树等）、秸秆，以及土、卵石等可以就地取材的建筑材料做成的水（河）工构件。如黄河堤防、海塘用得最多的是埽工（枝条、秸秆和土层层堆筑），都江堰鱼嘴、挑水坝都是用竹笼、枵杈、木桩等河工构件修筑的。这类工程构件经过一个汛期大部分都需要更换重建。秦汉时期的郑国渠渠首工程类型、建筑材料与唐宋时期类似。1986年陕西省考古工作者在郑国渠遗址两岸的山梁上发现人工堆积物，得出了郑国渠曾经有拦河大坝和水库的结论。后取样作土工试验发现堆积物为没有夯筑的粉砂壤土。泾河属季节性河流，洪枯水位变幅大，河道纵比降陡，且古代引泾工程渠首范围内均属下切性河道，这些地方在古代不可能具备拦河筑坝的条件。②

秦汉郑国渠的建设和经营，营造了渭河平原优越的水利条件。秦汉以后引泾工程世代因袭。唐代郑白渠进水口以下干渠称太白渠。太白渠在泾阳县（今泾阳县）东北向南分出的输水支渠为中白渠，中白渠东流入高陵县（今西安高陵区），再又分为输水支渠——南白渠。南白渠向东南流，也入高陵县界，三条输水干支渠合称三白渠。③

---

① [宋]宋敏求：《长安志》，《四库全书》（标点本），第587册，上海古籍出版社，2003年，第587—501页。

② 谢方五等：《郑国坝析疑》，《中国近代水利史论文集》，河海大学出版社，1992年，第117—121页。

③ [唐]李吉甫：《元和郡县图志·泾阳县》，卷2，中华书局，1983年，第26页。

唐永徽（公元650—655年）时郑白渠灌溉面积有十万多亩，100多年后大历时（公元766—779年）灌溉面积缩减至六万亩[①]。郑白渠作为国家管理的公共工程，渠道沿程所经州县的刺史、县令各有督察责任，工程更有完善的管理组织，设渠长、斗门长负责用水和工程维修管理。[②]郑白渠灌区是距离长安最近的粮食产区，水稻和旱作物都有，郑白渠用水是在地方政府与专门管理机构共同参与下统一调度的。唐水法《水部式》规定："（郑白渠）放水多少，委当界县官共专当官司相知。"唐代还规定："凡渔捕有禁，溉田自远始，先稻后陆，渠长、斗门长节其多少而均焉。"[③]

唐贞观年间（公元627—649年），从皇亲国戚到地方势要，都在郑白渠上兴建私家水磨水碾。这些磨碾需要水流势能做功，渠道上壅水筑坝引水至水磨房后，尾水便被弃到泄水沟中，连续输水的渠道戛然中断。沿等高线布置灌渠是为了获得较大的灌溉面积，而水磨水碾房的存在破坏了井然有序的输水和灌溉秩序，渠系工程因为断水而废弃。永徽时郑白渠沿程"为豪家贵戚壅隔上游，置私碾百余所，以收末利，农夫十夺六七"[④]。唐中期甚至出现了原有水田或水浇地失去稳定灌溉水源而弃耕的情况。因关中粮食产量减少，朝廷益加频繁地率百官及皇亲国戚就食东都洛

[①]［唐］杜佑：《通典·食货二·水利田》，卷2，商务印书馆，1935年，第16—19页。

[②]《新唐书·百官一》《新唐书·百官三》。有关郑白渠的条文还有"诸州堤堰，刺史、县令以时检行""（郑白渠）以京北少尹一人督视"等。

[③]［宋］欧阳修等：《新唐书·百官三》，卷48，中华书局，1975年，第1276页。

[④]《册府元龟》，卷47，《通典·食货二·水利田》亦有其时私磨侵占水源的记载，商务印书馆，1935年，第16—19页。

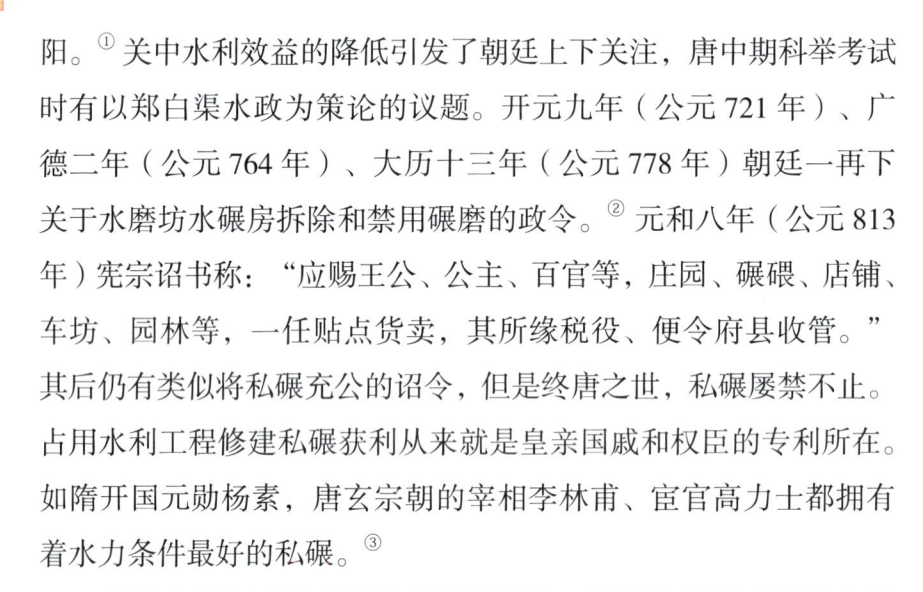

阳。① 关中水利效益的降低引发了朝廷上下关注，唐中期科举考试时有以郑白渠水政为策论的议题。开元九年（公元 721 年）、广德二年（公元 764 年）、大历十三年（公元 778 年）朝廷一再下关于水磨坊水碾房拆除和禁用碾磨的政令。② 元和八年（公元 813 年）宪宗诏书称："应赐王公、公主、百官等，庄园、碾硙、店铺、车坊、园林等，一任贴点货卖，其所缘税役、便令府县收管。"其后仍有类似将私碾充公的诏令，但是终唐之世，私碾屡禁不止。占用水利工程修建私碾获利从来就是皇亲国戚和权臣的专利所在。如隋开国元勋杨素，唐玄宗朝的宰相李林甫、宦官高力士都拥有着水力条件最好的私碾。③

唐郑白渠除了因水磨水碾引发纠纷，灌区上下游水源争夺战也同样激烈。长庆、宝历时（公元 821—827 年）地处郑白渠下游的高陵县与上游泾阳县的一场因灌溉水源之争引发的官司，震动朝廷上下。郑白渠的灌区在泾阳、三原、高陵等县境内。据有上游灌溉之利的泾阳，肥沃土地皆属权幸之家，他们仗着地利和权势开私渠，破坏灌溉"先下游后上游"的既定规则，致使地处下游的高陵县水源短缺，粮食歉收。长庆三年（公元 823 年）高陵县令刘仁师根据唐《水部式》"居上游者不得壅泉而专其腴"的

---

① 汉代官俸主要粮食来源除关中、蜀郡之外，就是黄河下游华北平原，汉开漕渠，从黄河转运粮食至长安，遇有荒年漕运不济，朝廷上下及百官就食东都。唐代，漕粮来源移至淮河及长江流域，关中粮食供应长安比重下降，中期以来就食东都洛阳成为常例。参见陈寅恪《隋唐制度渊源略论稿》，中华书局，1963 年，第 146 页。
② [宋]王溥：《唐会要·砲碾》，卷89，（上海）商务印书馆，1935 年，第 1622 页。
③ 谭徐明：《中国水力机械的起源、发展及其中西比较研究》，《水利史研究论文集》，河海大学出版社，1994 年，第 45—46 页。

条款，告泾阳县私渠引水违法。官司历经两年，最终高陵县获胜。①这场因水而起的官司只是当时众多水事纠纷的典型案例之一。唐《水部式》是专门针对水资源管理而立的国家水法，但依然难以禁止开私渠或建水碾水磨等抢占水源的情况发生。唐后期郑白渠灌溉面积不断萎缩。唐末工程失修，灌溉效益几乎消失殆尽。

  唐以后长安再没有作为都城，但是历经宋元明清各代，仍有引泾工程的兴举，然而引泾工程规模和效益与汉唐相较已无可比性，主要原因是泾河河床逐渐下切，渠首引水工程不断上移，愈到后世渠首工程的建设和维护愈加艰难。北宋至道元年（公元995年）大理寺丞皇甫选奉诏考察引泾灌渠工程，他记载了唐三白渠的渠首在当时的情况："（三白渠）岸壁颓败，湮废已久。度其制之始，泾河平浅，直入渠口。暨年代浸远，泾河陡深，水势渐下，与渠口相悬，水不能至。"②皇甫选所见的100年前即唐末三白渠引水口已经高于泾河，由于泾河河床下切，其时进水口高于河床。宋元时期引泾渠首也同样不断废弃旧口，向泾河上游开新引水口。宋代，丰利渠的渠首上移至泾河峡谷段，下距秦汉白渠进水口已经有2500米，在河床上凿石开出进水口。元代在宋丰利渠以上开新进水口。延祐元年（公元1314年）陕西行台御史王琚开石渠五十一丈（约170米），口门宽一丈（约3.3米）、深五尺（约1.7米），工程历时5年才完工，这段石渠称王御史渠。王御史渠用了十几年，泾河下切，引水又

---

  ①［唐］刘禹锡：《高陵令刘君遗爱碑颂》，《唐文粹》，卷21，上海古籍出版社，第1343页。

  ②《宋史·河渠志》，《二十五史河渠志注释》，中国书店，1990年，第136—138页。

成问题。至元泰定（公元1324—1328年）时已经"石渠岁久，水流渐穿逾下，去岸益高"①。至明代已经不能在泾河引水了。明清的广惠渠、龙洞渠改引山泉入渠（图3-8）。宋元时，泾渠灌溉面积还有四万五千余顷，到了明清改引山泉后，灌溉面积只有二万多亩。

引泾工程自秦汉郑国渠至现代泾惠渠，泾河兴利持续2000多年。关中水利区对长安京畿区农业的支撑，自秦汉至隋唐长达1000多年，在宋元以后，引泾工程依然是区域重要水利工程。直到1932年泾惠渠建成。新的引泾工程，渠首在清龙洞渠附近的泾河上，筑拦河大坝，通过涵洞引水，恢复了中断600多年的引泾工程，灌溉面积达到了五十万亩。20世纪50年代以后泾惠渠拦河坝几次加高，灌溉面积达到一百四十五万亩，位居中国十大灌区之列。

（汉）司马迁《史记·河渠书》关于郑国渠的记载

而韩闻秦之好兴事，欲罢之，毋令东伐。乃使水工郑国间说秦，令凿泾水，自中山西邸瓠口为渠，并北山东注洛三百余里，欲以溉田。中作而觉，秦欲杀郑国。郑国曰："始臣为间，然渠成亦秦之利也。"秦以为然，卒使就渠。渠就，用注填淤之水，溉泽卤之地四万余顷。收皆亩一钟。于是关中为沃野，无凶年，秦以富强，卒并诸侯，因命曰郑国渠。

---

①《元史·河渠志》，《二十五史河渠志注释》，中国书店，1990年，第314—315页。

第三节　鉴湖：山—原—海间的塘泊工程

鉴湖又称镜湖，位于今浙江绍兴境内。绍兴西有会稽山脉东南—西北向的横亘，北部为广阔的冲积平原，再北则为杭州湾，如此自南而北构成"山—原—海"的台阶式地形。由于北部距海较近，潮水往往倒灌而入，南部的溪流也常常积聚于此，因而形成了沼泽纵横斥卤之地。汉代兴建了鉴湖水利工程，通过筑堤建闸，改变这里的自然环境，绍兴因此成为萧绍宁平原最先得到开发的地区。鉴湖是在前代浙东平原各大塘的基础上，通过长堤、泄水堰、斗门形成的具有蓄泄功能可资灌溉，亦通舟楫的人工湖。

一、海退与古越文明的消长

距今7000年前生活在杭州湾以东滨海平原上的古越人已经拥有了发达的稻作农业。浙江余姚河姆渡文化遗址发现，古越人的稻田是有田埂划分的地块。田埂与沟洫在建设时同时形成，它们的存在标志着河姆渡人年代的水稻种植期内，已经有田间灌排设施。[1]在考古发掘中，发现了在完整的马尾松树干上凿挖而成的独木舟残骸，以及多处河姆渡人木结构的建筑遗迹。显然木材是河姆渡人常用的建筑材料。在河姆渡人聚居区内，房屋是干栏式的建筑，水井是用桩木衬砌的井壁。在没有铁工具的年代，木结构的房屋和水井，可以满足定居部落的基本需求。

---

[1] 严文明：《稻作农业与东方文明》，引自《农业发展与文明起源》，科学出版社，2000年，第48页。

河姆渡文明消失在距今 4000 年左右的大规模海侵。当海水吞噬平原上越族部落家园时，古越人向浙东西部和东部会稽山、虞山、四明山迁徙。海退后，幸存的越人通过艰苦卓绝的努力，重新开始了新的文明。因洪水而中断的历史，是一段舜、禹的传说时代，依稀勾画出古越国在越王勾践以前，越人走出洪水困境，步入新的历史阶段的历程。

越国与中原诸侯国发生联系是在战国时越王勾践时代，此前的传说时代则充斥了许多舜、禹二帝的传说或神话的遗迹。据统计今浙东地区分布着传说中的舜、禹遗迹不下 27 处，其中以大禹遗迹居多，并与他的治水传说一一相应。[1] 在今绍兴市境内，柯桥区柯桥街道有禹会村，相传是大禹会诸侯之处。禹会诸侯于会稽，防风氏没有如约而至，禹诛防风氏以为戒鉴。柯桥区的型塘村被认为是禹杀防风氏的地方。传说中的防风氏身长三丈，刑者不及其颈，筑高台以行刑，其地因名"刑塘"，后改称"型塘"。上虞区东北夏盖山麓有禹峰乡（今谢塘镇），是大禹治水的驻地。嵊州的禹溪村，传说是大禹治水的遗迹。这里原是沼泽，大禹在此开沟排水，"了溪"因而得名，后来这里形成村落，名"禹溪"。绍兴县禹陵乡（今柯桥区稽山街道）有涂山村，据说是禹娶妻涂山氏的地方。禹陵乡也被传说是大禹死后的葬身之地，后以禹陵为神山，有神鸟春来为陵拔草，秋至啄去污秽，其地县官严禁百姓捕鸟，有敢违犯此规刑无赦。[2]

---

[1] 邱志荣：《上善之水·绍兴水文化》，学林出版社，2012 年，第 27—28 页。
[2]《水经注疏》（下）卷 40 记载："有鸟来，为之耘，春拔草根，秋啄其秽，是以县官禁民，不得妄害此鸟，犯则刑无赦"，江苏古籍出版社，1989 年，第 3309 页。

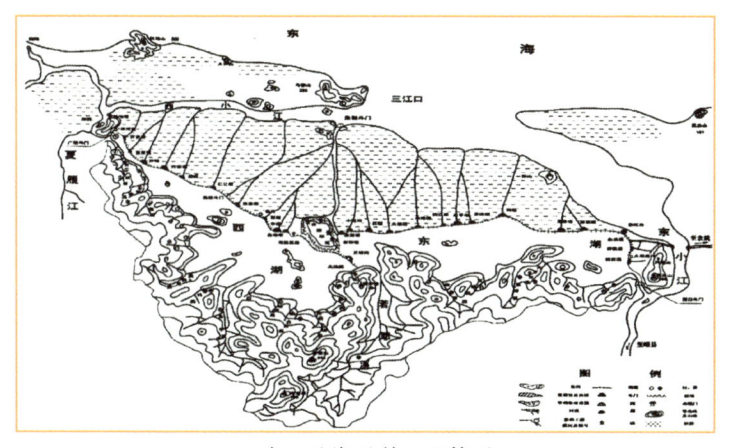

A. 东汉鉴湖及其工程体系

▲湖区地形东南高西北低，筑堤、建斗门和堰后，形成具有蓄水、灌溉和泄洪功能的水库。这座始建于公元140年的灌溉工程，为杭州湾以南滨海平原提供了有保障的灌溉用水、城市用水和航运水源，并使之成为江南最富庶的地区之一。

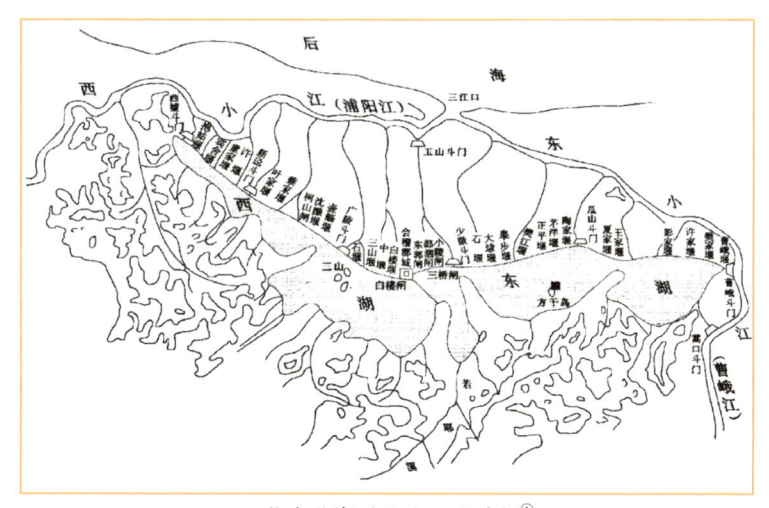

B. 北宋鉴湖（北宋围垦前）①

▲鉴湖运行700年后，宋徽宗时（公元1101—1118年）开始无节制地围垦湖泊，扩大耕地，最终导致鉴湖工程废弃。

---

① 周魁一：《古鉴湖的兴废及其历史教训》，引自《水利的历史阅读》，中国水利水电出版社，2008年，第63页。

C. 鉴湖遗存绍兴东湖

▲南宋以来鉴湖逐渐围垦，湖区水域减少70%，经过明清整治最终形成了浙东运河绍兴段水道，仍保留了灌溉、城镇供水和水运功能。

图 3-11　鉴湖工程及湖区演变

　　海退的时间发生在4000年前，与中原大禹治水的年代基本同期。黄淮海平原与浙东平原的治水活动正好契合了华夏部族与越人文明更替的进程。成书于东汉（公元25—220年）的《越绝书》记载了夏商至战国初期的古越历史，称大禹曾两次来越会诸侯，爵封功臣，最后葬于茅山。茅山因大禹的行迹而更名会稽山。①
　　有文字记载的越人部族兴修水利始于约2500年前的越王勾践。此前会稽山以北丘陵区有少数的越人耕种，兼逐禽鹿以给食。海退后的浙东平原在咸潮往返的濡沼之地上经过开沟排水，使其逐渐成为可以生长植物，甚至耕种的土地。此后越人或是来自中原的人，将这一改变归为大禹治水而后地平天成的因果，遂将勾践附

---

①"禹始也，忧民救水，到大越，上茅山，大会计，爵有德，封有功，更名茅山曰会稽。及其王也，巡狩大越，见耆老，纳诗书，审铨衡，平斗斛。因病亡死，葬会稽，苇椁桐棺，穿圹七尺；上无漏泄，下无积水；坛高三尺，土阶三等，延袤一亩"，引自《越绝书》，卷8，商务印书馆，1937年，第39页。

会为禹的后裔，夏后帝少康的庶子。他们称大禹东巡至会稽驾崩，葬于会稽山，勾践受封会稽为越王，以岁时祭祀禹。①

公元前496年，勾践立国为第一代越王，定都山阴（今浙江绍兴）。在他的统治下，越国水利建设成就卓著。公元前490年越国营建山阴城，次年大城建成。浙东平原江河大多为南北流向，为了打通山阴东西向的交通，勾践开山阴水道以及吴塘、富中大塘、练塘等水利工程。这些大塘以堤为主，位于山原相接的山麓地带，抵挡咸潮，拦截溪流，形成带状塘泊。

越王勾践立国以后，大兴水利，发展农耕，使越国跻身诸侯强国之列。公元前474年越灭吴国，随即勾践迁都琅琊（今山东青岛黄岛区），企图问鼎中原。遗留在越国故土的越族部分南徙。公元前356年，越为楚所灭。浙东平原的开发自此沉寂了500多年。直到东汉时会稽郡（今浙江绍兴）太守马臻修鉴湖为标志，浙东平原的水利发展进入了新的阶段。

三、马臻与鉴湖水利

东汉永和五年（公元140年）会稽郡（今浙江绍兴）太守马臻巧妙地利用了这种看似不利的地形，傍依会稽山，在湖的北面修起长达三百余里的堤防，将发源于山间的溪流拦蓄其中，使之成为一个蓄水湖——鉴湖。由于东部地势略高于西部，马臻又在湖中修建了一条六里长的湖堤，将湖区分成东湖和西湖两部分。

---

① ［汉］司马迁："（夏本纪）十年，帝禹东巡狩，至于会稽而崩"，引自《史记·夏本记第二》，卷2，中华书局，1959年，第89页。《墨子·节葬下》"（禹）葬会稽之山，衣衾三领，桐棺三寸"；勾践，也作"句践"，《史记·越王句践世家》："越王句践，其先禹之苗裔，而夏后帝少康之庶子也。封于会稽，以奉守禹之祀。"卷41，中华书局，1959年，第1739页。

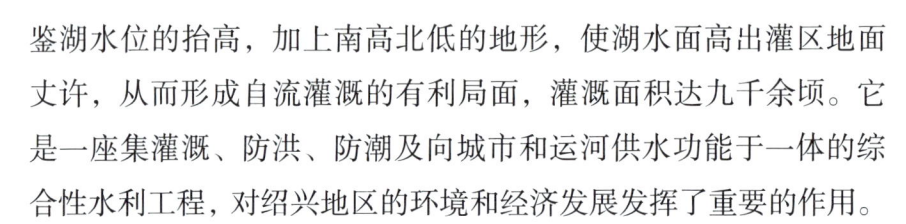

鉴湖水位的抬高，加上南高北低的地形，使湖水面高出灌区地面丈许，从而形成自流灌溉的有利局面，灌溉面积达九千余顷。它是一座集灌溉、防洪、防潮及向城市和运河供水功能于一体的综合性水利工程，对绍兴地区的环境和经济发展发挥了重要的作用。

北魏著名地理学家郦道元记载了他所见到的鉴湖。据记载，当时的鉴湖分为东湖和西湖两部分，有完备的工程设施。湖堤上设置斗门69处。北宋时鉴湖尚有斗门（或闸）14处，堰24处。按功用，这些设施可分为三种：一是用于供水或挡水。灌溉时开启闸门引水灌溉，汛期闭门拒水；二是用于泄水防洪，位于东湖东端的斗门，起泄洪的功能，当山溪来水超过农田所需水量而鉴湖的调节容量又不足容纳时，则打开溢洪道；三是向运河供水。

由于合理的规划，东汉至唐代的700年间，鉴湖的灌溉面积始终维持在九千顷左右。然而，创建人会稽太守马臻的命运却是悲剧性的。鉴湖修成后，湖泊周边豪强地主的土地、房屋和坟墓不可避免地遭到淹没，这使得他们甚为不满，于是联名上书皇帝诬告马臻耗费钱财，淹没良田，毁人庐墓，溺死百姓等。皇帝不问青红皂白，即刻传令收审马臻，最后处以极刑。深知马臻蒙冤的百姓纷纷为之立祠建庙加以纪念。唐代时，政府为之重建了祠庙，并举行隆重的春、秋祭祀，北宋仁宗皇帝则追封马臻为利济王。

宋朝时开始对鉴湖进行围垦。虽然最初的若干年中围垦派与复湖派之间曾展开了长期的拉锯战，但总的趋势是围垦数量加速上升，至宋徽宗年间达到巅峰。当时，鉴湖所在的越州太守为讨好皇帝，公然以政府的名义实行围垦，将湖田所得租税贡给皇帝私人享用。上行下效，当地豪强富室遂开始了肆无忌惮的掠夺式围垦。于是，鉴湖三分之二的水面变成了湖田，调蓄能力基本丧失。宋代围垦前鉴湖面积约为206平方千米，蓄水量至少为2.1亿立方米。[①]至南宋嘉定十五年（公元1222年），古鉴湖几乎被瓜分殆尽，只剩下东湖少量的水面和狭长的水道。元代时鉴湖已名存实亡。鉴湖的废毁虽有自然淤积的因素，但湖堤和泄水建筑物的维修不力甚至蓄意捣毁以利圩田，才是鉴湖废毁的主要原因。

第四节　河套地区引黄灌溉工程

黄河河套平原指黄河出青铜峡后，流经今指宁夏和内蒙古贺兰山以东、狼山和大青山以南平原，在宁夏银川至内蒙巴彦淖尔呈 Ω 形的河段。"河套"一词于明代始见于史料，有不同的地理范围表述，后来相沿而成特定的地理区域。青铜峡至石嘴山之间的银川平原，又称西套，或前套；内蒙古部分称东套或后套。

黄河河套平原地处干旱区，多年平均降水量在 100~400 毫米，蒸发量 1000 毫米。这里地势平衍，土地肥沃，光照时间长，正是凭借着引黄灌溉工程良好的水利条件，使这一带自汉唐以来成为西北边疆最富庶的地区（图3-12）。汉代于前套置北地郡，后套置朔方、五原郡，至此河套平原成为拱卫西部边疆的战略要地，黄河上游流域最大的农业区。

自战国以来，中国北方匈奴开始兴起，两汉之际已经称霸大漠，是威胁中国西北部的强敌，不仅侵城掠地，更是屡犯中原。武帝时，对匈奴由防御转为进攻。用兵军粮仰给于内地，"中国繕道馈粮，

[①] 周魁一：《古鉴湖的兴废及其历史教训》，引自《水利的历史阅读》，中国水利水电出版社，2008年，第72—76页。

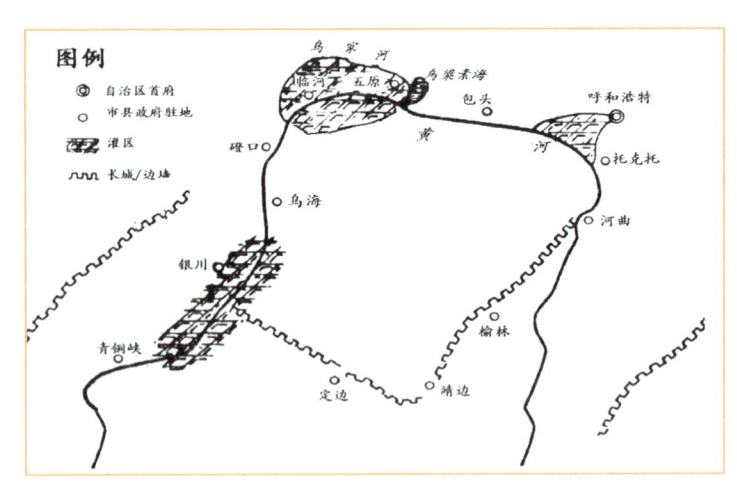

图 3-12　黄河内蒙河套及引黄灌区分布

远者三千，近者千余里，皆仰给大农"①。汉王朝为巩固边疆，开始了西北大规模的屯垦。因屯垦而有黄河引黄灌溉，以及河西走廊及玉门关、阳关以外的西域绿洲水利的兴起。灌溉渠道与汉长城并行，共同营造起横贯东西的西部边疆屏障。

东汉末年至魏晋南北朝，辽阔的北方沦为草原民族的牧场。直到400年后，唐朝恢复了大一统的国家，边疆水利也再次复兴。唐朝西部边疆遭遇的是突厥和吐蕃的侵扰。在辽阔的疆域西部，在今内蒙古、宁夏、甘肃和新疆大量驻军，沿袭汉朝以屯田养军的策略。在唐全盛时期，全国有屯田1140屯，其中西北占了567屯，有耕地二万八千多顷。于是汉代以来西北的屯田水利再次进入高潮。唐朝的《水部式》是主要针对关中和西部边疆水工程的管理法规，其时政府的水管理机构设置从渠首延伸到沟渠末端。

北宋时，疆域退至黄河以南，南宋边疆更以淮河为界，彼时统治黄河上游及河西地区的是党项人建立的西夏政权。西夏统治

---

① [汉]司马迁：《史记·平准书》，卷30，中华书局，1959年，第1439页。

期间黄河银川平原的引黄灌溉工程得以持续，内蒙河套平原沦为牧场，灌溉工程消失殆尽，这一区域灌溉再度的兴起延至清代。

古代引黄灌溉工程渠首为多口无坝引水，以抛石或埽工修筑迎水湃引水入渠（图3-13）。迎水长湃长约1千米至数千米不等。而引水渠则根据地形或长或短，在合适的位置设置进水闸和溢流湃，以节制入渠水量。渠首和引水干渠往往顺应黄河河滩演变而在。引水口经常因为淤塞废弃或开新口。历史时期的河套引黄灌溉工程，在几十年，甚至短短几年间渠首工程和干渠或有改变，而相对稳定的是灌区以及受黄河影响较小的干渠段和渠系工程。

图3-13　河套引黄灌溉工程渠首引水长湃（宁夏美利渠，20世纪50年代）

一、宁夏引黄灌溉工程

宁夏河套地区，今亦称为银川平原。黄河出青铜峡后就进入平原区。黄河将银川平原分为河东和河西两部分，引黄灌溉工程分列于黄河两岸。河东的汉渠，起青铜峡口，经金积至灵武，长50多千米；河西的汉延渠，起自黄河西岸的二道河，经永宁、银川抵贺兰，长约100千米，各灌田数十万亩。这两渠历史悠久，

105

多上溯至汉武帝时代。

《史记·河渠书》称武帝时黄河瓠子堵口后"用事者争言水利。朔方、西河、河西、酒泉皆引河及川谷水以溉田"[1]。此西河即为黄河经今灵武北流千余里，至内蒙古五原这段，而不是西河郡。其时数万至数十万人在这一带从事屯田，宁夏引黄灌溉工程自此而始。后人据魏晋南北朝成书的《水经注》和唐《元和郡县图志》所记，考证宁夏河套的汉渠在河东有光禄渠（唐代重修后改称唐徕渠）、七级渠（西夏重修，元称秦家渠）；在河西有汉渠、尚书渠、高渠、御史渠；在中卫境内有蜘蛛渠（今称美利渠）、七星渠等。[2] 这些汉渠多是唐因其旧重修后得名，引水口和渠系工程多有变化。其中汉渠、汉延渠、唐徕渠、秦渠都是后世所称，不过这些渠道应该是宁夏引黄灌溉工程中历史最长的古渠。

西汉末弃朔方等三郡，东汉初复三郡，不久又废。东汉中永建四年（公元129年），尚书仆射虞诩请复朔方三郡，称："《禹贡》雍州之域，厥田惟上。且沃野千里，谷稼殷积。……北阻山河，乘厄据险，因渠以溉，水舂河漕，用功省力，而军粮饶足。故孝武皇帝及光武筑朔方，开西河，置上郡，皆为此也。"顺帝纳其奏复三郡，使谒者郭璜"督促徙者，各归旧县，缮城郭，置候驿。既而激河浚渠为屯田，省内郡费岁一亿计"[3]。顺帝时重修诸渠，东汉延续了前朝边疆屯田的策略，引黄灌溉工程是维系这一策略的基本支撑。

---

[1] [汉]司马迁：《史记·河渠书》，引自《二十五史河渠志注释》，中国书店，1990年，第11页。

[2] 汪一鸣：《汉代宁夏引黄灌区的开发》，《水利史研究会成立大会论文集》，水利电力出版社，1984年，第43—51页。

[3] [南朝宋]范晔：《后汉书·西羌传》，卷117，《四库全书》（影印本），第28页。

三国两晋时,银川平原先后为鲜卑、氐羌、羯、匈奴等游牧民族占据,灌区成为牧场。北魏时宁夏河套灌区部分恢复。北魏太平真君五年(公元444年)薄骨律镇(治在今宁夏青铜峡北)镇守刁雍开艾山旧渠,灌溉公私田四万余顷。艾山渠很可能渠首是新开的,沿用了此前旧渠道。

隋置灵武州,治在银川以西。唐置朔方节度使,灵州为治所。万岁通天元年(公元696年)唐在今中卫市设丰安军,有屯田兵8000人,宁夏河套地区成为唐扼

A. 现代宁夏河套灌区干渠示意图

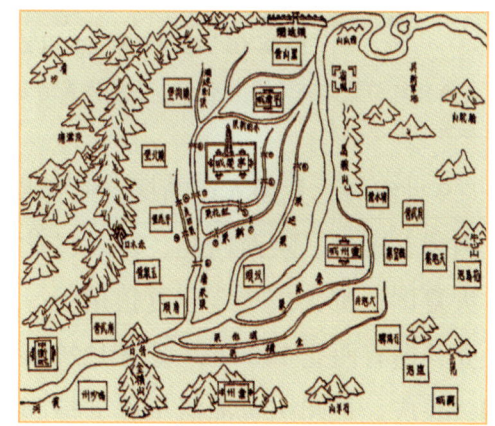

B. 明代宁夏府引黄灌区渠系图(嘉靖《宁夏府志》)

图3-14 宁夏引黄灌溉工程渠系沿革

守西域的重镇,开始大兴屯田,引黄灌溉工程有较大发展,不仅恢复了汉代以来的旧渠,还开凿了新渠。《元和郡县图志》记载灵州回乐县(今灵武市西南)北魏所开的薄骨律渠,其时溉田达

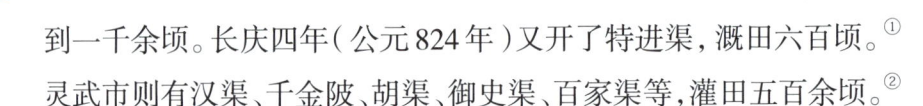

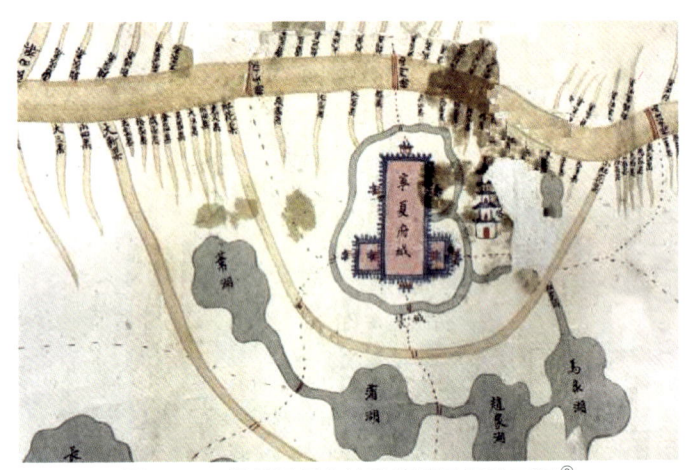

到一千余顷。长庆四年（公元824年）又开了特进渠，溉田六百顷。[1]
灵武市则有汉渠、千金陂、胡渠、御史渠、百家渠等，灌田五百余顷。[2]

图 3-15　银川平原上的引黄灌区渠系工程[3]

▲传统引黄工程系多口引水，渠首位置通过工程措施维系，位置也时有改变以适应黄河泥沙淤积。

9世纪时，党项人逐渐据有河套及河西地区，至北宋时已经据有内蒙、宁夏、陕西西北、甘肃、青海东南。1038年，党项人建立大夏国，都兴庆（今宁夏银川），史称西夏。西夏政权与北宋并立，据有西北190年，直到1227年亡于蒙古。西夏政权统治期间，兴庆、灵州引黄灌溉工程支撑起了宁夏平原的农业经济。唐徕渠、汉延渠等灌溉工程继续发挥作用，还新开了昊王渠。西夏全面继承了前代的灌溉系统，其时的银川平原成为名副其实的塞上粮仓。《宋史·夏国传》："其地饶五谷，尤宜稻、麦。甘、

---

[1]《新唐书·地理志》，引自《二十五史河渠志注释·附录》，中国书店，1990年，第670页。
[2] [唐] 李吉甫：《元和郡县图志》，卷4，中华书局，1983年，第93—96页。
[3]《清代宁夏河工图》，藏国家图书馆。

A. 秦渠进水口

▲在黄河右岸分水，青铜峡枢纽工程建成后，改在东干渠引水。秦渠最早见于记载是14世纪，时称秦家渠。今人或讹秦所建。（元代重修引黄诸渠，时人记："开唐来（徕）、汉延、秦家等渠。"①）

B. 汉渠支渠分水口——迎水湃导流长堤

▲汉渠支渠分水口以导流堤分水。抛石筑导流长堤。通过长堤延长内渠，以保护渠口不受黄河水流冲激。

图3-16 宁夏引黄灌渠工程遗产实景图（胡步川摄，1951年）

---

① [元]虞集：《翰林学士承旨董公行状》，《道园学古录》，卷20，《四库全书》（影印本），第14页。

第二编 中古时期 灌溉工程技术完善与传播

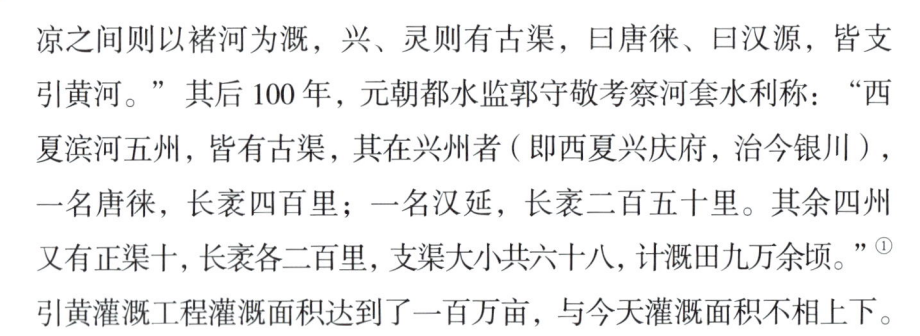

凉之间则以褚河为溉，兴、灵则有古渠，曰唐徕、曰汉源，皆支引黄河。"其后100年，元朝都水监郭守敬考察河套水利称："西夏滨河五州，皆有古渠，其在兴州者（即西夏兴庆府，治今银川），一名唐徕，长袤四百里；一名汉延，长袤二百五十里。其余四州又有正渠十，长袤各二百里，支渠大小共六十八，计溉田九万余顷。"① 引黄灌溉工程灌溉面积达到了一百万亩，与今天灌溉面积不相上下。

西夏制订《天盛律令》（全名《天盛改旧新定律令》）是完全参照唐、宋律书制订的综合法典，含刑法、诉讼法、行政法、民法、水事法、经济法和军事法等。《天盛律令》中《执符铁箭显贵言等失门》《催租罪功门》《春开渠事门》《渠水门》都设有灌溉工程管理的条款，包括岁修、灌溉用水、巡渠、渠道堤防防护林、劳动力及经费来源，以及用水纠纷处置和处罚赔偿等内容。② 设规定律之多，甚至超过了中原王朝的水法。

元明清时期，宁夏引黄灌区按渠系分为三个灌溉区域，即中卫、河东和河西三区。除了前朝留下的灌渠外，加上三朝陆续新开的引水灌渠，宁夏河套平原有渠道19条，其中河东的汉渠、秦渠灌溉面积十六万亩，中卫有美利（又名蜘蛛渠）、石空、白渠、枣园、中渠、羚羊角渠、七星、贴渠、羚羊店、夹河、柳青、胜水等灌渠，灌溉面积为二十五万余亩。清康熙、雍正时整理渠系，新修了大清、惠农、昌润，与汉代所建的唐徕、汉延渠合称河西五大渠。

宁夏引黄灌溉工程遗产承载了丰富的传统水利技术。工程型式与黄河水文特性、高含沙水流具有很好的适应性。传统的渠首工程均为无坝引水，以船载石在河中抛石下沉，形成导流堤——

---

① ［元］齐履谦：《知太史院事郭公行状》，引自《元文类》，四部丛刊初编本。
② 史金波、聂鸿音、白滨译注：《天盛改旧新定律令》，法律出版社，2000年。

迎水湃，通过人为调控迎水湃长堤的长度和走向来控制引水高程和引水量（图3-17）。渠首以下设退水渠，多余的水或归于黄河，或引至下游的灌渠。在灌溉管理方面，北魏时期创立了"一旬之间，则水一遍，水凡四溉，谷得成实"的灌溉制度。明清时期，在灌溉管理中采用"封俵"轮灌制度，即自下游而上游的灌溉秩序。田间灌水时上中段的斗口一律封堵不许放水，待水至渠稍，下段灌溉完成后，中上段开始灌溉。

A. 黄河右岸羚羊寿渠进水口（2017年）

▲羚羊寿渠是宁夏河套灌溉工程仅存的无坝引水枢纽，迎水湃伸向黄河约1千米。

B. 唐徕渠支渠农场渠（2017年）

▲农场渠依然保留了传统灌渠渠道工程特点：自然堤，沙柳固堤。

图3-17　宁夏引黄灌溉工程传统工程遗存

A.（清）宁夏唐徕渠进水口（国家图书馆藏）

▲唐徕渠宁夏引黄灌溉工程是历史最长的古渠之一。渠首为无坝引水工程，在黄河左岸利用地形条件建迎水湃，引水入渠。引水干渠至沧浪亭枢纽。设有进水闸和退水闸，节制引水量。

B.唐徕渠沧浪亭枢纽
（胡步川摄，1946年10月）

▲右侧为进水口，左为退水渠。

C.现代唐徕渠唐正闸枢纽

▲青铜峡枢纽建成后，在唐徕渠西干渠引水。原沧浪亭旧址仍是进水和退水的节制枢纽，图左是退水闸，右为唐正闸。

图 3-18　唐徕渠渠首工程及其演变

A. 进水闸（放水洢）

B. 正在放水的进水闸

C. 退水渠（退水洢）

图3-19　汉延渠渠首工程设施（胡步川摄，1951年）

1958年青铜峡枢纽建成后，将古渠口归并到黄河两岸东干渠、西干渠引水，各岁修工程量大为减少。经过渠系改造，宁夏灌区成为黄河流域最大的灌区，灌溉面积达828万亩。2017年宁夏引黄灌区入选世界灌溉工程遗产名录。

《天盛改旧新定律令·渠水门》第十五（节选）

一大都督府至定远县沿诸渠干当为渠水巡检、渠主百五十人。先住中有应分抄亦富分抄，有已超亦当减。其上未足，则不任独诱职中应知地水行时，增足其数，此后则不许渠水巡检、渠主超。若超派人数及另超等时，为超人引助者处及超派人所验处局分大小等，一律依转院罪状法判断。

一沿渠干察水应派渠头者，节亲、议判大小臣僚、租户家主、诸寺庙所属及官农主等水□户，当依次每年轮番派遣，不许不续派人。若违律时有官罚马一，庶人十三杖。受贿则以枉法贪赃论。

一诸沿渠干察水渠头、渠主、渠水巡检、伇事小监等，于所属地界当沿线巡行，检视渠口等，当小心为之。渠口垫版、闸口等有不牢而需修治处，当依次由局分立即修治坚固。若粗心大意而不细察，有不牢而不告于局分，不为修治之事而渠破水断时，所损失官私家主房舍、地苗、粮食、寺庙、场路等及傭草、笨工等一并计价，罪依所定判断。

一等当值渠头并未无论昼夜在所属渠口，放弃职事，不好好监察，渠口破而水断时，损失自一缗至五十缗徒三个月，五十缗以上至一百五十缗徒六个月，一百五十缗以上至五百缗徒一年，五百缗以上至千缗徒二年，千缗以上至千五百缗徒三年，千五百缗以上至二千缗徒四年，二千缗以上至二千五百缗徒五年，二千五百缗以上至三千缗徒六年，三千缗以上至三千五百缗徒八年，三千五百缗以上至四千缗徒十年，四千缗以上至五千缗徒十二年，五千缗以上一律绞杀。其中人死者，令与随意于知有人处射箭、投掷等而致人死之罪状相同。佚事小监、巡检、渠主等因指挥检校不善，依渠主为渠头之从犯、巡检为渠主之从犯、佚事小监为巡检之从犯等，依次当承罪。

一等唐徕、汉延及诸大渠等上，渠水巡检、渠主诸人等不时于家主无理相□，决水，损坏垫版，有官私所属地苗、家主房舍等进水损坏者，诸人告举时，其决者之罪及得举赏、偿修属者畜物法等，与蓄意放火罪之举赏、偿畜物法相同。

一沿唐徕、汉延、新渠、诸大渠等至千步，当明其界，当值土堆，中立一碣，上书监者人之名字而埋之，两边附近租户、官私家主地方所应至处当遣之。无附近家主者，所见地□处家主中当遣之，令其各自记名，自相为续。其上渠水巡检、渠主等当检校，好好审视所属渠干、渠背、土闸、用草等，不许使诸人断抽之。

一节亲、宰相及他有位富贵人等若殴打渠头，令其畏势力而不依次放水，渠断破时，所损失畜物、财产、地苗、傭草之数，量其价，与渠头渎职不好好监察，致渠口破水断，依钱数承罪法相同，所损失畜物、财产数当偿二分之一。渠头曰"我已取渠口"，立即告奏，则勿治罪。若行贿徇情，不告管事处，则当比无理放水者之罪减二等。又诸人予渠头贿赂，未轮至而索水，致渠断时，本罪由渠头承之，未轮至而索水者以从犯法判断。渠头或睡，或远行不在，然后诸人放水断破者，是日期

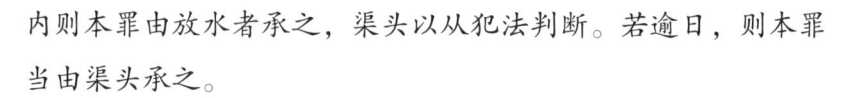

内则本罪由放水者承之，渠头以从犯法判断。若逾日，则本罪当由渠头承之。

一渠水巡检、渠主诸人等告状，曰沿诸处大渠垫版不牢及需修治，局分司吏不取状及虽取状而不速受理，或已受理而大人、承旨不听其言，渠断破时，所滞碍处与渠水巡检处渠主告状而不听，致渠破罪同样判断，渠未破则徒六个月。

一诸人有开新地，须于官私合适处开渠，则当告转运司，须区分其于官私熟地有碍无碍。有碍则不可开渠，无碍则开之。若不许，而令于有碍熟地处开渠，不于无碍处开渠，属者等一律有官罚马一，庶人十三杖。

一大都督府转运司当管催促地水渠干之租，司职事勿管之，一律当依京师都转运司受理事务次第管事。

一大都督府转运司地水渠干头项涨水、降雨，渠破已出大小事者，其处转运司当计量多少，速当修治，同时当告闻管事处。

二、内蒙引黄灌溉工程及其演变

元朔二年（公元前127年）春，武帝派将军卫青出击匈奴，一举收复了河南地（今内蒙古河套地区），设置朔方郡（治今内蒙古杭锦旗西北黄河南岸）、五原郡（治今内蒙古包头市西北）。然后募民十万口至朔方屯田。元狩三年（公元前120年）再次迁移关西及朔方以南（今陕西北部）70余万人，由此汉王朝开始大力经营河套地区。[①] "汉度河自朔方以西至令居（今甘肃永登西北），

---

① ［汉］班固：《前汉书·武帝纪》，卷6，《四库全书》（影印本），第17页。

往往通渠置田官，吏卒五六万人。"①元鼎六年（公元前111年），再次徙六十万人戍田于上郡（治今陕西榆林市东南）、朔方、西河、河西。《史记·河渠书》："朔方，西河、河西皆引河及川谷以溉田。"这是河套引黄灌溉工程兴起的第一次高潮。

西汉朔方和五原郡在乌兰布和沙漠以北，武帝时设有窳浑、临戎、三封三县，现在三座古城废墟恰好鼎足而立，其南、东临近黄河，北则有屠申泽，是屯垦条件最好的地区，汉临戎三城正好位于引黄灌溉区内（图3-20）。

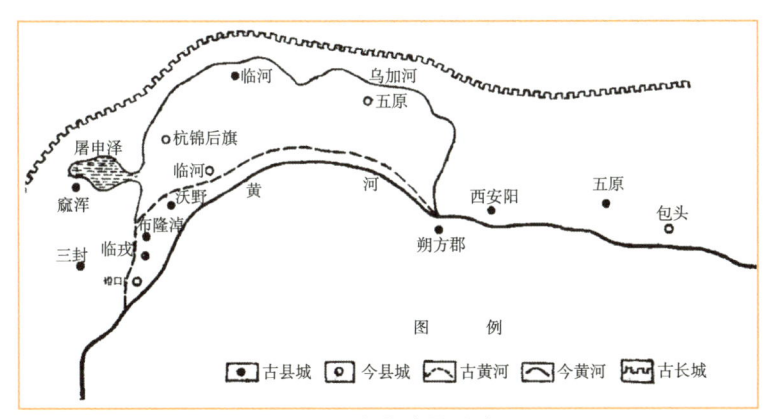

图3-20　汉朔方郡及屯区

唐代于后套地区置丰州，治九原（今内蒙五原县），属关内道。《新唐书·地理志》记载唐新开或修复的引黄灌渠有三条，"有陵阳渠，建中三年（公元782年）浚之以溉田，置屯，寻弃之""有咸应、永清二渠，贞元中（公元796—803年）刺史李景略开，溉田数百顷"②。唐末丰州陷入藩镇割据战乱中，至此后套地区成为蒙古人统治区或驻牧区，不事农耕近千年。清道光时蒙区开禁，

---

① ［汉］班固：《前汉书·匈奴传》，卷94上，《四库全书》（影印本），第26页。
② 《新唐书·地理志》，《二十五史河渠志注释》，中国书店，1990年，第671页。

准汉人前往垦殖。道光以后至清末，山西、陕西农民纷纷前往河套谋生。有资产的地商趁势竞相垦荒开渠。商办水利推动了河套农业兴起。地商是先向蒙旗王公承包土地，然后投资开渠开荒。开荒出来的土地或是自己雇工经营，或是将土地转包给农户垦种收租。农户交水租，依规灌溉。地商既收地租又收水租。年终地商向蒙旗王公交租，地商赚取了租金中间差价，获利包租范围扩大，如果经营失败，则将渠道和土地一并转让。清末至民国初年一些大渠由多个地商集资兴建，合股开挖的渠道，往往称"五大股渠"、"十大股渠"之类。股东还集资修渠庙，被称为公中庙，是股东的议事场所。

图 3-21 是咸丰三年（公元1853 年）萨拉齐蒙古民事府于内蒙河套开禁不久颁发的渠规。萨拉齐在包头东三湖河，现河套东镫口灌区范围内。渠规反映了当时河套引黄灌溉中，官方、地商（渠头）、用水户三者之间关系，对工程管理（岁修、抢修），用水管理（轮灌、水权）等都有细致的罚则，其中租典水奉，应是地商出卖的水权，也在渠规约束范围内。

图 3-21　河套灌区《渠规禁牌》

《渠规禁牌》碑

　　特调萨拉齐蒙古民事府加五级纪录十次文。为初始晓喻章程，张贴外合，将禀明各条，专立禁牌，各依水奉挨次轮使，勿许混争，如有不遵者，按照后开条款认罚。倘遇奸巧之人，偷损渠路，暗中使水，或经查出，该值年渠头禀官究治，兹将公议定规各条开列于后。

计开：两园人等私砍石渠者，罚戏三期。两园人等私拆中坝者，罚钱三十千文。私行堵塞渠口者，罚戏三期。沿渠小口偷水浇地者，罚钱五千文。用秤杆水斗使水者，罚钱五千文。有租典水奉，不遵渠规者，罚钱五千文。自二月初二日开渠，至十月十五日闭渠。开闭之日抗不工作者，将渠头罚钱十千文。春秋二季，浇灌垡地，各按分股轮流使用，不许强霸。如犯规者，罚钱十千文。遇山水涨泛，淹没渠坝，大水已过，该渠头即行传人挑渠闸水，如推诿者罚钱十千文。同渠地户犯规，渠头徇情隐匿者，将渠头查照该户所犯何条，加倍行罚。

以上所罚钱文，俱入渠公用

大清咸丰三年三月十九日

道光三十年（公元 1850 年）黄河河道南移，使黄河左岸更利于开引水口，布置渠道。道光至清末河套土地垦殖过半，这一时期新开大小引水渠 40 道，灌溉面积大者千顷，小者几十顷，后套总灌溉面积超过一万顷，人均灌溉面积三十六亩。[1] 图 3-22A 是 1850 年黄河改道后遗留的三湖河段。1959 年巴彦淖尔三盛公黄河水利枢纽工程建成，历史上多口引水的引黄灌溉工程演进为磴口总干渠进水口。总干渠东西长 180 多千米，干渠 100 多千米以后利用了原来的干渠三湖河，这是 1850 年黄河改道后，幸存的一段

---

[1] 陈尔东：《河套灌区简史》，水利电力出版社，1988 年，第 52 页。

旧渠，它保留了后套灌溉工程传统渠道的工程形态（图3-22），复式输水水道，常水道滩地以上台地，称为旱台，汛期洪水可以

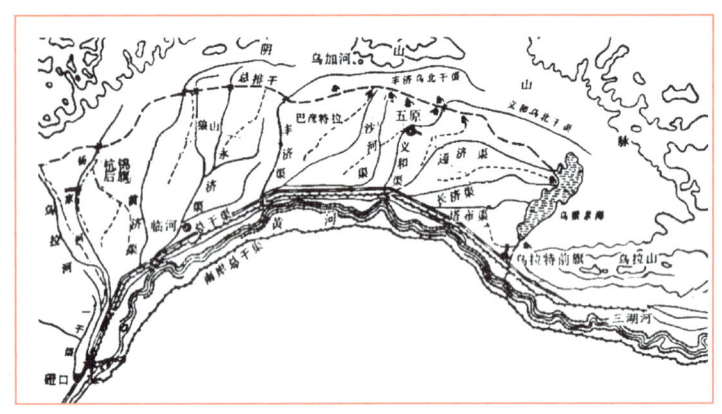

A. 现代河套灌区渠系与黄河关系（1850年黄河河套段改道后）

B. 三湖河段渠道实景（2019年）

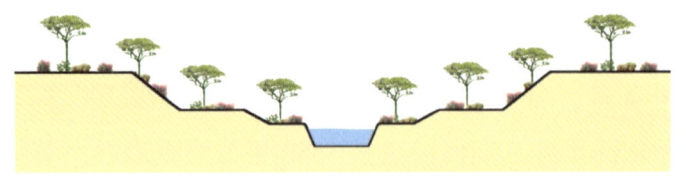

C. 复式渠道断面示意图

图3-22　内蒙古河套灌区与传统渠道工程

在旱台漫流。旱台和常水道之间滩地植柳，可以固堤固滩。这样渠道的岸堤没有冻融危害，比当下的水泥砌筑或钢筋混凝土结构的堤防更适合当地的气候条件。2019年内蒙古河套灌区被列入世界灌溉工程遗产名录。

第五节　河西和西域灌溉工程及其发展

汉代河西和西域是汉王朝与匈奴等部族对峙的边疆地区，即今甘肃西部河西走廊地区，西域涵盖今新疆和部分中亚国家。河西走廊和新疆地处西北内陆河干旱区及半干旱区，处于东亚季风区的外围，年降水量自东南向西北，从300毫米递减至不足50毫米，年蒸发量却从1000毫米增加到2000毫米以上。但是在内陆河谷平原地带，土地肥沃，光照时间长，只要有灌溉就有适宜农耕的绿洲。

河西走廊和新疆屯田是间歇性而非持续性，在中央王朝强盛时期，往往在屯垦戍边国策主导下，灌溉工程取得长足发展，强力支撑了边疆屯垦农业，汉唐及清代三个朝代即是这样的时期。而魏晋南北朝及五代、两宋时期，当中央政府失去河西及西域控制权，灌溉工程失于管理，河西和新疆绿洲农业萎缩。在屯垦高潮时，大量荒地被辟为绿洲农田。高潮一过，屯军撤走，垦区撂荒，撂荒土地逐渐荒漠化。自汉代以来两千年，因水利而在西北旱区划分出不同时期农业与游牧两个文明的分界。

干旱缺水造就了河西走廊和新疆灌溉工程必须在政府的主导下兴建和管理的局面。这两个区域也是古代水资源管理最严格的地区。官方主导下的屯田水利有效地延续了绿洲农业，历史时期

诸多特定自然环境下的水管理制度，今天仍不失借鉴价值。

一、河西绿洲灌溉工程

　　河西走廊地处祁连山脉与蒙古高原沙漠地带夹峙的狭长区域，南北宽10至100千米不等、东西长约1000千米。祁连山系的黑山、宽台山和大黄山将河西走廊分隔为石羊河、黑河和疏勒河三大内流河流域。由于雪融洪水和降雨的补给，三河水系发达。各河出山后逐渐渗入戈壁滩形成潜流，是绿洲的生活和灌溉水源。

　　西周时，河西走廊属九州的雍州、凉州之地，至西汉时是羌戎、匈奴的活动范围。西汉武帝元狩二年（公元前121年）设武威、张掖、酒泉、敦煌四郡。《前汉书·匈奴传》："自朔方以西至令居，往往通渠置田官。"[1] 河西屯田与水利兴举并行。武帝时"初置张掖、酒泉郡，而上郡、朔方、西河、河西开田官，斥塞卒六十万人戍田之"[2]。凡河西屯田之地无不开渠。《前汉书·地理志》记载了河西三条灌渠：张掖觻得县引羌谷水（今黑河）之千金渠，敦煌冥安县引冥水（今疏勒河）之端水、氐置水。汉宣帝时（公元前73年—前49年）大将赵充国在湟水河流域万人屯戍，"缮乡亭，浚沟渠"[3]。

　　旱区特有的灌溉工程类型坎儿井在汉代出现在敦煌。西汉破羌将军辛武贤"将兵万五千人至敦煌，遣使者案行表，穿卑鞮侯井以西，欲通渠转谷。积居庐仓以讨之"。三国人孟康注释卑鞮侯井："大井六，通渠也，下流涌出，在白龙堆东土山下。"[4] 这

---

[1] ［汉］班固：《前汉书·匈奴传》，卷94上，《四库全书》（影印本），第26页。
[2] ［汉］司马迁：《史记·平准书》，卷30，《四库全书》（影印本），第13—14页。
[3] ［汉］班固：《前汉书·赵充国传》，卷69，《四库全书》（影印本），第14页。
[4] ［汉］班固：《前汉书·西域传》，卷96下，《四库全书》（影印本），第35页。

一井渠结合引取地下水的灌溉工程，与后世新疆"坎儿井"比较，无论是工程还是水源都应属于同一类型。

出土的敦煌、居延文书中，披露了汉代河西灌溉工程分布情况。在敦煌有马圈口堰，汉元鼎六年（公元前111年）建，引甘泉水（今称党河）灌溉。敦煌悬泉、居延肩水都尉府遗址出土的汉简记载了西汉昭帝始元二年（公元前85年），来自淮阳郡的1500名戍田卒，为驿马田官穿泾渠。[①] 同一地方出土的汉简上记有："右水门凡十四""水门卒"。敦煌悬泉汉简有"民自穿渠，第二左渠，第二右内渠。水门广六尺，袤十二里"[②]。从水门的尺寸来看，应该是进水口及引水干渠。居延甲渠候官遗址出土了有"玉门塞外海廉渠"文字的残简，以及有"甲渠（沟）候官"这类管水的官吏名称的汉简。居延边关的驿亭、烽火燧的名称和灌溉工程有关，如临渠亭、石渠亭、广渠燧、临渠燧、水门燧等。在居延燧、亭遗址附近发现了多处宽2米的灌渠遗址。驿亭、烽燧设在沟渠附近，除了临水的环境，更是便于生活用水和粮食供给的考量。除了灌渠，汉代河西大量凿井，也作为生活用水的主要水源。烽燧附近发现了多处水井遗址。汉简有关民间自建工程的记载极少，在河西干旱地区，没有政府的组织工程修建难度大，管理更难。

汉代河西屯田戍边，赋予了国家主导下的灌溉工程兴建和管理。在居延汉简发现了管理灌溉工程、灌溉用水的官员和基层管水小吏设置，有肩水都尉、肩水候官、甲渠候、甲渠官、甲渠候行者、甲渠第卅七队长名目。敦煌悬泉汉简中则有主水史及属官

[①] 谢桂华等：《居延海简释文合校》，原文："居延始元二年，戍田卒千五百人，为驿马田官穿泾渠。"文物出版社，1987年，第497页。

[②] 胡平生等：《敦煌悬泉汉简释粹》，上海古籍出版社，2001年，第55页。

都水官，如都水长、都水丞，及其为官家管渠、管水的都水卒、都水徒、都水奴。

西汉元始五年（公元5年）《四时月令诏条》是中央政府对河西地区公共工程、林木、池沼的管理条例。其中与水利有关的条目集中在堤防、渠道疏浚，以及禁止施工的月份等。敦煌悬泉汉简《四时月令诏条》的条例摘选如下：

修利堤防："谓修堤防，利其水道也，从正月尽夏；道达沟渎：谓口浚壅塞，开通水道也，从正月尽夏。完堤防、谨壅塞，谓完坚堤，备秋水；毋治沟渠，决行水泉，……尽冬。"①

上述条例规定了修堤防、疏浚沟渠施工时间是从正月到夏。秋天是一年中需要防洪守堤的季节。而一整个冬季不得为引取水泉而施工，一旦破坏了冻土，改变了地下水水路，或许来年就无水可取了。这些条款反映出干旱严寒的河西地区水利工程维护工程量极大，水源的保护也是极为重要的。

唐代河西一如汉制不仅重兵守边，更是大规模地屯田。唐延续了汉屯田制度，灌溉工程在政府的主导下实施半军事化管理的体制。在敦煌汉唐文书中反映出政府对灌溉工程管理的强势参与。汉代以"穿渠校尉"带领"治渠卒"负责灌渠岁修的兴作。河西汉简中的"穿渠校尉"就是统领"治渠军"、"治渠卒"的军屯职官。在唐代敦煌文书中还有类似职务，时称"治渠校尉"一职。河西灌溉工程有力地支撑了唐西部边疆的稳定，成为黄河以西富庶的农业区。

唐代沙州（治今敦煌）甘泉水（党河）灌区，是河西最完善

---

① 胡平生等：《敦煌悬泉汉简释粹》，上海古籍出版社，2001年，第192—199页。

的灌溉工程体系。《沙州都督府图经》记载始建于汉的马圈口堰，"堰南北一百五十步，阔二十步，高二丈。总开五门，分水以溉田园"①。堰的高度超过6米，应该是无坝引水的分水导流堤。干渠斗门马圈口、都乡、五石、中河四门，加上阴安共五门，分出九条干渠（图3-23），即宜秋渠、孟授渠、都乡渠、阴安渠、阳开渠、神农渠、北府渠、东河水、三丈渠，干渠分枝出支渠90余条，形成了敦煌干旱区的灌溉网。沙州城则四面水渠环绕，是敦煌绿洲中的重镇。在这一有相当规模的灌区，地方官的主要职责就是水管理，即所谓"用水浇田，县官检校"，灌区渠道有渠社，负责防汛和维修渠道。渠社通常由20户左右用水户组成，负责人称录事。《（唐）沙州敦煌县行用水细则》记述了甘泉水灌区的灌溉制度。内容包括轮灌秩序，规定作物生长期凡五灌，每次灌水时间和水量依据季节和作物生长阶段而不同（图3-23）。唐代敦煌灌溉工程岁修称为"渠河口作"，参与者为"渠人"，渠人来自兵役和民役，是河西主要的徭役。这项工作也依托"渠社"完成。"渠社"

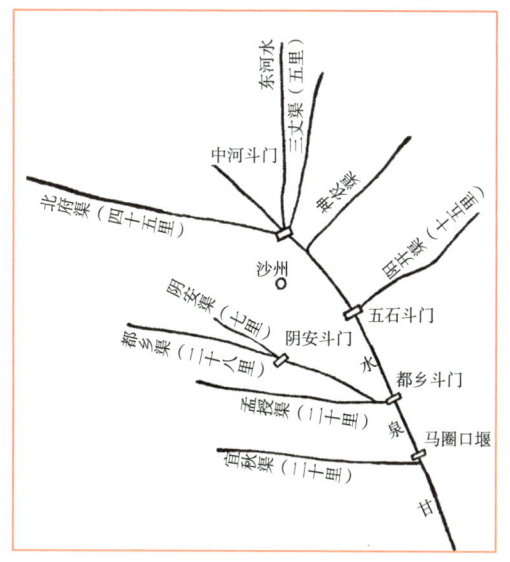

图3-23 唐代沙州甘泉灌区五门分布示意图

---

① 郑炳林：《敦煌地理文书汇辑校注》，甘肃教育出版社，1989年，第5、8页。

是用水户自治组织，要参与"渠河口作"的官徭。

在敦煌出土的文书中有《沙州敦煌县行用水细则》，细则全文约2200字，针对沙州五十多条灌渠的水量配置和轮灌制度做了详细的规定。[①] 这些条规包括了对各渠分水口的限制，还有对灌溉秩序既有乡规民约的确认，以及政府与用水户各自责任与义务的规定（图3-24）。唐代沙州是北方粮仓。开元时，沙州粮食丰裕，除了守边粮食供给，还有余粮调入关中，"沙州敦煌道，岁屯田，实边食，余粟转输灵州，漕下黄河，入太原仓，备关中凶年"[②]。

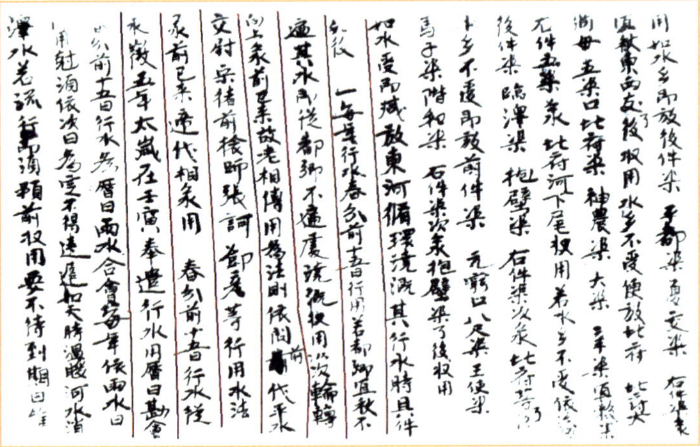

图3-24 《（唐）沙州敦煌县行用水细则》部分条文（影印）

▲下划线部分的原文：如水受，即减放东河，循环浇溉。其行水时，具件如后：一每年行水，春分前十五日行用，若都乡宜秋不遍，其水即从不遍处浇溉后用，以次轮转向上。承前已来，故老相传，用为法则。依问前代平水交（校）尉宋猪，前旅帅张词、邓彦等。行用水法，承前已来，递（递）代相承用。春分前十五日行水，从永徽五年太岁在壬寅，奉遵行水用历日勘会。

---

① 唐耕耦、陆宏基编：《敦煌社会经济文献真迹释录》，北京图书馆敦煌吐鲁番资料研究中心，1986年，第396页；本书文书真迹来源：北京图书馆、大英博物馆、巴黎图书馆等馆藏缩微胶卷。

② ［宋］李昉：《太平广记》，卷485，《四库全书》（影印本），第5页。

唐代屯田水利成就较大的还有甘州（治今张掖）、瓜州（治今瓜州）、肃州（治今酒泉）等州。长安元年（公元701年）河西凉州都督郭元振甘州屯田，"尽水陆之利，稻收丰衍。旧凉州粟斛售数千，至是岁数登，至匹缣易数十斛，支廥十年，牛羊被野"①，稻作在河西发展，一是有水利的保障，再就是彼时河西人烟繁盛，不得不增加种稻以增加产量。唐代甘州（治今张掖）也是河西的粮仓，浊河（今黑河）干支流大大小小的灌溉工程密集，40余屯皆为沃壤。甘州常年贮粮四十万石，是戍边军粮供给地之一。中唐以后，河西为吐蕃占领，宋代为西夏疆域，但始终是区域重要农业区。

元明清时期，河西地区依然是中央政府西部边疆的屯区。河西凉州（治今武威）、甘州（治今张掖）汉唐时期的灌溉工程或重建或新建，不仅恢复了农业区而且有较大的扩展。明代河西设15卫，东起庄浪，西抵肃州，绵亘两千里，有屯田军10余万人。据万历《陕西通志》卷一一《水利》记载，其时河西屯区共有水渠196条，灌溉面积达一百七十万余亩，以甘州五卫屯区最多，有水渠74条，灌溉面积七十五万余亩。

清代康熙、雍正时，在肃州（治今酒泉）嘉峪关内外大举民垦。雍正十年（公元1732年），于嘉峪关口内外柳林湖、毛目城、三清湾、柔远堡、双树墩、平川堡等处新垦屯田约计二十万亩，穿渠通流，灌区向荒漠延伸。至清中期《嘉庆大清一统志》统计，总计河西走廊的渠道有203条，灌溉面积至少有三万六千顷，其中凉州府共31条，溉田二万一千六百余顷；甘州府共108条，溉

---

① ［后晋］刘昫等：《旧唐书·郭元振列传》，卷97，《四库全书》（影印本），第7页。

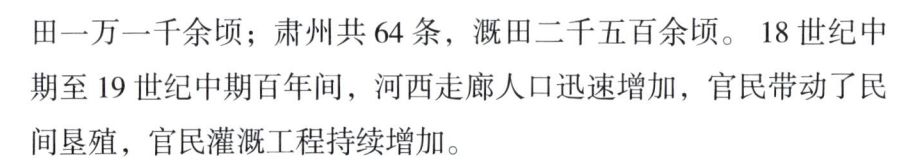

田一万一千余顷；肃州共64条，溉田二千五百余顷。18世纪中期至19世纪中期百年间，河西走廊人口迅速增加，官民带动了民间垦殖，官民灌溉工程持续增加。

  河西走廊的灌溉工程引水枢纽多是当地柴草、土石堆筑的临时坝，需要年年岁修重建。且旱区的灌溉水源主要来自祁连山的雪融洪水，一年一季的耕作制度，灌溉与否，灌溉水量是否充足，决定了一年的收成。军屯制度下，官方可以完全把控工程用水管理。明清时期，民屯逐渐增加，用水矛盾尖锐起来。明清逐渐演变为官方主导下的灌区各级渠系的自治管理。黑河支流讨赖河在酒泉和金塔上下游两个灌溉体系的管理，是明清以来河西灌溉工程管理的典型案例。

  黑河最大的支流讨赖河源出祁连山，流经酒泉平原，下游至会水县入张掖河。讨赖河有上游出山口酒泉红水坝和下游金塔王子庄两个灌区。红水坝和王子庄应该是汉唐时期的灌溉工程，后世时有兴废，明成化时重修，灌溉效益延续至今。于酒泉西南筑红水坝，下游于金塔县西筑王子坝，形成了讨赖河酒泉和金塔上下游两个灌溉体系。红水坝左右岸分水，右岸分水诸渠灌溉酒泉县城一带；左岸诸渠灌溉嘉峪关内安远寨、四清堡北闸堡一带。金塔王子坝两岸分流，灌渠呈扇状分布金塔平坝。酒泉红水坝南北渠分水龙口有南北两处龙王庙，金塔王子庄分水口有龙王庙一处。其中红水坝北龙王庙为总寨龙王庙，负责讨赖河上下游干渠的水管理，其余两处负责各自干渠的水管理。地方官员在工程岁修、水分配上据有威权地位。讨赖河立夏开始头水灌溉，放水前地方官和渠长、沟长核验水口的尺寸，通过水牌、点香控制轮灌的秩序和水量。

二、新疆内陆河灌溉工程

汉唐西域大致涵盖玉门关、阳关以西，葱岭以东的广大地区。汉唐王朝治下或为属国的西域，直到清才设置新疆行省。新疆绿洲农业分布在塔里木盆地、吐鲁番盆地和以北准噶尔盆地的边缘。其中灌溉工程发展最著者有塔里木河、罗布泊、乌鲁木齐河、伊犁河、昌吉河、罗克伦河等，绿洲农业在拱卫西域中发挥了重要作用。今新疆灌溉工程大多发轫于汉唐西域绿洲屯垦区。

新疆位于欧亚大陆中部，典型大陆温带荒漠型气候。天山以北年降水量不足250毫米，以南不足80毫米，东部的哈密、吐鲁番一带更是低于20毫米，相比之下，蒸发量却高达1600~2200毫米。新疆的水资源主要来自天山和昆仑山的积雪，大量的高山融雪汇入河流，造就了一个个绿洲，点缀在茫茫的荒漠中，从而形成了新疆独特的"荒漠绿洲，灌溉农业"的生态格局。

武帝太初三年（公元前102年），汉远征大宛取胜，遂在轮台（今新疆轮台东南）和渠犁（今新疆库尔勒）等处屯田。宣帝神爵二年（公元前60年），匈奴向汉西域地方长官投降，天山南北遂归属于汉。汉始设西域都护，西域大规模屯田由此拉开序幕，也迎来了历史上新疆水利建设的第一次高潮。汉西域屯田集中于塔里木河中游的渠犁和轮台一带。轮台地区考古发现了多处汉代城市和村堡遗址，几乎每一处遗址周边都可找到汉代屯田的渠道遗迹。

终汉之世屯垦范围逐渐扩展至伊循（今若羌附近）、交河（今吐鲁番北）、姑墨（今阿克苏）、楼兰、车师等地。汉将索励率官兵四千余人在楼兰屯田，"横断注滨河……灌浸沃衍，胡人称神。

大田三年，积粟百万"[1]。20世纪20年代，在今沙雅县境发现红土筑成的长达100多千米的古渠道，宽约8米，深约3米，当地人称之为"汉人渠"。在若羌县一个汉渠遗址中，渠道沿古米兰河分布，干支渠上有闸门控制水量。汉代屯垦有军屯和民屯之分，以军屯为主，设屯田校尉管理，屯卒分为戍卒、田卒、守谷卒和河渠卒等。

东汉至魏晋南北朝300年间，中原政权放弃西北统治，但西域楼兰尼雅（今民丰县北）、高昌、吐鲁番等地屯垦仍在不同政权控制时期延续。出土文书记载这些地区设有"平水""行水"之类的官员，负责管理农田或葡萄园渠道及用水的分配。1979年新疆吐鲁番高昌故城出土了公元424年派任行水官牒文书。官牒内容是任命郡、县官吏承担两部葡萄园的行水官。两部应该是两个区域，有10位行水官负责灌溉。[2]这是地方政府把握西域水权的历史见证。官牒原文如下：

  铠曹参军王泠、均役主簿侯遗、校曹书佐隗季、掾史曹严午兴、县吏一人。右五人知行中部蒲（葡）陶（萄）水，使竟。
  金曹参军张兴周，均□□□、校曹书佐黄达、曹史翟庆、县吏一人。□□□□功曹书佐氾泰、□案樊海白：今引水溉两部蒲（葡）陶（萄），谨条任行水人名在右。事诺约敕奉行。
  ——北凉高昌郡功曹白请溉两部葡萄派任行水官牒

---

[1] [北魏]郦道元著，陈桥驿注释：《水经注》，卷2，河水，浙江古籍出版社，2001年，第18页。
[2] 柳洪亮：《吐鲁番出土文书中所见十六国时期高昌郡的水利灌溉》，引自《新出吐鲁番文书及其研究》，新疆人民出版社，1997年，第331—332页。

公元3世纪至4世纪时楼兰尼雅河流域绿洲农业区，其时军屯分布在水资源条件好的尼雅河平原，出产大麦、小麦、粟、黑粟、水稻等粮食作物。①一则出土西晋时的文书，可以见到其时有针对不同粮食作物的灌溉用水制度，"将张金部见兵廿一人。小麦卅七亩，已穫廿九亩。禾一顷八十五亩，溉廿亩；荫九十亩。大麦六十六亩，已穫五十亩。下床八十亩，溉七十亩"②。文书应该是秋收进度和灌溉的报告，大致说的是：张金手下有戍卒21人，管理屯田四百五十八亩地，种植了大麦、小麦、稻（禾）、下床（不知是什么作物）、荫（牧草）。本次麦收大小麦共七十九亩，灌溉了水稻和下床共九十亩。

唐代是西域水利大发展的时期。太宗贞观时（公元627—649年），收复了吐谷浑占据的南疆，置安西都护府（治龟兹，今库车），设于阗、碎叶、疏勒、龟兹四镇。"岁调山东丁男为戍卒，缯帛为军资，有屯田以资糗粮，牧使以娩羊马。大军万人，小军千人，烽戍逻卒，万里相继以却于强敌。"③开启了唐经营西域的历史。长安二年（公元702年），增置北庭都护府（治庭州，今吉木萨尔北破城子），统瀚海（即庭州）、天山（即西州，治高昌，今吐鲁番）、伊吾（伊州，治今哈密）三军并开三地屯田。至此屯垦遍及今焉耆、库车、轮台、吐鲁番、巴里坤、哈密、吉木萨尔、米泉等地，稻作农业在南疆、西江和北疆都有分布。

唐西域灌区多在前代的范围，工程类型和管理受河西诸州影

---

① 林梅村：《楼兰尼雅出土文书》，文物出版社，1985年，第54、56、57、77页。
② 林梅村：《楼兰尼雅出土文书》，文物出版社，1985年，第70页。
③ [后晋]刘昫等：《旧唐书·吐蕃传》，卷196上，《四库全书荟要》（影印本），第25页。

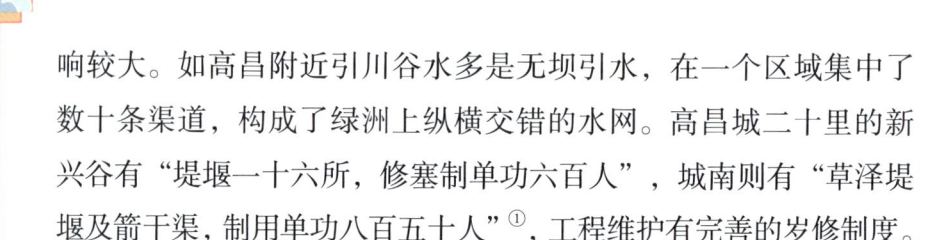

响较大。如高昌附近引川谷水多是无坝引水，在一个区域集中了数十条渠道，构成了绿洲上纵横交错的水网。高昌城二十里的新兴谷有"堤堰一十六所，修塞制单功六百人"，城南则有"草泽堤堰及箭干渠，制用单功八百五十人"①，工程维护有完善的岁修制度。

8世纪以来，往来西域的僧人记载了他们所见到的南疆塔里木河、伊犁河屯垦区引水溉田的情形，反映了唐代西域水利盛况和中原水利技术西传的历史。玄宗年间，西去印度求法的高僧玄奘途经焉耆时，见到此地"泉流交带，引水为田"②。在于阗境内时，则见玉龙哈什河"国人利之，以用溉田"③的景象。13世纪契丹人耶律楚材游西域时，曾在唐碎叶遗址西300里塔剌斯城外见到唐代屯田水利遗址。他在《西游录》中记载："川北头有巨丽大城（即塔剌斯城），城外皆平原可田，唐时凿渠道南山，夹为石闸以行水，腼脊跨坚岸，有唐节度参谋、检校刑部员外郎、假绯鱼袋，太原王济之碑。"④塔剌斯城位于塔剌斯河流域，数百里间一片平川，在安西都护府辖区。安西节度参谋王济建造的这处灌溉工程，渠首工程位于南山峡谷，开凿石闸引水。

清代，新疆再起屯田始于康熙两次征噶尔丹。由于康熙深感前线粮草供给艰难，于康熙五十五年（公元1716年）下令在哈密、巴里坤、吐鲁番等地屯田。乾隆二十年（公元1755年），清平定准噶尔叛乱，屯田迅速向天山南北扩展。道光时，为了应对沙俄

---

① ［唐］《高昌县为申修堤堰料工牒》，新疆维吾尔自治区博物馆编：《新疆出土文物》，文物出版社，1975年。

② ［唐］玄奘、辩机著，季羡林等校注：《大唐西域记》，卷1，中华书局，2000年，第48页。

③ 同上，《大唐西域记》，卷12，中华书局，2000年，第1024页。

④ 《长春真人西游记》卷上，第8、10、12~13页；载［清］文瑞楼主人辑《皇朝藩属舆地丛书》，第23册，全匮浦氏静寄东轩光绪二十九年（1903年）石印本。

东侵，清廷大力开展伊犁喀什、和田等地的屯垦。

伊犁河是新疆水量最大的河流，伊犁河流域是清中期屯垦的重点地区，新疆大型灌溉工程出现在伊犁河沿岸。嘉庆七年（公元 1802 年）伊犁将军松筠于惠远城东，伊犁河北岸开渠，引伊犁河及草湖三个泉入大渠，灌溉惠远城东南阿齐乌苏屯地，嘉庆帝赐名通惠渠。

道光二十四年（公元 1844 年）伊犁新任将军布彦泰在通惠渠以北开新渠。新渠在哈什河（又名伊犁喀什河）西岸引水。布彦泰在向道光帝奏折中以通惠渠为正渠，新渠称副渠。副渠至惠远城北汇入正渠（图 3-25）。[①] 两渠东西贯通伊犁河北岸，灌溉面积达到十万零三百亩，是当时新疆最大的灌区。其时谪戍伊犁的林则徐捐资承修了最艰难的哈什龙口段及干渠。新旧渠合称阿齐乌苏大渠。道光二十四年所开的副渠，后称皇渠，或林公渠，今称人民渠。

察布查尔大渠是伊犁的另一大型灌溉工程。乾隆三十年（公元 1765 年），清调盛京锡伯族官兵千余人前往伊犁河南岸的察布查尔一带驻防屯垦。嘉庆七年（公元 1802 年），该渠在时任伊犁将军松筠、锡伯营总管图尔根主持下兴建。屯田官兵于伊犁河上游的察布查尔开引水口，建成长 100 多千米的引水干渠，灌溉面积约七万亩。今称察布查尔渠，或锡伯渠。察布查尔渠在伊犁河南岸开渠，渠首为无坝引水工程，利用地形布置引水口，干渠以下约 1 千米处设置退水闸，工程设施极为简略。由于极好的引水条件，维护工程量很少。至今仍是锡伯族自治县主要灌溉工程，是新疆少有的稻作农业区（图 3-26）。

[①] ［清］祁韵士：《新疆要略》，卷 3，伊犁兴屯书始，见［清］文瑞楼主人辑《皇朝藩属舆地丛书》，第 24 册，金匮浦氏静寄东轩光绪二十九年（1903 年）石印本。

图 3-25　（道光）开垦阿齐乌苏地亩渠道全图[①]

▲题记记载了阿齐乌苏渠大渠和副渠的工程情况。工程设施由龙口（渠首）、进水闸、退水闸及干支渠构成。工程体系相当完善。题记曰："自喀什河龙口起，至乌合里克渠尾止，正渠计长七万七千四百五十丈，合计四百三十里有奇。宽自一丈九尺至三丈二尺不等，深自九尺至一丈六尺不等。通计正渠、副渠共建滚水石坝一道，拦水闸四道，退水闸一道，进水闸五道，退水石坝五道，分水闸三十四道，大小桥梁二十八座。"

A. 察布查尔渠渠首——龙口及引水干渠　　B. 干渠及渠道旁的稻田

图 3-26　察布查尔渠（2012 年）

① 图现存台北故宫博物院，为道光二十四年九月伊犁将军布彦泰奏阿齐乌苏屯垦及水利事所附图，《清宣宗实录》卷409："（九月壬辰）开垦阿齐乌苏山地，大局已成，渠道全通。先将极东之哈什河引放入渠，皆已盈科递进，水到渠成。旋又查看渠尾，则以潆洄转注，泄入乌哈里克河，并无阻碍之处。十万亩之地一律灌溉，无误春耕。"

同治三年（公元 1864 年），阿古柏、沙俄入侵新疆。战乱达 14 年之久，仅乌鲁木齐一地就有 13 万满族和汉族人被杀，伊犁掠走维族人口 7 万人，灌溉工程大多被毁。左宗棠率师入疆，于光绪三年（公元 1877 年）收复失地。新疆平乱的进程中，灌溉工程首先得到恢复。次年清廷恢复了新疆农业税收，征粮二十五万石。光绪九年（公元 1883 年）新疆建省，据《新疆图志·沟洫志》记载，至光绪末年，哈密、巴里坤、古城子、乌鲁木齐、玛纳斯、吐鲁番、焉耆、库尔勒、库车、喀什、莎车、巴楚等地共有干渠 944 条，支渠 2333 条，灌溉面积达一千一百多万亩。①

　　坎儿井是新疆吐鲁番和哈密最干旱地区特有的灌溉工程类型。19 世纪以前少有坎儿井的史料记载，清代以来逐渐出现在游记中。坎儿井的起源及时间至今没有定论，大约有三种说法：源于汉代，中原传入；源于中亚古波斯人所创，大约在 18 世纪时传入新疆；②源于新疆本土，出现的时间大约是唐代。公元前 3 世纪，波斯帝国即今叙利亚、伊朗等中亚极旱国家，已经开凿井渠引地下水灌溉。波斯与中国有长达两千多年丝绸之路的物质文化交流，很多农业作物在汉唐时期传入中国。坎儿井技术可能是同样自然条件下各自的创造，或是传播中相互启发不断完善，两种情况都有可能。留存至今的坎儿井多是清代始建，民间自主兴建和管理。坎儿井主要集中在吐鲁番盆地博格达山脉南麓的扇形地带。天山融雪水和其他水资源汇集流出山口，大部分渗入地下变成潜流流向艾丁

---

　　①［清］袁大化修，王树枬纂：《新疆图志》，卷 73 至 78，沟渠，天津东方学会铅印本，1923 年。

　　②黄盛璋：《新疆坎儿井的来源及其发展》，《中国社会科学》，1981 年第 5 期，第 209—215 页。

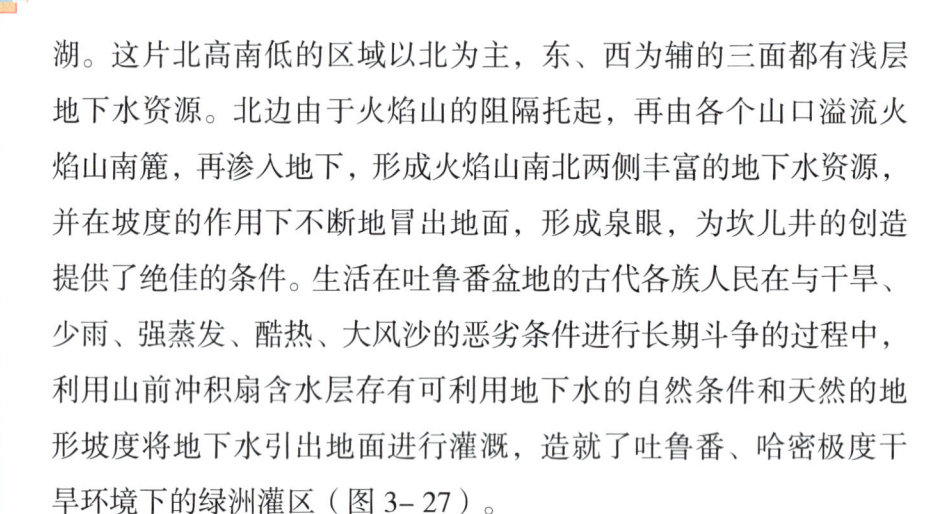

湖。这片北高南低的区域以北为主，东、西为辅的三面都有浅层地下水资源。北边由于火焰山的阻隔托起，再由各个山口溢流火焰山南麓，再渗入地下，形成火焰山南北两侧丰富的地下水资源，并在坡度的作用下不断地冒出地面，形成泉眼，为坎儿井的创造提供了绝佳的条件。生活在吐鲁番盆地的古代各族人民在与干旱、少雨、强蒸发、酷热、大风沙的恶劣条件进行长期斗争的过程中，利用山前冲积扇含水层存有可利用地下水的自然条件和天然的地形坡度将地下水引出地面进行灌溉，造就了吐鲁番、哈密极度干旱环境下的绿洲灌区（图 3-27）。

现代新疆坎儿井集中分布于吐鲁番、哈密盆地。据新疆维吾尔自治区坎儿井研究会 2003 年的普查，全疆 1784 条坎儿井中吐鲁番地区有 1237 条，占全疆坎儿井的 70%，哈密地区 382 条，占全疆坎儿井的 21%。另外皮山、阿图什、喀什、阿克库车、奇台、木垒、乌鲁木齐等市县都有不同程度的分布。1957 年吐鲁番坎儿井供水的灌溉面积为 2.14 万公顷；2003 年灌溉面积减少到 8820 公顷，相当于一个中型灌区的规模。一条独立的坎儿井可孕育一片家庭经营的小绿洲灌溉面积，几条坎儿井就能培育出村庄规模的一片绿洲面积，几十条或上百条组成坎儿井群，就能形成坎儿井供水的一片绿洲灌区。历史上吐鲁番绿洲灌区就通过坎儿井群的灌溉形成过大小不一的若干灌区。

A. 从地下暗渠进入明渠前（2019年，吐鲁番坎儿井乐园）

B. 坎儿井明渠段，也是乡村主要生活水源

C. 坎儿井的蓄水池——涝坝。远处进水口是渠道与涝坝的衔接处

图 3-27 吐鲁番坎儿井（2019年）

▲坎儿井是新疆独有的水利工程类型。天山雪融洪水渗入地下形成潜流，利用地下暗渠将地下水引出，满足灌溉、生活供水的需要，弃水排入戈壁滩，维系着绿洲的生态环境。图3-27B、C摄自吐鲁番市高昌区恰特喀勒乡托特乌依拉坎儿孜村库云坎儿井。

137

第四章　灌溉及水力机械（具）的发明与推广

至迟战国时期，以地下水为水源的井灌工程开始用于小规模的园圃灌溉。汉代，凿井技术传至西域，并引入到农田灌溉中，井水成为旱区支撑农业生产的水源之一。魏晋南北朝时期，井灌逐渐在中原大田灌溉中得到应用。及至唐宋时，南方山区丘陵区将地下水源用于稻田灌溉，井灌开始在山间盆地区普及开来。

井灌的发展，是随着提水机械（具）的技术发明和应用推广同步的。桔槔、辘轳的发明使得汲取地下水水位距地面超过3米的井水成为可能，这对于淮河以北或更为便捷。这两类提水机械延续千年，直到18世纪工业革命之后，才逐渐被水泵取代。

直接从河流、湖塘或渠道提水的戽斗，难以寻觅其源起何时，因它的简便实用，今天还能在田间地头看到它的使用。在水源与农田高差超过50厘米时，常见的提水机械是不同形制的水车，以人力、畜力、水力为动力，这些机械至迟是东汉至魏晋时期的技术发明，与罗马帝国同类设施同期。尤其是以水力为动力的水车，是古代灌溉、加工业最为先进的机械设施，不是作为公共设施来兴建和管理，就是为皇权或地方豪强所垄断，直到唐宋以来才逐渐进入寻常百姓家，在主要农产区传播开来。

汉代以后，强大的中央集权统治逐渐式微，取而代之的是地方割据政权。拥有大量土地的门阀势要由此获得了独霸一方的条件，北方的庄园农业由此而繁荣。人口的锐减和庄园经济的繁荣导致了人们对机械的需求增加。在这个特殊的年代，用于粮食加工的水磨、水碾等水力机械，用于灌溉和排水的水利筒车进入皇亲势族的庄园。一些贵族或朝廷官员以拥有这些机械作为炫耀其地位和财富的资本。200多年后，即唐宋时期，这些机械或机具进入寻常百姓家，即使边缘的西北边疆也有水磨和水碾的使用记载。然而，明清时期，它们的应用和制造突然沉寂下来。原因在于人口的急剧增加导致劳动力的价格低廉，从而阻碍了社会对这些机械的应用。

第一节　井灌：从园圃到农田

考古发现春秋战国时期，水井分布密度和分布范围大幅增加。数量的增加势必带动应用领域的扩张和技术的完善。战国时期，水井已经不再局限都邑、聚落区的生活、生产供水，而是向田野扩展，由生活、手工业生产的用水到成为灌溉水源。

井灌最早的记载，见于汉代《氾胜之书》。氾胜之，西汉农学家，"汉成帝时（公元前32—前7年）为议郎，使教田三辅，有好田者使之，徙为御史"[①]，汉三辅即关中平原，两汉时农业经济区。《汉书·艺文志》记载《氾胜之书》有18篇，大多佚失，辑录散见原文约3000字，《氾胜之书》是中国最早的农书，最早的井灌记载

---

① 此段为《前汉书·艺文志》唐代颜师古引刘向（公元前77—公元前6年）《别录》为《氾胜之书》之注，《前汉书》卷30，《四库全书》（影印本），第35页。

也出自是书。

西汉《氾胜之书》在种麻篇提到雨养农作，在旱时需要引水或井水为灌溉的补充水源，"二月下旬，三月上旬，傍雨种之。……天旱，以流水浇之；树五升。无流水，曝井水，杀其寒气以浇之。雨泽时适，勿浇。浇不欲数"[①]。井水作为补充地表水的水源，水温不足时，需要曝晒增温。这段表述说明田间既有水井还有供存水增温之用的蓄水设施。麻，又名麻子、苴麻，是古代谷类作物，今陕西、山西、甘肃、河北、内蒙多有种植，喜温暖潮湿，砂质土壤。地下水开发利用是从生活用水开始的，战国时期成为手工业供水和灌溉的水源，不仅凿井、井衬砌技术走向成熟，汲水和灌溉等配套设施也趋于完善。

一、井灌的发生

考古发掘发现，春秋晚期至战国早期古井分布的范围和数量明显增多，增加的趋势一直延续至汉代。湖北江陵楚春秋晚期故都纪南城的遗址，在夯土台基已发现了400余口井，在城址遗址的东西中轴线以东，沿古河道两岸水井分布更为稠密，在长约75米、宽15米的一段渠道内发现古井19座。根据井圈衬砌的材料来看有陶圈井、木圈井、上陶下竹或柳条井圈，以及无衬砌的土井。古井多为圆形，直径70厘米至1米左右，深7米上下。[②]北京西南燕古蓟城遗址，发现古井216座，其中战国时期的72座，西汉时期的144座。水井分布相当稠密，最密集的地方在20平方米的

---

① 万国鼎辑释：《氾胜之书辑释》，农业出版社，1957年，第150页。
② 湖北博物馆：《楚纪南故城》，《文物》，1980年第10期。

范围内有水井4处，且多是陶瓦衬砌的瓦井。① 陕西咸阳发现秦代井81陶圈井和瓦井，东北辽宁辽阳、沈阳，西北甘肃嘉峪关，宁夏吴忠、固原，内蒙古磴口，广东广州，广西平乐和贵县都有汉代的古井或井的模型、井的壁画等考古发现。用于生活用水的水井是公共设施。数量众多的水井遗址，反映出春秋战国时期以来，人口聚居区密度和范围大幅度的增加，地下水已经成为依靠水利措施获得的主要水源。

用于灌溉的水井见于《吕氏春秋·察传》。"宋之丁氏，家无井而出溉汲，常一人居外。及其家穿井，告人曰：'吾穿井得一人。'有闻而传之者曰：'丁氏穿井得一人。'国人道之，闻之于宋君。宋君令人问之于丁氏。丁氏对曰：'得一人之使，非得一人于井中也。'"② 宋国人丁氏穿井汲溉园圃，等于节省了一个劳动力。穿井溉汲事传之于宋侯，可见战国时井灌还是少有的新鲜事。

至于汉代带水井的园圃依然是财富雄厚的象征。1981年在河南淮阳大连乡垌堆李村的西汉前期墓葬中出土了陶院落模型。这是一处带园圃的院落，园圃有一水井，井口与渠道相通，水渠两边是菜地，一畦一畦呈鱼骨状整齐排列，渠道与畦之间有水口，可以放水入畦。渠道的尾部地下有洞，用于尾水回灌地下。这是体系完善的井灌工程③，证实当时的井灌技术已经成熟。此时期井水灌溉还应用到大田之中。《氾胜之书》记载区田法，强调水源的重要，"区种，天旱常溉之，一亩常收百斛"，即有灌溉条件

---

① 北京市文物管理处写作小组：《北京地区的古瓦井》，《文物》，1972年第2期。
② 许维遹：《吕氏春秋集释》，卷22，文学古籍刊行社出版，1955年，第1059—1061页。
③ 骆明：《汉代农田布局的一个缩影——介绍淮阳出土三进陶院落模型的田园》，《农业考古》，1985年第1期。

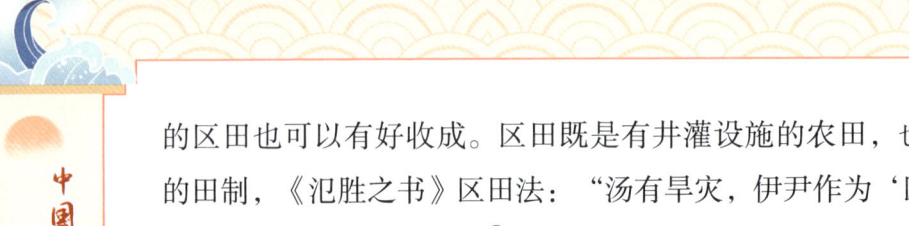

的区田也可以有好收成。区田既是有井灌设施的农田，也是古老的田制，《氾胜之书》区田法："汤有旱灾，伊尹作为'区田'，教民粪种，负水浇稼。"① 干旱严重时河溪干涸，何处"负水"？唯有水不穷者，井也。今天浙江浦江尚存的水仓，即在山溪河床开凿水井，用木桩砌护备旱设施，佐证了这一井灌设施的历史源流。

汉代，中原的凿井技术传至河西及西域的屯戍、屯垦区。如居延汉简中有"寘井用百卅七人凡"②的简牍，"寘"通"置"，该简牍记载了 147 人专事开井。汉简还有旱区井的形制及用途的详细记载的简牍，"第十三隧长贤，□井水五十步，深二丈五，立泉二尺五，上可治田，度给吏卒"③。即在第十三烽火燧长贤的辖区，有泉及水井，所产粮食供给吏卒。西域的井主要还是供给戍卒生活用水。

二、井灌：走向大田

战国以来，井灌的发展得益于提水机具和机械的发明和推广。在魏晋及唐宋时期，不仅在干旱缺水的地区，在地表水引取困难的南方山区，井灌也是在地表水为水源的堰坝、陂塘之外的重要水利措施。战国至唐宋一千多年间，井灌停滞在小规模的园圃灌溉上，直到元明清定都北京以后逐渐进入农田，大田井灌区在华北、西北发展起来。明末徐光启是井灌的倡导者，《农政全书》有寻泉、开井、提水机具（械）的专篇，系统阐述井灌工程技术。井灌是一个工程体系，包括井，汲水器具或机械，如辘轳、桔槔，以及

---

① 万国鼎辑释：《氾胜之书辑释》，农业出版社，1957 年，第 62 页。
② 谢桂华等：《居延汉简释文合校》，文物出版社，1987 年，第 476 页。
③ 谢桂华等：《居延汉简释文合校》，文物出版社，1987 年，第 208 页。

田间渠道。徐光启还把井与蓄水设施结合起来，成为取水、蓄水和引水的工程体系。"高山平原水利所穷也，惟井可以救之。池塘、水库皆井之属，故易井之象，称井养而不穷也。"[1] 井作为地下水源，源远流长，"井养而不穷"，井不仅在远离地表水的地方作为灌溉的主要水源，在井之旁筑池塘、水库蓄水，也是备旱的最好水源。这样的井灌工程体系今天依然有所留存。

14世纪以后，华北人口开始快速增加，随着小麦、玉米、甘薯、土豆、棉花种植面积扩大，山区、丘陵坡耕地不断被垦殖，至明末清初，华北、山陕耕地几近饱和。在农业生产的推动下，井灌在半干旱的华北、山陕地区发展起来，而政府是这一时期井灌的推动者。

15世纪以来较大规模的井灌区出现在山、陕、冀、豫、鲁五省（图4-1），井灌成为自然河流缺乏地区的主要水利类型。清山西《（嘉庆）介休县志》记载：明万历二十七年（公元1599年）时由介休知县发起了县境内凿井热潮，对无力凿井贫户，每凿一井，贷谷五斗，在极短时间里全县凿灌溉水井1300余口。18世纪以来山西成为华北地区井灌的发达地区，尤其是晋西南，"平阳一带，洪洞、安邑等数十邑，土脉无处无砂，而无处不井，多于豫、秦者"[2]。晋西南井灌区多是架水车的大井，灌溉效率较高。由于大田井灌的发展，明清时大口径水井和深井为多。陕西关中车水井深在三丈（约合今制10米）上下，还有深至六丈（约合今制20米）。

---

[1] [明]徐光启：《农政全书》，卷16，《四库全书》，第731册，上海古籍出版社（影印本），第231页。

[2] [清]王心敬：《答高安朱公》（康熙六十一年），《丰川续集》，卷18，乾隆十五年刻本，第22页。

在干旱区甘肃陇西一带更有深达数十丈的深井。大旱时为了增加水井出水，采用了盐井气压竹筒采卤技术。这种竹筒井的原理类似现代筒管井。

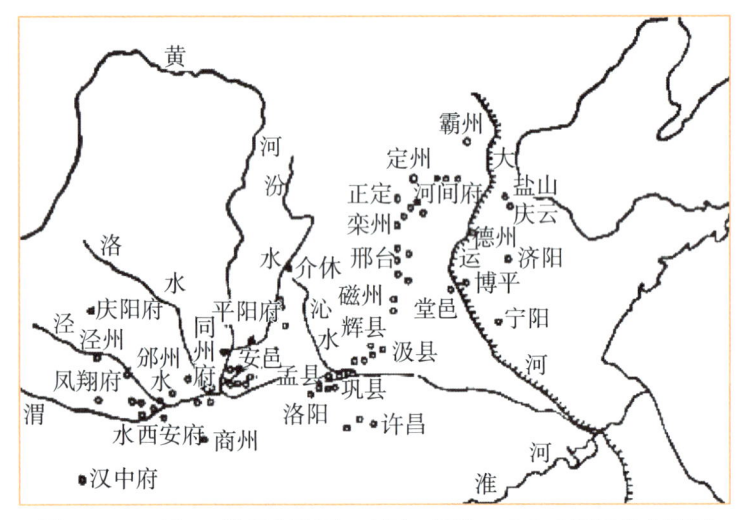

图4-1　14至19世纪末陕西、山西、河北、山东井灌区分布范围

陕西井灌主要分布在关中平原。雍正十年（公元1732年）陕西鄠县王心敬著《井利说》，记载他所见到的关中井灌工程："富平、蒲城二邑井利颇盛，如流渠、米原等乡，竟有泉深至六丈外，而往往掘井汲水，以资灌溉。甚或用砖包砌，工费三四十两一井，用辘轳四架而灌者。故每当旱荒时，富平、蒲城二邑流离死亡者独少。"① 王心敬特别强调井灌在应对特大干旱时的优势，建言由政府主导大力推广。康熙五十九、六十年（公元1720、1721年），陕西大旱，饿殍遍野。乾隆二年（公元1737年）陕西巡抚崔纪采纳王心敬的建议，大力推行井灌，十年间关中增加灌溉水井近14万口，其时凡一望青葱烟户繁盛者，皆属有井之地。光绪初，陕

---

① ［清］王心敬：《井利说》，《丰川续集》，卷8，乾隆十五年刻本，第19页。

西遭受特大旱灾，陕西巡抚谭钟麟仿效前任下令受灾各州县凿井泉以资灌溉，仅大荔一县新开井3000余口，井灌区扩展到朝邑、兴平、醴泉（今礼县）、泾阳等关中诸县。

河北是明清京畿之地，明清实施水利营田，滨海低洼地区大兴沟渠除涝排水并引水种稻，在太行山东麓山前洪积平原地下水埋藏浅、易于开采的地方发展井灌，辟为植棉区。明代嘉靖时真定（清代更名正定府）、赵州诸县首先大举开井。至18世纪时今石家庄、保定周围井灌区已有相当规模。清代正定府灌井继续发展。乾隆《正定府志·水利》载，乾隆初，栾城县开井3620眼，无极县挖新井800眼，藁城县6300眼，晋州4600眼。乾隆九年保定府开土井22000余口。清代井灌区在京畿地区迅速发展。康熙三十五年（公元1696年）肃宁知县黄世发鼓励百姓在碱荒地上垦地，并开井灌溉。稍后安肃县（今保定徐水区）48村凿井2530余眼。至乾隆时直省各县井溉之田者不可胜纪。乾隆十一年（公元1746年），更是由中央直接给天津府庆云县拨银一万两、盐山县拨银八千两，砌砖井2250眼。光绪初华北大旱，光绪四年（公元1878年），工部侍郎夏同善奏请直隶被灾处开井，再次由中央拨银四万两供河间府被灾各州县打井，共11624眼[1]，至道光、同治年间，河北南部顺德、广平、大名等府井灌亦成规模。大田灌溉都是有提水设施的大井，且多是砖井。

---

[1] 光绪四年戊寅二月乙巳。谕："侍郎夏同善奏，直隶被灾处所，请筹款开井一折。开井灌田，本可备旱时汲引之用，直隶地方，业经李鸿章通饬各属，劝谕筹办，现据该侍郎所称，河间一带地皆宜井，用下砖上土工程，可用数年，需费止五六千文。将来加砖其上，即与砖井无异。……着李鸿章无论何款，即行筹拨银四万两，分拨河间府属被灾各州县，发给民闲兴办。并饬地方官绅，实心经理。毋使吏胥藉端舞弊。"引自《清德宗实录》，卷68，中华书局影印本，1985年，第53页。

河南井灌兴起于魏晋南北朝时。战乱环境下庄园经济兴起，井灌成为豪强庄园首选的水利措施。井灌用于大田农业是在明清时期。徐光启《农政全书》："近年中州抚院，督民凿井灌田。"[1]《农政全书》成书于17世纪30年代，当时井灌用于大田灌溉已在河南形成气候。徐光启记载："近河南及真定诸府，大作井以灌田。旱年甚获其利，宜广推行之也。井有石井、砖井、木井、柳井、苇井、竹井、土井，则视土脉之虚实，纵横及地产所有也。其起法有桔槔，有辘轳，有龙骨木斗，有恒升筒，用人用畜；高山旷野或用风轮也。"[2]

清乾隆以降，太行山以东的安阳、辉县、沁阳、武陟、汲县、浚县，黄河洛河之间的新乡、修武、偃师、洛阳、温、孟、巩、荥阳等地在政府的鼓励下，量地凿井，皆有辘轳灌田之处。道光二十七年（公元1847年）许州（治今许昌市）遭遇大旱后，知州汪根敬动员百姓掘井三万余口，一个县的井灌就此发展起来。

山东井灌区主要分布在泰山山麓。明清时汶河及泰山诸泉为国家掌控的会通河水源，涓滴为用全部汇入济宁南旺诸湖济运，民间只得凿井灌田。崇祯时出现连年大旱，政府管理民间凿井，引水灌田救灾，自此山东井灌逐渐发展起来，尤其是光绪初年华北大旱以后，山东灌溉水井成为农田的主要水源。博平县（今聊城茌平区）在光绪元年（公元1875年）就新开井1200余口。大汶河流域的宁阳县井灌也占有较大比重。1930年山东58个县统

---

[1]［明］徐光启：《农政全书》，卷16，《四库全书》，第731册，上海古籍出版社影印本，第231页。

[2]［明］徐光启：《农政全书》，卷16，《四库全书》，第731册，上海古籍出版社影印本，第231页。

计其有灌溉水井233000口,井灌于农业已经是不可或缺的水利基础设施。

根据明清地方志不完全统计,明清时期山西、陕西、河北、河南、山东诸省凿井在60万至70万口之间,一口井灌溉面积五至十余亩,按五亩计,则明清时期井灌区的灌溉面积至少达到了三百五十万亩。

明清时期华北井灌得到了国家财政的支持。中央、地方拨发库银开井,自然涉及井的分配和井灌工程维护等问题。乾隆帝曾经提出这个问题要直隶总督解决,"如穿井一事,有苦水甜水之分,惟甜水可资灌溉。官为穿井,分给于民,其地之远近,何以均沾,民之贫富,何以分别。谁应给以官井,谁应令其自开土井,随时修葺,何以保无倾圮,永远为业,何以不起争端?"[①]水井由库银所打,称之官井,为砖井,还配有提水水车。地方政府督导民间所打井谓之土井,浅且无衬砌,提水设施没有或简陋。旱情过去,井如果失于维修,多数坍塌报废。后来部分官井弃管后,权属变成民间自治管理的灌溉工程得以保留下来。

井灌从战国时期的园圃,到明清的大田灌溉,井的开凿技术、提水的机具世代延续。井灌是地下水资源恰到好处的最佳利用方式之一,也是最便于农户自主经营的水利工程,因此也是具有强大生命力的水利类型。

第二节 提水机具(械)的发明与演进

西汉人刘向记载了战国时卫国井灌及其不同的提水方式,最早的提水机具——桔槔的构造、工作机理和效率。东汉时辘轳、

---

① 《高宗纯皇帝实录》,卷261,中华书局影印本,1985年,第383—385页。

翻车问世，这是提水从机具到机械最重要的发明。从水利功能视角看，这两种提水机械包括了两方面的功用：引水从低处到高处，即解决高差问题；引水从此处到彼处，即解决引水的距离问题。从春秋战国时期的桔槔，到东汉辘轳、翻车的诞生，完成了由取水机具到水利机械的历史性跨越，前者标志着灌溉水源从地表水到地下水的发展，后者则是汉代以来农业高度发展，灌溉机具或机械成为水利工程以外重要的辅助措施。几乎古代农业社会所有的灌溉机具与机械都在战国至东汉问世，或经过完善，完成了定型制作的技术演变过程。

一、戽斗：最古老的提水机具

戽斗应是最早的灌溉取水的机具，是沟渠间，或由沟渠到田间的提水机具。戽斗即特制的木桶或柳条筐，系上绳子后，两人相对而立，用手牵拉绳子就可以取水（图4-2）。元代王祯《农书》对戽斗有专门的定义："挹水器也""凡水岸稍下，不容置车，当旱之际，乃用戽斗，控以双绠，两人挈之，抒水上岸，以溉田稼"。[1] 即戽斗是与水车常用的提水机具，凡不能架水车且水源与农田高差不大的地方皆可以解决灌溉的不时之需。

戽斗不知起源于何时，在元代王祯《农书》之前南宋陆游（公元1125—1210年）《喜雨》有"水车罢踏戽斗藏，家家买酒歌时康"[2]的描写，12世纪时水车与戽斗已是浙东平原农家寻常的提水机具。

---

[1] [元]王祯：《农书·农器图谱》，王毓瑚校注本，农业出版社，1981年，第335页。
[2] [宋]陆游《喜雨》全文："雷车隆隆南山阳，电光煜煜北斗傍。急雨横斜生土香，草木苏醒起仆僵。芭蕉抽心凤尾长，薜荔引蔓龙鳞苍。葛幮竹簟夜更凉，超然真欲无羲皇。常年七月蚊殷廊，今夕肃肃疑飞霜。水车罢踏戽斗藏，家家买酒歌时康。"

戽斗制作成本低，使用便利，它一定早于水车问世。距今约3000年的河北藁城夏商遗址的水井与扁圆形的木桶，在取水罐和桶上都有固定绳索的孔口，这是深井及其提水的佐证。[①] 井水用于田间灌溉一般认为出现在战国时期对农业高度依赖的中原地区。戽斗比水井取水提升高度要低得多，但是用在农田灌溉中却非常实用。水车问世后，戽斗并没有消失，二者同为中国乡村常用的灌溉机械。戽斗的应用意味着农业生产从对自然降雨的绝对依赖，到通过工程措施提供水源，再到利用机械提水，使人类利用自然能力得到进一步的提升。基于此推测戽斗在农田灌溉中普及至迟在东汉。

图 4-2　戽斗与提水灌溉（19世纪）[②]

▲王祯重视戽斗这类寻常农器，为之诗曰："虐魃久为妖，田父心独苦，引水潴陂塘，尔器数吞吐，绹绠屡挈提，项背频伛偻，捐捐弗暂停，俄作甘泽溥，焦槁意悉甦，物用岂无补？毋嫌量云小，于中有仓庾。"[③]

东汉时，出现了利用倒虹吸现象制作的提水设施。东汉中平三年（公元186年）主持宫城营建的掖庭令毕岚（？—公元189年）

---

① 河北省博物馆：《藁城台西商代遗址》，文物出版社，1977年，第66—71页。
② [清]《耕织图》，《清史图典·嘉庆朝》，第8册，紫禁城出版社，2002年。
③ [元] 王祯：《农书·农器图谱》，农业出版社，1981年，第335页。

"铸天禄虾蟆，吐水于平门外桥东，转水入宫。又作翻车、渴乌，施于桥西，用洒南北郊路，以省百姓洒道之费"①。毕岚的天禄虾蟆至少是管道的出水口，从字面上不能确认是虹吸管道，但是渴乌则是古代的倒虹吸引水机具。唐代李贤（公元654—684年）注："渴乌，为曲筒，以气引水上也。"②（唐）《通典》记："渴乌，隔山取水。以大竹筒雌雄相接，勿令漏泄。以麻漆封裹。推过山外，就水置筒，入水五尺。即与筒尾取松桦干草，当筒放火。火气潜通水所，即应而上。"③渴乌筒中放火后，排除了竹筒中的氧气，在真空以及进水口和出水口的水压差作用下，使水能够翻过高地输送到目的地。渴乌取水的原理与现代倒虹吸提水是完全相同的。渴乌制作成本、维护和运行成本较高，多用在寺庙、园囿的园艺灌溉中。

二、滑车与机汲

滑车利用轮轴改变用力方向，达到便于操作的目的。滑车再衍生出辘轳和绞车，主要是在轮轴上增加回转柄（曲柄）装置，通过轮轴与杠杆的共同作用，取得了方便操作和省力的效益。古代经常将滑车、辘轳统称辘轳。有研究者认为起源于战国时期，④但是出土文物多为东汉晚期（图4-3）。

在文字记载中，东汉人郑玄最早记载了滑车的构造和应用。《礼

---

① ［南朝宋］范晔：《后汉书·宦者列传》，卷78，中华书局，1965年，第2537页。
② ［南朝宋］范晔：《后汉书·宦者列传》，卷78，中华书局，1965年，第2537页。
③ ［唐］杜佑：《通典·兵十》，卷157，商务印书馆，1935年，第831页。
④ 学术界根据考古和文献记载，一般认为滑车、辘轳是汉代或汉代以前机械工程的发明。参见刘仙洲：《中国机械工程发明史》，科学出版社，1963年，第19—22页；戴念祖：《文物与物理》，东方出版社，1999年，第8—9页。

记·檀弓下》："公室视丰碑"，郑玄注："丰碑，斫大木为之，形如石碑。于椁前后四角树之，穿中于间为鹿卢（辘轳），下棺以绋绕。天子六绋四碑，前后各重鹿卢（辘轳）也。"①这里的"鹿卢"，后来称为滑车，是定滑轮装置的简易滑轮起重机。东汉晚期出土文物证实滑车不仅用于起重，也是汲取井水的装置。至迟滑车问世于东汉。

图4-3　东汉井与汲水机械模型④

东汉墓室画像石集中发现在今山东嘉祥、江苏徐州和四川成都，这三地画像石都有滑车工作场景。东汉画像石泗水升鼎图上清晰地反映出滑车结构和操作。泗水升鼎图源于西汉司马迁记载的秦始皇祭泰山后，在泗水打捞周鼎的典故。②图4-4两幅汉画石分别描写了起鼎以及龙腾起咬断鼎绳，鼎沉没于水的故事。表达了秦始皇无道，不配拥有国之重器，失鼎则失国的寓意。宋元时出现了绞车加复式滑轮的滑车：渔船绞车转动轴上设置一大一小两个滑轮，大轮为发力的动力轮，小轮是工作轮，转动大轮带动小轮牵引搬罾绳索，起到了省力省时作用。③复式滑车逐渐成为河工常用的起重机械。

唐代滑车被广泛用于远距离高落差的地方提取河水，称为机

---

① [清]阮元校：《十三经注疏·礼记正义》，卷10，中华书局，1980年，第1310页。
② [汉]司马迁《史记·秦始皇本纪》："始皇还，过彭城，斋戒祷祠，欲出周鼎泗水。使千人没水求之，弗得。"在徐州出土的东汉画像石表现的正是这样的题材。
③ 刘仙洲根据故宫第296期刊载[宋]《捕鱼图》，《中国机械工程发明史》，科学出版社，1963年，第19—22页。
④ 这具东汉墓出土的陶井模型，汲水装置采用定滑轮，古代称滑车，或统称辘轳。四川省博物馆收藏（图4-3）。

A. 升鼎过程一：众人拉动滑车吊绳　　B. 鼎中伸出龙头咬断绳子，鼎复沉泗水

图 4-4　嘉祥泗水升鼎图中的滑车及工作场景

汲。唐代刘禹锡《机汲记》："比竹以为畚，置于流中。中植数尺之臬，萦石以壮其趾，如建标焉。索绚以为絙，系于标垂，上属数仞之端；亘空以峻其势，如张弦焉。锻铁为器，外廉如鼎耳，内键如乐鼓，牝牡相函，转于两端，走于索上，且受汲具。"①今人根据文献，绘制出大致形制（图 4-5）②。机汲提水装置包括了定滑轮、动滑轮和曲柄三类基本机械的应用，既可以改变用力方向，也实现了省时省力的效能，这是可以实现较远距离引水的供水工程。此外，《唐通典·兵》有"识水泉、隔山取水、越山渡险"③，这里记载的是另一类越岭引水工程，这也是具有提水设施和引水渡槽的工程体系。

---

① [唐]刘禹锡：《机汲记》，《刘梦得文集》，卷27，四部丛刊初编本，第162页。
② 李崇州：《中国古代各类灌溉机械的发明和发展》，《农业考古》，1983年第1期，第142—143页；程鹏举：《机汲试析（未刊稿）》，对索道的架设方式和滑轮构造有进一步研究。
③ [唐]杜佑：《通典·兵十》，卷157，（上海）商务印书馆，1935年，第831页。

图4-5　（唐）机汲复原①

三、辘轳

古代辘轳、滑车有时统称辘轳。东汉墓室的画像石上，出现了操作滑车、辘轳的工作场景，反映出其时汲水用的辘轳和起重用的滑轮在结构和功能上有显著的区别（图4-6）。②辘轳又作鹿卢、樚栌、犊轳等③，大概得名于滑车和辘轳上的木制转动轮。从机械

图4-6　嘉祥东汉石庖厨画像石辘轳汲水场景

① 引自《中国农业科学技术史稿》，农业出版社，1986年。
② 史晓雷、张柏春：《我国单曲柄辘轳普遍应用年代》，《农史研究》，2010年第4期。史晓雷等认为：用于汲水的辘轳（单曲辘轳）最早考古发现是金代，即普遍应用至迟是11世纪下半叶，而此前的辘轳是定滑轮的滑车。
③ 张春辉等：《中国机械工程发明史（第二编）》，清华大学出版社，2004年，第76页。

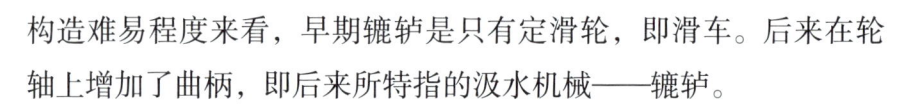

构造难易程度来看，早期辘轳是只有定滑轮，即滑车。后来在轮轴上增加了曲柄，即后来所特指的汲水机械——辘轳。

后人根据两者不同结构和工作机理作了划分：轮轴加曲柄的专门用于深井提升重物的机械为辘轳。辘轳轮轴半径加大，加上半径更大于辘轳的曲柄，辘轳具有了省时省力功能。东汉以后辘轳逐渐推广到民间。宋元以后随着井灌在北方地区发展，辘轳成为长江以北地区应用最为普遍的生活和灌溉提水机械。

20世纪80年代在湖北大冶铜绿山矿冶遗址考古发现汉代辘轳木轴，这是矿井中提升矿石之用的起重设备。东汉画像石上出现了提取井水的辘轳（图4-7）。汉代画像石中，用辘轳提水的题材较多，当时辘轳已经较多地用在生活和灌溉用水中。直到元代始有对辘轳结构、功能准确的归纳。明代徐光启概括辘轳的提水过程："虚者下，盈者上，更相上下，次第不辍，见功甚速。"辘轳的关键设备是辘轳轴，利用轮轴原理做功，辅助的设备有支撑架、盛水具、绳索等。

辘轳的出现，解决了深井的取水问题，标志着人类利用地下

◀王祯图谱表现了完善的井灌工程体系和灌溉流程：水井、提水辘轳、蓄水池、田间渠道。从井中汲取的水温度较低，通过蓄水池升温后，再引入农田灌溉。

图4-7　井灌与辘轳（引自元代王祯《农书》）

水进入新的阶段。辘轳逐渐成为北方地区使用最普遍的提水机械，明清时华北地区出现了畜力辘轳，在机械传动部分加了动力轮——平轮，盛水器由一桶改为多桶，牛马环绕立柱做圆周运动，井水不断上提，提水的深度可以达到数十米，今天华北平原一些超100米的深井也还在用辘轳提水。

四、各式水车

古代水车是轮转提水机械的统称，按动力分有人力、畜力、水力和风力，因为动力装置不同而有不同形制。后汉及三国时都有水车发明的记载，唐代水车开始推广应用。大和二年（公元828年）文宗"内出水车样，令京兆府造水车。散给缘郑白渠百姓以溉田"[①]。用人力或畜力的水车称龙骨水车，利用水流冲动来提水的水车称"筒车"。

（一）龙骨水车

水车东汉时始见于记载，《后汉书》记毕岚："又作翻车、渴乌。"西晋人傅玄记三国时人扶风马钧"居京都，城内有地，可为圃，患无水以灌之，乃作翻车。令童儿转之，而灌水自覆，更入更出，其巧百倍于常"[②]。这段文字对马钧翻车用途有较为明确的记载，但其结构仍然不详。从字面推测应是手摇的龙骨水车。

龙骨水车的称呼来自民间，南宋陆游《春晚即事》："龙骨车鸣水入塘，雨来犹可望丰穰。"[③] 目前见到的史料中，这是最早的出处。

---

① ［后晋］刘昫等：《旧唐书·本纪》，卷17，中华书局，1975年，第528页。
② ［晋］陈寿：《三国志·杜夔传》，卷29，引自［晋］傅玄的注，中华书局，第807页。
③ 转引自《中国科技资料选编》，清华大学出版社，1981年，第161页。

龙骨水车适合近距离，提水高度在 1~2 米左右，比较适合平原地区使用，或者作为灌溉工程的辅助设施，从输水渠上直接向农田提水。用于井中取水的龙骨水车是立式的，水车的传动装置有干轮和立轮两种，以转换动力方向。

唐宋以来农田灌溉、排水及运河供水中，龙骨水车是使用最普遍的提水机械，特别是南方大兴围田之后，对低水头提水机械的需求更加普遍。元代王祯《农书》绘制了不同动力的龙骨水车的图谱，其中人力水车有脚踏、手摇等，畜力水车有牛车、驴车等，图 4-8 为明代宋应星《天工开物》改绘的三种龙骨水车。

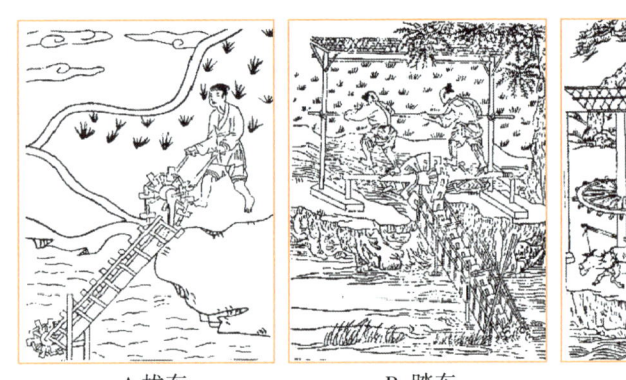

A. 拔车　　　　　　B. 踏车　　　　　　C. 牛转翻车

图 4-8　人力、畜力驱动的龙骨水车

图 4-9　拔车灌溉实景（贵州鲍屯，2010 年）

五、桔槔及其应用

桔槔是用于提取井水的专门提水机械。桔槔始见于《墨子·备城门》，又作"颉皋"①，是利用杠杆原理的取水机具（图4-10）。春秋战国时期在农业发达的鲁、卫、郑等国（今山东西南、河南北部、河北南部）开始应用。汉代画像石表现出井灌和桔槔仍然是富有家庭的标志，在庭院灌溉和生活用水中广泛应用。

图4-10　山东嘉祥东汉画像石上的桔槔取水图

▲嘉祥东汉画像石出土　今山东省嘉祥县南武宅山是东汉武氏家族墓，自汉桓帝建和元年（公元147年）开始营造，历经数十年，本书图引自朱锡禄：《嘉祥东汉画像石》，山东美术出版社，1992年。

成书于战国末年的《庄子·天地》中详细地披露了其时井灌及桔槔的应用：孔子弟子子贡南游楚国，过汉阴，见一丈人抱瓮入井提水灌园，遂向老者推荐桔槔："有械于此，一日浸百畦，用力甚寡而见功多，夫子不欲乎？为圃者仰而视之曰：奈何？曰：凿木为机，后重前轻，挈水若抽，数如沃汤，其名为槔。"②《庄子·天运》篇鲁国太师金（注：其名曰金）借桔槔阐发为人之道，"独不见桔槔乎？引之则俯，舍之则仰。彼，人之所引，非引人也；故俯仰而不得罪于人"③。这里鲁国人

---

① 《墨子·备城门》，卷14，《四库全书》（影印本），第4页。
② 《庄子注》，卷5，《四库全书》（影印本），第8—9页。
③ 《庄子注》，卷5，《四库全书》（影印本），第30页。

图 4-11 ［清］耕织图上桔槔和龙骨水车工作场景

▲［清］《耕织图》，《清史图典·嘉庆朝》，第 8 册，紫禁城出版社，2002 年。

同样精准地概括了桔槔的工作机理，即利用了杠杆原理，在杠一端置重物。无重物的另一端汲水后则变为力点，借助置于另一杠端的重物，只用较少的力就可以将水提上来了。桔槔在汉代以后成为北方地区常见的提水机械。

无论是战国时期的庄子，还是西汉的刘向，都没有对可以提高劳动效率的桔槔有推广普及的意思，而是借物抨击"机"巧，阐释无为思想学说。汉阴丈人回答子贡："吾闻之吾师，有机械者必有机事，有机事者必有机心。机心存于胸中，则纯白不备；纯白不备，则神生不定；神生不定者，道之所不载也。吾非不知，羞不为也。"①刘向笔下的卫国五大夫，亦是不为机巧所误，"我非不知也，不欲为也"的贤者。

东汉及魏晋南北朝是豪强大族庄园经济兴起的时期，井水作为稳定高质的水源，成为庭院生活用水、精耕细作的圃田灌溉的新宠。井和桔槔因此成为这个时期殷实家族的必备设施，这就是东汉大族家族墓室的画像石大量出现井和桔槔题材的历史缘由。

东汉至魏晋南北朝时期，农业灌溉与生活用水提水机具诸多发明，这些因地制宜、简便而实用的提水机具制作成本低廉，可

---

①《庄子注》，卷 5，《四库全书》（影印本），第 9 页。

以方便而及时地解决一村一户的灌溉、排水甚至生活用水问题。它们是生命力最为长久的实用水利机具（械），如龙骨水车、辘轳等在今天的乡村仍然可以发现留存或使用。

第三节　井灌技术传播的典型案例：浙江诸暨拗井

水利和水力机械（具）在两千年的历史时期被世代传承，直到 19 世纪随着工业革命兴起而逐渐式微。但是，庄子记载的楚国农夫抱瓮灌园，拒绝"机巧"的类似故事，依然在现代上演。2015 年被列入世界灌溉工程遗产的浙江诸暨拗井便是这类案例。拗井即水井与桔槔的合称，赵家镇诸暨拗井 12 世纪时由中原移民带到江南，在会稽山下发扬光大。诸暨赵家镇的泉畈、赵家、花明泉等村的数千亩水稻灌溉几乎全部依靠井水。据调查，在 20 世纪 30 年代赵家镇有拗井 8000 多口，至 1985 年减少到 3633 口，还有灌溉面积六千六百亩。[①]　井灌工程不需要工程维护，对于以家庭或家族为单位的农田灌溉用水有独特的优势。类似诸暨拗井在浙江绍兴、台州等地都有分布。

至迟在南宋时井灌在雨量丰沛、山溪众多，却难以修建引水工程的南方山区小盆地逐渐推广。16 世纪北京开始种植水稻，也引进井灌和桔槔。（明）《燕都游览志》记今德胜门三圣庵有观稻亭，"南人于此艺水稻，粳秔分塍，夏日桔槔声不减江南"[②]。

[①] 李云鹏等：《浙江诸暨井灌工程世界灌溉工程遗产申报书（2015）》。

[②]［明］孙国敉：《燕都游览志》，原书四十卷，已经佚失。引（清）于敏中等编：《日下旧闻考》，卷 54，第 881 页；孙国敉（1584—1651），江苏六合人，天启五年（公元 1625 年）廷试贡生第一，有山水志、寺庵志、医学、佛学、生物方面的著作存世。

稻田与井灌，竟成当时京城一景。

一、井灌：自然与社会的选择

诸暨井灌工程位于浙江省诸暨市西南赵家镇。这里地处会稽山走马岗山麓的冲积小盆地，多年平均降水量1462毫米，土壤以砂壤土为主，地下水资源丰富、埋深浅，枯水期地下水埋深在1~3米。区域内分布有众多山溪，其中黄檀溪水量最大，是浦阳江的二级支流。由于这里多数是山溪型河流，水流湍急，丰枯水位变幅极大，河低田高，修筑引水工程不易且难以满足近山一带农田的需要，具有井灌的先天条件。

诸暨赵家镇泉畈、赵家两村以何、赵两姓为主。据赵氏族谱记载，赵氏先祖是北宋开国皇帝赵匡胤第三子的后裔，12世纪时随着宋宗室南迁移民至此，赵氏与同样来自中原的何姓宗族世代联姻，繁衍生息，逐渐形成宗族性的村落。与家族性质的水利兴起一样，赵家井灌工程起源也无早期记载，从17世纪以后编修的宗谱中可以追寻到㧟井传承的蛛丝马迹。明清时泉畈、赵家等村落因为有灌溉水源保障，成为诸暨的一方沃土，赵氏人在族谱中记载自己的家园："阡陌纵横，履畈皆黎，有井，岁大旱，里独丰谷，则水利之奇也。"[①] 赵氏宗谱中有道光二十年（公元1840年）《永康堰禁议》，称："天旱水枯，家家汲井以溉稻田。旱久则井亦枯，必俟堰水周流，井方有水。以地皆沙土，上下相通，理势固然。"这道修筑在清乾隆时期的拦河堰，在与井灌区毗邻的黄檀溪上引水，因为灌溉先后而发生族内纠纷。最后宗族将井

---

① 引自《兰台古社碑记》（公元1809年刻），现存诸暨赵家镇赵氏宗祠。

灌区的利益捆绑在一起订立乡规，确立先下游后上游的灌溉秩序。从这道《禁议》中还反映出赵家镇人对井灌不仅在工作机理方面认知准确，选择井灌还有用水公平、减少争斗等管理层面的考虑。

A. 泉畈村井灌场景：拗井提水（2015年）

▲泉畈村有古井118眼，灌溉面积400亩。每一处拗杆下面都是一口灌溉水井。井旁建有简易小屋，供避雨、休憩和存放农具，称作"雨厂"。

B. 泉畈村内的水井

▲水井至今还是赵家镇泉畈、赵家等村生活用水的主要来源。现在村村有自来水，由于地下水水质好，多数村民仍然用井水。泉畈、赵家等村古井供水人口有7700人之多。

图4-12 诸暨赵家镇泉畈村的井

二、田间井灌工程体系与管理

在赵家、泉畈井灌区一丘田配置一口井及田间灌溉毛渠。大田外围是排水渠，汛期大雨之后积水可以迅速排走。完善的井灌工程体系由井、桔槔提水机具、田间灌排渠道共同组成。这种田在当地被称作"汲水田"。每丘田大多为1~3亩，也有的田块经过整合，达十几亩甚至几十亩。井一般深2~5米，井口直径1~2米，上窄下宽，底径一般1.5~2.5米。井壁由卵石干砌而成，部分粉砂壤田里，井底部用松木支撑。井壁外周用碎砂石做成反滤层（图4-13）。

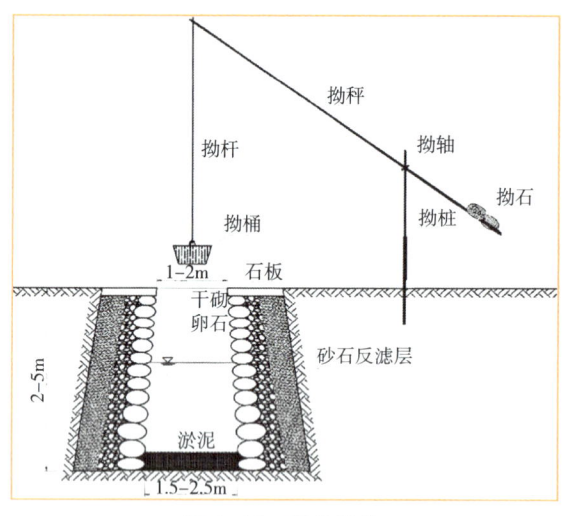

图4-13 拗井结构

提水的桔槔当地称为"拗"，由拗桩、拗秤、拗杆和配重石头构成（图4-13），与13世纪王祯《农书》绘制的桔槔并无本质的区别。《农书》将树桩称"桔"，用于提水的杆称"槔"，桔在赵家镇便是"拗桩"，槔即所谓"拗秤"。诸暨赵家的桔槔，拗桩一般高4米，多采用直径超过10厘米的松木；拗秤一般长6.5米，多用粗细不等的大毛竹，粗端直径约20厘米，绑缚重石，距与拗桩连接的横轴约2米，细端直径5厘米左右，连接拗杆；拗杆则多用细毛竹制成，一般长5米。汲水的水桶为特制，通过木轴与拗杆下端连在一起，称作拗桶。本地人将这种用桔槔提水灌溉的井称作"拗井"。提水时人站在井口竹梁（木板）上，向下拉动拗杆，将拗桶浸入井水中，向上提水时借助拗秤的杠杆作用，省力不少，"拗"反映的是从井里提水的过程（图4-14）。

A. 拗井井口及水槽　　B. 汲水桶[①]　　C. 拗井的操作[②]

图4-14　浙江诸暨赵家镇的拗井[③]

诸暨赵家镇拥有拗井的土地是小康之家的身份标志，井灌为耕地提供了旱涝保收的保障，当地人把这样的土地称"汲水田"[④]。拗井与土地共为田产，土地随井的买卖。多数水井为一户所有，也有井为2户或以上农户共同所有。共有井在灌溉时，需要协商先后次序、灌溉时间等，这种井人们称"轮时井"。还有的井两两之间间距很近。甚至二井井壁相邻，二井之间直接水量交换，即当地所称的"串过井"。其中一口井提水频繁时，会对另一口井的水位和水量有影响，因此在灌溉时两家农户往往协商，一般

[①] 汲水桶有木制的转动轴，便于取水和倒水。
[②] 井口水槽铺草保护水桶，汲上的水入渠，自流到田间。
[③] 李云鹏等：《浙江诸暨井灌工程世界灌溉工程遗产申报书（2015年）》。
[④] 诸暨赵家镇《（光绪）何氏宗谱·宣德郎何君星齐墓志铭》："（何星齐）有汲水田十余亩"，何星齐在四年之间三经凶丧，两议婚娶，因有田产保障还是终得成家立业，善终乡里。

是分别提水灌溉半日半夜，以保证井提水灌溉时水量充足，提高灌溉效率。

20世纪以后，桔槔逐渐退出。使用水泵的机井提水效率是桔槔难以比拟的。但是在赵家镇，拗井从来不曾退出，因为机井的高效率恰好是公平用水的短板。一个水泵开启后地下水位迅速降低，另一块农田需要等候地下水回补后才能灌溉。时至2015年，赵家镇仅存井灌面积400亩，但是人们仍然坚持用拗井提水灌溉，或许种植作物由水稻改为蔬菜、果树，需水量不大，灌溉的时间也不集中，古老的取水方式可以满足需求；或许拗井代表着家族的历史，被视为家族的遗产，他们世代相守是纪念先祖的一种方式。

第四节　水力利用的技术发明与发展

水碓是最早以水力为动力的农产品加工机械，持续运用的时间至少两千年。水碓的文字记载出现在东汉初，即公元1世纪前后。从水碓发明到用于农产品加工经历不可考的一段不断完善的历程。水碓关键的发明是水轮。水轮的出现，产生了人类历史上最早的水力工程。水轮的诞生催生了一系列水力机械的发明，如用于农田提水或排水的水车，农产品加工的水磨、水碾、水罗，织布的水纺机等。水力工程即通过水利工程措施，使水流具有持续势能而做功，这是人类水能应用的源头，它集合了水利、机械技术的创造。西方有文物可考的水力工程是中古时代约公元5世纪的罗马水磨，后代文献记载可以上溯到公元前50年。[1] 东汉至魏晋朝

---

[1]［英］贝尔纳：《历史上的科学》（中文版），科学出版社，1959年。

随着水力工程诞生，出现了有应用功能的水力机械。先是水磨水碾的诞生，在皇族和贵族庄园用作粮食加工和制茶，并成为地位和财富的标志，却也推动了水力机械的普及，很快出现了用于冶炼鼓风的水排等行业的发明，其时水力应用快速向民间发展。这一时期水力机械的应用类似于17世纪欧洲庄园的情况，中国古代在水力应用方面居于世界领先地位近千年。①

魏晋南北朝时，水力机械首先得到应用的地方是皇亲国戚的庄园，在数百年的时间里一直被视为财富的象征。其后是有大宗粮食加工需求的都城，服务于手工业、粮食加工业。东晋洛阳、唐长安、北宋开封，都有政府管理集中使用水磨、水碾从事粮食加工的基地，形成古代水力工程最集中的原始工业区。13世纪水力应用已经相当普及，许多水利工程大多设置水力机械，如元代成都平原的都江堰的沟渠上，遍设水磨、水碾和水纺车，"四时流转而无穷"②。

唐宋时期，以水磨、水碾为代表的水力机械逐渐向民间扩散，并从灌溉、粮食加工扩展到制陶、造纸、制茶、制药等耗费劳力的环节。13世纪王祯《农书》最早以文字与图谱并重的形式对各种水力机械、提水机械进行了系统和准确的记载，也是首次对水力应用、灌溉机械科学原理进行了总结。16世纪时徐光启（公元1562—1633年）的《农政全书》、宋应星（公元1587—1661年）的《天工开物》收入其中。

---

① 谭徐明：《中国水力机械的起源、发展兼及中西比较研究》，《中国自然科学史研究》，1995年第1期。

② [元]揭傒斯：《大元敕修堰碑》，《揭傒斯全集》，卷7，上海古籍出版社，1985年，第365页。

一、水力工程诞生——水轮的发明

东汉初桓谭（约公元前23—公元56年）最早以文字记载了水力的应用：役水而舂，即以水为动力的水碓。《后汉书·桓谭传》："初，谭著书言当世行事二十九篇，号曰'新论'，上书献之，世祖善焉。"[①]世祖，即东汉光武帝刘秀，他登基时间是公元25年，桓谭在《新论》中向光武帝介绍了当时最新颖的粮食加工机械，"役水而舂"的水力机械是其中之一。水碓的发明至迟是西汉末年至公元25年。

水碓是最早以水为动力，用于谷类粮食脱粒的水力机械。古代水碓有两种类型，一为直接靠水势能和水的自重，通过杠杆上下运动工作，又名槽碓。一为由水轮将水能转化为动能，通过动力轴拨动碓杆而工作。前者是机具，没有机械系统，引山溪或泉水，利用重力做功；后者是具有动能转换的机械系统，动能较大，一次粮食加工量超过前者（图4-15）。从技术复杂程度而言，槽碓应是最早利用水力的水碓。

桓谭对汉代之前粮食加工机具（械）发明进程有这样的归纳："宓牺之制杵舂，万民以济，及后人加工，因延身以践碓，而利十倍舂。又复设机关，用驴、骡、牛、马，及役水而舂，其利乃且百倍"[②]，即宓牺发明舂碓，后有脚踏机碓，最后是以畜牲、水为动力的水碓。宓牺与女娲、伏羲同为传说时代的先祖。考古发掘也证实在新石器时代人类已经使用石臼舂即石碓加工谷类，其后发明了脚踏机碓，再后来才是畜牲、水为动力的水碓。东汉初

---

① [南朝宋]范晔：《后汉书·桓谭传》，卷28上，中华书局，1965年，第961页。
② 《桓子新论》，引自《四部备要》影印本，中华书局，第17页。

A. 槽碓　　　　　　　　　B. 连机水碓
图 4-15　水碓两种（引自元代王祯《农书·农器图谱》）

▲王祯（公元 1271—1368 年），山东东平人，曾任宣州旌德（今安徽旌德）及信州永丰（今江西广丰）县令。《农书》成书在元大德四年（1300 年）左右。大德八年（1304 年）九月，成宗帝铁穆耳下诏刊行王祯《农书》。

见于史料的"役水而舂"的水碓，达到了何等技术水准，应该分别从水利工程和机械工程两个层面分析。

成书于东汉桓帝时（公元 147—167 年）的孔融《肉刑论》记载："贤者所制，或逾圣人，水碓之巧，胜于断木掘地。"与孔融同时代人服虔称水碓为幡车，即水碓谓之车，是以其动力机是水轮。东汉人刘熙（生卒年不详）《释名·释水》中提到了水碓与堰坝的关系："人所为之，曰遏；遏，术也。堰使水，术也。鱼梁水碓之谓也。"[①] 鱼梁，类似堤坝的挡水建筑物，以鱼梁坝壅水，抬高水位，引水入渠水以驱水轮。这是水力工程最早的描述。

[①] 刘熙，字成国，东汉北海人，生卒年不详。曾官南安太守，著有《释名》。

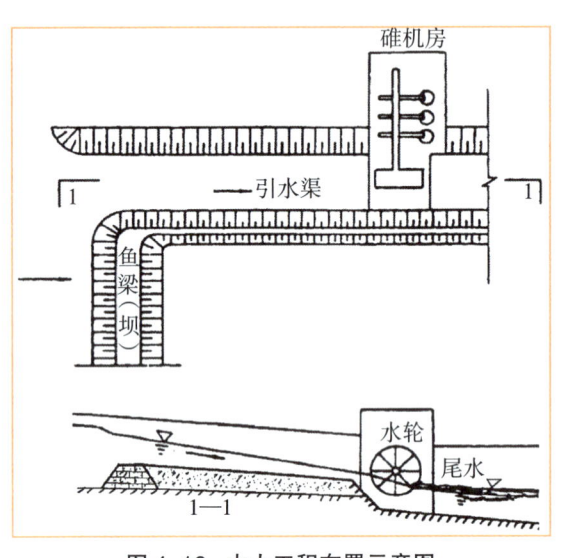

图 4-16　水力工程布置示意图

当时人所建水碓具备了水力工程的全部要素：水工建筑物（为水轮创造良好的水力条件），动力机械（水轮），工作机（水碓）。水碓是由水轮的圆周运动通过动力轴上的拨扳转化为碓杆的间歇运动。就其工作原理来看，若水轮采用卧式安装，必须有齿轮一类的装置才可能将动能传达到碓杆，而立式安装机械结构最简便。由此可以认为中国最早出现的是立式水轮。通过堰坝壅水而营造了水力做功的条件，在水车驱动下水碓可以连续工作，完全取代了人力或畜力，至此古代水力工程技术进入技术的顶峰。以水轮为工作机的水碓，从发明到完善的过程，不是一朝一夕，技术发明关键人物——贤人少见于史料记载。

水轮的出现是水力工程技术划时代的进步，很快推行到最需要连续动能的冶炼鼓风动力系统中。东汉建武七年（公元 31 年）杜诗创造了水排，即以水轮为动力机的冶炼鼓风设备。至北魏时用于筛粉的水罗见于记载。水罗通过类似曲柄的装置将动力轴的圆周运动转化为工作机的连续运动。元代王祯记载水排、水罗为卧式水轮（图 4-17）。从机械结构来看，水排、水罗采用卧式水轮传动部分可以更为简单。由此卧式水轮的诞生时代上限应在水排发明之时，即东汉建武七年（公元 31 年）。自杜诗发明水排后，水排在三国、北魏、北宋等时期都有使用或制作的记载。① 宋以后水排失传，元代王祯著《农书》称水排"去古已远，失其制度，今特多方搜访，列为图谱"②。以后有关水排的记载仍不绝如缕。

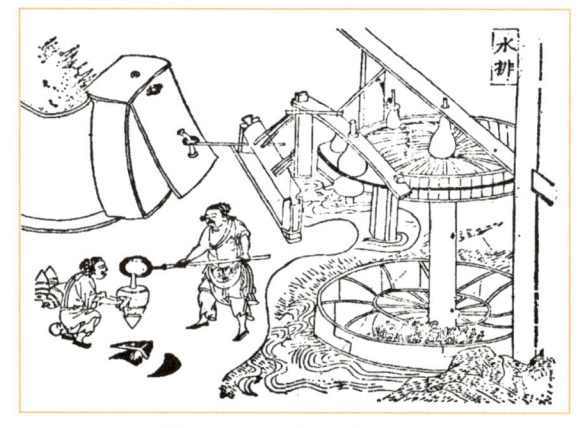

图4-17　水排与卧式水轮
（引自元代王祯《农书·农器图谱》）

以往的研究认为东西方水轮的安装设置方式不同。西方采用立式水轮，中国是卧式水轮，后来才有立式水轮，且是从印度传入的。③ 研究表明中国立式水轮、卧式水轮几乎是同时诞生的，且前者略早些。卧式水轮用于水磨、水碾在结构上更为合理。卧式水轮的发明和运用是中国古代在水力应用领域的重要贡献。从水轮的发明到水电的应用，是科学在水力应用领域两次历史性的飞跃，其间长达2000多年。在这个漫长的历史时期里，社会的政治、经济是决定它发展的主要因素。水力机械发展演变的历史从一个方面反映了社会与科学技术的相互关系。

---

①《三国志·韩暨传》《水经注·谷水》《太平御览·资产》。

②《晋书·苻坚传》："关陇清晏，百姓平乐，自长安至于诸州，皆夹路树槐柳，二十里一亭，四十里一驿，旅行者取给于途，工商贸贩于道。"［唐］房玄龄等：《晋书》，卷113，中华书局，1974年，第2895页。

③［英］李约瑟：《中国科学技术史》（中译本），科学出版社，1975年，第526页。

二、水磨、水碾、连机碓、水罗的发明

考古发现的东汉时期碓、磨以人力、畜力为多。① 这一时期水力机械没有得到广泛应用。但是，水轮的发明，很快引发了水力和机械一系列发明，水力在魏晋南北朝时已经在加工业应用，其中重要的发明是水磨和水碾。

水磨是魏晋南北朝时期水力应用发展的时代标志。磨相传是春秋时公输班发明的。碾在东汉时期亦见诸文献记载。磨、碾以水驱动即水磨、水碾的问世应是水碓已有普遍运用之后，这三类水力机械成为此后应用范围最广、时间最长的以水为动力的加工机械。

三国曹魏时，魏明帝曹叡（公元204—239年）有一套制作精美的木偶，扶风（今陕西兴平）人马均为这套木偶配制了动力装置和传动结构，以水为动力使之自动运转，成为最早的自动玩具。它的大致构造是："以大木雕构，使其形若轮，平地施之，潜以水发焉。设为女役歌乐舞象，至令木人击鼓吹箫；作山岳，使木人跳丸执剑，缘絙倒立，出入自在；百官行署，舂磨斗鸡，变巧百端。"② 这组自动玩具包含了水磨。水磨诞生的时代应为魏明帝曹叡时即公元204至239年间。

文献记载中最清楚的是5世纪时祖冲之（公元429—500年）造水磨的事。《南齐书·祖冲之传》："（祖冲之）于乐游苑（在建康，今南京）造水碓磨，世祖亲自临视。"③ 世祖即南齐武帝萧

---

① 陈文华：《中国古代农业考古资料索引》，《农业考古》，1983年第1、2期。
② 这段引文出自[晋]傅玄（公元217—278年）为《三国志·魏书·杜夔传》作的注。《三国志·魏书》，卷29，中华书局，1959年，第807页。
③ [南朝宋]萧子显：《南齐书·祖冲之传》，卷52，1972年，中华书局，第906页。

赜（公元482至493年在位）。这是有关水磨的明确记载。同时期有北魏尚书崔亮（？—公元521年）在洛阳西北谷水上"造水碾磨数十区，其利十倍，国便之"①。水碾、水磨诞生的年代应在3世纪至5世纪之间。东魏武定五年（公元547年）杨衒之的《洛阳伽蓝记》痛惜西晋末永熙八王之乱（公元291—306年）引发了西晋亡国和其后近300年的动乱。他追忆当年洛阳的繁华，提到了洛阳景明寺的各式水力机械："寺有三池，萑蒲菱藕。水物生焉。或黄甲紫鳞，出没于繁藻；或青凫白雁，浮沉于绿水。磔碡舂簸，皆用水功。"②这是西晋时洛阳皇家大寺有用水碾、水磨、舂（水碓）的记录。

东汉水轮发明后，人们感受到水力较大动能带来的便利，至两晋以来在水力机械的机械部分继续改进，出现了连机水碓和连机水磨。西晋时杜预（公元222—284年）发明连机水碓。③连机水碓与单水碓不同之处是动力轴加长。在轴轮上增加拨板，一个拨板与一套碓具相配（图4-18B）。

与连机水碓类似的是连机磨和连机碾的发明。《后魏书·崔亮传》："（崔亮）在雍州，读杜预传，见其为八磨，嘉其有济时用，遂教民为碾。"《晋书·杜预传》未见此记载，且八磨或为连机磨。同时期嵇含（公元263—306年）作《八磨赋》似八磨是以畜力为动力。"外兄刘景宣作为磨，奇巧特异，策一牛之任，转八磨之重。因赋之曰'方木矩跱，圆质规旋，下静以坤，上转以乾，巨轮内达，

---

① [北朝] 魏收：《魏书·崔亮传》，卷66，中华书局，1974年，第1481页。
② [北朝] 杨衒之：《洛阳伽蓝记》，卷3，四库备要本，第17页。
③ [晋] 傅畅：《晋诸公传》，转引自《太平御览·器物部七》，卷762，中华书局，第3385页。

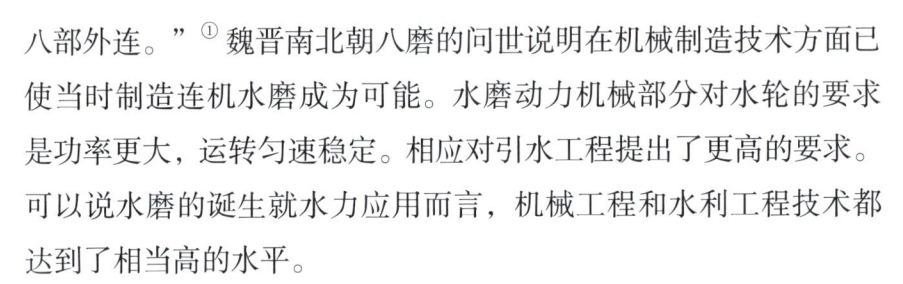

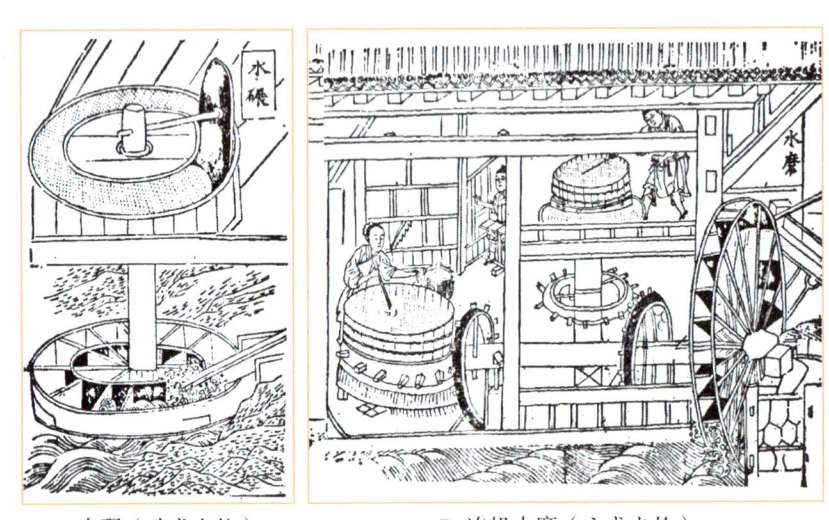

八部外连。"① 魏晋南北朝八磨的问世说明在机械制造技术方面已使当时制造连机水磨成为可能。水磨动力机械部分对水轮的要求是功率更大，运转匀速稳定。相应对引水工程提出了更高的要求。可以说水磨的诞生就水力应用而言，机械工程和水利工程技术都达到了相当高的水平。

A. 水碾（卧式水轮）　　B. 连机水磨（立式水轮）

图 4-18　水碾、水磨（引自元代王祯《农书·农器图谱》）

三、水力提水机械

中唐时，用水力提水的机械已经见诸记载，称之"水轮""机轮"。利用水能提水的机械和水工设施比水磨水碾制作更为简单，诞生的年代可能也在魏晋南北朝时期，及至唐宋元时期还有后继水力机械问世。元代王祯《农书》记载了两类水力提水机械：筒车和水车。筒车的水轮既是动力机又是工作机，有筒车和高转筒

---

① ［晋］嵇含：《八磨赋》，《全上古三代秦汉三国六朝文·全晋文》，卷65，中华书局，1958年，第1830页。

车两种。水车有水转翻车、水转高车（明代徐光启记作水转筒车）。以水力为动力的大纺车在《农书》中也首见记载。

水轮出现后，水力应用主要是提水和粮食加工业。最简便的当是在水轮加上水筒，利用水轮的高度和水流的动力，将低处的水自动提到高处，用于农田灌溉或生活用水。

（一）筒车

最早的文字记载见于唐陈廷章《水轮赋》。赋"以汲引之道成于运轮为韵"，记水轮大致构造："鄙桔槔之繁力，使自趋之转毂。"①陈廷章记载的水轮即后世所称的筒车，是自带汲具的水轮。水轮既是动力机械又是工作机，以水力为动力自动运转将水由低处提到高处自动倾入输水槽中，水轮的直径便是提水高度。"水能利物，轮乃曲成。升降满农夫之用，低回随匠式之程。观夫斫木而为，凭河而引，箭驰可得。而滴沥辐凑，必循乎规准。"《水轮赋》传递的历史信息是水车既是当时值得宣扬的先进提水工具，但是制作工艺已经成熟且已有一定的规程。

10世纪时，南方筒车进入寻常百姓家。北宋梅尧臣《水轮咏》："孤轮运寒水，无乃农者营，随流转自速"②，北宋李处权《赋水轮》："江南水轮不假人，智者创物真大巧，一轮十筒挹且注，循环上下无时了。"③南宋人张孝祥过广西兴安，记途中所见："筒车无停轮，木枧著高格。"④元代王祯著《农书》对筒车有很详细的介绍，并有图谱。筒车结构简单，造价低廉，维修方便，及至

---

① 《全唐文》，卷948，中华书局影印本，第9480页。
② ［宋］梅尧臣：《宛陵先生集》，卷4，四部丛刊本，第39页。
③ ［宋］李处权：《崧庵集》，卷3，民国李宜秋刻本。
④ ［宋］张孝祥：《于湖居士文集》，卷4，四部丛刊初编本，第41页。

近代都是农村常用的水力机械（图 4-19）。

A. 19 世纪西方传教士绘制的南运河上的筒车

B. 云南腾冲大型水车（2008 年）

这是一个组合水车，高车是提水筒车，低车带动一个水磨和一组水碓。

图 4-19　水力筒车

（二）高转筒车与水转高车

王祯在《农书·农器图谱》记："高转筒车此近创捷法，已经较试"[①]，这是大约 13 世纪的发明。当时平江府（治今江苏苏州）虎丘寺剑池安装了这种水车给寺庙供水，它的形制"其高以十丈

---

① ［元］王祯：《农书》，王毓瑚校，农业出版社，1981 年，第 331 页。

为准，上下架木，各树一轮，下轮半在水内，各轮径可四尺"①。即这种筒车水轮直径1米以上，提水高度可达约30米，说明水轮的制作工艺和水工建筑物的修建技术都有相当高的水平。

在高转筒车基础上，对动力水轮作改进后，可以用在水流湍急的高岸提水，是为水转高车。这种可以垂直或接近垂直提水的机械，王祯说"（水转高车的制作）此诚秘术，今表暴之，以谕来者"，当时在大都（今北京）城被用来作宫殿楼阁的降温。王祯记载了改进部分，"但于下轮轴端，别作竖轮，傍用卧轮拨之"②。即采用立式与卧式水轮联机，主动轮在下端，上部有传动轮。王祯有诗记载水转高车最为传神。"通渠激浪走轰雷，激转筒车几万回。水械就携多水上，天池还泄半天来。竹龙解土无云雨，旱魃潜消此地灾。安得临流施此技，楼居涤去暑天埃。"王祯为最后一句注曰："今都城已有高车，用水飞上楼阁，散若雾雨，颇闻费力。"水转高车不仅提高了提水高度，而且在激流中运用，因此水轮机械制作要求极高，引水渠也要特殊的设计，以维持稳定的流量和坡度，为水轮持续运行提供适宜的水力条件。

图4-20　高转筒车（引自元代王祯《农书·农器图谱》）

---

① [元]王祯：《农书》，王毓瑚校，农业出版社，1981年，第331页。
② [元]王祯：《农书》，王毓瑚校，农业出版社，1981年，第375页。

四、水力纺车的问世

元代王祯《农书》始见以水能为动力的纺车的记载,有关纺织史的研究表明水力纺车应为宋代的产物,它既是代表中国12—13世纪的麻纺织技术的水平,也是这一时期水力应用领域大为拓展的标志。[1] 水力纺机体积硕大,主要用于纺麻。动力部分水轮称大轮。王祯记载:"与水转碾磨之法俱同。"水纺车工作机与一般纺车相同,但是一个水轮可以带动多部纺车,"弦随轮转,众机皆动,上下相应,缓急相宜,遂使绩条成紧,缠于轩轫上,昼夜纺绩百斤"[2]。

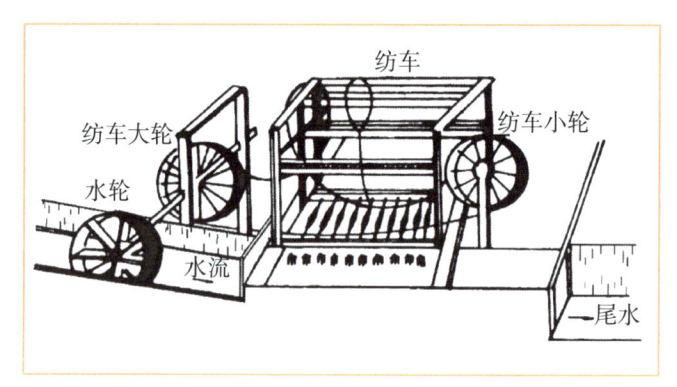

图4-21 水力纺车及安装布置推想图

《农书》说水力纺车在中原麻苎之乡,凡临流处,所多置之,其时的岷江流域成都平原亦不罕见,元人揭傒斯《大元敕修堰碑记》记都江堰"缘渠所置碓硙、纺绩之处以千万数。四时流转而无穷"[3]。但是明清以后未见水力纺车的记载。

---

[1] 祝大震:《我国水转大纺车的结构和演变过程》,《中国科技史料》,1985年,第6卷,第5期。

[2] [元]王祯:《农书》,王毓瑚校,农业出版社,1981年,第358页。

[3] [元]揭傒斯:《揭傒斯全集》,卷7,上海古籍出版社,1985年,第365页。

就水力的应用领域而言，自唐迄元已从之前的粮食加工、冶炼扩展到灌溉、供水、纺织、制陶、制茶等劳动强度大的加工环节（图4-22），就其流传的广度而言，遍布中原，远及西北僻壤。元以后水力机械再无发明，而在西方开始进入发展时期。

图4-22　［清］水力在制陶中的应用：连机碓捣练陶土[①]

第五节　水力机械普及的黄金年代

水轮发明，催生了水力应用的普及以及领域的扩展。自西晋以降，人口集中的都城成为水碓、水磨、水碾的集中使用地。魏晋南北朝时期，水碓首先在皇族和门阀世家的庄园流传开来。海河和黄河流域之间是水碓分布最广泛的地区，这一区域是曹魏和北魏政治、经济的中心。3—4世纪是中国历史上以水力为动力的发明时期，不仅出现了类型丰富的水力机械，而且在粮食、茶叶等加工业中应用广泛。

水磨、水碾对水流的水力条件要求更高，在水工建筑物的规划、

[①] 引自《清史图典·雍正朝》，第8册，紫禁城出版社，2002年。

设计方面都有相应的提高。水磨、水碾在加工业中的应用大约在6世纪开始普及。自魏晋南北朝以降，水碓逐渐向边远山区流传开去。而在邻近都市的地方，水磨、水碾被广泛使用。水力应用向民间普及的过程大致是：从皇族、豪门的世家私家专用，到官府控制产业的专用，最后进入民间。而在应用领域，6世纪以来，用于灌溉和提水的水车、用于纺织的水纺车相继问世。

唐和北宋运用水碾、水磨最集中的地区均在都城。唐长安附近的郑白渠，最盛时有水磨、水碾100多处，以谷物加工为主，当时长安100多万人口供粮大都来自这里。北宋汴梁西北的汴河，以加工茶叶为主，最多时有水磨300多处，是国家经营的官磨，以控制茶的行销和税收。作为手工业、加工业主要机械的水磨、水碾依附城镇，在中国流行普及开来。水力纺织机是这一时期水能应用向新的领域扩展的结果。

一、东汉至南北朝时期水力应用：以粮食加工为主

东汉后期在粮食消耗集中的屯军驻地，已经用水碓加工粮食，保障驻军的供粮。[①]建安十九年（公元214年）曹操欲内迁陇右民众充河北，引发陇西（治襄武，今甘肃陇西）、天水（治冀县，今甘肃天水西北约40千米）、南安（治豲道，今甘肃陇西县东南10千米）三郡民众恐慌骚乱。雍州刺史张既（？—公元223年）令三郡驻守将校官吏整治屋宅，建水碓，显示无迁徙陇右郡民之

---

① [南朝宋]范晔：《后汉书·西羌传》，卷87，记东汉顺帝永建四年（公元129年）尚书仆射虞诩奏疏称："禹贡雍州之域，厥田惟上。……，乘陭据险。因渠以溉，水舂河漕。用功省少，而军粮饶足。故孝武皇帝及光武筑朔方，开西河，置上郡，皆为此也。"中华书局，1965年，第2893页。

意。①以建水碓安抚民心之举至少说明3世纪时水碓已用于大宗粮食加工。

西晋水碓是都城洛阳最重要的公共设施。魏明帝太和五年（公元231年）都水使者陈协在洛阳西北十三里桥谷水（黄河支流）上筑千金堨，引水驱动水碓，成为洛阳的粮食加工基地。元康元年至光熙元年（公元291—306年）晋八王之乱时，河间王司马颙（？—公元306年）及都督张方领兵28万围困洛阳，张方决千金堨，谷水涸，沿河所有水碓停工。遂发给王公奴婢及城中百姓木杵舂米，以供兵粮。②由此可见水碓在洛阳粮食供给中已经有举足轻重的地位。

西晋时都城洛阳对水碓的依赖，源于杜预（公元222—284年）发明连机水碓。一机多碓无疑极大地提高了水能利用效率，"由此洛下谷米丰贱"③。连机水碓的问世，使水力在加工工业中使用日多，除粮食以外，药材、茶叶等加工开始使用水力。

东汉至西晋初年，私人不得拦截河流擅立水碓，即使皇族拦截河流、拥有水碓也会遭到非议。刘颂（？—公元300年）任河内（治野王，今河南沁阳）太守时，郡界有公主水碓30多处，所在遏塞河流，浸害民田。刘颂上表请废水碓，而百姓获利。④随着西晋末年司马

---

① [晋]陈寿：《三国志·张既传》，卷15，"（张）既假三郡人为将吏者休课，使治屋宅，作水碓，民心遂安"，中华书局，1959年，第472页。
② [唐]房玄龄等：《晋书·帝纪·惠帝》，卷4，"（张）方决千金堨，水碓皆涸，乃发王公奴婢手舂给兵廪，一品以下不从征者，男子十三以上皆从役。又发奴助兵，号为四部司马。公私穷蹙，米石万钱"，中华书局，1974年，第101页。
③ [晋]傅畅：《晋诸公传》，转引自《太平御览·器物部七》，卷762，中华书局，第3385页。
④ [唐]房玄龄等：《晋书·帝纪·惠帝》，刘颂废水碓事见《晋书·列传》，卷46，"（河内）郡界多公主水碓，遏塞流水，转为浸害，颂表罢之，百姓获其便利"，中华书局，1974年，第1294页。

王朝的衰落，更多的世家开始拥有水碓。《全晋文》载出身魏晋世家的琅琊王氏家族、时任凉州刺史的王浑（公元223—297年）上表请占官地修坝立水碓得到允许。"洛阳百里内，旧不得作水碓，臣表上先帝，听臣立碓，并挟得官地。"① 到了他儿子大司徒王戎（公元234—305年）时，"既富且贵，区宅、僮牧、膏田、水碓之属洛下无比"②。王戎是西晋末年"竹林七贤"之一，巨量的财富使他退隐山林后能够维持体面的贵族生活。同时代还有敢于和皇亲贵戚斗富的荆州刺史石崇（公元249—300年）也拥有水碓30处，苍头（奴隶或家仆）800多人。③ 西晋宗法门阀制度下的庄园经济为水力的应用推波助澜。洛阳、邺城一带皇亲国戚豪门士族不仅广占良田，更掠夺水源，水碓成为当时财富的象征。

西晋末年以后战乱频繁，人口剧减，劳动力的严重不足，促使寻求其他的劳力替代途径。北齐时尚书右仆射领营构大将高隆之在邺城大兴水利，亦开渠引漳水供水碓。④ 水碓的运用说明当时以水力代替人力是社会的需求，也反映出水力应用技术为更多的人掌握。

在魏晋南北朝各国短暂的和平时期内，经济重建和文化复苏。前秦苻坚（公元338—385年）统治时期就出现了30年关陇清晏、百姓平乐的景象。商业的繁荣为粮食加工业拓开了市场，水碓逐

---

① 《全上古三代秦汉三国六朝文·全晋文》，卷28，中华书局，第161页。
② [南朝宋]刘义庆：《世说新语》，卷下，四部丛刊本，另《晋书·王戎传》称其拥有水碓数量为40区。
③ [唐]房玄龄等：《晋书·石崇传》："（石崇）有司簿阅崇水碓三十余区，苍头八百余人，他珍宝货贿田宅称是。"卷31，中华书局，1974年，第1008页。
④ [唐]李百药：《北齐书·高隆之传》："以漳水近于帝城，起长堤以防泛溢之患，又凿渠引漳水周流城郭，造治水碾硙，并有利于时。"卷18，中华书局，1972年，第236页。

渐进入民间，成为常见的粮食加工机械。

二、水能应用的发展：水碾、水磨及其水权之争

水磨、水碾以更大的加工能力，在南北朝以后逐渐取代水碓。与魏晋时相同，隋至唐前期的水磨、水碾还多是皇家私产。隋代开国元勋杨素（？—公元606年）权倾一时，在他被"时议以此鄙之"的财富中，除长安、洛阳东西二京的侈丽居宅，就是水硙并田宅以千百数。① 水硙即当时水磨的通称。隋炀帝长子河南王杨昭崇信佛教，向寺庙"前后送户七十有余，水硙及碾上下六具，永充基业"，后来的唐太宗也曾赐地四十顷，赐水碾给少林寺。②

玄宗时（公元712—756年）宦官高力士在长安西北沣水上筑坝，作水碾坊，并转五轮，日可碾麦三百斛，约合今制18吨，长安的粮食供应有相当部分为他控制。③ 与他同时代的宰相李林甫在京城不仅拥有邸第，更是广占田园大置水硙。都城长安附近的郑国渠、白渠，虽是政府管理的灌渠，但是上游为豪家贵戚筑坝壅水，置私碾百余所，夺灌溉之利。武则天之女太平公主就曾经是这些水碾的拥有者。豪贵们在灌溉渠道上大量兴建水碾、水磨，肆意侵夺水资源，严重到了农田无水灌溉的地步，终于引发了朝廷禁止水碾、水磨。唐高宗永徽六年（公元655年）、玄宗开元九年（公元721年）、代宗广德二年（公元764年）官方三次大规模毁水碾、

---

① [唐]魏徵等《隋书·杨素传》："东、西二京（长安、洛阳）居宅侈丽。朝毁夕复。营缮无已。爰及诸方都会处。邸店、水硙并利田宅以千百数，时议以此鄙之。"卷48，中华书局，1973年，第1292页。

② 《大藏经·续高僧传》；《少林寺碑》，《全唐文》，卷279，中华书局。

③ [后晋]刘昫等《旧唐书·高力士传》："于京城西北截沣水作碾，并转五轮，日碾麦三百斛。"卷184，中华书局，1975年，第4758页；水碾形制尚不清楚，可能是连机水碾，也可能是在河的上下游修筑5处单体水碾。

水磨。

晚唐藩镇割据，王朝中央集权式微，皇族产业向地方转化。水碾不再是皇家垄断的设施。仪凤时（公元676—679年），肃州刺史王方翼"出私钱作水硙，以赈河西蝗灾"[①]。此后地方官府设水碾、磨日渐普遍。元和八年（公元813年）宪宗下诏："应赐王公、郡主并诸色庄宅硙碾等，并任典贴货卖，其率税夫役，委府县收管。"[②]这道诏令似乎遭到皇亲国戚并百官的抵制，以致穆宗时（公元821—824年）再次下诏，除京兆、河南府以外，诸州府境内原皇家所有的庄宅、铺店、碾硙、茶菜园、盐畦、车坊等，一概由所在地官府经管。[③]以此为转折，较大型的水碾、水磨从皇亲国戚和权势世家的私产，变为公益性的设备，由地方政府组织兴建，交由民间经管，而政府从中获取税收。

自唐后期开始，水磨、水碾向民间迅速地流传开来。五代时卫贤界画《盘车水磨图》（又名《闸口盘车图》）被认为是界画的精品，以官府水磨坊为主题，描绘了当时市镇的繁荣（图4-23）。卫贤，南唐京兆（今陕西西安）人，为李后主时内廷画师。画中有水磨和水罗且均是大型的。北宋文同记嘉陵江民间大水磨"激水为硙嘉陵民，构高穴深良苦辛。十里之间凡共此，麦入面出无虚人。彼氓居险所产薄，世世食此江之滨，朝廷遣使兴水利，嗟尔平轮与侧轮"[④]。这是一种立式水轮的大水磨，"十里之间"共一磨的记载反映出水磨的结构尺寸是不小的。据记载当时水轮径超过两

---

① [宋]欧阳修等：《新唐书·王方翼传》，卷111，中华书局，1975年，第4134页。
② 《唐会要》，卷89，商务印书馆，第1622页。
③ [宋]宋敏求：《唐大诏令集》，卷2，中华书局，2008年。
④ [宋]文同：《丹渊集》，卷13，四库丛刊本，第155页。

米者已不是少数。金元间刘郁《西使记》记载了蒙古人旭烈奉命西征在岭北乞则里八寺见到"有碾硙，亦以水激之"的情景。① 乞则里八寺在今蒙古西南，境内有额尔齐斯河。水能的利用在宋元时也达到了空前的普及，不仅进入寻常百姓家，在西部边疆地区也有用水力的磨碾。

图4-23　闸口盘车图（约10世纪）②

▲这是一组水碾与水磨组合。图中部的动力水轮带动上部工作轮（水罗），并驱动右侧的水轮（水磨）。

北宋继承了唐代水碾、水磨政府专营的方式。朝廷在都城汴梁设水磨务，掌水磨磨麦，供朝廷尚食及部分大臣之用。③ 汴梁有205位太监在务上劳作，郑州有二务，人数也应数百人。即政府有对建造水力工程的监管权，灌溉、航运效益的水道上筑坝建水磨坊受到官方制约，且多以官碾、官磨形式修筑，然后大都以租课的方式交给民间经营。私人建设的水磨、水碾磨则通过纳税或承接部分官差受官府的控制。据《宋会要辑稿》记载，秦州路（治

① [元]王恽：《秋涧先生大全文集》，卷94，四部丛刊本，第895页。
② 绢水墨设色，原本53.2×119.3（厘米），现藏上海博物馆。
③《宋会要辑稿·食货五五》，中华书局，1957年，第5748页。

今天水）每年"造麹（同曲）用麦数万石"，分由 80 余户水硙户磨面。因为水硙领麦、交麹各环节被地方豪强勒索，遂要求将其所得纳官，由官府主持水磨经营。元丰时（公元 1078—1085 年），都提举汴河堤岸宋用臣修置水磨磨茶，禁止民间经营，茶事归汴河堤岸司，茶商向官磨购买，是为汴渠水磨国有。① 元祐时（公元 1086—1094 年）汴京滥建水磨已经遭致朝廷上下非议，右司谏苏辙（公元 1039—1112 年）指出："近岁京城外创置水磨，曰此汴水浅涩，阻隔官私舟船。其东门外水磨，下流汗漫无归，浸损民田一二百里，几败高祖坟"，他呼吁罢官磨，恢复民磨。② 然而为了获利，北宋朝廷仍不断增加水磨，到政和时（公元 1111—1118 年）水磨茶法更推行到京城以外的地区。政和四年（公元 1114 年）靠水磨茶法国家年收息四百万贯。最终使汴河水运中断，灌溉无水可引。元丰、政和间，围绕水磨官办或民办，引发了水磨茶之争。元祐年间曾一度废茶法，绍圣时（公元 1094—1098 年）再兴水磨茶法，在京水、索水河增加官营水磨 260 多处，以保证茶法施行。30 年后金兵南侵，汴河沿岸茶叶加工磨坊的历史使命终结了。水磨茶法之争不只是官商利益之争，更是水力工程与水利工程争夺水资源的矛盾。唐代郑白渠和宋代汴河皆地处京畿地区，都是具有灌溉或水运效益的水道，因此水磨、水碾引发的冲突就格外尖锐。

---

① ［元］脱脱等：《宋史·河渠四》，卷 94，中华书局，1977 年，第 2330 页。
② 《宋史·河渠志》，《二十五史河渠志注释》，中国书店，1990 年，第 118 页。

第五章　魏晋南北朝时期的重要灌溉工程

东汉末年，大一统的帝国走向了分崩离析，其后经历了魏蜀吴三国鼎立的时代和短暂统一的西晋，随着北方游牧民族进入中原，以长江为界进入了割据政权分立的魏晋南北朝时期。魏晋南北朝大约400年，其间各割据政权无不出于战争需要而大举军事屯田，由此带动了区域水利的发展。长江以北广大地区，自三国时曹魏至南北朝时期的北魏政权大举屯田于淮河以北。而三国孙吴，以及东晋南朝政权则多在长江中下游平原屯田。各政权无论执政长短，都着手重建或部分恢复前朝废弃的工程。如曹魏政权在两淮屯田期间，前代众多陂塘得以恢复。始建于春秋的芍陂在这一时期得以恢复，工程设施得以完善，成为淮南兴利上千年的水利区。存在数十年的西魏也先后恢复了关中引泾郑国渠、引渭成国渠、引洛龙首渠。而在统治时间较长的割据政权核心区域，还有新的灌溉工程兴建起来，如曹魏河内郡的引沁工程，孙吴江东圩田的丹阳陂塘、建康赤山湖等。

在数百年动荡中，因屯田而兴起的水利建设，使秦汉水利区在魏晋南北朝得以延续，而兴建的工程则为新的水利区奠基。保留至今的古代灌溉工程有相当部分肇始于这一时期。

第一节　魏晋屯田水利：前代水利区的继承与新水利区的奠基

魏晋南北朝400年间，各割据政权在各自统治区内，为维护统治，以及军事扩张的战略意图，无不开展大规模的屯田。战争造成了人口流失，屯田大多是军屯和带有戍边性质的民屯。为了经营屯田，各割据政权从中央到地方设置了典农中郎将、典农都尉、典农司马等不同的管理层级。中央典农中郎将都是军事要员兼领，准军事化的屯田管理体制利于恢复重建既有的灌溉工程，甚至兴建新工程。

东汉末年，官渡之战后，逐渐进入了曹魏、东吴、蜀汉三国鼎立时期。实力最强的曹魏逐渐据有了海河、黄河、淮河流域大部分地区。海河流域曹魏的屯田主要分布在渔阳郡（治今密云西）、范阳郡（治涿县）、魏郡（治邺城）。黄河流域的有关中扶风、京兆、洛阳、荥阳、原武、河内郡（治怀县，今河南修武西）等。淮河流域则有安丰（治安风，今霍邱南）、扬州（治寿春，今寿县）。最早屯田水利始于曹魏太祖时（即曹操，公元155—220年）。黄淮海流域都有曹魏屯田。其时移民军屯于河北、陇西、天水、南安等地，民心浮动，"（张）既假三郡人为将吏者修课使治屋宅，作水碓，民心遂安"[①]。北方地区因屯田大兴水利，稻作农业在这一时期得以大范围地推广到海河、黄河、淮河流域。西晋泰始四年（公元268年）御史中丞傅玄向武帝建议兴修灌溉工程，发展稻作农业。傅玄称"故白田（即旱作农田）收至十余斛，水田收

---

① ［晋］陈寿：《三国志·张既传》，卷15，中华书局，1959年，第472页。

数十斛"①，西晋政权在江淮间发展农业的举措，使得战争中陷入困顿的人民得以绝处逢生。

一、华北屯田与海河、黄河流域水利区

东汉末年以来，曹魏在据有的华北开始大举屯田。军事屯田以种植高产的稻作为多，战乱废弃的前代灌溉设施得到恢复，并兴建新的工程。东汉初，渔阳郡太守张堪于狐奴（今北京顺义天津西北部）开稻田八千余顷，劝民耕种。② 这一区域在曹魏屯田时成为最东北的水利区，稻作农业延续至今。在蓟城的军屯则有戾陵堰的兴建。镇北将军刘靖于嘉平二年（公元250年）在湿水（今称永定河）筑戾陵堰，开车箱渠，灌溉蓟城农田两千顷。③ 戾陵堰在今北京石景山永定河的出山口。戾陵堰是竹笼堆筑的导流堰，车箱渠沿石景山山麓东行。戾陵堰建成12年后，向东继续开渠，中间引高粱河水入渠至潞县（今通州区）入鲍丘水（即今潮白河），灌溉面积扩大至万余顷。这条自西而东的渠道，与近千年后金代的漕渠走向一致。

曹魏及其后的西晋、北魏等政权都曾经先后以魏郡为根据地。魏郡，治邺城（今河北临漳县），邺地是屯田中心区域，这一时期水利工程建设成就最大。邺城位于漳水出峡谷进入冲积平原出山口的地方。战国初年引漳十二渠，邺地成为海河流域最大的水

---

① ［唐］房玄龄等：《晋书·傅玄传》，中华书局，1974年，第1320—1321页。
② ［南朝宋］范晔：《后汉书·张堪传》，中华书局，1965年，第1100页。
③ 《水经注·鲍丘水》引刘靖碑："（戾陵堰）直截中流，积石笼以为主遏，高一丈，东西长三十丈，南北广七十余步。依北岸立水门，门广四丈，立水十丈。"鲍丘水即今潮白河，发源北京密云。

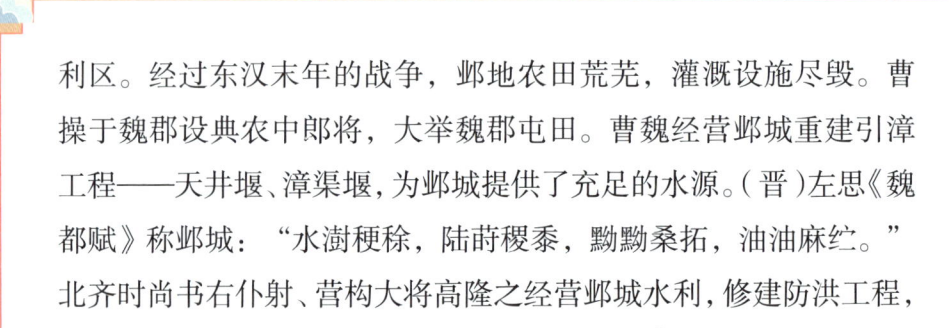

利区。经过东汉末年的战争，邺地农田荒芜，灌溉设施尽毁。曹操于魏郡设典农中郎将，大举魏郡屯田。曹魏经营邺城重建引漳工程——天井堰、漳渠堰，为邺城提供了充足的水源。（晋）左思《魏都赋》称邺城："水澍粳稌，陆莳稷黍，黝黝桑柘，油油麻纻。"北齐时尚书右仆射、营构大将高隆之经营邺城水利，修建防洪工程，开渠引漳水，用于城市供水、灌溉并供水碓。[1]

曹魏黄初元年（公元220年）曹丕称帝，定都洛阳。经过东汉末年的战乱，河内百姓离散，一片荒芜。曹魏据有洛阳后，设典农中郎将，先后有王昶、桓范、司马昭、司马孚等任职典农中郎将屯田河内，吸纳百姓定居农垦。

洛阳地处洛川平原，洛水及其支流水利工程建设始于东汉初王梁所建的洛阳渠。建武二十四年（公元48年）太仆张纯开阳渠，于洛阳西南引洛水经洛阳，下接鸿池陂，东至偃师再归入洛水。阳渠是漕渠，连通洛水和黄河，是洛阳重要的水运通道，通过洛水可出入黄河。阳渠不仅通漕，还有灌溉之利（图5-1）。曹魏太和五年（公元231年）都水使者陈协于洛阳西北谷水上建千金堨、开五龙渠，遏谷水以入。千金堨应是谷水上多渠首的无坝引水工程，既有灌溉之利，还是洛阳重要的粮食加工基地。"备夫一千，岁恒修之。"[2] 西晋元康元年至光熙元年（公元291—306年）晋八王之乱，都督张方领兵二十八万围洛阳，"（张）方决千金堨，水碓皆涸，乃发王公奴婢手春给兵廪，一品以下不从征者，男子

---

[1] [唐]李百药：《北齐书·高隆之传》，记曰："以漳水近于帝城，起长堤以防泛溢，又凿渠引漳水周流城郭，造制碾硙，并有利于时。"中华书局，1972年，第263页。

[2] [北朝]杨衒之：《洛阳伽蓝记》，卷4，引自范祥雍《洛阳伽蓝记校注》，上海古籍出版社，1958年，第238页。

十三以上皆从役,又发奴助兵,号为四部司马,公私穷蹙,米石万钱"①。

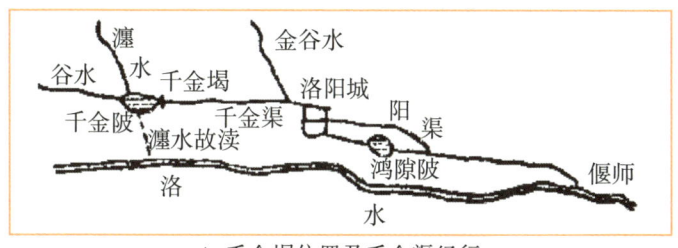

A. 千金堨位置及千金渠经行

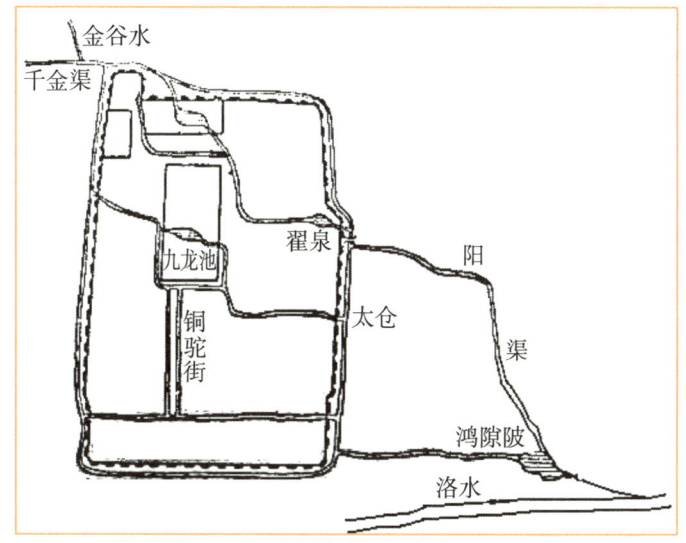

B. 千金渠及洛阳水系

图 5-1　魏晋时期千金堨陂及洛阳城河水系

曹魏所建的千金堨,至西晋、北魏时成为洛阳的水源工程。西晋千金渠至洛阳西北分为两支,是为洛阳城河,城河至城东汇为阳渠。千金渠分出三条渠道入城,形成了洛阳内城的河湖水系。城北是西晋王室的华林园,北支渠道引水入天渊池。城中心是皇

---

① [唐] 房玄龄等:《晋书·帝纪·惠帝》,中华书局,1974年,第101页。

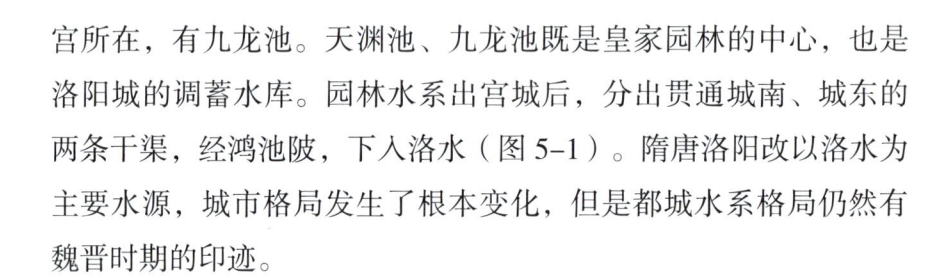

宫所在，有九龙池。天渊池、九龙池既是皇家园林的中心，也是洛阳城的调蓄水库。园林水系出宫城后，分出贯通城南、城东的两条干渠，经鸿池陂，下入洛水（图5-1）。隋唐洛阳改以洛水为主要水源，城市格局发生了根本变化，但是都城水系格局仍然有魏晋时期的印迹。

二、河内郡引沁工程：从石门到广济渠

河内即今河南西部，黄河以北区域，自三国至北魏河内都是洛阳的门户。河内地处太行山东麓，邙山北麓的台地，黄河纵贯全境，洛水、沁水等二级支流汇入，曹魏时期依托这里良好的水资源条件兴修水利支撑屯田，黄河中游的这一水利区延续至今。

沁河是黄河的一条支流，发源于山西中部的太岳山，自太行以西，王屋以东，南入黄河。沁河水资源开发始于汉代，曾在今济源市区东北约30里处的五龙口修建有引沁枢纽工程，史称枋口堰。惟因其进水口门原为木结构，"天时霖雨，众谷走水，小石漂进，木门朽败，稻田泛滥，岁功不成"[1]，严重影响灌区农业生产的发展。黄初六年（公元225年）前后，司马懿之次弟司马孚为野王（郡治野王，今河南沁阳市）典农中郎将。他经过实地调查后，提出改木门为石门。魏文帝批准了他的计划。于是，取方石数万块，"夹岸累石，结以为门，用代木枋门"。据史料记载，沁口改建石门后，工程效益有很大提高，"若天旸旱，增堰进水，若天霖雨，陂泽充溢，

---

[1] [北魏] 郦道元：《水经注·沁水》，卷9，引自《水经注疏》，江苏古籍出版社，1989年，第827页。

则闭防断水，空渠衍涝"①。既避免因进水过多，造成稻田滞涝，又保证了农田灌溉的需要。

引沁灌溉工程到唐代后期发展成为溉田五千余顷的大灌区。元世祖中统二年（公元1261年）提举王允中重修引沁工程——广济渠。于沁河上兴建拦河石坝和减水坝，南岸建石斗门引水。石坝长约200米，高4.3米，宽60米。石门以下开分水渠四道，灌溉济源、河内、河阳、温、武陟五县农田三千余顷。元代广济渠的渠首枢纽与现代工程几乎类似。明隆庆二年（公元1568年）沁河北岸开广惠渠引水，灌田二百五十余顷，后渠首屡屡淤塞而废。嘉庆十一年（公元1806年）济源县令何荇芳改建广惠渠为隧洞引水，灌溉农田三十余顷。清代引沁工程统称广利渠，由广济、永利、利丰、甘霖、大利河、小利河六渠组成。其中广济、永利、利丰、甘霖各渠的引水口位于五龙口下沁河凹岸，在山崖处开引水洞，下接明渠。

自曹魏开启引沁灌溉，沁河流域灌溉工程兴建、重建或新建以及管理都是由政府主导的官方水利工程，曹魏至元代则都是中央政府主持建设或管理。明清时期，黄河中游以北、太行山东麓沁河流域仍有灌溉工程兴建。明隆庆年间沁河支流丹河上开康济河、普济河，引丹灌区灌溉面积上百余顷。清代引丹灌区有九堰二十三渠，灌溉140多个村庄的土地。20世纪50年代成立广利渠管理局，这一上千年的灌区得以延续。

---

① [北魏]郦道元：《水经注·沁水》，卷9，引自《水经注疏》，江苏古籍出版社，1989年，第827页。

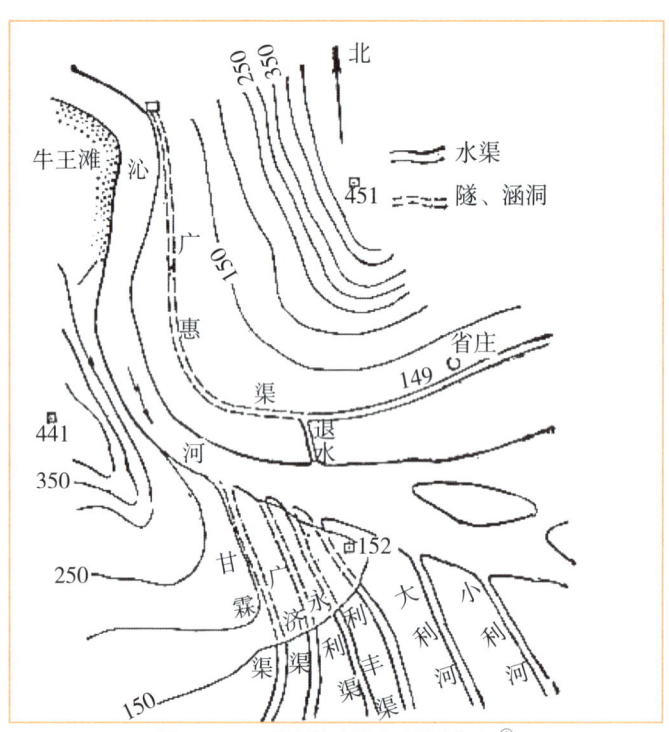

图 5-2　明清引沁灌区干渠分布①

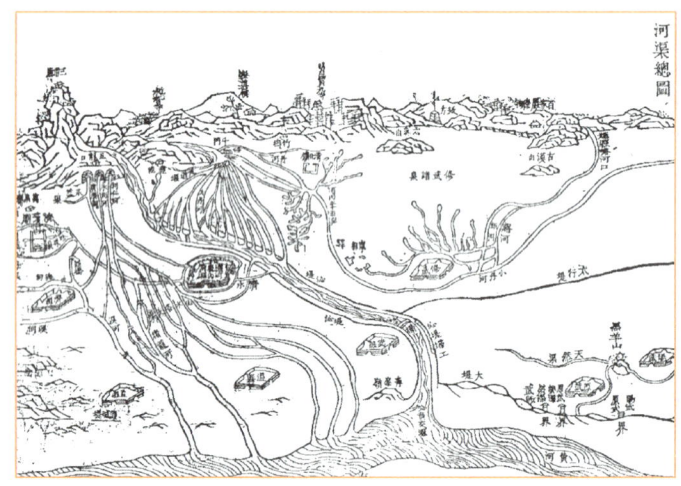

图 5-3　明清沁河支流丹河引丹灌溉工程（引自清代《怀庆府志·河渠总图》）

① 张汝翼：《沁河广利渠古代水工建筑物初探》，《水利学报》，1984年第12期。

第二节　江淮陂塘水利

江淮之间是魏晋南北朝时期南北割据政权争夺的战略前沿。北方政权的屯区分布在汉江支流唐河、白河，淮河流域（主要包括今河南固始、正阳、息县，安徽寿县）。东吴及其后的南朝政权则在长江中下游江东和淮扬地区。陂塘水利是这一时期灌溉工程的主要类型。陂塘由蓄水工程、引水和供水渠道构成陂渠串联工程体系，即"长藤结瓜"水利系统，形成一个区域性的灌溉工程体系，在更大的时空范围内调配水量，为大规模的屯田提供了水源支撑。

汉水上游唐白河流域为汉代南阳郡，是当时江淮间最早的水利区。东汉张衡《南都赋》："于其陂泽，则有钳卢玉池，赭阳东陂，贮水渟洿，亘望无涯。……其水则开窦洒流，浸彼稻田，沟浍脉连，堤塍相辀。"北魏成书的郦道元《水经注》记载了同时代众多的陂塘。如淯水（今称白河）上就有樊氏陂、安众堨、东陂、西陂等。[1] 比水（今称泌河）上有马仁陂、大湖、醴渠、唐在陂等。马仁陂汇泉水成塘，"陂水历其县下，西南堨之，以溉田畴"[2]。比水源出太胡山，过泌阳县后名唐河，至湖北襄阳入白河，至樊城入汉江。

湍水（白河支流）上有楚堨、六门陂。楚堨渠首为有坝引水，"拥

---

[1]《水经注·淯水》，卷31，[清]杨守敬、熊会贞合校，《水经注疏》，湖北人民出版社，第1891—1908页。

[2]《水经注·比水》，卷29，[清]杨守敬、熊会贞合校，《水经注疏》，湖北人民出版社，第1799页。

断湍下,高下相承八重,周十里,方塘蓄水,泽润不穷"①。大约是引水干渠沿程有陂塘 8 处,上下相承,泽润周遭。楚堨下游有六门陂,汉元帝时(公元前 48—前 33 年)南阳太守召信臣所修湍水入于陂塘,陂周筑石堤,设六石门以控制蓄泄。灌溉五千余顷,约合今亩二百万亩之多。召信臣制订"均水约束",建立了灌溉用水制度,南阳郡"莫不耕稼力田,百姓归之,户口增倍"②。东汉末年,南阳诸塘失修。西晋和刘宋政权时经营南阳屯田,这些工程逐渐得以重修,西晋太康三年(公元 282 年)镇南将军杜预尽复南阳屯区召信臣时的陂塘。六门堨是其中重建工程规模最大的。《水经注·淯水》记:"杜预继信臣之业,复六门陂。遏六门之水,下结二十九陂,诸陂散流,咸入朝水。"③重修后的六门陂,泽被南阳郡穰、新野、昆阳三县,灌溉面积五千余顷。南阳唐白河水利区几经战乱而世代相承。20 世纪 50 年代南阳唐白河流域陆续兴建大坝,由陂塘改为水库,储水量大为增加。

曹魏江淮屯田较大的屯区集中在淮南(今河南固始,安徽寿县、凤阳、舒城、含山一带)。始于春秋的芍陂、期思陂、茹陂,经过东汉王景,曹魏时刘馥、邓艾的持续经营,形成了设施完备的蓄水工程,是淮南屯田的骨干水利工程。正始时(公元 240—249 年)邓艾在淮河南北屯区于淮河及支流汴水、汝水、颍水,重建或新建大小陂塘上百处(图 5-4)。"修淮阳、百尺二渠,上引河流,

---

① 《水经注·湍水》,卷 29,[清]杨守敬、熊会贞合校,《水经注疏》,湖北人民出版社,第 1790 页。

② [汉]班固:《汉书·召信臣传》,中华书局,1962 年,第 3642 页。

③ 《水经注·淯水》,卷 31,[清]杨守敬、熊会贞合校,《水经注疏》,湖北人民出版社,第 1904 页。

图 5-4 《水经注》记载的 5 世纪前后的淮南陂塘分布

下通淮颍。大治诸陂于颍南、颍北,穿渠三百余里,溉田二万顷。"[①]曹魏江淮屯田为西晋、北魏、东魏政权所继承,为最后隋统一北方奠定了基础,隋以降这些陂塘多成为世代相袭的小型蓄水工程。

一、丹阳湖圩区水利

三国东吴及东晋、南朝政权据有长江中下游、江淮地区的南部,太湖流域以及东南沿海地带。东吴至南朝 300 年的屯田分为军屯和民屯。军屯分布在与北方政权对峙的长江两岸及淮河下游。民屯分布在腹里地区,如丹阳、吴郡、会稽郡等地。屯田推动了这些地区水利工程以前所未有的规模和速度发展,在湖塘水网区域,出现以防洪、排水为主,兼有灌溉、供水和水运功能的工程体系

---

① [唐] 房玄龄等:《晋书·食货志》,中华书局,1974 年,第 785 页。

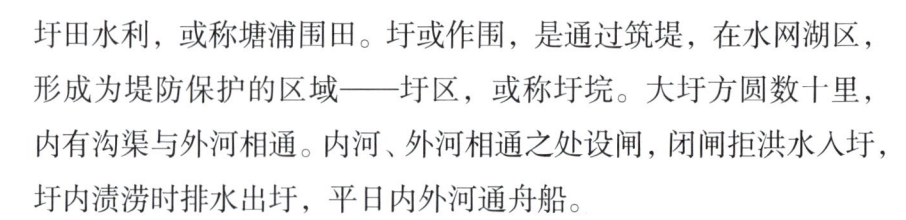

圩田水利，或称塘浦围田。圩或作围，是通过筑堤，在水网湖区，形成为堤防保护的区域——圩区，或称圩垸。大圩方圆数十里，内有沟渠与外河相通。内河、外河相通之处设闸，闭闸拒洪水入圩，圩内渍涝时排水出圩，平日内外河通舟船。

三国东吴政权在长江两岸的军屯主要在丹阳湖地区，即今长江南岸的安徽芜湖，江苏高淳、溧水、宜兴，北岸安徽当涂、宣城等广大地区。丹阳湖因秦置丹阳县而得名。丹阳湖成湖于200万~300万年前，春秋时古丹阳湖解体，分化出丹阳湖、金钱湖、石臼湖、固城湖等大大小小的薮泽，即《汉书·地理志》所称的中江贯通诸湖，沟通吴楚。两汉时中江淤塞，湖泊逐渐定型，其中丹阳湖最大，面积3000平方千米，是皖南山洪的汇集之区，也是长江西水东流入太湖的通道。

3世纪时的丹阳湖区域长江贯通南北，其间湖沼密布。春秋时吴国开始在此筑围营城，但是多数地区还是随水起水落的薮泽。建安十六年（公元211年），孙权在于湖（今安徽当涂）置督农校尉，开始长江两岸的屯田，来自中原的避难者各分疆界，设为里邑，投入屯田的军役及民夫数以万计。长江北岸的今安徽当涂、宣城，南岸的江苏高淳滨江环湖地区，筑圩拒水，开沟成田，水涨水落的滩地经过筑围、开沟渠，形成了圩堤挡水，内以耕种的围区。宣城金钱湖筑围堤后，形成了20多处圩田，吸引了更多中原南下避难的人定居于此。宋代诸圩合并而称金宝圩。著名的高淳永丰圩、芜湖的咸保圩都是在东吴赤乌（公元238—251年）初开始筑圩。这些湖区滩涂筑堤成围后辟为农田，成为东吴和东晋的粮仓。北宋政和五年（公元1115年）时这里良田或赐皇亲国戚或赐宠臣，并小圩为大圩，著名者有永丰圩、政和圩、相国圩等。宋永丰圩周长八十四里，良田千顷。

自三国东吴丹阳湖筑圩，圩区水利肇始，东晋、南朝递进，至宋代留下了丹阳、石臼、固城、南漪四湖及江东圩区千余处，主要分布在安徽当涂、宣城，江苏高淳、宜兴、镇江。20世纪50年代丹阳湖区水域和滩涂尚余184平方千米。20世纪60至70年代开始围垦最后的丹阳湖区。围垦后只剩下运粮河，丹阳湖最后消失殆尽。

在东吴江东屯田带动下，长江两岸洞庭湖区、江汉平原众多的圩区水利相继兴起，曾经人烟稀少的长江中下游湖区加快了开发的速度。唐宋以来，长江中下游水网区圩区不断增加，圩区工程设施更加完备，防御水旱灾害的能力不断提高，吸引更多的人定居于此，又推动了这些地区的深度开发。

长江中下游诸多圩田中，以江东的万春圩（今安徽芜湖境内）较为著名。万春圩原名秦家圩，宋代发展成大圩，位于长江与丹阳、石臼诸湖之间，至今仍然是长江中游地区的著名圩区。洪水之时，丹阳等湖水位上升，并与长江连成一片，秦家圩即为长江南岸与这些湖泊北岸之间的土堤围子，规模不大，以二十里为圩。南唐时，成为官圩。北宋初年，毁于洪水。嘉祐六年（公元1061年），重修圩堤，改名万春圩。曾参与过修圩工程的沈括作《万春圩图记》，内中详细记载了万春圩工程的设计，并考虑了田间排水、多级排水等问题。圩田共一千二百七十顷，每顷为一方块，各以天地日月山川草木等字编号；田的四周有沟，每4沟汇成一浍，成为一区。周围居民每户拥有一浍，田四顷。圩中南北横穿一堤，长约11千米，宽容2车，上植柳树。圩上有水门，宽16米。北宋末年，太平州（今当涂县）沿江一带的圩田，面积在三百至一万顷者共有9处，

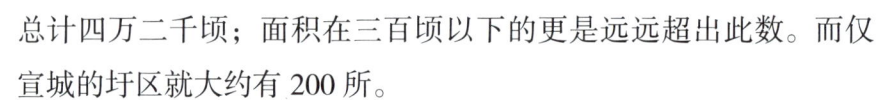

总计四万二千顷；面积在三百顷以下的更是远远超出此数。而仅宣城的圩区就大约有 200 所。

由于无序开发，长江中下游地区的圩垸形成一种相互套迭覆盖的格局，湖泊蓄水容积和江道断面缩小，泄水通道壅堵，圩堤过长，水旱灾害随之加剧。宋代已注意到这一问题，并实施了将小圩合并为大圩，然后在大圩内进行分区分级控制的规划措施。绍兴二十二年（公元 1152 年），筑堤一百八十里，将太平州（今安徽当涂）的诸多小圩联成一片。乾道七年（公元 1171 年），将作少监马希拟定了新的圩区管理组织机构：凡有圩田的州县官员须从各圩区中选出一名占田最多且尽忠职守的人为"圩长"，另须保举"大圩"两人。这些人的职责就是在秋收后集合本圩区中的人夫增修圩堤。在这一政策的带动下，民间自发的管理组织雨后春笋般地冒了出来。明清时期长江北岸湖北、安徽一带沿江各圩的堤岸逐渐联结，外圩堤经过加固演变为黄广大堤、同马大堤和无为大堤。其中无为大堤护卫着 590 区圩田，是这些圩区的有力保障。明万历三十二年（公元 1604 年），江苏常熟令耿桔在他的《常熟水利全书》中指出应根据地形的高低，将大圩加以分区，各圩区间另筑围田堤。如此，万一大圩溃决，遭淹的只是对应的分区，可避免全圩罹难。另外，分区后，在高田区外缘开沟的同时用所挖之土在低田外缘筑堤，如此，旱时有沟水接济高田，涝时有小堤保障低田，高区与低区之间休戚相关，风险共担。圩区的渠系，可根据地形设计成十字、丁字、一字、月形、弓形等形式。圩区水道的出口处有闸控制圩内水量的蓄泄。

清代孙峻在其所著《筑圩图说》中针对四周高、中间低的大圩提出了一套分级控制措施，即根据地形，将圩内的农田分为上塍田、中塍田和下塍田三级，各级农田分筑戗岸，独立成区；高低不同的农田层层错开，呈梯级控制之状；各区通过沟渠与外河相连，通过闸门控制水量的蓄泄；圩心洼区滞涝，由此可以高水高排，低水低排，各行其道互不干扰，减轻低处排水负担。

三、湖塘蓄水工程

东汉建安四年（公元199年）广陵太守陈登于扬州蜀冈西北依山向东南筑堤，引山涧水入塘，形成蓄水工程，后人称陈公塘，又名爱敬陂。由此开启了淮扬及江南塘泊水利。陈公塘历经汉魏、唐宋各代持续经营，成为扬州运用时间最长的灌溉工程。唐宋时陈公塘环塘周长达九十余里。陈公塘拦蓄山洪，调蓄水量，灌溉农田一千余顷。

曹魏、东晋、北齐政权先后于今安徽泗洪，江苏盱眙、洪泽、金湖一带屯田，这一带是淮河从中游进入下游的起点，这里地势凹陷低洼，塘泊密集。曹魏邓艾屯田时，于盱眙东北筑白水塘蓄水，灌溉屯田。东晋永和五年（公元349年）徐州刺史荀羡镇淮阴，屯田于东阳之石鳖，东阳治所在今盱眙，这个屯区依靠白水塘的水源。《新唐书·地理志》记载，在白水塘北有羡塘，可能是荀羡屯田所修而有此名。北齐时石鳖屯区岁收稻数十万石，淮南守军米食丰足。隋唐宋时白水塘称白水陂，洪泽、射阳农田多设军屯经营。其时这一区域内除白水塘外，还有破釜塘、羡塘。13世纪时白水塘周长一百二十里，利用山谷洼地，筑长堤，于塘周有8处水门，库容达到3亿立方米，相当于今天的大型水库，灌溉山阳（治今淮安）、盱眙两县地一万两千顷。① 南宋建炎二年（公元1128年）

---

① 张卫东：《洪泽湖水库的修建》，南京大学出版社，2009年，第15页。

黄河改道在淮安与淮河合流，行淮河水道入海。至16世纪时黄河下游水道淤高，为了改善运河穿越黄河的运口水运条件和防洪安全，16、17世纪在盱眙、淮安进行了长达百年淮河高家堰的持续建设，淮河中游形成了洪泽湖，白水塘及泗州城皆沦入洪泽湖中，洪泽湖蓄水量达到了35亿立方米。洪泽湖除了防洪、水运功能外，还有较大的灌溉效益，灌溉周边宿迁、淮安、盱眙、泗洪、泗阳等地农田。

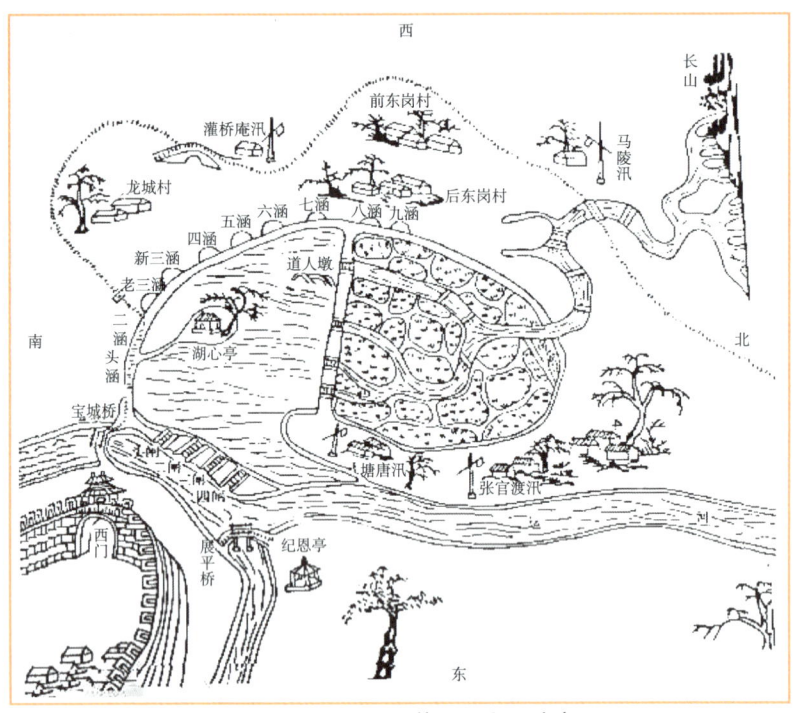

图5-5 练湖工程体系及湖区演变

长江以南今江苏丹阳的练湖是西晋末创建的蓄水工程，直到唐代前期都是以蓄水为主的灌溉工程，唐后期开始向江南运河供水，成为兼有灌溉效益的运河水源工程，一直运行到近代，历时1600多年。练湖利用丹阳湖遗留的开家湖区，四周筑堤，拦马凌溪水入湖。练湖堤高一丈左右，堤顶宽一丈，形成周回四十里，水域面积达两万余亩的水库。①宋代练湖北部开始围垦，以圩堤为界，圩区为上练湖，水域部分称下练湖。上下练湖的界堤建闸，使马凌溪水入下练湖济运。练湖由此成为兼有灌溉效益的运河水源工程。17世纪时，下练湖也开始围垦，济运功能逐渐消失。19世纪，练湖除少部分水塘，几乎全部垦殖为田。1891年开引河，使马凌溪洪水可以排入运河。在沿湖堤置放水涵洞，为下练湖灌溉供水。20世纪50年代在练湖兴办农场，并进一步完善了区域防洪排涝工程体系，有1600年历史的练湖就此消失。

三、赤山湖与赤山湖湖条

赤山湖是继春秋芍陂、东汉鉴湖之后，又一大型蓄水灌溉工程。1700多年以来，赤山湖历经多次兴废，见证了区域自然史及社会人文变迁，至今仍是区域重要水利工程，保留了众多文化遗迹。

赤山湖区位于今江苏句容市西南三十里，秦淮河流域中部，以附近有赤山而得名，又名赤山塘、绛岩湖。江宁—镇江以南是茅山丘陵区，是在东南茅山、方山、瓦屋、浮山，以及东北仑山、五棋、华山诸山环抱之中的盆地，大大小小的山溪河流汇流于此，形成了众多湖荡，其中较大的有赤山湖、夏驾湖、白马湖、马荡湖等，诸湖下入秦淮河，入长江（图5-6）。赤山湖区周广百二十里，四面皆冈，而西北独缺数里如门。赤山湖成为蓄水工程，一是筑堤围湖，二是建堰坝以节制水量。

---

① 张方：《丹阳练湖》，《水利史志专刊》，1993年第4期。

图 5-6　秦淮河流域及赤山湖位置

三国吴赤乌二年（公元239年），吴帝孙权发屯田兵在赤山湖区筑圩垦田。在赤山北麓筑赤山塘，修百堽堰，开沟渠归水入湖。把天然湖荡改造成具有节制功能的蓄水工程，原来的沼泽洼地成为有灌溉排水之利的良田。赤山湖区圩田地处东吴、东晋、南朝都城建康，京畿之地，赤山成塘后，由于巨大的水利效益，句容、江宁、湖熟一带土地迅速被开发。

赤山湖是人工湖，湖盆宽浅，治则兴、不治则废。东晋时已多次兴废。南齐建武年间（公元494—498年），明帝使沈瑀修复赤山塘，所费银两数十万。梁陈间（公元502—589年）再次重修，到了唐初赤山塘已废。唐宋时经历多次修复，增加了斗门、水则等设施控制水位。《新唐书·地理志》记载："句容西方南三十里有绛岩湖，麟德中（公元664—665年），令杨延嘉因梁故堤置，后废。大历十二年（公元777年），令王昕复置，周百里为塘，立二斗门以节旱暵，开田万顷。绛岩故赤山，天宝中（公元742—756年）更名。"[1] 唐代两次大修都是重建，前后相距100多年。

---

[1]《新唐书·地理志》升州江宁郡句容条，引自《二十五史河渠志注释》附录，中国书店，1990年，第696页。

其中，大历的重建增加了节制斗门，提高了赤山湖的调蓄能力。宋初，赤山塘又是废毁后的再建。征服了南唐后的宋太祖赐句容、上元（今南京江宁区）两县料物粮食，用工三万三千六百八十修复了赤山湖。宋代赤山湖工程设施完善，行使政府主导下的湖长、堰长管理体制，设专官和乡绅共同管理赤山湖。赤山湖受益区涉及句容、上元二县，随着湖区扩大，湖区周围围垦愈加严重。唐代，为了解决豪民侵耕湖面的纠纷，州司差遣兵将在赤山湖南岸芦亭北边200多步的湖中，立一座盘石水则，石面东西阔四尺七寸，南北阔三尺五寸，在湖畔设置盘石水则，盘石中心规定距水面一尺六寸五分，定五尺水则则规。规定夏天七尺，冬季五尺，水位不及处，任由耕垦种植。10世纪时，湖条约束条款多次修订，圩田湖禁更严。庆历（公元1041—1048年）初，建康知府叶龙图于古来旧湫处，即泄水堰旁在今芦亭村北立石柱，将湖心盘石水则移刻于柱上，永为定则。为了控制围垦，制订了湖管条例，称《赤山湖湖条》。《湖条》规定若有人于五尺水则之内，盗耕一亩一角，经勘查属实，罚其游村示众十日，本管湖长未能察觉，亦并施行处罚。《赤山湖湖条》是赤山湖管理制度，包括工程、灌溉管理。《湖条》自后晋天福至北宋庆历三年（公元936—1043年），收录于南宋《句曲志》、南宋《景定建康志》中。

北宋以来，上元、句容的圩田不断蚕食赤山湖水域。南宋时，赤山湖上元境内的湖区垦殖殆尽。然而此后上千年，时禁，时垦，再禁，再垦。民国时期武同举《江苏水利全书》记载："赤山湖有九河进水，湖内有五荡（白水、青草、田鸡、上荡、下荡）屯水，三坝（道士坝、蟹子坝、王家坝）蓄水。湖的周长，唐有一百二十里，元初八十里，明代六十里，清末四十四里，民国时期三十三里"。

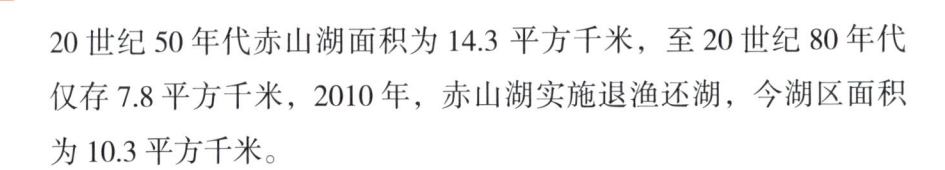

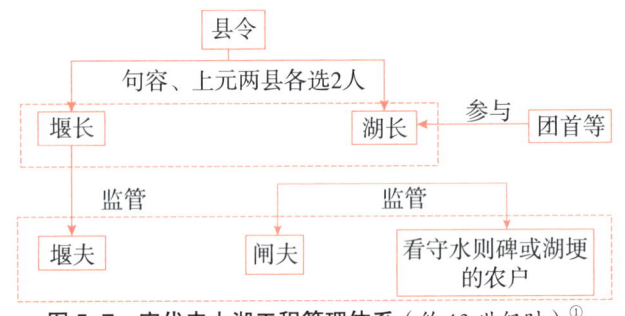

20世纪50年代赤山湖面积为14.3平方千米,至20世纪80年代仅存7.8平方千米,2010年,赤山湖实施退渔还湖,今湖区面积为10.3平方千米。

图5-7　宋代赤山湖工程管理体系(约13世纪时)[1]

明清时,针对赤山湖水域萎缩的现状,提出了不同的治理方略。万历二十九年(公元1601年)句容知县茅一桂以赤山湖久废,建议浚河五千余丈以达秦淮,并以浚河之土筑堤,利用湖区滩涂,造田五万余亩。此外,于湖周建闸,引水灌溉圩田。句容位居赤山湖上游,水域进一步缩小,造成的洪水灾害影响小。这是基于一县之利的方略。[2] 清康熙年间(公元1662—1722年)秦淮河圩区的句容、上元两地水患频繁,皆因圈圩与湖争地所致。称古有夏驾、白马、赤山诸湖潴水,今仅剩赤山一湖,且大半侵耕。为此提出浚深赤山湖,恢复蓄水量,以及严禁侵垦,退田还湖的治湖方略。[3] 1935年在赤山湖南、东、北三面筑堤,提高了仅存湖

---

[1] 陈菁等:《<赤山湖湖条>解读与赤山湖管理分析》,《中国水利水电科学研究院学报》,2017年第6期。

[2] [明]茅一桂:《咨访水利议》,引自[清]尚兆山《赤山湖志》,《中国水利志丛刊》,广陵书社,2006年,第190—194页。

[3] [清]刘著:《赤山湖水利说》,引自[清]尚兆山《赤山湖志》,《中国水利志丛刊》,广陵书社,2006年,第215—220页。

区的蓄水量，最大水面积达 14.3 平方千米。同期兴建了赤山湖三岔河节制闸（今称赤山东闸，图 5-8），期望节制句容河入湖水量。实际效果有限，句容河在汛期高水位时仍灌入赤山湖，而赤山湖仅有 1 米的滞洪水位，蓄洪量约 2000 万立方米左右。沿湖圩区因赤山湖水利而兴，又因过度围垦而饱受洪涝之苦。现代在秦淮河流域上游兴建了众多的水库，赤山湖原来具有的蓄滞洪水的功能终于为现代水利工程所分担。赤山湖历经 1600 多年，至今仍然留存，并继续发挥作用，是这一区域沧海桑田演变的见证（图 5-9）。

图 5-8　1936 年修建的赤山闸遗址

图 5-9　赤山湖及圩田（2016 年）

宋庆历赤山湖湖条

江宁府上元、句容两县，临泉、通德、湖熟、崇德、丹阳、临淮、福祚、甘棠旧额八乡，今并入丹阳、临泉、福祚、甘棠四乡。百姓自来共贮水绛岩湖，浇灌田苗。下有百埝堰捺水，其湖上接九源山，其堰下通秦淮江。自吴赤乌二年到今已七百余年，其湖东至数埝，西至雨坛，南至赤岸，北至青城，旧日春夏贮水深七尺，秋冬贮水深四尺。先是，麟德二年，前县令杨延嘉并建两斗门，立碑碣，具言周回仅百里，州司寻差十将筹丁计生徐葳巡湖，打量得一百二十二里九十六步。卢尚书判置湖贮水，本为溉田，若许侵耕，难防灾旱。取定四尺水则，使其浇九乡田苗。（原书注：九乡跨句容、上元两县）若过令深广，又虑浸毁；若逢暵旱之年，须稍更增加，今且定取五尺水则，其不及处，且任耕垦种植。如有人于五尺水则内，盗耕一亩一角，推勘得实，其犯条人断遣令众十日放。本管湖长不觉察，亦并施行。又据十将万筹状，芦废亭北边去岸约有二百来步有一盘石，东西阔四尺七寸，南北阔三尺五寸，石面中心去水面一尺六寸五分，即是五尺之则。并有察柱。仍仰下县，便于石上磨刮更刻字记。其湖仍每季一申不得卤莽。戴经、新塘、有丰等三湖围埠，内田多是私函，取水灌溉田苗。准旧例放绛岩湖水，下秦淮三日，取指挥给放，不得擅开函取水。其湖先有传食田五十亩，句容县弓量二十亩三十步，上元县弓量二十亩三十步，百埝堰与绛岩湖同置，绛岩贮水，百埝堰捺水。保大中，曾别差官亲到赤山湖，所建斗门三所，通放湖水出入。常令湖中积水五尺，其斗门或遇山水拥下，高于湖内水面，即须全开三所斗门，放水入湖。候外溪水退却，放水出溪，下秦淮入江。专须酌量湖水，不得失于元则。

右前件湖堰承旧浇灌九乡田苗共一千余顷亩，伏奉省符帖，命指挥修作贮水。逐乡差承润户管当。先有条流，岁久去失，续于晋天福年中，再兴功役修作，经今六十余年。伏遇明朝重兴添修建造，贮捺百里溪汉山源，赈恤耕民，备供王赋，累奉敕恩，给赐料物及借助日食等差。两县官员置造斗门三所，计用一万七千六百八十工。及添修湖埂并百堰堰，共计三万三千六百八十工。众议重置条流，严加束辖。谨连符条如前，伏乞员外尊慈，特赐判印指挥，永为证据。建隆查员外、乾德伍侍御、开宝王司空、阎侍御、魏司空、卢司直、林员外，并判执条，常加束辖。

庆历三年二月十八日，叶龙图知建康府日，于古来旧湫处置立大石柱一条，将湖心盘石水则刻于柱上，永为定则。

第六章　隋唐宋时期的灌溉工程及其技术进步

　　肇始于前代的灌溉工程，在唐宋时期随着工程设施的完善，受益区域极大地扩展，如黄河宁夏、内蒙河套平原的引黄灌区、河西及西域边疆甘泉灌区、陕西关中引泾引渭工程、淮河中游安徽芍陂、岷江流域四川都江堰、江淮陂塘工程等，这些工程受益的灌区无不演进为具有综合效益的水利区，支撑着区域农业经济持续繁荣。唐宋继承了既往的水利区，经营出了分布于长江中下游流域及太湖流域更多的帝国粮仓。后唐以来，长江以南灌溉工程发展迅速，江苏、浙江、福建、广东诸省留存至今的灌溉工程，多是创始于唐中期至南宋时期。

　　隋开大运河，为唐所继承，随着运河工程的完善，构架起以长安都城为目的地的粮食运输制度——漕运制度。以玄宗朝天宝十四年（公元755年）安史之乱为界，此前漕粮除了主要取自华北及淮南，此后逐渐仰仗江南，及至北宋都开封，更是依靠南粮北调。建炎二年（公元1128年）宋南迁后，只有半壁江山的南宋政权不得不全力经营长江以南地区。

　　魏晋南北朝时期持续数百年的衣冠士族南迁，推动了灌溉工程技术的传统向南发展。不同水资源条件、不同社会环境催生了水利工程技术进步。太湖流域塘浦溇港、珠江三角洲基围、滨海拒咸蓄淡堰坝工程是唐宋时期灌溉工程技术发展的时代标识。

唐宋时期，灌溉工程的技术进步还体现在江河引水工程。无论是无坝还是有坝，永久或半永久，越来越多地运用砌石结构。为适应江河水文水力特性，堰坝在工程建筑型式、建筑结构、材料上更为丰富。砌石结构的堰坝工程开启了江河引水工程的黄金时代。其时堰坝工程可以将政府对工程、对水资源分配的控制有效地集中在渠首和干渠分水的关键工程环节。这类代表性的工程有福建莆田木兰陂、浙江丽水通济堰、浙江宁波它山堰、陕西汉中五门堰、四川新津通济堰等，这些工程代表了农业文明阶段灌溉工程技术的最高成就。

第一节　黄河及海河流域既往灌溉工程的继承与发展

隋至唐前期的水利区与秦汉时期基本重合。8世纪时关中水利区以引泾工程郑白渠为骨干工程，唐后期灌溉面积由万顷降至六千余顷，至北宋降至二千顷左右。唐代灵州（治今宁夏银川）、丰州（治今内蒙五原）河西及西域的边疆屯田仍依靠灌溉工程支撑。唐末引黄灌区为吐蕃所据，兴起的西夏政权与北宋并立，西部灌溉工程唯有宁夏银川平原的引黄灌溉工程，而内蒙后套及河西、西域的灌溉工程废弃，直到明清时期逐渐恢复起来。

一、唐关中灌溉工程

唐代为了解决京畿地区的粮食供应，前代引渭、引泾、引洛工程多数得到恢复。这些工程多数应该是重建。西魏时在今陕西武功西北汉成国渠的基础上兴建了六门堰。唐贞观年间（公元627—649年）大规模地重建六门堰，灌溉今武功、金城（今兴平）、咸阳、高陵农田两万余顷，唐代或称改建自汉成国渠的六门堰为渭白渠。咸亨三年（公元672年）在六门堰上游开升原渠高泉渠，引渭水及支流千水。这些工程不仅有灌溉效益，还为沿线城市供水。唐代对六门堰、升原渠与郑白渠同等重视，在《水部式》中有专门的管理条款。北宋时六门堰废，明代升原渠等亦废。20世纪30年代兴建的渭惠渠重新恢复了引渭工程。

　　唐代引泾工程时为三白渠，在秦汉郑白渠的基础上，工程设施得到完善，灌区面积到达历史时期最大。三白渠即太白、中白和南白三大干渠，干渠跨过石川河，东南注入金氏陂。三白渠不仅有灌溉之利，水能资源亦被普遍开发。利用渠道的坡降修建的众多水磨水碾房，成为长安的粮食加工基地。水力资源的无序开发，使灌溉面积下降。唐王朝、地方政府与王公贵族、地方豪强碾硙之争博弈了200年，最终灌溉效益得以维系，终唐之世及至宋元，引泾工程始终是关中最重要的灌溉工程。

　　唐代关中另一处大型灌溉工程是同州朝邑（今陕西大荔县）境内的通灵陂。通灵陂是前代遗存的陂塘，开元七年（公元719年）同州刺史姜师度重建，这是唐代兴建的最大灌溉工程。姜师度开元二年至五年（公元714—717年）任陕州刺史。在华州（今陕西渭南华州区），姜师度主持兴建敷水渠、利俗渠和罗文渠。开元七年，改任同州刺史的姜师度整治通灵陂，引洛水、黄河水入通灵陂，灌溉朝邑、河西（今陕西合阳东）两县农田地二千顷（约合三万亩），将原来的盐碱洼地改造为稻田，当年在同州屯区十多所，即获丰收。次年，玄宗巡视朝邑县，褒奖姜师度，加封紫金光禄大夫，赐帛三百匹，并升任土木营造的朝廷命官将作大匠。①姜师度任将作大匠后，对长安漕渠、昆明池水系等水利工程修复和改造，改善了城市供水和漕运难题。姜师度历任易州刺史兼御史中丞、大理卿、司农卿、陕州刺史、同州刺史、将作大匠等，《旧唐书·姜师度传》称姜师度"勤于为政，又有巧思，颇知沟洫之利"②，他在河北、陕西任上兴建了一批具有防洪、灌溉、水运等效益的水利工程，是历史上著名的水利家。

二、黄淮海平原灌溉工程

唐代华北三道：河北道、河东道、河南道，即今黄淮海平原，自汉代至唐前期，都是中原王朝粮仓，是漕粮的主要输出地。北宋华北地区为与辽金对峙的前方，大兴塘泊水利，既有阻碍辽金南下的军事功能，又为稻作农业提供了水源保障。

《新唐书·地理志》记载唐各道水利工程中，以河北道最多，共56处，其中有26处为灌溉工程。这些工程多是承袭前代或唐前期重修的工程，较大者有起源于魏晋时期河内引沁的广济渠、引丹灌渠（见前节），以及漳河上游的引漳工程。

源起战国邺城的引漳十二渠，东魏时扩为天平渠。唐咸亨三年（公元672年）在漳河支流安阳河开高平渠，引水至广润陂；在天平渠下游开支渠金凤渠、万金渠、菊花渠、利物渠，形成了漳河、安阳河之间的灌区，涵盖相州（治安阳）的安阳、邺、临漳、滏阳（今磁县）、成安及今河南安阳部分地区。在今石家庄地区，

---

① 《褒姜师度诏》，引自《全唐文》，卷28，中华书局，1983年，第7—8页。
② [后晋]刘昫等：《旧唐书·姜师度传》，卷185上，中华书局影印本，第40页。

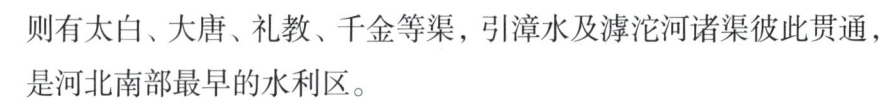

则有太白、大唐、礼教、千金等渠,引漳水及滹沱河诸渠彼此贯通,是河北南部最早的水利区。

黄河、卫河、漳河、滹沱河诸水自西南而东北横贯华北平原中部、东部,今河北衡水、沧州,山东德州地处黄河和海河南系诸水洪水走廊。唐代在这一带兴建的水利工程,多为排水渠,泄水入陂淀,涸出良田,发展农业。永徽元年(公元650年)、开元十六年(公元728年)两次开无棣沟,疏导沧州诸县积潦。久视元年(公元700年)开德州马颊河,神龙三年(公元707年)贝州(今河北巨鹿)开张甲河,分流漳河、黄河泛道积涝。

唐河东道辖今山西和河北西北,灌溉工程主要分布在汾河流域的太原府(治今山西太原)、晋州(治山西临汾)、绛州(治今山西新绛)、蒲州(治今山西永济蒲州镇)。武德二年(公元619年)开汾州常渠,引文谷水溉田数百顷。开元二年(公元714年)文水县相继开凿了甘泉、荡沙、灵长、千亩等渠,灌溉面积数千顷。[①] 唐代河东道引泉工程最为突出。既有的引泉灌溉工程如晋祠泉、濮水、古堆泉灌区继续经营和扩展,还开辟了新的引泉灌溉工程。今临汾龙祠泉灌区始于贞观年间(公元627—649年),开国元勋尉迟恭(公元585—658年)在家乡开南横渠、北磨河,引临汾平山平水泉,灌溉临汾、襄陵两县土地。山西著名的霍泉、温泉灌区始于唐,发挥效益上千年(作为典型工程辟有专节于后)。

河南道为隋唐东都洛阳所在地,辖今河南、山东、安徽,位于黄淮流域。《新唐书·地理志》记载水利工程23项,有13处为灌溉工程。其中黄河流域陕州陕县(今河南三门峡陕州区)南、

---

① 《新唐书·地理志》,引自《二十五史河渠志注释》,中国书店,1990年,第677—679页。

北利人渠，是唐太宗指令兴建的灌溉工程，《新唐书·地理志》记载："贞观十一年（公元637年）太宗东幸，使武侯将军丘行恭开。"①郑州圃田泽上通黄河，下连通济渠（汴渠）。唐圃田泽东西五十里，南北二十六里，由渠分为二十四陂，其时亦有灌溉之利，如汴州陈留县之观省陂溉田百顷。

蔡州新息县（今河南息县）玉梁渠，战国时期淮河支流慎水鸿隙陂，隋仁寿间（公元601—604年）重开。唐开元时（公元713—741年）扩建，开渠与16处陂塘连通，形成长藤结瓜引蓄工程，溉田三千余顷，②是为淮河中游的大型灌区。

唐后期藩镇割据，河北和淮南都是与中央抗衡的重镇。唐后期至北宋初这一区域少有灌溉工程兴作的记载。北宋初太宗时为收复幽州，两次征辽两次失败。此后宋辽以白沟（拒马河）为界，宋为了边防，也为了解决守军部分粮食供应，大兴塘泊水利，设置河北屯田司、沿边安抚使经略华北相关事宜。淳化时（公元990—994年）宋守军18000人在霸州、雄州、定州等地种水稻。这些大大小小的塘泊和稻田，形成了长六百里，宽五十至一百里，水深五尺至一丈的水域，构筑起夏有浪，冬有冰，浅不能行船，深不能载马的防御屏障。③塘泊水域最大时达到11002.5平方千米，相当于今天海河流域上游水库的总库容。④真宗景德元年（公元1004年），宋辽在澶州（治今清丰县西南）定下了停战和议，宋

---

① 《新唐书·地理志》，引自《二十五史河渠志注释》，中国书店，1990年，第672页。
② [唐]李吉甫：《元和郡县图志》，卷9，中华书局，1983年，第240页。
③ 《宋史·河渠志》，引自《二十五史河渠志注释》，中国书店，1990年，第147—148页。
④ 谭徐明：《海河流域水环境的历史演变及其主要影响因素研究》，《水利发展研究》，2002年第12期。

以每年赠辽银十万两、绢二十万匹为代价议和后，塘泊逐渐淤浅废弃。神宗时王安石为相期间，赋予了司农寺主持仓储和农田水利职责。中央政府再次在华北大兴水利，疏浚塘泊，开渠引多沙河流放淤肥田。淤灌还推行到汴水、泗水、泾水、汾水等河的下游平原，遍及今河北、山东、河南、陕西。

第二节　太湖溇港、塘浦与圩田

太湖是古代滨海潟湖的遗存，在长江三角洲发育中形成了浩淼无际的大湖，后因围垦淤积，面积不断蘑缩，分割成今日的太湖、淀山湖、阳澄湖等湖群。其中最大的湖泊是太湖，也是今天中国的第四大淡水湖，面积2213平方千米。其西汇聚了天目山荆溪、西苕溪、东苕溪的来水，东部接纳了部分长江水，并受黄浦江潮汐的影响。洪水季节，上游来流迅疾，而东南部排泄不畅，沿湖低洼地带较易受涝。

太湖流域水系以太湖为中心分为上委和下委两部分。江苏宜兴，浙江长兴、湖州地处上委，上源来水主要有西源的荆溪，南源的西苕溪和东苕溪水系。下委是太湖泄水出口，有三江泄水水道——吴淞江、东江和娄江，分别从东北，东和东南注入江海。江苏无锡、苏州和浙江吴兴（今属湖州吴兴区）地处下委。太湖堤形成前，太湖东部、南部没有显著的湖界。太湖堤、溇港、塘浦、圩田同步发展。

太湖水利源起春秋战国时期，唐中期至宋代大规模开发，成为中国粮仓和经济中心。溇港、塘浦、圩田构成太湖流域水网地区工程体系。西太湖宜兴、湖州、嘉兴经太湖入水区域称溇港，水流以入湖为主，号称荆溪百渎、苕溪七十二溇。东太湖区无锡、苏州多称塘浦。而吴兴称溇港但是以泄水为主。太湖流域是水网密布的平原，溇港、塘浦是行水入湖，还是泄水出湖，由太湖水位决定，在溇港塘浦的口门建闸后，在一定程度上增强了太湖工程的节制功能。溇港圩田和塘浦圩田圩区内，沟渠的主要功能是排水，利用水位差，部分地区可以做到自流灌溉，高地则多利用水车、戽斗等提水灌溉。

溇港、塘浦的开凿、维护与土地整治，形成了相对独立的桑基圩堤。农桑发展相互促进，圩内形成了独立的灌排体系和农业生产体系。塘港与圩堤、桑田、鱼塘（漾）之间的良性互动，造就了区域特有的河湖连通生态体系，清淤、储肥、灌溉、养殖各环节互动，形成了独特的人文和自然环境。溇港、塘浦是人水冲突中逐渐形成的与自然相互适应的水利工程体系。通过溇港、塘浦解决土地，又以这一太湖区域独有的文化遗产见证了两千多年区域政治、经济发展的历史。

太湖流域农田水利形式直接决定于当地的地形条件。太湖流域大体上是四周高、中部低的浅碟式地形，多数在海拔3~7米的范围。其中太湖下游地区大多是低洼圩田和湖荡洼地，高程在3米以下，区内水道纵横，是圩田的主要分布区。

太湖水利工程系统由三部分组成：太湖大堤、溇港（塘浦）、荡漾、圩田及圩区沟渠体系。太湖堤防体系的建设和完善，是溇港水网形成和圩田水利建设的基本条件。湖州境内太湖堤防长度约65千米。环太湖堤的建成，使溇港圩田所在的区域水环境发生根本转变，由季节性涨水的滩涂涸出成陆，为灌溉农业和区域经济文化的发展创造了基本条件。太湖水利工程的主要功能是排水、防洪、水运，农田灌溉主要是稻作的季节性补水。

图 6-1　（明）徐光启《农政全书》围（圩）田图示[1]

▲元代王祯《农书》系统地归纳了农田水利工程、水利与水力机械（具）、田制和农具等，为明代徐光启的《农政全书》全部吸收，在此基础上做了补充。

一、南太湖湖州溇港

溇港分布在太湖西缘和南缘，西起武进百渎口，经宜兴、长兴、湖州、震泽、吴兴。宜兴和武进为进水溇港，震泽、乌程（今湖州）、长兴水流有进有出，吴兴以泄水为主。2016年被列为世界灌溉工程遗产的太湖溇港，遗产区位于南太湖长兴、湖州、吴兴，这是溇港分布最为密集、传统工程保留最多的区域。溇港称谓各地也有不同，湖州、吴兴称溇、渎，长兴则称港，宜兴、武进或称渎。

1957年在湖州东北邱城发现了距今5000多年的人工水道遗址，在毗山发现了距今4000多年的排水沟——毗山大沟。在毗山

---

[1] [明]徐光启：《农政全书》，卷5，《四库全书·农家类（影印本）》，上海古籍出版社，1987年，第731页。

大沟遗址以及用作护岸工程的竹、木、苇席的遗存。沟渠为梯形复式断面，下部底宽约3米，面宽9.4米，深约1米；上沟面宽19米，深2.8米，1∶1坡度。沟渠岸坡以竹木苇席为支护。通过还原沟渠、护岸的建筑及其结构，这一沼泽淤泥地基的疏干固岸技术证明，4000多年前太湖沿岸的先民已经在太湖水网地带修建了灌溉排水工程。春秋战国至秦汉时环太湖沼泽洼地围垦，星星点点散布于太湖周边，稻作农业开始发展。

图6-2　太湖溇港圩田分布

湖州溇港至迟始于晋永和时（公元345—356年），吴兴郡（治今吴兴，辖今嘉兴、湖州）太守殷康在南湖南岸开荻塘，这条在沼泽上开的塘路，其时是沿南太湖水路，也是湖界。唐贞元八年（公元792年），湖州刺史于頔重修荻塘，经过疏浚、开凿，太湖南界形成，成为与江南运河沟通的水道，兼有水运、供水、排水的功能。荻塘因此而名顿塘。五代吴越国钱镠统治期间在浙西屯田，置撩浅军专事治湖筑堤。治河即为兴建湖堤，约束太湖水域，在塘湖之间滩涂开溇港，筑圩，构成纵横交织的水道和圩堤护卫的农田。历经吴越至北宋持续建设，南太湖溇港工程体系区域完善。

建炎二年（公元1128年）宋室南渡后，浙西军据太湖湖滩围垦，南下强宗势豪也与土著

图 6-3　长兴锁界桥和明代太湖堤遗存

▲ 9世纪末筑荻塘后太湖湖界形成，此后一千年来太湖堤向湖中推进。明代在太湖堤后的塘河建锁界桥，意在禁止围湖。20世纪以来，太湖堤几经加高加厚，现代太湖堤距明堤约200米。

联手占湖为田，湖滩筑圩开沟既成高田，芰荡围堤，辟为稻田。至嘉定时（公元1208—1224年），湖州（治今湖州市）草荡更替为田者凡十万亩。南宋以来，面对益加炙热的围垦，历朝历代不得不多有限制，立石碑为太湖湖界的标志，以限制围垦，如明代浙江长兴的锁界桥（图6-3）。人水冲突中，溇港工程体系逐渐完善。

至13世纪时，荻塘与太湖堤之间曾经的沼泽滩涂上已经成为

纵横交织的溇港、荡、漾（小面积湖泊）和圩田（图6-4）。溇港通过经年的疏浚、整治，形成了相对稳定的水道，其间因地形而形成的荡漾，具有局部调蓄洪水的功能。筑圩治田与治水结合，形成了圩区以及内外水系的衔接。今湖州溇港之间分布的村落，地名如六十亩兜、百亩墩、三百亩圩、五百亩圩、荡田圩、荸田圩、荡角圩、钱山漾、西漾田，反映出溇港影响下的环境形态。溇港、荡漾、圩田衍生了循环的农业经济。在溇港圩区通过疏浚，深挖湖塘，既获得了筑圩治田的空间，也在圩田之间拥有了水产养殖的鱼塘。圩堤种桑养蚕，圩田种粮，太湖流域既为粮仓，更是古代世界丝绸生产的中心。

在南太湖水网区域，溇港横塘是彼此关联的工程体

A. 圩田内的灌排沟渠

B. 圩区内的荡（漾）

C. 圩堤上的古桑树

图6-4　溇港圩区农田、沟渠和荡漾
（长兴县，2015年）

219

图 6-5　南浔、吴兴间顿塘、胡溇与太湖堤
（引自（清）王凤生：《浙西水利备考》，《中华山水志丛刊》）

▲ 8世纪末开溇（顿）塘，随之太湖南界形成。在太湖滩涂上通过开溇港、横塘、筑石塘（太湖堤）、修圩田，形成了溇港工程体系，南宋以后溇口逐渐设石闸，可以节制圩区水量。本图反映了溇港工程体系以及与太湖相互关系。胡溇形成于南宋，（南宋）程大昌《修湖录》称胡溇三十六，应为荻塘、胡溇之间分派的干支水系，出水归于胡溇。

系（图6-4至6-5），纵溇横港的布局，满足南太湖水网区供排水和水运的需求。溇港工程集中于溇口，设置闸、塘，是区域水量节制的关键。溇口与太湖衔接，在闸口后面通常设置弯段，以减少湖区水浪对出入口的冲刷，同时也减缓溇港出入水流的流速。溇口也是水运交通的枢纽，由溇港出入太湖，或由溇港出入荻塘，都可以转道江南运河。溇口也多是港口，而溇口两岸及相近圩区也因此衍生出村落、市镇。

11世纪时环太湖堤建成，其时南太湖溇港工程体系亦同步形成。在这一进程中，工程管理机制同步演进。南宋绍熙二年（公元1191年），湖州知州王回主持疏浚溇港，乌程（今湖州市）境内27溇以"常"字冠名编号，以利于管理，并易溇口闸为石闸。① 两宋以降，地方政府主导了太湖堤及溇港的工程管理，于各州设有水利专官，民间设置溇长或塘长，协调受益区工役的组织。如洪武十年（公元1377年），乌程县设溇制，每溇有役夫专事管理闸座，每年1000户各出人夫岁修疏浚。清康熙十年至光绪元年（公元1671—1875年）200多年间大规模的疏浚有13次，其中康熙四十六年（公元1707年）规模最大，除了疏浚外，各溇港建闸共64处。清同治十年（公元1871年）制订的《重

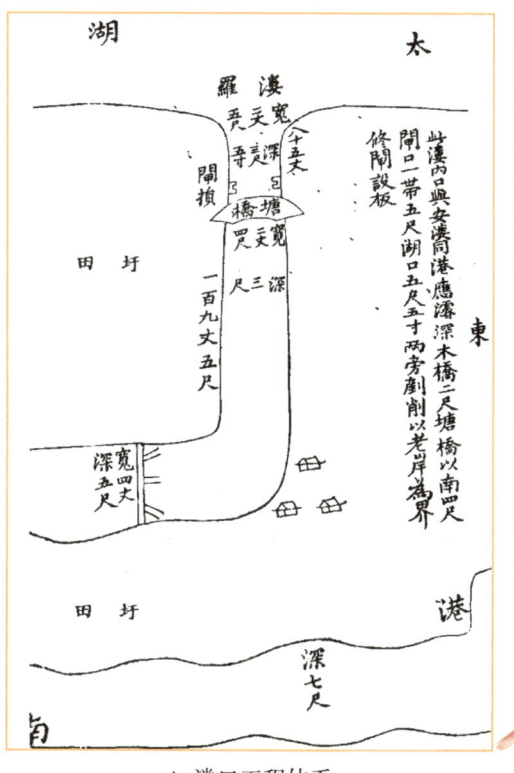

---

① ［宋］程大昌《修湖溇记》：胡溇三十六，其九属吴江，其二十七属乌程，宋绍兴二年知湖州王回修之。改二十七溇名曰：丰、登、稔、熟、康、定、安、乐、瑞、庆、福、禧、和、裕、阜、通、惠、泽、吉、礼、泰、兴、富、足、固、益、济，皆贯以常字。引自《（同治）湖州府志·金石》，卷47。

A. 溇口工程体系

▲溇口段设置弯道可以减缓太湖洪水的进入。

B. 溇口与太湖衔接（2019年）

图 6-6　湖州罗溇

浚溇港善后规约》，是在咸丰同治间因为太平天国动乱多年失修后的大修竣工时制定的规约，内容涉及守闸夫役的数量、工食钱、闸门启闭、闸座维护、溇港疏浚的工序、堤岸植树及固堤护岸等方面的规定。以官方管理为主导的溇港管理制度，使这一区域水利工程体系得以延续上千年。现在这一区域留存的古代水工建筑和溇港古桥多是明清时期留下的。

二、东太湖苏锡常地区塘浦圩田

位于东太湖的塘浦圩田开始于春秋时期（公元前770—前476年）的吴国。三国东吴政权在无锡以西设置屯田区，大规模的屯田开始了以圩田为目的的塘浦开凿及水道疏浚。隋唐时期运河及太湖泄水诸塘的开凿是东太湖塘浦形

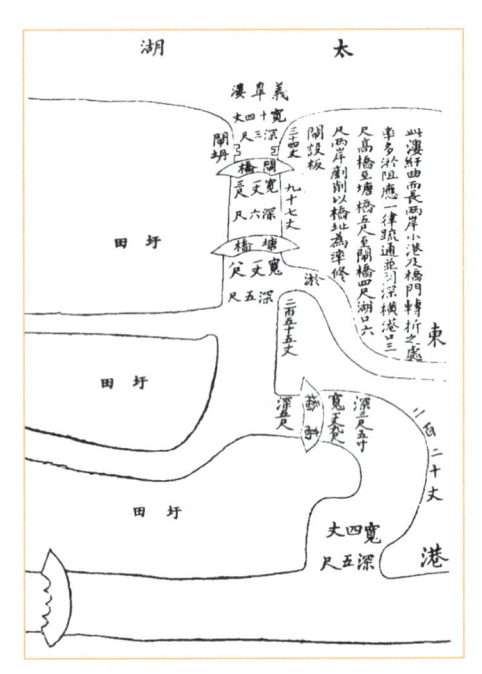

A．义皋溇溇口及闸塘节制工程

B．义皋村塘桥

▲塘桥用以节制水量，减缓水道流速，也为溇港沿岸提供交通便利。

图6-7　乌程（今湖州吴兴区）义皋溇工程体系

成的先声。宋元吴淞江、明清黄浦江水道的整治，推动了苏锡常区域的塘浦圩田工程体系建设及完善。

9世纪前太湖与吴淞江之间是广阔的水域，枯水时湖滩沼泽、塘泊分布。隋代江南河是傍湖开凿、疏浚而成，横贯湖东，汛期波涛汹涌，低水时滩地涸出难以行运。9世纪时于苏州与吴江之间的水域筑长堤。北宋庆历时（公元1041—1048年）在吴江至平望之间修长堤，自此东太湖堤形成，运河与太湖分离。长堤即为吴江塘路，南与荻塘相接。塘路有过水的多孔垂虹桥（嘉兴、平望间）、宝带桥（吴县、苏州间），以及水窦（涵洞）。吴江塘路实现了太湖与运河、吴淞江分离，而太湖出水则通过这些设施进入江南运河、吴淞江。这一骨干工程的建成为嘉兴、平望、苏州、无锡、常州一带的围垦创造了条件。

以屯田的方式进行东太湖区的塘浦圩田，最初形成的是垦区的大包围，后来通过筑堤、

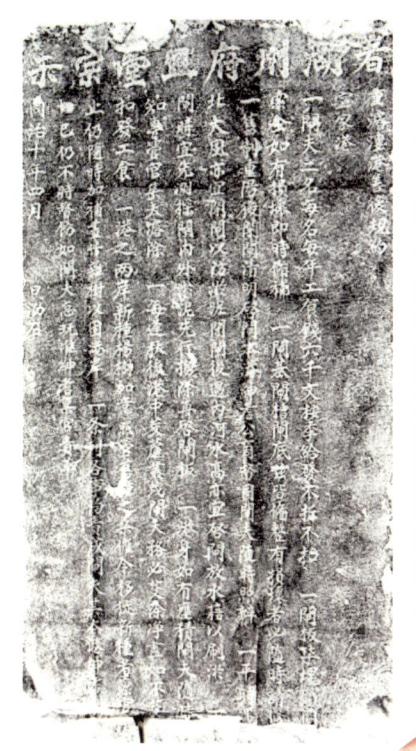

图 6-8　同治十年（1871年）《重浚娄港善后规约》

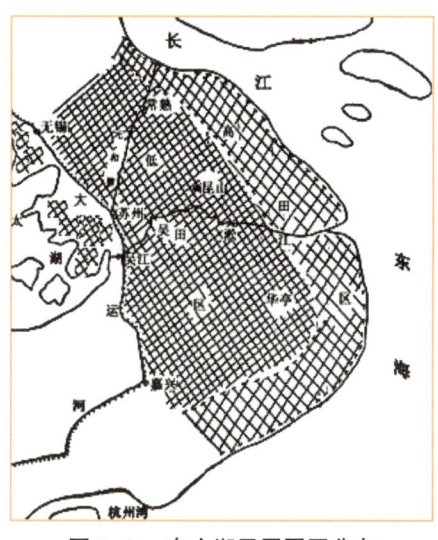

图 6-9　东太湖平原围区分布

开河、置闸等工程设施，形成了具有防洪、排水功能的圩田工程体系，使得围区具有较高的旱涝保收的能力。北宋曾任苏州知州的范仲淹（公元989—1052年）对东太湖区域的塘浦圩田工程有过详细的阐述："江南旧有圩田，每一圩方数十里，如大城。中有河渠，外有门闸。旱则开闸引江水之利，潦则闭闸拒江水之害。旱涝不及，为农美利。"①

北宋以后大圩逐渐分解为小圩。在小圩与大圩区之间是相对关联又独立的灌排渠系（图6-10），唐宋时正常年景下，苏州每亩圩田产稻谷约三百二十斤。10世纪以来太湖地区成为天下的粮仓，江南及两浙地区输出的漕粮可以占全国漕运总量的四分之一。

塘浦圩田能够给人们带来如此之巨的效益，自然刺激了人们扩大圩田的欲望。北宋中期至南宋，豪强势家疯狂强占湖区港汊草荡，私筑圩堤成风。南宋（公元1127—1279年）建都临安（今杭州）后，朝廷财政上的需求更加纵容了太湖流域及两浙地区（宋代以钱塘江为界，将今浙江分为浙江东路和浙江西路）的湖区围垦。

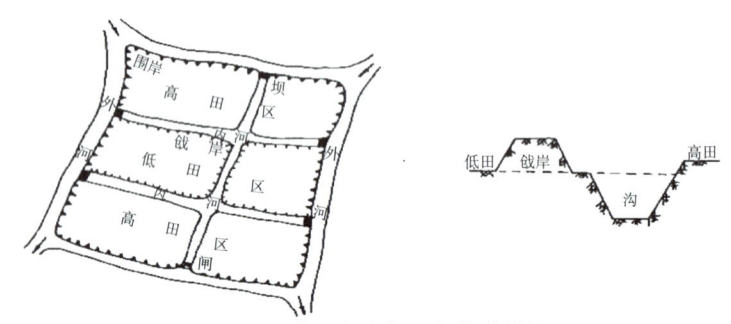

图6-10 大围与小圩之间的灌排渠系

从北宋开始，吴淞江水道行洪逐渐困难。其时苏州知州范仲

---

① ［北宋］范仲淹：《答手诏条陈十事》，引自《范文正公文集》。

淹（公元989—1052年）提出了灌排结合、治水与治田结合的方略，即修圩（筑堤）护田、浚河排涝、置闸控制圩内水位，通过这些措施解决太湖蓄水与泄水、挡潮与排涝的矛盾。11世纪以来，地方政府把太湖下游水道疏浚和开辟新的泄水出路作为水利重点。明清时期太湖圩区规划的总趋势是将大圩分为小圩。明宣德年间（公元1426—1435年）苏州知府况钟提倡分圩，即将六千至三千亩的圩分作五百亩的小圩。①这一分圩而治的方略，明清之际得以普遍实施，时人王同祖称："小圩之田，民力易集，塍岸易定，或时遇水，则车戽易过，水潦易去。"②当时流行的歌谣更是说："教尔分小圩，圩小水易除，废田苦不多，救得千家禾。"③大圩化小圩是宋元以来太湖区域经济高度发展、人口密度快速增加的背景下，人水冲突通过水利措施相互适应的产物。在圩区内土地开发殆尽、容水空间极大缩小的环境压力下，这一举措促使灌排体系逐渐细化。塘浦圩田体系实现了既有利于太湖泄水也尽力保护农田的功能。太湖水网区洪枯水位变幅小，外河（塘浦）与圩内外水位高差较小，塘堤高者距水七至八尺，低者五尺，圩内分割为小圩后，圩内的农户可以自治管理，与政府主持的塘浦疏浚、整治分开，权、责、利实现了有效结合。

因所处的地形不同、塘浦水文水力条件也有差异，因此太湖塘浦圩田工程体系和型式各有不同。大致分类有鱼鳞圩和仰盂圩两种。鱼鳞圩出现在西高东低的地区。圩外筑岸，圩内顺地势开塘浦，圩田顺地势分布。在四周高、中间低的圩区（称为仰盂圩，图6-11B），多是由大圩基础上分解的小圩，环绕湖塘（溇沼）

---

① ［明］况钟：《明况太守治苏政绩全集》，卷9。
② ［明］王同祖：《论治田法》，《（崇祯）松江府志》，卷18。
③《河防记》，《（嘉靖）江阴县志》。

225

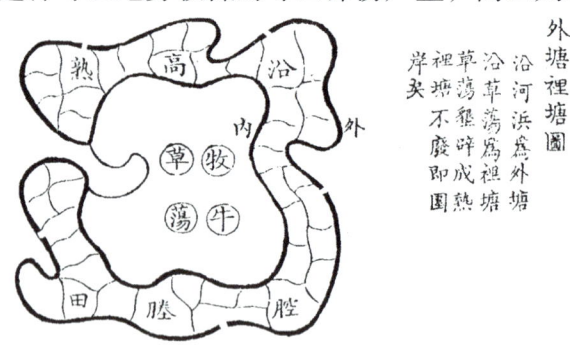

形成的。这样圩区地势较低的圩田滞涝严重，高田则缺水。

A. 围塘到圩田的形成

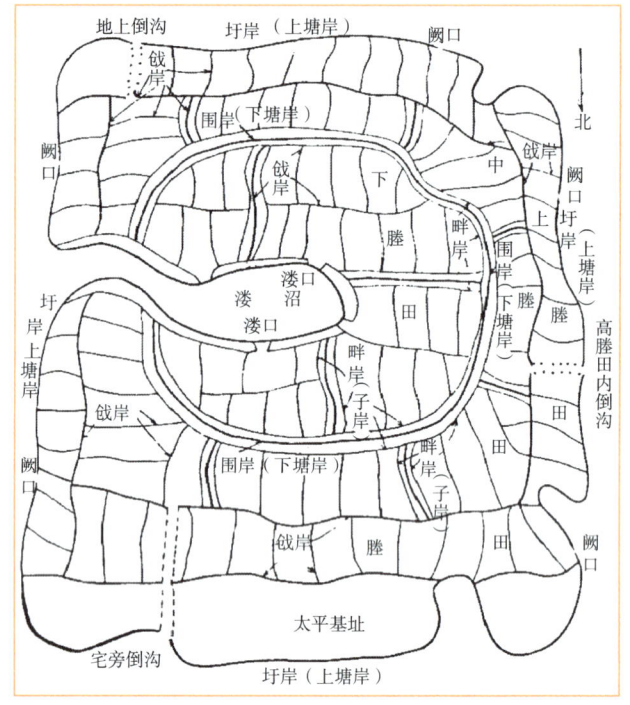

B. 以塘浦沟渠水系划分的圩田（仰盂圩）

图 6-11　东太湖塘浦圩田工程体系[①]

[①] 据［清］孙家峻《外塘里塘图》《水潦无虞图》改绘，引自孙家圩里耕袁氏孙峻《筑圩图说》，《中国水利志丛刊》，第 67 册，广陵书社，2006 年，第 4、7 页。

鱼鳞圩是大圩解体后，宋元之际兴建小圩逐渐形成的。圩内子圩犬牙交错，水网紊乱。明万历时（公元1573—1620年）常熟县令耿桔整治圩区塘浦，通过圩内沟渠分级将数个小圩并为大圩。耿桔著《常熟县水利全书》记载了鱼鳞圩水系和圩田分区规划。常熟以常熟塘、浪澄塘、福山塘、浒浦、白卯塘、七丫浦为出水骨干，圩区分级渠道使鱼鳞圩田有序分布，利于灌溉引水和排水。（图6-12A）。

清代松江青浦人孙峻在《筑圩图说》

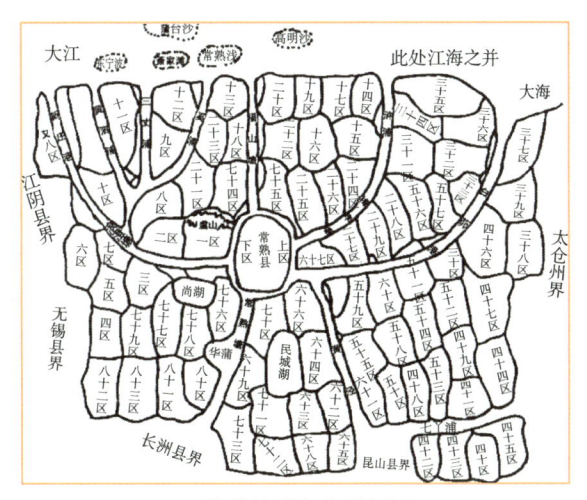

A. 常熟塘浦与鱼鳞圩田
（耿桔：《常熟县水利全书》）

B. 无锡、常州芙蓉圩

图6-12 塘浦圩田两个典型案例

提出了仰盂圩治理的技术措施，即通过在不同高程设置沟渠、水闸或阙口或溇口，实现圩内排灌分级。他在自己家乡青浦孙家圩实施后效果显著，后来推行于全县。

无锡、常州境内的芙蓉圩也是仰盂圩，外围有塘河环绕，圩

227

内有河荡纵贯。芙蓉圩于明正统年间（公元1436—1449年），由周忱主持围芙蓉湖成田，周长六十三里，全圩面积，包括河荡水面面积约七千亩。明代芙蓉圩的修筑，形成了外圩堤，圩堤高4米，宽6米，号称"五马并行"的大堤。此后逐步完善大圩和圩区的工程设施。芙蓉圩西南属无锡，东北属武进。在大包圩的圩堤设有8处外闸，控制内外水蓄泄。不同高程则分区分级设置沟渠和闸门，在沟渠堤岸上设置涵洞，可以节制圩田的灌排（图6-12B）。

20世纪50年代，仅苏州地区就有1万余处圩田，按平均每圩面积三百亩计，至少有圩田三百万亩，今天所存的塘浦圩田的工程设施大多是明清时期的遗存（图6-13）。

图6-13　苏州昆山库浜及圩田（2017年）
▲圩区沟渠采用木桩护岸，圩田高于堤顶约1.2~3米。

第四节　拒咸蓄淡工程

东南滨海地区水资源总量充裕，但年内水量分配不平衡，且河流入海口处的海水在涨潮时往往上溯数十里，河水含盐量的增大严重影响着两岸的灌溉和生活用水。宋以来，具有挡潮、引水、蓄水功能的工程类型出现在沿海地区，这是由挡水闸坝、堰坝、斗门、渠道等构成的工程体系。闸坝、堰坝或斗门用于阻挡河口上溯的咸潮，通过坝闸上游的引水渠，引河流或山溪淡水入灌区。灌区塘渠相通，所引淡水既为生活用水，也是灌溉水源。这类工程统称拒咸蓄淡工程。

拒咸蓄淡工程中著名的有宁波鄞江的它山堰，这是堰坝式工程的典型，而福建莆田的木兰陂则是古代规模最大的闸坝式工程的典型。在浙东台州、温州源短流急的山区河流入海口多是挡潮闸、斗门及堰埭。这些多是建造精良、砌石结构的工程。

拒咸蓄淡工程能否成功，工程规划设计和施工阶段的4个环节至关重要：①挡水建筑的位置选择。如挡水闸坝设在内地纵深之处，则工程的挡潮作用有限；设在近河口海岸的地方则工程施工较为困难，且工程受潮汐的冲击，更何况天文大潮破坏力巨大。由于坝址不合适，木兰陂施工过程中曾经历两次失败。②此类工程易受海岸线变迁的影响。滩涂淤涨，会使坝或闸离海岸线越来越远，导致工程效益降低。③坝闸两面俱受水流的冲击，特别闸坝临海面的破坏力更强，此类闸坝工程对结构和材料有更为严格的要求。④由于沿海地区的入海河道多为山区溪流汇集而成，洪水期泥沙甚多，闸坝之前容易形成淤积，因而闸坝的顶高程选择很重要。过高对工程安全和排沙不利，过低工程效益受到影响。唐宋时期拒咸蓄淡工程的出现，标志着这一时期水利工程在规划、设计建设和管理等诸方面走向成熟。

一、它山堰

唐大和七年（公元833年），鄞县县令王元玮于奉化江的支流鄞江上兴建了它山堰。鄞江发源于四明山，是源短流急的山区河流，稍遇干旱，河流水位落低，咸潮即乘势上溯，作物不能灌溉，城乡生活用水发生困难。它山堰兴建后成为鄞江平原和宁波市区的主要水源。它不仅是灌溉工程，更是古代宁波城重要的水源工程。它山堰工程体系由渠首它山堰、干渠洪水湾—南塘河和蓄水工程日月湖等构成。

它山堰渠首是一座长113米的砌石结构拦河溢流堰，横截鄞江拒咸壅水。鄞江被它山堰隔断后，壅水在其北由官塘入洪水湾（图6-14A）。洪水湾是干渠上游水道，设置了乌金碶、积渎碶和行春碶等三座泄水闸节制引水量，汛期的洪水由此排入鄞江（图6-14B）。它山堰的灌区分布在宁波西部，渠道支分缕析，与其北运河水系连通。入宁波城的干渠称南塘河，所引之水，部分进入浙东运河的大西坝塘河段，部分存蓄于城中的日、月二湖（图6-14C）。日月二湖既调蓄水量，也为城市提供了优质的生态和景观环境。城市排水则通过塘河上设置的水喉、气喉、食喉（三座有闸排水涵闸）排入甬江。堰、渠道和碶闸构成了完整的引水、蓄水和排水系统（图6-14C）。它山堰的工程体系，除日湖已经湮废外，大多保留至今。

自宋代以来就有记载它山堰的著述，这在古代堰坝中是少有的。宋人魏岘的《四明它山水利备览》最早也较为详细。魏岘，鄞县人，"家距（它山）堰不数里"[①]。魏岘于嘉定时（公元1208—1224年）以朝奉郎提举福建路市舶，绍定时（公元1228—1233年）、淳祐二年（公元1242年）有过短暂的江西外任，淳祐

---

① [宋]魏岘：《四明它山水利备览·序》，丛书集成初编，商务印书馆，1936年。

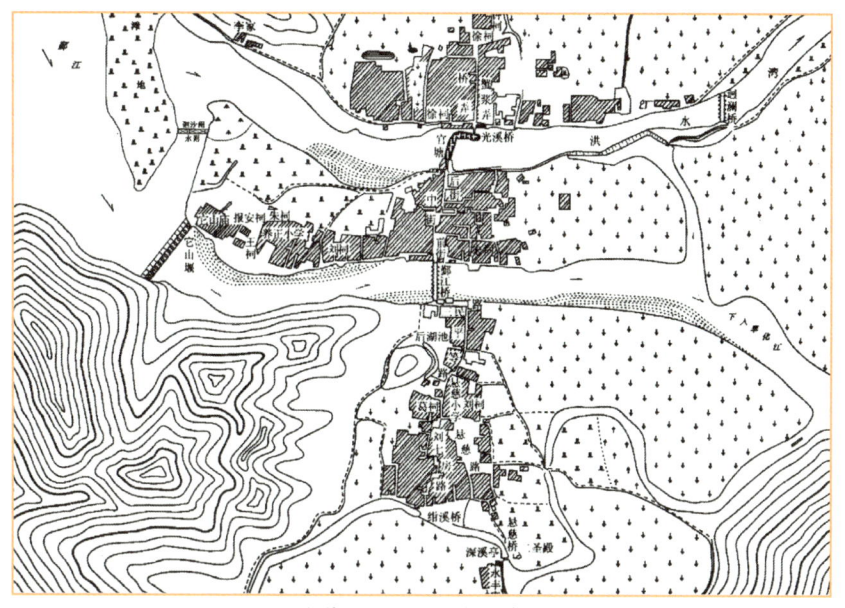

A．宋代它山堰渠首枢纽推测图

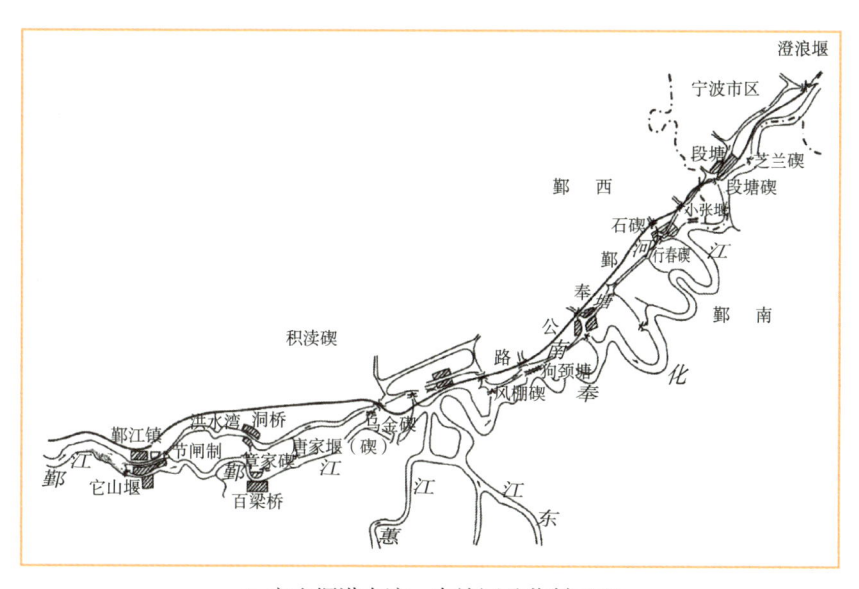

B．它山堰洪水湾—南塘河及节制工程

▲渠首至行春碶的渠段为洪水湾，以下始为南塘河。它山堰灌区主要分布在鄞西平原。

第二编 中古时期 灌溉工程技术完善与传播

231

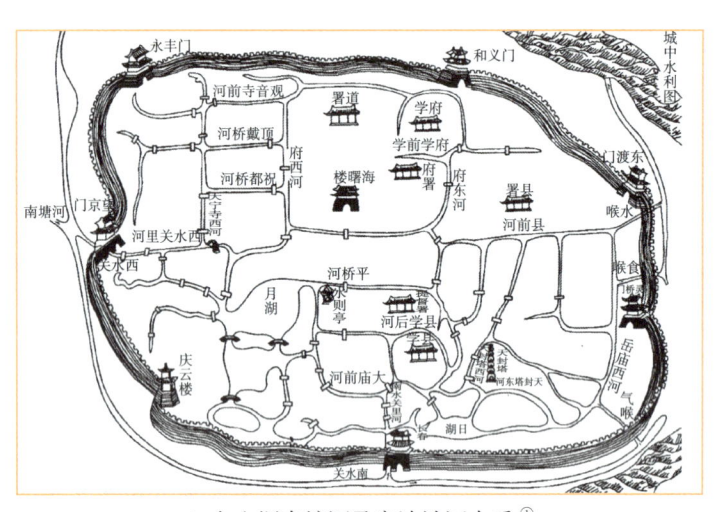

C. 它山堰南塘河及宁波城河水系[①]

▲南塘河在西水关分为三支：北支至西坝入运河；中支入西水关进宁波城区；南支绕城经南水关接纳城市排水，下入奉化江。它山堰还有完善的工程管理设施。在渠首和宁波城月湖都设有水则亭，通过水则水位，启闭水闸，节制水量。

图6-14　它山堰工程体系示意图

三年后再也没有外任。魏岘多次参与它山堰的重建或大修。嘉定十四年时（公元1221年）魏岘居家赋闲，见它山堰废坏多年，"言于府，请重修，且董兴作之役"[②]。魏岘主持了它山堰渠首、乌金碣的重建。嘉熙三年（公元1239年）、淳祐三年（公元1243年）它山堰渠首大修及干渠段的疏浚，魏岘也是亲历者。在他最后家居十余年间著《四明它山水利备览》。[③]

《四明它山水利备览》记载了它山堰的山水形势、堰址、渠首枢纽工程设施、渠系工程，以及工程管理、庙祀等。

《置堰》篇记载了它山堰的选址和枢纽工程的布置。

---

① 引自[清]《宁波府志》。
② [宋]魏岘：《四明它山水利备览·序》，丛书集成初编，商务印书馆，1936年。
③《四明它山水利备览》自序署时间为"大宋淳祐二年上元节，"而《备览》所记有淳祐三年事。

侯（唐大和令王元𬀩）之经营是堰也，历览山川，相地高下，见大溪（即鄞江）之南，沿流皆下，其北皆平地。至是始有小山，虎踞岸旁，以其无山相接，故谓它山。南岸之山，势亦俯瞰，如饮江之虹。二山夹流，钥锁两岸，其南有小峙二，屹然中流，有捍防之势。人目为强堰。其北小山之西，支港入溪（即洪水湾），则七乡水道襟喉之地，因遂为堰焉。由是溪江中分，咸卤不至。清甘之流，输贯诸港。入城市，绕村落，七乡之田皆赖灌溉。①

它山堰的堰址和进水口充分利用了两山夹河，鄞江出山口的地形和岩石河床。至今它山堰位置和枢纽工程变化不大（图6-16），唯有今堰前西北淤滩清除，大溪（鄞江）主流直入洪水湾。20世纪50年代上游修建了皎河水库，它山堰蓄水功能为水库取代。

《堰规制作》篇则是它山堰的形制、堰体结构与材料的记载。

侯之为堰也，规其高下之宜，涝则七分水入于江，三分入于溪（是为洪水湾。洪水湾利用了大溪枝汊），以泄暴流；旱则七分入溪，三分入江，以供灌溉。堰脊横阔四十有二丈。覆以石板，为片八十有半。左右石级各三十六。岁久沙淤，其东仅见八九，西则皆隐于沙。堰身中空，擎以巨木，形如屋宇。每遇溪涨湍急，则有沙随实其中，俗谓护堤沙。水平沙去，其空如初。土人以杖试之，信然。堰低昂适宜，广狭中度，精致牢密，功侔鬼神，与其他堰埭杂用土石、竹木、砖筱稍久辄坏不同。常时，大溪之水从堰入江，下历石级，状如喷雪，声如

---

① [宋]魏岘：《四明它山水利备览·置堰》，卷上，第1—2页。原文作"沼流皆下"，姚汉源先生订正，"沼"系"沿"之误。姚汉源：《〈四明它山水利备览〉集释初稿》，《它山堰暨浙东水利史学术讨论会论文集》，中国科学技术出版社，1997年，第52页。

震雷。耆老相传：立堰之时，深山绝壑，极大之木，人所不能致者，皆因水涨，乘流忽至，其神矣乎！①

魏岘所记载的它山堰为拦河砌石堰。按照每级石板25厘米厚度计，堰高约9米。20世纪90年代对它山堰堰体及地质勘探，发现唐代、宋代它山堰的石工基础。堰遗存堰顶高程2.4米，上游仅见砌石4~6层，每层厚20~30厘米不等，测得最大砌石堰高3.5米。宋代它山堰堰顶中轴线向上游移动2米，堰顶高程3.05米，遗存堰最大高4米（图6-16）。②唐宋砌石层级三十六级可能是概数，但是层级应该多于现在，今天的它山堰依然保留了传统砌石结构。

对魏岘的"堰身中空，擎以巨木，形如屋宇"有多种解释。有人认为堰的中部是框架结构，以节省石料。还有认为是木桩基础；抑或山洪冲下来的大树，即魏岘书中所记的"梅梁"③。这个"中空"且"形如宇屋"的设施，"每遇溪涨，则有沙随实其中，俗谓护堤沙。水平沙去，其空如初"，从描述看其功能应该是泄洪排沙（江西槎滩陂类似这样小形制，参见图6-15）。当上游山洪下来时，沙随洪水而下积于其中；当潮水上溯至堰下，则积沙随水流排走。魏岘嘉定十四年（公元1224年）重建乌金碣，其时"身东西五丈二尺有奇，南趾七尺，臂东二十七丈，西十三尺。桥五丈五尺，而长高九尺，阔称之。合石为之柜，植石为之枨。规模

---

① ［宋］魏岘：《四明它山水利备览·堰规制作》，卷上，第2页。原文作"堰身中定"，姚汉源先生订正"定"为"空"之误。出处同上。又原文"堰低昂适"，当漏"宜"，补上。

② 王一鸣、陈勇：《从它山堰现场勘探情况谈其结构》，《它山堰暨浙东水利史学术讨论会论文集》，中国科学技术出版社，1997年。

③ ［宋］魏岘：《四明它山水利备览·梅梁》，卷上，"梅梁在堰沙中"，"它山堰之梁，其大逾抱，半没沙中，不知其短长，横枕堰址，潮过则显其脊。"第2—3页。

宏伟，工力缜密[①]"。乌金碣是洪水湾自渠首以下第一处泄水节制闸，是桥闸合一的建筑，今天尚在运用（图6-16B）。乌金碣"合石为之柜，植石为之楔"，参之它山堰"堰身中空，擎以巨木，形如宇屋"的描述，可以确认宋代它山堰曾经有排沙闸的设置（图6-15）。

《四明它山水利备览》在《堰规制作》《淘沙》《防沙》《回沙闸外淘沙》、《回沙闸记》等篇都记载了鄞江上游水土流失严重，

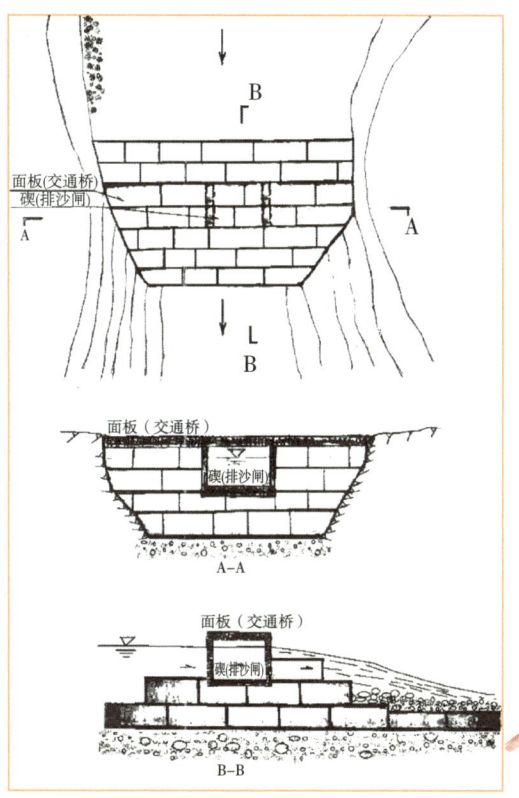

图6-15 宋代它山堰中空（排沙闸）推测图

洪水携带大量泥沙在它山堰沉积，泥沙淤积已经影响到了工程正常运行。淳祐二年（公元1242年），郡守陈垲在它山堰回水段兴建了三孔回沙闸（图6-16C）。平时闭闸，清水由闸上入干渠，疏浚时开闸自它山堰排沙。回沙闸和它山堰形成回水区，让泥沙沉淀，以便集中淘沙。回沙闸上有水则，以水位用作闸板启闭的控制标准。回沙闸最初的设置目的是清淤，实际上它在调节水量方面也发挥了重要的作用。

---

① [宋]魏岘：《四明重建乌金碣记》，《四明它山水利备览》，卷下，第22—23页。

A. 它山堰全貌（2016年5月，右岸它山俯瞰）　　B. 堰体砌石结构（2015年11月）

C. 回沙闸遗存：闸柱及水则　　D. 乌金碣（2015年）[①]

图6-16　它山堰主要工程设施

　　1974年，它山堰上游14千米处建成总库容为1.1亿立方米的皎口水库，控制了上游254平方千米的集雨面积，达到10年一遇的洪水防洪标准，使鄞西平原的抗旱能力提高了50%，让近1万公顷的农田实现了旱涝保收。水库建成后，它山堰保留了拒咸、泄洪节制功能，与乌金等三碣配合默契，相得益彰。它山堰及其工程体系、相关环境景观保留完好（图6-17），1998年列入国家重点文物保护单位，2015年列入世界灌溉工程遗产名录。

---

① 古代乌金碣的条石闸桥、闸门槽依旧在用。

A. 它山堰水源：鄞江上游（2015 年 10 月）

B. 它山堰输水干渠——洪水湾（2015 年）

C. 月湖水道

D. 宁波月湖的遗存（2015 年）

图 6-17　它山堰上游水源及工程营造的河湖

二、福建福清天宝陂

天宝陂位于福建福清龙江的中游，工程主要包括陂首（堰坝）、灌溉与排水渠道体系。具有引水灌溉、排洪排涝、拒咸蓄淡等多方面的功能（图 6-18）。现在的天宝陂保留了 19 世纪 50 年代重建后的型式。天宝陂至迟兴建于 10 世纪，是留存至今、超过 1000 年的永久性有坝引水工程。渠首工程由拦河坝、泄洪排沙闸、进水口构成，引水流量约 1.5 立方米每秒，有效灌溉面积约 1.9 万亩。

图 6-18　天宝陂渠首工程（2020 年）

龙江是独流入海的河流，发源于福建莆田、永泰两地交界的瑞云山，自西向东，流经福清市，于海口镇注入东海福清湾。福清市西北靠山，东南临海，中部为低谷地平原，地势自西北向东南倾斜。地貌主要为丘陵低山，面积占全境的五分之四，平原和河谷盆地小而零散，面积占全境的20%。龙江流域属南亚热带海洋性季风湿润气候，年平均降水量为1436毫米，降水量年内分配不均，4—9月为雨季，降水量占全年雨量的80%，10月至次年3月为旱季，降水量占全年雨量的20%。天宝陂为拒咸蓄淡工程，渠系既为龙江滨海平原提供灌溉水源，也是排洪排涝的水道。

天宝陂又名祥符陂、元符陂，皆是后人根据其始建或重建、大修的时间命名。最早记载见于宋代《三山志》："元符陂，唐天宝（公元742—756年）中置，故名'天宝'。皇朝祥符（公元1008—1016年）中，知县郎简重修。熙宁五年（公元1072年）崔知县以岁科田户，鸣鼓兴筑，不至者罚之，邑司著籍，仍碑刻。圳长七百余丈，溉田种千余石。后刘广等陈乞罢之，以是多旱损。元符二年（公元1099年），钟提举因巡历，乃委知县庄正柔修之，移旧地之上。陂旁有大榕，日听讼其下以董役。汁铁以锢其基，广十丈，溉田如昔时。"[①] 这段记载清晰地记载了天宝陂从始建到完善工程体系形成的历史。根据福清本地高氏家族的家谱记载，陂系天宝九年（公元750年）时任长乐郡刺史高瑶所建。高氏是唐设长乐郡以来第四位刺史。族谱记载高瑶于五马山麓龙江河之畔，枯秋低水时，以竹笼筑陂，辅以木桩，横截龙江分水，陂成后名"瑶公陂"[②]。可见天宝陂始建年代最早可推至8世纪，至迟

---

① [宋]梁克家：《三山志》，卷16，海风出版社，2000年，第181页。
② 福清水利局：《天宝陂申报世界灌溉工程遗产申报书》，2020年。

10世纪，且最早为竹笼堆石坝。11世纪重建时，改为砌石结构，"汁铁以锢其基"，是指陂体基础部分上下砌石层，采用了灌注铁水的办法增强工程的稳定性，这是古代砌石结构常见的技术，也是较早的记载。从临时到永久性的结构，天宝陂渠首工程体系至此形成。元、明、清各朝及民国时期均有修复天宝陂的记录。其中清咸丰十年（公元1860年）天宝陂中部被山洪冲决。咸丰十五年（公元1865年）修复后，亦名"咸丰坝"。现存天宝陂坝顶基本是近代修建，下部坝体及坝基为宋及元明清各时期的遗存。

现代的天宝陂，陂顶呈曲线型，坝顶呈左高右低，利于枯水期壅水和节制汛期洪水进入右岸进水口（图6-19A）。在龙江主流的坝段，陂的顶部设置隔墩（高约1.5米，宽约1.6米），每隔墩之间是一段宽2.1米的泄流口（图6-19B）。

天宝陂历经元明清近现代多次大修，保留了古代砌石结构的诸多技术细节，完好地解决了重力工程的地基基础、陂塘砌体的稳定问题。在天宝陂中部条石上有直径约10~15厘米的锚洞（图6-19C），与宋代"汁铁以锢其基"技术一脉相承。这是以松木为锚杆将两层条石上下联结起来，增强坝体整体稳定性，提高坝体的抗冲性能。陂体顶部每约1~2米设置一将军柱。将军柱钉砌紧抵条石，以固顶固坝（图6-19D）。下游过水陂体为鱼鳞状浆砌条石，然后是浆砌卵石坦水，有固基护滩的功能（图6-19E、F）。条石和卵石的胶结材料既有古代石灰、黄土、细砂的三合土（图6-19G），也有近现代的混凝土，坝型和砌石施工工艺完好地传承下来。

陂顶隔墩

A. 曲线型陂顶及右岸进水口
（20 世纪 90 年代）

B. 陂顶溢流坝段

C. 条石上的锚洞

D. 钉砌的将军柱

E. 鱼鳞陂体

F. 护陂基护岸滩的坦水　　G. 石灰、黄土和细砂三合土遗存

图 6-19　天宝陂渠首工程及结构

天宝陂干渠分布多处岩石上开凿的石渠，今人称"唐渠"，是天宝陂最早的干渠。从渠首至东阁华侨农场五孔闸，引水干渠全长约 19.4 千米，渠道平均宽度为 3~5 米。灌区渠道有石渠、土渠、混凝土衬砌渠等（图 6-20）。天宝陂的渠道兼有灌溉与排水功能，在下游渠道沿线至末端海口镇五孔闸沿程设置的排涝设施，为近现代所建。

A. 上游进口段引水渠（基岩上开挖）

B. 海口镇依山开凿的石渠

C. 乡村段土质支渠遗存

D. 块石衬砌的农渠渠道

图6-20 天宝陂渠道系统

三、福建莆田木兰陂

福建莆田市濒临东海兴化湾,由西部的丘陵过渡到海岸冲积平原。木兰溪是莆田的主要河流,其他山溪河流如延寿溪、荻芦溪等皆是木兰溪支流。莆田的水利建设始于唐代,兴于宋代。唐贞观时(公元627—649年)在丘陵区兴建了诸泉塘、沥山寻塘、永丰塘、颉洋塘、国清塘等陂塘,灌溉面积一千二百顷。建中时(公元780—783年)兴建了延寿陂(又名使华陂,图6-21),灌溉面积四百余顷。① 及至北宋元丰六年(公元1083年)木兰溪上的拒咸蓄淡工程木兰陂建成,除国清塘、延寿陂外,其余诸塘围垦成田。木兰陂建成后,一直是莆田濒海平原的农业灌溉和城乡用水的主要水源工程,900多年来仍在运行。

图 6-21 木兰溪支流延寿溪上的延寿陂(又名使华陂,2014年)

▲延寿陂始建唐建中时(公元780—783年),至今仍在运用。木兰陂最初可能也是这类低坝建筑。

木兰溪发源于福建德化的戴云山,流经永春县、仙游县,进

---

① 《新唐书·地理志》,《二十五史河渠志注释》,中国书店,1990年,第702页。

入莆田，横贯莆田中部，蜿蜒东下注入东海兴化湾。木兰溪全长116千米，流域面积1830平方千米。木兰溪流域属典型的亚热带海洋性季风气候，年降水量1470毫米，年均气温19.9℃。兴化湾海潮属非典型半日潮，每日有两次高、低潮，年最高潮水位一般出现在农历八月或九月，月高潮水位有两次，出现在每月的农历初三和十八。如果没有木兰陂阻挡，兴化湾的海潮溯木兰溪而上，潮水可至仙游县的灵陂。木兰溪如果无拦无蓄，兴化平原则洪水与海潮此起彼长，濒海滩涂斥卤盐碱。如遇干旱，不独丘陵山区，便是兴化平原也会遭遇荒年。

木兰陂最初是民间开工兴建的。北宋治平元年（公元1064年）长乐人钱四娘出资十万缗筑陂。钱四娘选择了地名为将军岩的地方为堰址，这里地处木兰溪出山口，河道狭窄，水流湍急。竣工之时，适逢山洪，新堰冲毁，钱四娘投江以殉。其后同乡林从世也是斥资十万缗修筑。林从世的堰址在下游温泉口。这里地势开阔，但是近河口海岸，工程又毁于海潮（图6-22A）。熙宁八年（公元1075年）侯官人李宏主持再建。辅佐他的僧人冯日智总结了前人两次修堰的教训，选择木兰山上两次筑堰位置的中部。这里有低山夹峙，木兰溪宽缓不迫，是个适于筑坝的好地方。工程前后历时8年，元丰六年（公元1083年）木兰陂建成。后历经元至正，明永乐、宣德、隆庆，清康熙、雍正、乾隆各朝多次大修或重建。[1]现在木兰陂主体工程保留了自元代以来的基本型式，2014年列入首批世界灌溉工程遗产。

---

[1]［清］《莆田县志·水利》，卷20。

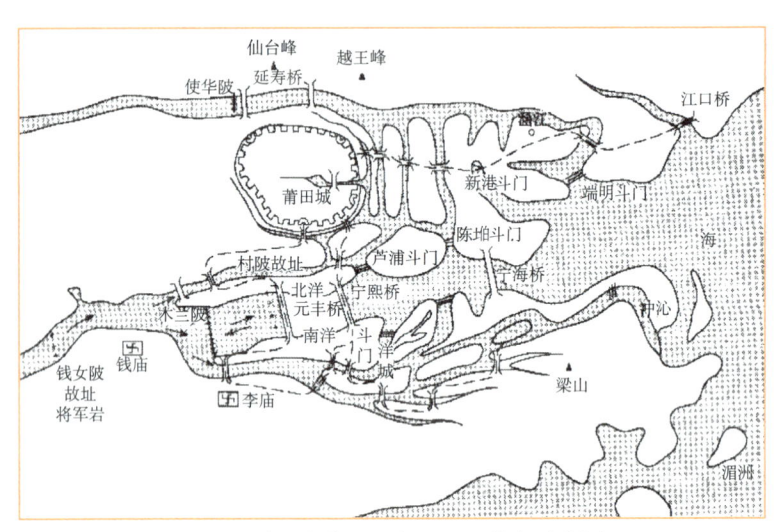

A. 木兰陂所在位置及主要工程分布示意图

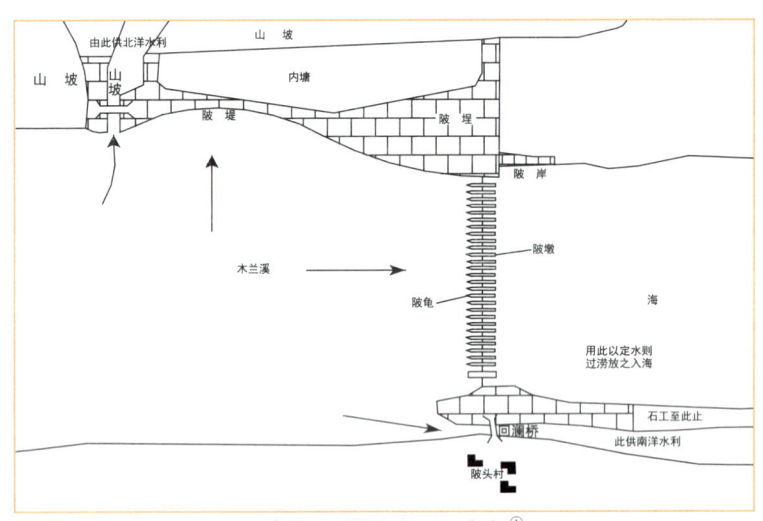

B. 枢纽工程图（1936年）[1]

图6-22 木兰陂工程体系及渠首枢纽

---

[1] 引自郭铿若：《福建莆田木兰陂》，《水利月刊》，第11卷，1936年第1期。

A. 木兰陂渠首全景（2012年）

B. 木兰陂陂顶（2012年，木兰溪高潮位时）

C. 木兰溪低潮位时泄流（2012年）

▲ 陂塘全长219.13米，全部采用大块体花岗岩条石砌筑。

图6-23　木兰陂工程实景

木兰陂枢纽工程由拦河闸坝和南洋、北洋引水口组成。拦河闸坝全长219.13米，高度约10米。坝与两岸广阔的陂埕连为一体，将木兰陂和南北洋进水口牢牢地固定下来（图6-24B、C），900多年来尽管木兰陂多次被洪水严重损毁，却都是在旧址重建。拦河坝部分即本地所称"陂"，条石丁顺砌筑石坝，高约3米，呈梯级跌水，再延伸成20~27米不等的护基坦水。坝具有壅水功能，其上建闸墩，有闸32孔。元至正时（公元1341—1368年）重修，改为28孔。每孔可以放置闸板四块（每块闸板高20厘米）。木兰陂采用桥梁基础中常见的"筏形基础"，即在坚实的陂塘上筑闸墩。闸墩迎水面用石柱嵌入溪底，熔生铁灌缝，石柱、闸墩之间的条石用铁锭相连，整个坝闸浑然一体。这种堰闸混合型式的工程，具有壅水、溢洪和排沙的功能。工程运用近千年，陂前基本没有淤积。

木兰陂的引水干渠在陂的左右岸，分别称南洋（右岸引水，今又名南渠进水口）和北洋（左岸引水，今又名北渠进水口），干渠尾水至莆田三江口入海。宋代木兰陂只有南洋灌区，至元代扩大到北洋灌区，在兴化平原形成了长400多千米的纵横交错的灌排渠系。现代的木兰陂蓄水库容3000万立方米，灌溉面积十三万多亩。

木兰陂南洋干渠为双孔进水闸，灌溉面积七万三千亩。北洋进水口始于元延祐二年（公元1315年）。进口在万金桥，原是桥闸合一，现桥已不存。南洋、北洋进水口至进水闸之间全部条石砌筑，利用地形设置了沉沙功能的大过水断面，便于集中清淤，极大地减轻了灌区维护工程量。

北洋干渠下游与延寿溪通，北洋灌区灌溉面积六万四千亩。

南北洋干渠配套工程有分水陡门、闸、涵洞等。南洋有东山、岳公桥、东华石、渠桥头水则,北洋有柳桥、新港、三棚桥水则。这些水则多位于支渠分水处,是明清时官方调解争水纠纷后,在分水陡门处设置的官定水则。①

A. 南洋进水口　　　　B. 南洋进水口至进水闸引水渠段②

C. 北洋进水口　　　　D. 北洋进水口至进水闸引水渠段③

图6-24　木兰陂南洋、北洋进水口

木兰陂从兴建到建成后的前500余年,是典型的用水户自筹资金建设、自治管理的灌溉工程。李宏修木兰陂的资金来自莆田

---

① 《木兰陂水利志》,方志出版社,1997年,第38—39页、第58页。
② 进水口以下断面突然扩大,具有沉沙的功能,以减少灌区渠道泥沙淤积。
③ 进水口以下突然扩大断面,引水渠兼有沉沙池的功能。

士绅十四户共同出资。建成后十四户既兼并土地，也在自己土地上开沟挖渠。十四户制订了"以田赡陂"的制度，即陂有公田，以公田所出为维修工费。宋徽宗宣和元年（公元1119年）兴化知军詹时升订立《陂司规例》，官方参与木兰陂的管理中，木兰陂成为政府主导下用水户参与管理的灌溉工程。[①]《陂司规例》沿袭了民约的条款，确立了政府在水事纠纷调节的主导地位。南宋绍兴二十一年（公元1151年）、庆元五年（公元1199年）两次修订陂司制度，确立陂籍，完善陂司轮任制度。陂司制度的核心是用水户工程管理的负责制。陂及公田的管理由十四户按照轮流当值的次序担任陂司正副职务。以陂田为管理经费的经济支撑，以十四户的宗族血缘关系为纽带，构建了"陂司"和"陂主"两个管理体系，政府承当的是用水或维护纠纷发生时调解和仲裁的地位。陂司专门掌管陂田收益与木兰陂修缮维护工作，"陂主"则掌管钱四娘庙、林从世庙、李宏庙的香火及春秋两季祭祀。十四户的后裔专任"陂司"，掌管陂田，收取租税，在修陂、修庙宇时拨付材料、人工款项。李宏的后裔则专任"陂主"，管理修陂功臣庙及春秋祭祀活动。在陂司主导下，木兰陂设置了负责日常维护、巡陂的甲头和小工等，陂田所产是用于此的专项费用。遇有工程严重损毁，需要抢修、大修时则由陂司组织，用水户出工，工费所用由陂司从公项所存给付，不足则另外摊派。所有收入开支均在陂司造册，报备官府。

随着木兰陂工程不断完善，灌溉面积增加，受益群体扩大，木兰陂水利已非宗族群体可以维系。明清时，陂司为地方官充任，

---

① [明]雷应龙：《木兰陂集节要》，现藏国家图书馆。

十四户与李氏后人为陂主，只管理功臣庙和祭祀。木兰陂成为区域性公共水利工程。明末，李氏及十四家大户后裔之间，外来宗族与李氏及十四家宗族之间的利益之争日趋激烈，陂司制度终于走上末路。清代，修陂的公田取消，取而代之的是按亩征收水费，以及政府主导下的岁修制度，但是仍然保留了陂司制度的管理机制。

木兰陂是中国古代规模最大的闸坝工程，合理的渠首工程布置，完善的工程设施、砌石结构，极大地减少了木兰陂维护工程量。经过地质钻探查明，木兰陂条石坝是建在滩涂软基上的，在闸墩关键部位有砂卵石层铺盖，以及部分松木桩基。大条石重量上吨，轻则也在数百公斤。工程要经受山洪和大潮的往返冲击，以及重力结构在软基上的不均匀沉降。木兰陂代表了中国古代水利工程卓越的技术成就。

四、浙江永宁江、金清港河口水闸群

以水闸为骨干的拒咸潮引淡水工程，兴起于11世纪浙东和福建沿海地区。砌石结构的石闸以其工程坚固、便于维护的优势逐渐取代了竹笼修筑的堰埭。其中浙东台州黄岩、温岭的石闸群以其历史悠久、工程精良，堪称这类工程的典范。

浙江黄岩境内有大小河流120余条，大多归于永宁江（又名澄江）、金清港出海（图6-25）。这些河流都是源短流急的山区河流。清代《黄岩县河闸志》："县境负山濒海，水自西南诸溪达于河，会于江以入海。地势卑卤，无深源，易潦、易涸，为民田害。于是筑土为埭以蓄水，视河流冲激处建闸，以时启闭，防

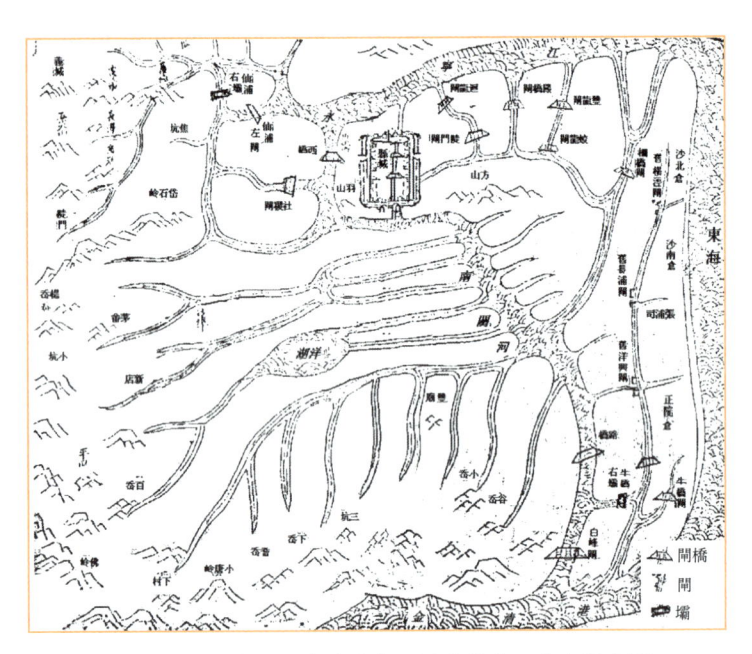

图 6-25　永宁江、金清港水系及宋代水闸分布示意图

▲[清]刘世宁辑：《黄岩县河闸志·河闸全图》，引自《中国水利志丛刊》，广陵书礼，2006年，第70册，第76—77页。

旱潦焉。"①这段话言简意赅地阐释了浙东沿海地区这类水利工程型式产生的自然环境。

　　10世纪以前永宁江、金清港的支流已经开始筑坝阻挡咸水并引水灌溉。北宋元祐时（公元1086—1094年）黄岩县提刑罗适在永宁江的支流上建常丰闸（南关河）、石湫闸（西关河），在金清港支流上建永丰、周洋、黄望闸（此三闸在今温岭境内），取代了每年都要重修的竹笼一类的临时挡水堰坝。淳熙十年（公元1183年）黄岩提举勾龙昌又兴建了回浦、金清、长浦、鲍步、蛟

---

　　①[清]刘世宁辑：《黄岩县河闸志·沿革》，引自马宁主编：《中国水利志丛刊》，第70册，广陵书社，2006年，第86—87页。《黄岩县河闸志》成书于乾隆二十四年（公元1759年），刘世宁时任黄岩县令。

龙、陡门六闸。这是由时任浙东常平使朱熹上疏朝廷，得到允准后并拨内库银 2 万贯兴建的，后世多称其为朱熹所修，其实朱熹第二年调江西，是后继者勾龙昌泰主持兴建。南宋淳祐时（公元1241—1252 年），黄岩有官闸 15 处，已经在黄岩的河流水系上构成了以水闸为骨干的拒咸潮引淡水的灌溉工程体系。《明史·河渠志》记载，永乐二年（公元 1404 年）时官修黄岩混水等十五闸、六陡门，又记"洪熙元年（公元 1425 年）修黄岩濒海闸坝"，[1]明代除承继前代水闸之外，新建也不少。及至清代地方志记载的黄岩有水闸 49 处、陡门 8 处，太平（今温岭市）有闸 36 处、陡门 7 处，[2] 其时只黄岩一县就有五十万亩农田因此受益。[3]

黄岩诸闸的拒咸潮引淡水的功能是通过诸闸的工程管理来实现的。永宁江、金清港是潮汐河流，它们的支流西、东、南官河，新河等，都是当地的主要灌溉水源。在春灌枯水期，永宁江、金清港要为这些河道补水，汛期要承接各河的洪水。通常咸潮上溯而诸河水低时，则河口下闸挡潮；春灌时，诸闸开启，引永宁江、金清港水入河，这是一个联动的工程体系，因位置不同，而有不同的启闭方式。黄岩城东的南官河常丰闸是由清闸、混闸组成的复闸（图 6-26A）。南官河北与永宁江通，南接金清港，贯通黄岩县城南北，除灌溉供水和行洪外，还是重要的南北水路交通干线。常丰闸的工程管理既要拒潮引水，还要满足交通的需要。《黄岩河渠志》记载常丰闸的启闭程序："舟楫往来，随潮大小以司启闭。

---

[1]《明史·河渠志》，《二十五史河渠志注释》，中国书店，1990年，第464、468页。
[2] 据《（民国）台州府志·水利略》，卷48，黄岩县、太平县条统计。引自《中国地方志集成》，第 44 册，上海书店，1993 年，第 758—762 页。
[3]"办理河闸董事关会"，[清]《黄岩县河闸志·附》，引自《中国水利志丛刊》，第 70 册，广陵书社，2006 年，第 177 页。

（官）河船将出，先启清闸，以出船即闭清闸，而启混闸，放船于（永宁）江。江船将入，必先启混闸，以入船即闭，混闸而启，清闸进船于河。所以防混水之冲，清水之泄也。"[1] 在城西的仙浦闸坝为闸坝联合节制，石坝由石柜修筑。则坝拒咸蓄淡，闸为引水、过船和拒咸潮而启闭（图6-26B）。黄岩城东的殿桥闸是连接东官河与永宁江的关键，也是引方山之水的进水闸，一闸的灌溉面积达到数万亩。殿桥闸地处永宁江潮汐影响较大的江口段，闸的启闭与相邻的陡门闸、蛟龙闸等联合运用，解决挡潮、水运与灌溉的不同需求（图6-26C）。南官河的白峰闸地处于金清港的交汇处，有白峰水入于官河，三水在白峰闸以南交汇，加上直入台州湾的金清港，潮汐往来水流湍急（图6-26D）。白峰闸为三孔闸，管闸董事有16人之多，主要协商闭闸挡潮和开闸过船灌溉与水运之间的矛盾。

宋代以降，地方政府在永宁江、金清港的闸、陡门建设和维护中居于主导地位。明代在台州府设水利通判，专管黄岩永宁江、金清港闸坝。[2]民间设有河闸董事关会，是政府与农户连接的组织，负责组织农户疏浚，协调因闸门启闭引起的灌溉、水运、防洪不同利益方的矛盾。管闸董事多则十余人，少的也有七八人，都是地方士绅充当。[3]黄岩诸闸有公田二百四十余亩，用于维护闸坝、疏浚河渠开支。公田大部分是濒海涂田，应该是政府组织濒海圩田所得的公产。清代工程管理记载最详细，每一处闸或坝的董事

---

[1] "常丰闸清混二闸"，[清]刘世宁辑：《黄岩县河闸志·沿革》，引自《中国水利志丛刊》，第70册，广陵书社，2006年，第79页。

[2] 《明史·河渠志》，《二十五史河渠志注释》，中国书店，1990年，第468页。

[3] "各闸坝岁修田亩"，[清]刘世宁辑：《黄岩县河闸志·善后事宜》，引自《中国水利志丛刊》，第70册，广陵书社，2006年，第247—251页。

A. 黄岩内城常丰清混二闸

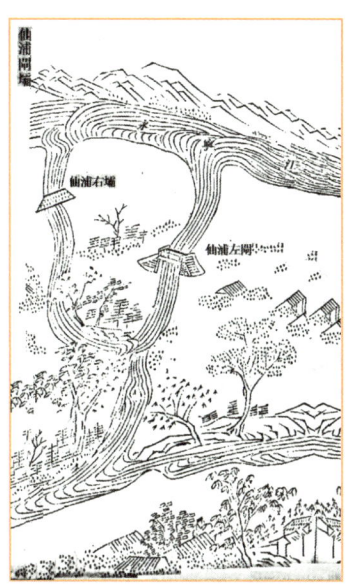

B. 仙浦右坝与左闸

C. 殿桥闸

D. 白峰闸（南官河的南闸，是连接金清港和永宁江的关键工程）

图 6-26 黄岩水闸群及运行典型案例

姓名记录在册，负责组织岁修，督导闸门的启闭，以及工费的监管。

　　黄岩、温岭的水闸、陡门皆为砌石结构。闸桥合一，闸下挡潮、壅水、过船，闸上通行（图6-27）。闸一孔至五孔不等。陡门则多在河岸一侧，主要引水。石闸重视基础工程，最下是地盘桩，淤泥软基下木桩，上面是砌石地盘，闸墩建在砌石地盘上。桥上有辇盘，用以启闭闸板。这些闸桥砌石建筑为仿木结构，不仅坚固且型式独特。金清港支流新河上保留了一批古闸群，麻糍闸是其中的一座（图6-27）。麻糍闸位于新河镇高桥乡，相传为朱熹建言所兴建的其中一座，如是则距今有800多年。麻糍闸为两孔梁式闸桥，东西长11.1米，宽3.7米，两孔跨度均为4.75米。桥墩有闸槽，桥面中心是上下闸门之处。桥墩两端有分水尖，桥墩的柱础、立柱及重栱结构，具有宋元房屋建筑的风格。墩下部分水尖上叠砌石台，石台上采用叠梁结构，叠梁砌筑成插拱状，斗拱承叠梁（图6-27）。近现代黄岩河口一带的水闸大部分取代了传统石闸和陡门，古代的挡潮闸大多作为交通桥保留下来，是非常珍贵的水利遗产。

A.麻糍闸的闸桥及翼墙　　　　　　　　B.分水墩及闸墩结构

C. 麻糍闸闸门槽

D. 麻糍闸桥面（中部为闸门启闭操作孔）

E. 輂盘（启闭设施，原设于桥面启闭孔两侧，现移至桥外）

图 6-27　金清港支流新河麻糍闸（2020 年）

第五节　大型堰坝引水工程

　　唐宋时期，灌溉工程向广大地域发展，更为多样的自然和社会环境，推动了工程技术的发展。这一时期灌溉工程技术主要体现在工程建筑型式、工程结构和材料突破。更多的引水工程采用了拦河堰坝，可以在更多的河流上兴建引水工程，枢纽工程的位置不再受河流地形条件的限制。此外，砌石工堰坝被广泛应用，

257

这些灌溉工程的渠首枢纽成为永久性工程，极大减少了岁修工程量。在灌区配套工程中，输水隧洞和立交工程的应用，使沿江引水工程能够在低山丘陵区穿越山溪或避开山洪，灌区范围得以扩展，减少自然灾害的影响从而维系灌溉效益。

8世纪以来，随着南方农业区日渐扩大，在长江流域的二三级支流或东南沿海江河上，堰坝引水工程呈现快速增加的态势。有坝引水的堰坝工程则因地制宜而型式丰富。横截江河壅水入渠者，以浙江丽水通济堰、湖北襄阳长渠、陕西汉中山河堰著名。利用河流的弯道筑堰，正向引水，侧向溢流，如江西泰和槎滩陂、陕西汉中五门堰。堰坝轴线或直线，或折线，或曲线，建筑构件则以土陂（以竹、木为框架，中实以土）、竹笼、砌石为多。历经元明清、近现代，堰坝建筑材料和结构演变为砌石坝、浆砌石坝，难得的是依然保留了原有的工程型式，形成与河流融为一体的可持续的灌溉工程。如图6-28槎滩陂，始建于后唐天成年间（公元926—930年），在赣江支流牛吼江上筑顺坝，导流入渠，牛吼江主流则由槎滩陂泄入故道。2016年槎滩陂列入世界灌溉工程遗产。

A. 槎滩陂及冲砂闸

▲槎滩陂13世纪前为土陂，即木桩为框架外用竹篾，中间充填黏土夯实。13世纪改为砌石结构，20世纪60年代后以水泥覆盖了陂体砌石。

B. 左岸陂头砌石遗存

C. 渠首干渠进水口（远处是槎滩陂溢流堰）

图 6-28　江西泰和槎滩陂（2016 年）

一、浙江丽水通济堰

丽水通济堰位于瓯江从山区进入碧湖平原起点。碧湖平原地处浙西南括苍山、洞宫山、仙霞岭三山交界的山地平原。平原东缘松荫溪与瓯江水汇合处，6‰的地形坡降为平原的自流灌溉创造了良好的地形条件。相传该堰始建于南北朝时的南梁政权时期，为约公元 6 世纪时处州（治今浙江丽水）詹、南二司马所建，其后 400 年并没有通济堰的文献记载，大约这期间是时有兴废的民间小堰。北宋明道（公元 1032—1033 年）时括苍（治今丽水莲都区）

259

县令叶温叟"疏辟楗菑，稍完以固"①。彼时通济堰还是竹笼木桩修筑的临时堰。60年后的元祐七年（公元1092年），时任处州知府关景晖重建工程，并修詹、南二司马庙。其后通济堰的历史脉络才变清晰。政府是否参与通济堰的管理，是通济堰兴衰的晴雨表。

通济堰建成后，距渠首约2千米处的输水干渠与山溪平交，几乎年年在交汇处都要被山洪冲断。北宋政和时（公元1111—1118年）每年岁修，仅此一处就需要数以万计的民夫疏浚，农民疲于工役，已不知堰利。其时知县王禔采纳邑人叶秉心建言，在干渠上兴建石函以过山溪洪水，石函即砌石渡槽。石函的建成标志着通济堰灌区工程体系完善，灌溉效益覆盖碧湖平原。乾道五年（公元1169年）范成大任处州知府。范成大任上再次大修通济堰。《宋史·范成大传》："成大访故迹，叠石筑防，置堤闸四十九所，立水则，上中下溉灌有序，民食其利。"②范成大的贡献主要是完善了灌区的渠道工程体系。堰坝、堤防以砌石替换竹笼、木石结构。增设斗门、重订堰规。开禧元年（公元1205年）参知政事何澹调洪州兵役大修通济堰，改拦河坝为砌石坝，船缺处设置斗门，以管制上下过堰船只。通济堰石渡槽、拦河石坝建成后，极大减轻了维护工程量，此后"迄百数十祀，未尝大坏"③。13世纪时，经过何澹、范成大的大修，通济堰的拦河坝、干渠进水口、泄水斗门（即现代所称冲砂闸）由原来的木条结构改建为砌石结构，自此以后通济堰渠首工程各设施再无大的改变（图6-29）。

---

① [宋]关景晖：《丽水县重修通济堰詹南二司马庙记》，[清]《通济堰志》，卷1。
② [元]脱脱等：《宋史》，卷386，中华书局，1977年，第11868页。
③ [元]项棣孙：《丽水县重修通济堰记》，《清宣统刻本通济堰志》，卷11，第9—10页。

A. 通济堰渠首工程（2014 年）

▲左下为冲砂闸，闸房建于 2010 年。

B.20 世纪 80 年代的通济堰渠首枢纽

▲通济堰渠首枢纽工程为砌石结构拱形拦河坝。左下为冲砂闸。

C.1991 年至 2004 年的通济堰渠首枢纽

▲1991 年进水闸及冲砂闸改为钢筋混凝土平板闸，并增加了机械启闭设施。

D. 首拱形坝及船缺（2014年）

▲通济堰的拱形坝，缺口部分是上下船只或竹筏船缺。通济堰渠首随河床冲淤变化而改变，坝形各时期不同，船缺位置也不同。

图6-29　通济堰渠首枢纽工程沿革

　　通济堰历经元明清及近现代多次大修，除了钢筋水泥和混凝土材料的使用，基本延续了南宋以来的工程体系。通济堰渠首枢纽由拦河坝、进水口、冲砂闸和船缺组成。拦河坝恰到好处地利用了河道基岩，优美的拱形坝线阐释了古代堰坝的美学意境。渠首枢纽的左岸是通济堰的堰庙——龙庙，即宋代詹、南二司马祠，范成大的堰规及历代修堰纪事碑刻都完好地保存于此。通济堰灌区还完好地保留了传统渠系工程体系及其相关的文化遗存。如干渠岸堤超过500年树龄的香樟树护堤林，石函附近的文昌阁，险工段砌石岸堤及镇水石兽。通济堰与渠道连通的塘泊，是古代乡村供排水设施，也与古老的山村共存（图6-30）。2014年，通济堰首批列入世界灌溉工程遗产名录。

A. 通济堰干渠的立交工程：始建于 11 世纪的石函

▲上部为泄洪渡槽——石函，泉坑水由此跨过输水干渠。护岸的香樟树最长的树龄超过 500 年。

B. 输水干渠上险工段（砌石堤岸）

C. 干渠险工段的镇水石犀（2004 年）

▲位于丽水碧湖镇保定村，石犀设置年代不详。

D. 支渠分水闸（2004 年）

E. 灌区内的蓄水湖塘（2004 年）

▲湖塘与渠系相通，蓄积多余来水以备旱时灌溉。村庄里的湖塘还有为村民提供生活用水的功能。

图 6-30　通济堰灌区工程

二、汉江上游中游诸堰

汉江流域灌溉工程主要分布在汉江上游陕西关中、中游河南南阳、下游湖北襄阳地区。汉江水系发达，支流众多，秦岭、大巴山之间的山间盆地有兴建堰坝工程，引水自流灌溉的优越条件。

汉中灌溉工程始于汉代，以中游南阳水利区最为突出。历经魏晋南北朝、唐、十国后蜀时期，汉中水利兴建不辍。《水经注·沔水》

记沔水即今之汉江,有七女池、明月池,"皆相通注,谓之张良渠"。后蜀山南节度使武漳镇汉中,导泉源溉田数千顷。这些多是与南阳长藤结瓜同类型的灌溉工程。12世纪以来,汉江先是宋与辽金对峙的战略纵深要地,后为南宋与蒙古的边界。汉江200年的军事屯田,推动了灌溉工程的建设。两宋时期军事屯田,官方对水利深度介入,这一时期汉江流域的灌溉工程获得长足发展。

(一)汉中诸堰

汉中盆地位于陕西西南,北依秦岭,南接巴山。汉江自西而东横贯盆地,平均海拔500米,褒河、湑河等支流在这里汇入汉江。褒河上的山河堰,湑河五门堰、杨填堰,都是始建于唐末、完善于南宋、延续至今的著名灌溉工程,2019年以汉中三堰总称列入世界灌溉工程遗产。

褒河又名山河、乌龙江、黑龙江。山河堰因河而名,北宋人称创始自汉初萧何、曹参,有研究认为11世纪初即十国后蜀在褒城屯田戍边,宋初灭蜀后于褒城置山河军,安置后蜀降兵,山河堰兴建于后蜀至北宋初。① 北宋欧阳修记载兴元知府许逖大中祥符(公元1008—1016年)时大修山河堰是在失修情况下的大修,"堰水旧溉民田四万余亩(原作顷),世传汉萧何所作"。"君行坏堰,顾其属曰:酂侯方佐汉取天下,乃暇为此以溉其农。古之圣贤,有以利人无不为也。今吾岂惮一时之劳,而废古人万世之利?乃率工徒躬治木石。石坠,伤其左足,君益不懈。堰成,岁谷大丰,得嘉禾十二茎以献。"② 北宋庆历(公元1041—1043年)时山河

---

① 鲁西奇:《宋元明清时期汉中地区的农田水利事业及其发展》,《汉中三堰》,中华书局,2011年,第2—8页。

② [宋]欧阳修:《司封员外郎许公行状》,《居士集》,卷38。

堰有三堰，次第引水，头堰左右岸分水，干渠两条，第二、三堰各有干渠两条（图6-31），灌溉褒城、南郑两县，是当时汉中最大的灌区。熙宁以后山河堰增至六堰。

北宋末至南宋初，山河堰一度失修。南宋绍兴（公元1131—1162年）以来，宋屯军汉中营田，数次大修山河堰。乾道七年（公元1171年）御前诸军统制吴拱经理山河堰修复，"发卒万人助役，尽修六堰，疏浚大小渠道六十五处，复见古迹，并用水工准法修定。凡溉南郑、褒城田二十三万余亩，昔之瘠薄，今为膏腴"①。二十多年后山河堰毁于洪水，六堰被全部冲毁。绍熙四年（公元1193年）动用十六万人修复六堰和干渠的溢流堰。南宋时期山河堰的灌溉面积达到二十三万亩，应该是历史上山河堰工程最完备，发挥效益最好的时期。

元代继续汉中屯田，山河堰在官方介入下工程得以维系，但是一、四、五、六堰逐渐废弃，二堰成为主堰，废弃各堰或改在二堰干渠引水，成为二堰的支渠。明清时第二、第三堰仍如其旧。这一时期第二堰有分水渠40余处，灌溉面积减至四万四千余亩（图

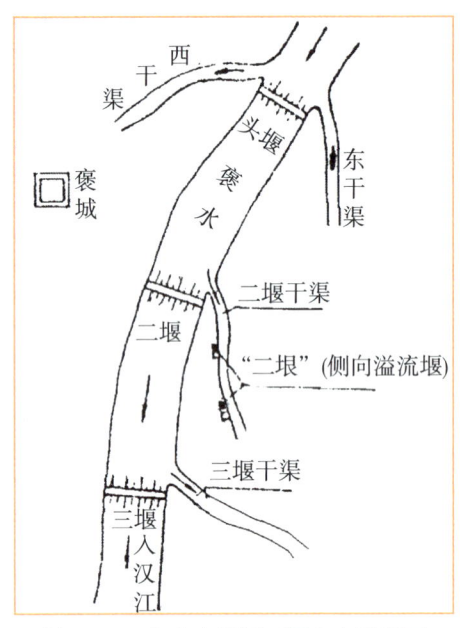

图6-31 北宋山河堰三堰分布示意图

▲周魁一：《山河堰》，《水利水电科学研究院科学研究论文集》，第12集，水利电力出版社，1982年。

①《宋史·河渠志》，《二十五史河渠志注释》，中国书店，1990年，第169页。

6-32A）。地方政府仍在工费的筹集、工役组织、调解用水纠纷等方面发挥作用，时有地方官捐出俸银的情形。明万历二十三年（公元1595年）在地方政府的督导下，订立了灌区轮灌制度，全域分水堰分成上下二坝轮流供水。上坝引水4天，下坝引水洞关闭；下坝引水6天，则关上坝。如此轮番进行灌溉。

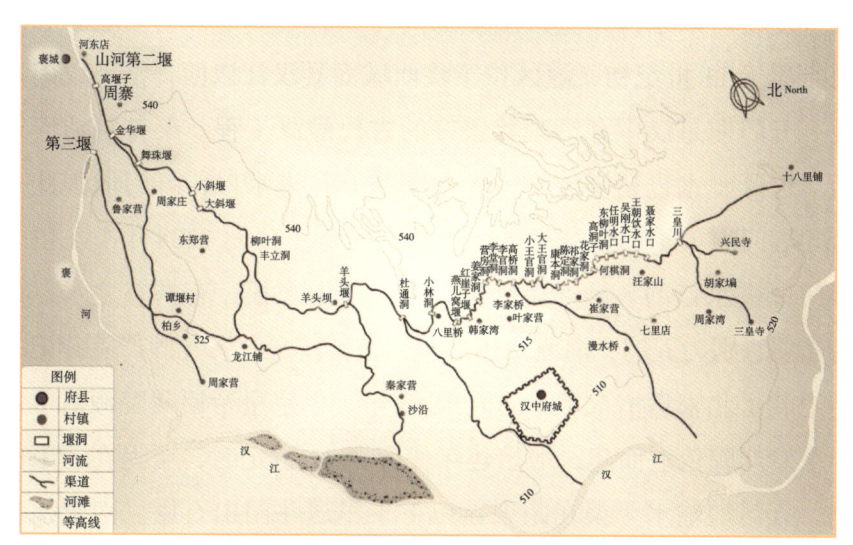

A. 山河堰二堰、三堰渠系工程（明清时期）

B. 山河堰二堰干渠左岸岸堤遗存　　C. 山河堰羊头堰分水闸

图6-32　明清山河堰工程体系及工程遗存

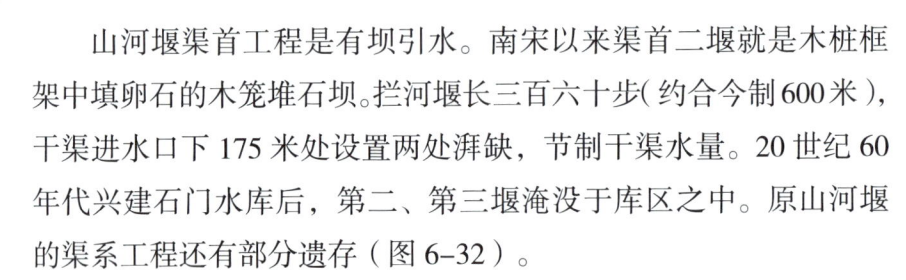

山河堰渠首工程是有坝引水。南宋以来渠首二堰就是木桩框架中填卵石的木笼堆石坝。拦河堰长三百六十步（约合今制600米），干渠进水口下175米处设置两处湃缺，节制干渠水量。20世纪60年代兴建石门水库后，第二、第三堰淹没于库区之中。原山河堰的渠系工程还有部分遗存（图6-32）。

在褒河以东，并流入汉江的湑河上有五门堰、杨填堰。五门堰始建于11世纪初，灌区位于陕西城固县汉江以西，湑河以南盆地。五门堰是汉中存续现状最好的古代灌溉工程。渠首顺湑河筑堰，堰既壅水也是溢流坝，正向则是五孔进水口，五门堰因此得名。五门堰最早的记载见于南宋嘉定元年（公元1208年）。位于五门堰进水口的《妙严院碑记》载："山之根，有塮谷之水，截水作堰，别为五门，灌溉民田之利，盖甚溥矣！"《妙严院碑记》还记载了北宋嘉祐八年（公元1063年）仁宗皇帝诏赐院额匾事。如果妙严院依堰而建，堰始建年代应在11世纪时，至迟在北宋前期。五门堰输水干渠在距渠首以下十里遇斗门山石崖。南宋绍兴（公元1131—1162年）县令薛可光傍山崖建渡槽，使干渠得过斗门山（图6-33A），至此五门堰工程体系完善。然木渡槽易损毁，维护不易。元至正七年（公元1347年）时任县令蒲庸开凿石渠（石渠段称"石峡"）。明弘治五年（公元1492年）、万历四至七年（公元1576—1979年）不断扩宽、加固石峡段，增加并稳定了干渠引水量，灌区形成了三十六洞湃的渠系工程体系。洞，是为引水涵洞，湃则是分水堰，这是湑河古堰特有的称谓。如此使斗门山以南的灌区灌溉面积增加并稳定下来。明清时灌溉面积最多时达到五万亩，现有灌溉面积一万一千亩。

杨填堰也是始建11世纪初，南宋绍兴时杨从仪知洋州屯兵营

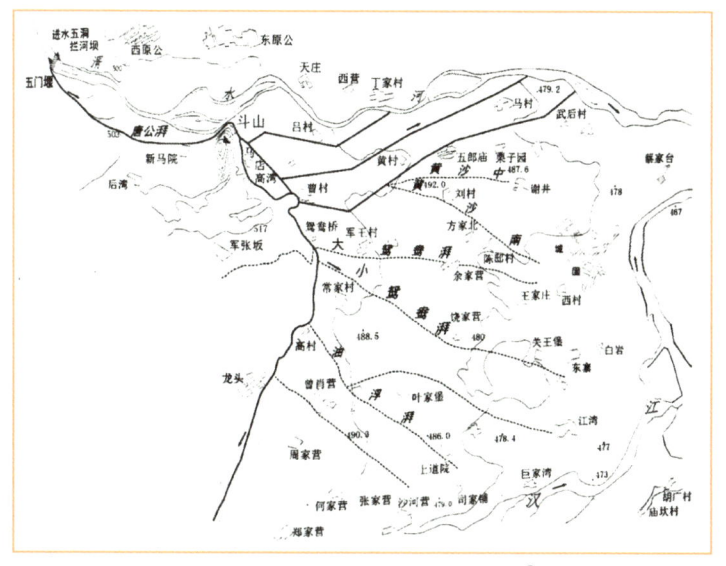

A. 五门堰及灌区工程分布示意图[1]

B. 五门堰拦河低坝（溢流和壅水入渠情形）

C. 五门堰进水五门（坝与进水口垂直，正向引水，侧向溢流）[2]

图6-33 五门堰渠首枢纽及运行实景（2017年）

---

[1] 鲁西奇：《汉中三堰：明清时期汉中地区的堰渠水利与社会变迁》，中华书局，2011年，第81页。

[2] 顺滑河筑堰，低水时壅水入渠，渠首工程延续了传统工程型式，砌石坝用水泥砌筑。五门完好保留原有的形制。

田时重建。杨填堰在五门堰下游约10千米湑河左岸引水,灌溉城固县、洋县两县土地。这两处堰渠首和渠系工程形制相同,始建年代类似。杨填堰灌区地跨两县,南宋及元代的营田,用水首先服从军屯灌溉的需求,官方主导水权。明清时期,杨填堰灌溉用水归于民田,下游洋县承担了岁修大部分的人力和工费,所谓"城(固)三洋七"的比例,这也是两县分水比例。在春灌用水高峰规定城固先灌三日,洋县再放水七日。这些制度是在两县水事纷繁冲突下,两县官方及汉中府的介入、调停协商后逐渐形成,大致时期应是清嘉庆十六年(公元1811年)重修杨填堰后。19世纪时杨填堰由城固县三分堰公局和洋县七分堰公局管理,两县水费征收、岁修工费开支各自独立运行,公局核心成员由地方乡绅承担。公局之上两县各有县丞和典史参与管理。尽管明清时期杨填堰大大小小的用水纷争从未停止过,但是官方的强力介入还是使灌溉秩序得以维系。杨填堰今天仍在发挥作用,不过工程体系发生了较大的变化。20世纪50年代以后杨填堰分水和负担比例改为城固七洋县三,现有灌溉面积一万二千亩。

(二)汉江中游蛮河木渠、长渠

木渠、长渠是汉江中游古代著名灌溉工程,灌区在今湖北襄阳境内,汉江与蛮河之间。战国末年秦大将白起引鄢水灌楚故都鄢城(今湖北宜城市),2世纪时东汉南郡太守王宠循泛道开渠,是为木渠之肇始。长渠引蛮河水的时间大约在唐中期。11世纪时木渠分为南北两干渠,南渠下入长渠,至此两渠渠系连通。此后又以长渠指代两渠。

5世纪时已有木渠的记载。北魏郦道元《水经注·沔水》中记木渠(时称木里沟)灌田三千顷。称木渠始凿于楚,在宜城东三里穿渠上口，汉代南郡太守王宠时引鄢水灌田，谓之木里沟。[①]《水经注·沔水》："夷水又东注于沔（汉江）。昔白起攻楚，引西山长谷水，即是水也。旧竭去城（指鄢城，今宜城）百许里，水从城西灌城，东入注为渊，今熨斗陂是也。水溃城东北角，百姓随水流，死于城东者数十万，城东皆臭，因名其陂为臭池。后人因渠流以结陂田。城西陂，谓之新陂，覆地数十顷；西北又为土门陂。从平路渠以北、木兰桥以南，西极土门山，东跨大道，水流周通。……其水又东出城，东注臭池。臭池灌田。陂水散流，又入朱湖陂。朱湖陂亦下灌诸田，余水又下入木里沟。"[②] 白起淹鄢城后500年宜城一带因洪水泛道开渠，出现渠与陂塘串连的情况。这是5世纪时木渠的基本情况。《水经注》所记木渠的水路与白起引水灌城的泛道更相近（图6-34），有前后相承的关系。

图6-34　木渠、长渠与汉江诸水关系
（引自《中国水利史稿》中册，根据（北宋）郑獬《襄州宜城县木渠记》订正）

---

①《水经注·沔水》，引自《水经注疏》，[清]杨守敬、熊会贞疏本，江苏古籍出版社，1989年，第2392—2398页。

② 同上

鄢水、淯水是木渠的水源河。淯（音"Yi"）水又作夷水、蛮水。鄢水、淯水是为西山长谷之水，是白起水淹鄢城之水，也是汉南郡太守王宠所建的木里沟，后称木渠或白起渠。鄢水、淯水皆出西山于淯口合流，东注于沔（即汉江），与长渠的水源蛮河两不相涉。襄宜盆地西北高东南低，白起自蛮河引水淹鄢是不可能的。

唐代少有木渠的记载。北宋重修木渠时称曹魏以后木渠废数百年。[①] 治平三年（公元1066年），宜城县令朱纮大修木渠，渠首工程改建为有坝引水工程，坝曰灵溪堰，障水而东行，下分南支和北支两渠（图6-35）。南支下游入于长渠，北支凿开长约三里山脊，折而东与灵溪汇合。南、北两渠"通旧陂四十九，渺然相属，如联鉴，高蓄下泄"，宋代的木渠具有完善的渠塘串联长藤结瓜的蓄引工程体系。其时木渠恢复汉代六千余顷灌溉面积，数县获益。[②] 木渠经过这次大修，南渠渠系与长渠渠系陂塘互为连通。

A. 长渠渠首工程

▲1953年重建，保留了传统堰坝工程型式。

---

① ［宋］郑獬：《襄州宜城县木渠记》，《郧溪集》，卷15。
②《宋会要辑稿·食货》七之一九，中华书局，1957年，第4915页。

B. 长渠干渠（20世纪80年代）

C. 长渠与安乐堰水道立交（2017年）

▲ C图中左下是长渠，右上是安乐堰。安乐堰是长渠所结陂塘之一。堰自长渠引水，既蓄水又排洪。图为汛期安乐堰向蛮河泄洪，渡槽处两水立交的情形。

图6-35　长渠渠首及渠道工程体系

9世纪时长渠之名始见于史料。唐《元和郡县图志》襄州义清县条记："长渠在县东南二十六里，派引蛮水。昔秦使白起攻楚，引西山谷水两道，争灌鄢城，一道使沔北入，一道使沔南入，遂拔之。"① 义清县，治在今襄阳西。《元和郡县图志》说得很清楚：

---

① [唐]李吉甫：《元和郡县图志》，卷21，中华书局（点校本），1983年，第530—531页。义清县，治在今南漳东北，宋改名中庐县。

273

长渠派引蛮河之水,而白起则引西山谷两道,淹城之水方可居高临下自西北而东南,从汉江北、汉江南灌鄢城。后世对长渠的歧义,主要是两个夷水所致。蛮河亦名夷水、南漳水,是长渠的水源河。北宋治平三年（公元1066年）大修木渠,南干渠与长渠连通。其时木渠、长渠都经历了多年失修后的大修或重建。大修后的长渠灌溉面积大于木渠,北宋两渠同属襄阳屯田区,官方深度介入两渠的管理,或时人开始以长渠指代两渠。

长渠始建应在唐中期,8世纪时,蛮河上有武安堰,位于南漳县武安镇,截蛮水引水灌溉。唐大历四年（公元769年）节度使梁崇义修建,其干渠是为后之长渠。[1]北宋咸平（公元998—1003年）时襄州知州耿望修长渠兼营田。《宋史·食货志》记载咸平中宜城县蛮河,溉田七百顷。又有屯田三百余顷。知襄州耿望请于旧地兼括荒田,置营田上中下三务,调夫五百筑堤堰。此后长渠失修多年,50余年后至和二年（公元1055年）宜城令孙永组织大修,后又订立均水约束,"时其蓄泄,而止其侵争"[2]。此次大修后效益显著,熙宁八年（公元1075年）秋旱,别处歉收,独长渠之田丰收,还有余粟散于四方。至和大修后11年,宜城木渠与长渠连通,溉田号称六千顷,灌区跨今南漳、宜城两县（市）。

南宋时汉江中游为宋金边界,边防屯田促使官方加大对木渠、长渠维护的资金和人力投入。其时木渠、长渠的大修由中央拨发经费,襄州守臣主持,劳动力除了当地百姓,更是大量动用守军士兵。南宋绍兴三十二年（公元1162年）即修复了木渠、长渠,置屯田39所,每年收谷七十多万斛。淳熙十年（公元1183年）"诏

---

[1] [元] 何文渊:《重修武安灵溪堰记碑》,碑现存长渠管理处。
[2] [宋] 曾巩:《襄州宜城县长渠记》,《元丰类稿》,卷19。

疏木渠，以渠傍地为屯田。寻诏民间侵耕者就给之，毋复取"[①]。此次大修，木渠建水门46处，串连陂塘49处，并再开屯田。绍兴以来，南宋大修两渠七八次之多。13世纪中蒙古军灭金后，一度占据了襄阳、宜城一带。淳祐十二年（公元1252年）南宋收复后，继续在襄阳、宜城军事屯田。木渠、长渠因屯田而得到了很好的维护。明清时襄宜不再屯田，长渠、木渠演变为官督民办的地方灌溉工程。地跨两县的长渠、木渠，灌渠水事纠纷经常发生，再加上汉江与长渠间的水运和灌溉用水发生冲突，19世纪以来木渠、长渠失修，灌区渠道多有湮废。1952年全面修复木渠、长渠。1966年南漳九龙山三道河水库建成，长渠、木渠纳入三道河灌区范围。

（宋）郑獬《襄州宜城县木渠记》

木渠，襄沔旧记所谓木里沟者也，出于中庐之西山，拥鄢水走东南四十五里，径宜城之东北而入于沔。后汉王宠守南郡，复凿蛮水与之合，于是溉田六千余顷，遂无饥岁。至曹魏时，夷王梅敷兄弟于其地，聚民万余家，据而食之，谓之柤中，故当时号柤中为天下膏腴，吴将朱然尝两提兵争其地不得。其后，渠益废，老农辍而不得耕。治平二年，泚川朱君为宜城令，治邑之明年，按渠之故道欲再凿之，曰：此令事也，安敢不力？即募民治之。凡渠之渐及之家，悉出以授功投锸奋杵，呼跃而从之，惟恐不及。公家无束薪斗米之费，不三月，而数百岁已坏之迹，俄而复完矣。其功盖起于灵堤之北筑巨堰，障渠而东行，蛮鄢二水循循而并来，南贯于长渠，东澈清泥涧，附渠之

[①]《宋史·河渠志》，引自《二十五史河渠志注释》，中国书店，1990年，第208—209页。

两埃，通旧陂四十九，渺然相属，如联鉴，高畜（蓄）下泄，其所治田，与王宠时数相若也。余泽之所及，浸淫中庐、南漳二邑之远，异时之耕者，穷力而耨之，不得稿苗则得秕穗，今见其苔然，嶷然皆秀而并寔也。刘熟之日，囷廥之容，则委而为露积，虽然此犹未足以见惠也，至于岁大旱，赤地焚裂而如赪，则木渠之田犹丰年也。于是民始知朱君之惠为深也。获而食之，曰此吾朱令之食我也，以其余发之于它邑，亦曰此启朱令之食汝。然而朱君之为是邑，才逾岁而去，经始之作，其美利未尽发，如其来者善继绪之，则地力可无遗，而襄沔之间厌食香稻矣，则将委籍而有不及敛者矣，则将腐朽而燔烧之矣。夫如是木渠之利尚讵可较邪，予既为之作记。且将镵之于石，则又欲条其事，附于图志，王宠之下庶乎。其后世复有修木渠之利者，于此又可考也。朱君名纮，字某，嘉祐中登进士弟（第）。

——（宋）郑獬《郧溪集》卷15

（元）何文渊《重修武安灵溪堰记》[①]

堰以武安、灵溪名尚矣，考其地皆此故中庐县界。始秦将武安君白起攻楚，断鄢水灌城，拔之。鄢后改曰夷水，晋避桓温父彝嫌名，改曰蛮水，迄今称焉。堰因其故碣（堨），则长渠之源也，溉田三千顷。唐大历四年己酉，节度使梁崇义尝修之，乃建祠宇。宋至和二年乙未，宜城令孙永理渠之坏基，俾复其旧，为民约束，时其蓄泄，南丰曾巩知襄州，遂定著令，且为之记。绍熙改元庚戌，都统率公，淳祐十一年辛亥，荆湖

[①] 原碑存长渠管理处。

制置李曾伯，两命屯田官葺而完之。

灵溪之为堰，首受清凉河，下通于木渠，即古之木里沟也，灌田六千顷。渠始开于楚，汉南郡太守王宠又凿之。宋治平二年乙巳，宜城令朱纮，淳熙十二年总领蔡戡等，凡两浚治，具载贞珉，二渠为之利广矣。宋李后妆奁田在是。我朝至元十年癸酉既平襄汉，又六年戊寅屯田官刘汉英，泊其属丁思明、刘兴、黄汉臣等建议，图而上之，东坻汉江，北亦如之，南际安陆、荆门界，则南漳白罗消溪也，有命作恒业，于大护国仁王寺，以为隆福宫焚修之资，官以提领岁课所入之租。大德三年己亥，政营田提举司，逮六年壬申，中政院同佥李英奉旨出内府金，募民修筑，斩伐竹木，理梩土石、立堤防、障横溃、完崩缺、沦壅阏，心计手授，略无宁暇，是以不数月而告成。若神明有以阴相之者，所谓锸云渠雨之谣，亦无愧德于郑国也。时为使之贰，则有大都民匠总管，乞台含山县尹井居仁任簿书之责，则有院椽高奎赞；佐其役，则有襄阳总管王良嗣、提控案牍郑谦监营田也里都目萧兴祖；奔走供亿，则有提领王从龙、张明义、秦文彬等，厄其徒，则前提领丁思明也。至大康庚戌夏六月，大水，堰复决，官为葺理。延祐改元甲寅，文渊来守襄汉，越四年丁巳春二月，提举赵琦偕都目王翚、吏黄伯荣、萧恭来曰：两堰之修，厥绩甚茂，乃吾元之胜事，苟不纪之，以至落莫无闻。我辈实任其责，子司文衡者，敢不属笔至再至三，而愈笃谨。按志书，襄之西南诸堰，独武安、灵溪为大，其始所作，战国之世，距今一千七百五十余年。其间，起废更新，为利国便民之举，而所可知者，数人耳。其不可知，而同草木湮腐者夥矣。何则，汉召信臣、杜诗相继为南阳开通沟渎，以广灌溉，修治陂池，以拓土田，民遂有父母之称。厥后，征南将军杜预镇襄阳，修召之故迹，引㴲清以浸田万顷，众庶赖之，亦号杜母，且召之故迹在南阳者，预犹为之刟。兹二渠，适属襄土，反无其功耶？呜呼！史籍无传，则亦已矣，后之莅是职者，不坠李侯之功，而踵父母之称于寻召、杜者岂无其人哉！既以所闻而第之，识其岁月，仍系以铭焉。铭曰：惟水于田，利实至大；蓄泄以时，人力是赖；武安之功，雍鄢作埭；浏浏长渠，发源斯在；伊溪而灵，湜湜其派，木里载通，龙兴靡碍；宋妆畚田，以灌以溉；襄樊既平，归我昭代；为祝厘资，尘清国泰；矫矫李侯，辨而能裁；出内府金，丕视功载；木石即工，脉沟络浍；井井塍塍，万顷其界；输租于公，民亦大赉；伐石勒铭，俾永无坏。

三、岷江中游新津通济堰

　　岷江中游成都平原南部新津、彭山、眉山、夹江、乐山等地灌溉工程与上游都江堰工程多有类似，即以竹笼修筑的堰导流入渠，引水自流灌溉。唐宋间岷江中游较大的灌溉工程有通济堰、蟆颐堰、牛头堰等。通济堰无论是持续兴利的历史还是工程规模，无疑是四川仅次于都江堰的大型灌溉工程。渠首工程位于四川成都新津区东南南河、西河，与岷江交汇处。干渠沿岷江又按山前台地南下，经新津、彭山、眉山三县，至眉山南入醴泉江。宋代灌溉面积就达到了三十四万亩，与近代通济堰不相上下。[①]

　　岷江中游灌溉工程始于东汉建安时。（晋）《华阳国志》："武阳县，郡治（犍为郡），有王（桥）彭祖祠、蒲（藉）江大堰，

[①] 谭徐明：《四川通济堰》，《水利水电科学研究院科学研究论文集》，第31集，水利电力出版社，1990年，第164页。

灌郡下，六门。"蒲江，岷江支流，或称临邛水、邛江，今称南河。武阳县，汉置县辖境今新津、彭山、眉山、仁寿、井研。8—9世纪是岷江中游水利发展的高峰期，延续至今的灌溉工程大多源于这一时期。唐开元二十八年（公元740年）益州长史章仇兼琼建通济堰。"自新津邛江口引渠南下，百二十里至（眉）州西南入江，溉田千六百顷。"①应该是东汉蒲江大堰的重建。其时通济堰灌溉新津、彭山和眉山三县。章仇兼琼还兴建了眉州的蟇颐堰。堰在眉州蟇颐津岷江左岸，灌溉眉州、青神一带，灌溉面积逾万亩。②大和年间（公元827—835年）在通济堰以南青神县境内开渠引岷江溉青神田三百多顷，是为后之鸿化堰。至此岷江中游形成了仅次于都江堰的灌溉工程体系，成都平原成为西南地区的重要经济区。两宋时期四川粮赋在全国占有较大比重，主要供给区就是成都平原。

　　北宋末年通济堰失修。南宋国土局限在长江以南，不得不重视通济堰水利。绍兴时（公元1131—1162年）通济堰几次大修。先是四川安抚制置使李璆"率都刺史合力修复"，不久堰废，眉州灌区尽为荒野。绍兴十五年（公元1145年）眉州知州句龙庭实（也作勾龙庭实）大修。这是一次重要的修复，通济堰灌溉之利惠及下游眉州。修复后句龙庭实订立堰规，使三县维护有章可循。眉州人建堰庙祭祀句龙庭实。嘉泰元年（公元1201年）宋宁宗赐庙"灵嘉"，开禧元年（公元1208年）赐封句龙庭实"想济侯"。

　　南宋以后，通济堰在元明清改朝换代时期，多次经历多年失修。明清交替时期这一涉及三县的灌溉工程失修近百年。至清雍

---

① 《新唐书·地理志》，《二十五史河渠志注释》，中国书店，1990年，第707页。
② ［宋］魏了翁：《眉州新修蟇颐堰记》，《鹤山先生大全文集》。

正时（公元1723—1735年）在四川总督黄廷桂主持下修复了新津至彭山段，灌溉面积三万六千五百亩。乾隆十八年（公元1753年）眉山知州张兑、彭山县令张凤翥主持疏浚新津以下干渠八十余里，恢复彭山、眉山灌溉面积七万三千余亩。嘉庆七年（公元1802年）修导流堤引都江堰外江西河尾水入通济堰，自此通济堰与都江堰外江灌区联为一体，扩大了通济堰的水源。

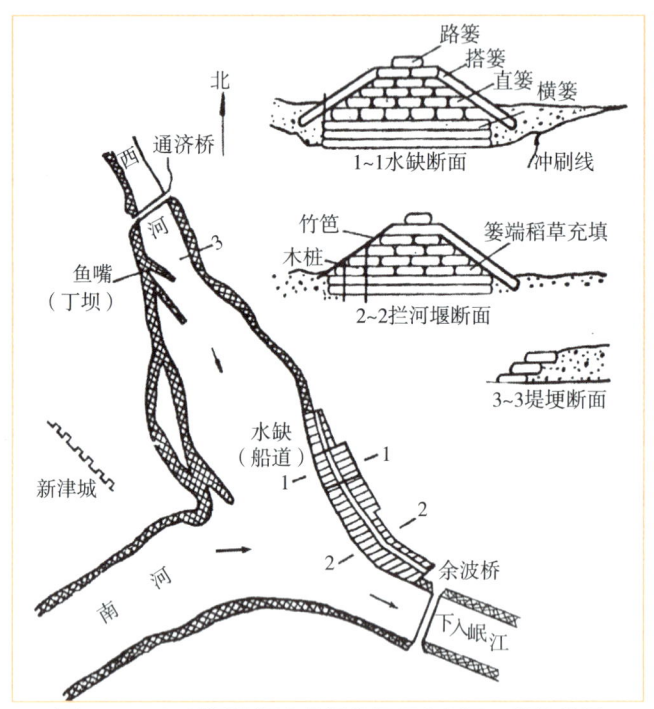

图6-36 四川通济堰古代渠首枢纽布置及工程结构图

12世纪时通济堰渠首工程始见记载。南宋绍兴十五年（公元1145年）句龙庭实修复时，"更从江中创造，横截大江二百八十余丈"，约合今制860米。清嘉庆七年（公元1802年）重修后的通济堰不过水导流堤加拦河坝全长840米，高3.5~6.5米，中部有水缺，岷江与西河、南河、通济堰之间通航及木筏（图6-36）。通济堰进水口位于南河右岸余波桥，进水口宽6米，深6米，余波桥处凿石为水则。水则六格，每格高一尺，为一划，水则划数决定堰顶高度，乾隆时顶四划为度。余波桥进水口底基岩上刻石鱼，既是渠首疏浚的标准，也有和堰共同节制引水量的功能。道光、同治时灌区中下游的彭山和眉山要求堰顶高度提高，以增加引水量。而上游的新津则以堰高不利于行洪反对。长达20多年两方互不相让，终于在四川省总督的协调下加高至五划六字，比原来增加一尺六寸。

通济堰渠系工程较好地保留了唐宋以来的基本格局。《新唐书·地理志》在蜀州新津条记堰分四筒，溉彭山、眉州通义之田（眉州治通义，今眉山市东坡区）。眉州彭山条记通济堰有小堰十。南宋李心传《建炎以来系年要录》记通济堰有筒、堰一百一十九处。《明史·河渠志》记通济堰下分十六堰。尽管统计口径不同、各时期工程有差异，但是工程体系变化不大（图6-37）。通济堰的分水设施有筒和堰两种。筒是砌石涵洞或铸铁口门，堰是石砌斗门，这是长期上下游争水纠纷的产物，以约束低水期的取水。湃或称堤，既是供水设施，也是汛期泄洪设施。江余堤是通济堰渠系工程中的关键工程。通济堰彭山筒和山溪毛河经江余堤汇入眉州筒，江余堤既为其下眉州筒的14筒补充水源，也是通济堰汛期洪水排入岷江的主要通道。江余堤是砌石结构的梯级砌石坝，长约60米，宽约7米。

通济堰水利效益涉及三县，自唐代以来无论是兴建、重建还是常规的工程管理，官方都是深度介入。宋代，地处灌区下游的眉州知府行使了主要的管理职责。12世纪眉州知州句庭龙实修复通济堰后曾订立堰规,可惜未能流传下来。现存古代通济堰堰规有乾隆二十年(公元1755年)眉州知州张兑订立的《修复通济堰善后事宜》。《事宜》共八条,涉及各级堰长设置和职责、工程维修、水费征收、船缺管理、渠首拦河堰交通规则等。这些规定沿用到道光元年(公元1821年)眉州知州吴友篪订立的《通济堰章程》中。后来三县因为通济堰渠首拦河坝高度之争,同治十二年(公元1873年)川西道骞阎主持修订章程将堰顶高度由四划改为五划加六。1919年针对再次起来的三县渠首工程、水费、岁修等诸多争议,由川西道调节,时任省长签发新的渠首工程条例。新

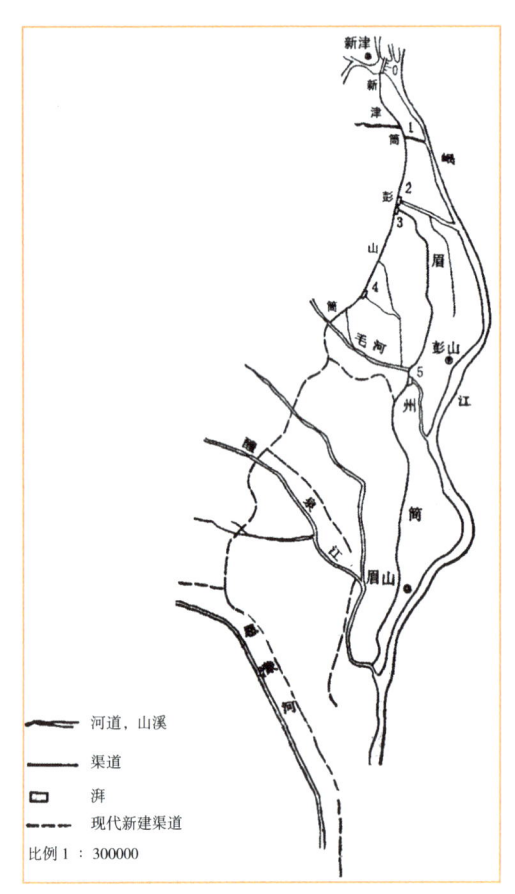

图6-37 四川通济堰渠系工程图

▲ 0.拦河堰——横截南河,顺岷江右岸;0-1分出新津筒4支渠;2.小礼淜(柏木淜),分出彭山筒12支渠;3.大礼淜(智远堤),分出通济堰西支、东支两干渠;4.白鹤淜;3-4、3-5.西支彭山筒、东支眉州筒上段,分出支渠40条;5.江余堤,江余堤处毛河及彭山筒汇入眉州筒。眉州筒下分14条筒。

津二王庙是通济堰的堰庙,供奉李冰和章仇兼琼,这里也是三县官方堰务会商的地方。通济堰各时期的堰规被刻在石碑上陈列于此,

作为工程管理和用水管理维权的象征。

  清代通济堰每年由省库拨白银五十二两为渠首岁修之费，主要岁修经费来自一百零二亩堰田，岁收租银二百七十两，以及全堰按得水远近的亩摊水费。通济堰灌区还有各支渠都有堰长，这是用水户自治管理的协调人，负责末端的灌溉用水管理。自上而下完善的管理组织、政府对堰规制订的参与，以及各县对堰规的遵守，使涉及三县错综复杂利益的大型灌溉工程得以延续。现代通济堰渠首拦河坝、进水口先后建闸，极大地提升了工程的调控能力，但同时也失去了传统灌溉工程的底色。古老的通济堰在部分渠段还留有曾经的印迹。

图 6-38 四川通济堰干渠进口段（2008 年）

▲左下的渠道是曾经彭山筒的一段引水渠。

四、抚河千金陂—中洲围

  唐宋之际，长江中游流域农业经济有长足的发展。长江中游的灌溉工程既有类似长江上游引水工程，也有下游水网地区的围区水利，江西抚河的千金陂就是这类工程的典型。

  千金陂—中洲围灌溉工程位于江西省抚州市，是抚河中游进

图6-39 千金陂—中洲围所在位置

入下游的起始段。抚河，古代又名汝水，是鄱阳湖仅次于赣江的第二大支流。约8世纪中抚河在抚州州城临川（今抚州市）东南决口，冲出支港夺正河北行，正河水道湮淤。水失故道，临川城乡或渍涝成灾，或断流干旱。自唐上元（公元760—761年）筑华陂起，先后有大历（公元767—779年）颜真卿的土塍陂、贞元（公元785—805年）戴叔伦的冷泉陂、咸通（公元861—874年）李渤的千金陂，在此数次兴工。这些工程前后历时百年，着意遏支行正，恢复抚河水运、灌溉之利。[①] 千金陂得名于唐代的最后一次工程兴建，其陂横截汝江，南北长一百二十五丈（约420米），水小时导流入渠，通舟临川城东，灌溉土地百余顷。[②] 宋代千金陂也越修越长，增加的部分是围堤，千金陂的分水、导流功能衍生为分水、导流和防洪功能。唐代千金陂南北只有一百二十余丈，宋代陂长达三百丈，明代已绵亘三五里，彼时千金陂亦称"千金堤"。伴随千金陂的延伸，围内渠道、陂塘等输水蓄水工程逐渐增多。明清时"千金陂—中洲围"工程体系形成，成为具有防洪、排涝、灌溉和水运功能的水利工程（图6-40）。14世纪以来，中洲围内人口越来越多。据围内30本各姓宗谱记载，许多家族都是明代迁往中洲围的。人口增多，农业发展，推动了千金陂的修治，明代千金陂数次毁于

---

① [明]徐良傅：《千金陂论》，[清]《江西通志》，卷141，《四库全书》（史部地理类），上海古籍出版社，2003年，第172页。

② [唐]柏虔冉：《新创千金陂记》，《全唐文》，卷805，中华书局，1983年，第8468—8469页。

洪水也数次大修，中洲之外的围堤在这一时期逐渐合围。

清代抚河水势经过千金陂数百年控导，正流稳定下来，曾经的抚河决河——"干港"，成为分流洪水的通道。咸丰年间（公元1851年），抚河沿岸建成31.1千米的上中洲堤，堤顶高程44.3米，顶宽6米，保护农田二万四千多亩，中洲围内常住人口超过4万人。

千金陂工程经历了从唐代到明代土堤、竹笼卵石堆筑、砌石的演变。现存千金陂保留了明天启年间（公元1621—1627年）修建的大部分陂塘体。残陂高6~7米，顶宽9~12米，长1100米（图6-41）。近年在千金陂附近发现了这次

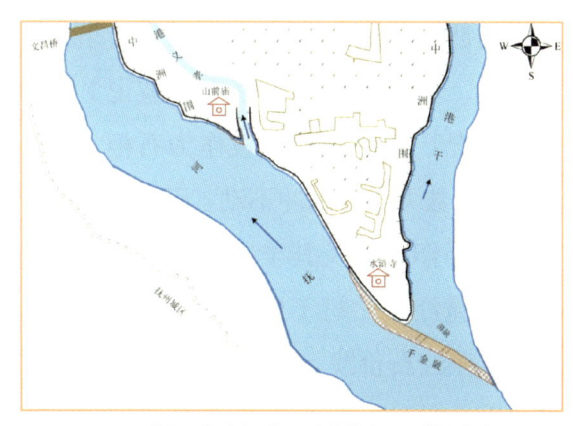

A.17世纪时千金陂—中洲围工程推测图

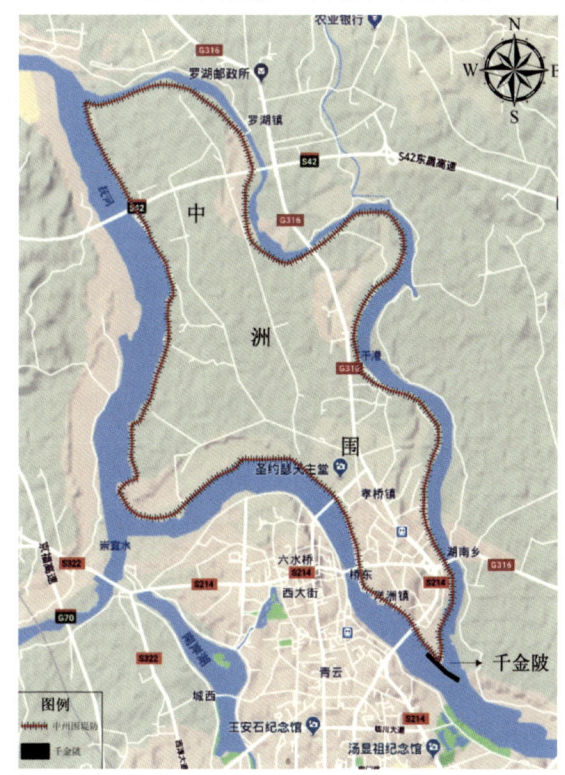

B.现代千金陂—中洲围

图6-40　千金陂—中洲围工程体系

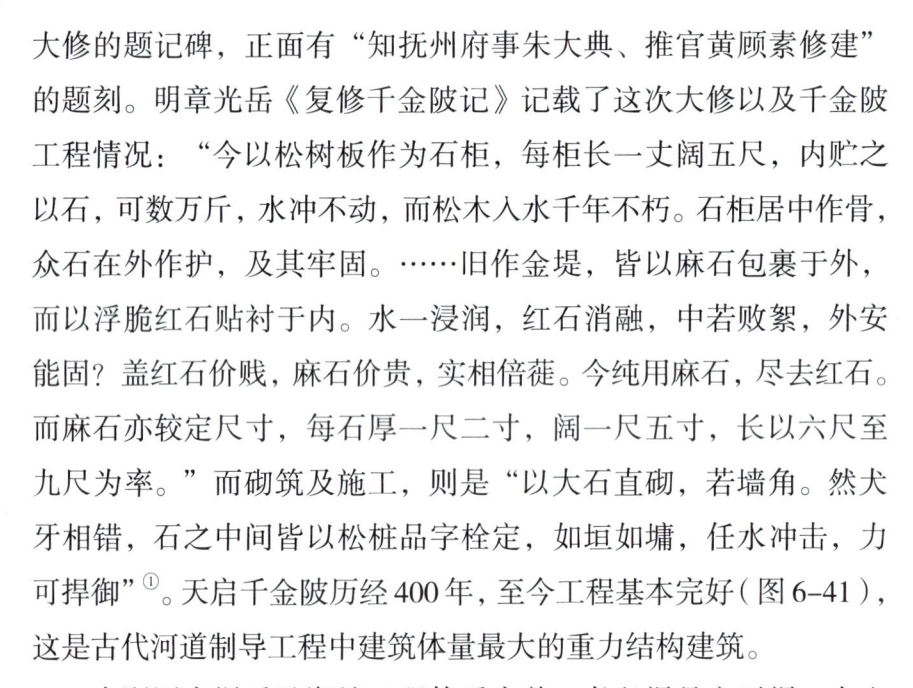

大修的题记碑，正面有"知抚州府事朱大典、推官黄顾素修建"的题刻。明章光岳《复修千金陂记》记载了这次大修以及千金陂工程情况："今以松树板作为石柜，每柜长一丈阔五尺，内贮之以石，可数万斤，水冲不动，而松木入水千年不朽。石柜居中作骨，众石在外作护，及其牢固。……旧作金堤，皆以麻石包裹于外，而以浮脆红石贴衬于内。水一浸润，红石消融，中若败絮，外安能固？盖红石价贱，麻石价贵，实相倍蓰。今纯用麻石，尽去红石。而麻石亦较定尺寸，每石厚一尺二寸，阔一尺五寸，长以六尺至九尺为率。"而砌筑及施工，则是"以大石直砌，若墙角。然犬牙相错，石之中间皆以松桩品字栓定，如垣如墉，任水冲击，力可捍御"[1]。天启千金陂历经400年，至今工程基本完好（图6-41），这是古代河道制导工程中建筑体量最大的重力结构建筑。

中洲围内渠系及湖塘工程体系完善。孝义渠是主干渠，在山前庙前引水（图6-41A），流经千金陂村、邓家村、文昌里、孝义桥、河义桥、下尧坊、岭上周家、太平桥、喻家桥、仓下饶家、挂角村、菱湖辛村、流蒿尧村、龙湾村、饶家嘴，与干港出口相邻归于抚河，全长13千米。孝义渠分出支渠有4条。灌溉面积一万五千六百余亩。除了灌溉效益外，还是抚州城东部主要生活水源和水路通道。中洲围内诸多地名与古代水利工程设施有关，见证了水利与区域发展的密切关系。如廖家湃，位于中洲围西侧的河堤下，村庄紧靠抚河，《廖氏家谱》记载，廖氏家族于明宣德二年（公元1427年）迁至这里建村，村因邻泄水石湃而得名。胡家湃，位于中洲围西南侧大堤附近，因石湃而名。破港周家，位于中洲围西南，

---

[1] ［明］章光岳：《复修千金陂记》，《（光绪）抚州府志》，卷3，《中国地方志集成·江西府县志辑》，江苏古籍出版社，1996年，第92页。

A. 千金陂陂头部分
（右为抚河，远处为干港）

B. 千金陂背水面
（远处为千金陂分出的干港）

C. 围区湖塘——菱湖

图 6-41　明清千金陂—中洲围的遗存（2018 年）

村临抚河河湾处的险工段，屡有溃堤破围，被称为"破港周家"。菱湖辛村为元至正六年（公元 1346 年）辛氏家族移民至此建村，因村东湖塘长有菱角，以湖名村。位于中洲围西南抚河河湾斗门村的周氏是元代至正七年移民，因有干渠斗门在此分水，村以斗门冠名。

唐宋以来，抚州因水而兴。明人章光岳称："余尝闻父老言曰：'金堤未堰之先，郡城萧条仅同一村聚。人文落落如晨星，城之内外，列弟子员者仅五六人，市肆几可罗雀。俗尚狉獉朴陋，殊不似大邦气象。迨堰成而后，人文鹊起，科甲蝉联。'"[①]水利兴修以后，抚州成为经济繁盛、人文荟萃之地。宋代抚州有进士592名，明代有286名，均居江西前列。其杰出者如宋代政治家王安石、理学家陆九渊、诗人晏殊，明水利家万恭、戏剧家汤显祖等。水利与经济、文化、教育等实互为推动。

1958年在千金陂上游金溪县兴建金临渠，自疏山口抚河引水，金临渠一干渠倒虹吸穿过干港入中洲围，为今天的新水源，中洲围内孝义港工程体系仍在发挥排水和灌溉作用。2019年千金陂列入世界文化遗产名录，千金陂—中洲围工程及文化遗产将得到永久的保护。

[①] [明]章光岳：《复修千金陂记》，《（光绪）抚州府志》，卷3，《中国地方志集成·江西府县志辑》，江苏古籍出版社，1996年，第90页。

中国灌溉工程史

第三编 近古时期

灌溉工程技术普及与转折

（公元1280—1949年）

13世纪70年代至19世纪末的600多年间，是元明清三代王朝一统中国的时期。在宋末元初、元末明初和明末清初朝代更替的数十年间，凡政府参与管理的灌溉工程大多数历经十年甚至上百年的失修，一旦和平时期到来，最先恢复的也是这些关乎区域社会稳定和生产力的灌溉工程。元明清三代河渠志的直省水利篇无一不是自各朝灌溉工程复建起记，这些关乎大局的工程，政府对其管理的介入贯穿其始终。

　　自战国至唐宋，灌溉工程发展臻于完善，至元代结出了硕果。14世纪王祯著《农书》，全面系统总结了灌溉工程技术。王祯，字伯善，山东东平人，生卒不详。元元贞元年至大德六年（公元1295—1302年）任旌德县令时完成《农书》撰写，大德八年（公元1304年）成帝下诏刊行。成书100年后，收入明《永乐大典》。灌溉工程及设施、灌排机械（具）、水力机械（具）见于《农书》的《农桑通诀》《农器图谱》篇。明徐光启著《农政全书》，水利类保留了《农书》的主要内容，增加了太湖流域圩田水利，引入了西方提水机械（具）。

　　元代王祯《农书》和明代徐光启《农政全书》都贯穿了农为天下之本，水利为农之本的传统文化，阐述了灌溉与农业，与国家的关系，"庶灌溉之事，为农务之大本，国家之厚利也"[①]。元初前代的灌溉工程大多废弃，《农书》历数各地的著名灌溉工程，提出了继承为重，尽快修复促进经济快捷复苏，"不必他求别访，但能修复故迹，足为兴利"。元明清建都北京，王祯首先提出了京畿地区治水策略，对明清华北灌溉工程的发展影响深远。徐光

---

① [元]王祯：《农书》序。徐光启沿用类似的表述。

启更是提出了京畿屯垦水利的具体建议。万历四十一年至天启元年（公元1613—1621年）徐光启数次到京东屯区考察，向当局建议采用东南沿海筑圩开港之法，排水洗碱种稻，甚至在海河南岸葛沽购买土地一千六百亩试验，此为天津、北京水利营田的先声。

　　元明清一统帝国期间，尤其明清两朝人口超过1亿时，灌溉工程发展到了以往不曾涉及的地区和边疆，如海南、台湾、云南、贵州。无论是偏僻的亚高山地区，江河湖海三角洲地区，还是丘陵地区，各种类型的灌溉工程带来了新农业区的诞生。明清时期，一方面灌溉工程向北发展，华北平原京畿地区和东北三省稻作农业兴起，灌溉工程为之提供了水源的支撑。唐宋以来宗族迁徙的余波，推动了丘陵山区的土地开发，小型、微型灌溉工程向乡村普及。

　　近现代灌溉工程技术转折以材料结构演变为标志。水泥钢材的应用，使得大型水闸、大坝成为可能。但是在农田技术的演进中，灌溉工程管理仍然维系着传统的体系和机制。及至20世纪50年代以后，自秦汉以来千年之大变革逐渐来临。传统灌溉工程的规划、建筑和管理急剧地蜕变，彻底的变革是管理的变革。留存不多的古代灌溉工程不仅是历史的见证，其中蕴涵的生命力更体现在它多方面的价值。与自然和谐且完善自然的工程建筑，对水资源合理利用、具有凝聚力的灌溉文化，何尝不是滋养未来灌溉工程进步的科学与技术的源泉，何尝不可以与文明随行，长存于江河大地。

第七章　区域屯田及其新水利区开辟

《元史·河渠志》记录了元初各路屯田所修复的灌溉工程有：属怀庆路的引沁灌溉工程广济渠；奉元路之引泾洪口渠，即秦郑国渠，元又名三白渠、泾渠；镇江路之练湖；嘉兴路之淀山湖；成都路之蜀堰，即都江堰。①《明史·河渠志》记明洪武二十七年（公元1394年）太祖朱元璋"特谕工部，陂塘湖堰可蓄泄以备旱潦者，皆因其地势修治之。乃分遣国子生及人材，遍诣天下，督修水利。明年冬，郡邑交奏。凡开塘堰四万九百八十七处，其恤民者至矣"②。其时距元北循退回蒙古草原不到30年，而明代水利复兴的地域和速度远远超出前代，军卫屯田依然是灌溉工程创建或重建的先锋。《清史稿·河渠志》记顺治四年（公元1647年），即清入关之初，"给事中梁为请开荒地，兴水利，章下所司"。至十一年（公元1654年）顺治帝下诏："今年水旱为灾，民生重困，皆因水利失修，致误农工。该督抚责成地方官，悉心讲求，疏通水道，修筑堤防，

---

①怀庆路，领河内（今沁阳）、济源、河阳（今孟州）、修武、武陟、获嘉、温县、新乡；奉元路，领长安、三原、高陵、泾阳、永寿、乾州；镇江路初名建康路，领镇江、丹徒、丹阳、金坛；嘉兴路，领嘉兴、崇德、海盐；成都路，领成都、华阳、灌州、彭州、汉州、晋原、温江、郫县、新繁、新都、华阳、双流、新津。上述五路是蒙元以屯田兵恢复的灌溉工程。

②《明史·河渠志》，引自《二十五史河渠志注释》，中国书店，1990年，第460页。

以时蓄泄。"[①]明末清初天灾人祸，人口锐减，承平之后灌溉工程的修复为各省总督、巡抚所面对的要务。至康熙中期，北抵长城，东尽于海，西至新疆、河西，南达于粤，整个社会趋于稳定，农田水利工程大多恢复。

　　元明清别开生面的水利成就，来自北京及京东地区水利营田造就的北方稻作农业的发展。元明清都北京，这一时期京畿地区粮食主要来自大运河南粮北调。元明清王朝政权无不就近寻求新的粮食基地补充或替代。尤其是16世纪以来黄河屡屡决溢，频繁改道，阻滞漕船北上。明清时期，河北涿州引拒马河、固安引浑河（永定河），北京引西山诸泉、温榆河，天津以蓟河、潮河、海河为源的大大小小的灌溉工程先后兴建，为数百年京畿稻作农业发展提供了水源保障。明清之际灌溉工程在东北、台湾、海南、云南、贵州有突破性的发展，新水利区相继出现。随着亚高山、丘陵和浅丘陵地区陆续开发，以宗族为建设和维护主体的小型、微型的乡村水利工程兴建，这些工程类型丰富，且以最少的工程设施，解决了乡村生活和灌溉用水，它们以顽强的生命力延续至今，极大地丰厚了灌溉工程遗产的技术和文化内涵。

第一节　畿辅水利营田

　　畿辅即今北京、天津和河北大部地区，地处海河流域南系和北系下游。海河流域年内和年际降水变幅大，年内降水多集中于夏秋两季，且多以暴雨的形式出现。如此，农田灌溉成为农业增

[①]《清史稿·水利志》，引自《二十五史河渠志注释》，中国书店，1990年，第623页。

产的必要保障，而灌溉的规模则受制于水资源状况和调蓄水量的工程技术等条件。元明清定都今北京，为减轻漕运压力，对畿辅水利的开发投入极大的热情。然而，无论哪一种工程措施都受制于水资源不足的困扰。明清时期国家水利重点在海河流域下游，防洪、灌溉并举的策略，将稻作农业区拓展到京津及华北平原地区东部。

一、水利营田始末

11世纪前后黄河频繁北决，黄河泛道所携带的大量泥沙淤塞了海河流域原有的南系河道，在今河北保定地区以东直至海边的广大区域中形成了一系列大大小小的塘泊，大者纵横百余里，小者亦有数十里至十数里。《宋史·河渠志》将这些塘泊分为九区，最东一区在今天津静海区一带，最西一区在今保定徐水区周围，之间则沿着今文安、霸州、雄县、任丘、高阳、清苑一线绵延分布。为防止塘水过浅以致干涸，还开辟了若干水源，引水入塘。

早在北宋前期，官方就开启了以军事戍边为目的，以稻作为主的河北水利营田。北宋淳化四年（公元993年）宋太宗命何承矩督戎兵18000人，"自霸州界引滹沱水灌稻为屯田，用实军廪，且为备御焉"[①]。尽管是出于军事目的兴建的水利工程，但是大多兼顾了屯田灌溉的需要。为调节塘泊水深，设置了泄水闸或泄水堰，并设置水尺进行水量调控。至11世纪时，北宋在河北各州的屯田共达四千二百余顷，尤以今保定地区为多，每年收获粮食二万九千余石。金灭辽后，据有淮河以北。南宋以来河北塘泊无法得以继续维持，水利随之中断。

---

① 《宋史·河渠志》，《二十五史河渠志注释》，中国书店，1990年，第156页。

元朝建都北京后，京师所需之漕粮仰赖江南。其时大运河工程体系尚未完备，北上粮食经运河转输海运直沽，海运漕船多有漂没，遂转而谋求畿辅一带经济的发展。元中统三年（公元1262年）郭守敬提出了在顺德（今河北邢台）引泉水和沙河，可灌溉一千三百余顷。在磁州东北，漳河、滏河间引水，可以灌溉三千顷农田。这些地区曾经是宋塘泊水利的核心区。但是后来实施屯田不在这里。至大二年（公元1309年），在直沽设官领屯田军，开始在京东屯田。延祐时潒州有营田提举司①，治所武清，领营田三千五百余顷。延祐七年（公元1320年）于武清县兴建浑河（即后之永定河）堤，用工53722。40多年后南方红巾军起，海运不通，不得不重视京畿农业。至正十二年（公元1352年）丞相脱脱亲任大司农，开始了畿辅水利营田。朝廷中央从江南召募圩田技师一千人北上，教授圩田技术，并向农户贷款，拨发农具、耕牛及谷种。自此西至太行山南麓，东至天津、卢龙，南至保定、河间，北至今密云、顺义，皆开渠引水，京畿地区稻作农业起步。20年后元朝覆亡，元畿辅水利营田告一段落。

明永乐十九年（公元1421年）迁都北京以后，南北大运河经过整治得以畅通，北上漕粮达到年六百万石左右。畿辅营田再起是在16世纪中期。自南宋建炎二年（公元1128年）黄河南徙夺淮至今江苏响水入黄海，至此时已经400年，黄河进入大改道前夕。彼时黄河决溢泛滥，运河屡屡中断。万历三年（公元1575年）徐贞明任工部给事中，上"水利""军班"二议，提出举西北、畿

---

① 营田提举司为大司农所辖，事大都军事屯田。《元史·河渠志》，《二十五史河渠志注释》，中国书店，1990年，第247页。

辅水利营田，改变京师对漕粮的极度依赖的局面。徐贞明称京东顺天、真定、河间、永平、滦州、沧州、庆云沮洳之境，地皆萑苇，而实膏腴。京西则山麓涌泉，溢地而出。京畿地区只要水利兴，则一定是稻作之区。他还提出了招募南人，许其占籍，仿照江南修筑圩田。时任工部尚书以水田劳民，请缓施行。但是徐贞明的建议得到了顺天巡抚张国彦的赞同，开始在蓟州、永平、丰润、玉田推行。万历十三年（公元1585年），徐贞明任尚宝司少卿，受命营田使，负责京东屯田。徐贞明先勘察京东各地，选定永平府（治今卢龙）开沟渠试种水稻。到了第二年二月，于京东永平府已经开垦三万九千多亩田。他又遍考海河各支流，分派各地职责，准备大举疏浚。但是，太监、外戚等占据闲田之人，担心开沟渠占地失去利益，争相反对。内阁大臣申时行等称水田不可行，甚至上疏追究建议人的罪责，因为内阁大臣的劝谏才终止。徐贞明不久致仕回乡，万历十八年（公元1590年）去世。万历前期朝廷主持的畿辅水利营田夭折。但是，水利营田仍在一些官员的倡导下不绝如缕。宝坻县令袁黄，万历十六年（公元1588年）在宝坻引潮河种稻。因地形高下，开渠、营田与置塘并举。进水渠与塘泊相通，出水沟与大港接，旱则引水灌溉，涝则通沟泄水。清雍正京东营田，宝坻属京东局。雍正五至九年（公元1727—1731年）4年间营田三百顷。[①] 万历二十九年（公元1602年）天津登莱海河巡抚汪应蛟在天津葛沽、咸沽、泥沽等处，组织官民开渠筑堤，引海河洗碱，开田五千余亩，其中水田两千亩，共收六千余石，

---

① 《（乾隆）宝坻县志》，卷16，第7页。

蕃薯旱稻五千石。①汪应蛟的葛沽、白塘十字围最为著名,即求、人、诚、足、愚、食、力、古、所、贵十围,每围由围堤、进水闸、排水沟构成相对独立的灌溉排水洗碱系统。次年汪任职保定,后任继续在天津海河口营田。天启初明辽东与清战事紧张。天启二年(公元1622年)太仆卿董应举经理天津及山海关屯田,将辽东流民1.3万户安置顺天、永平、河间、保定等府,购买或垦荒地三十余万亩,浚渠、筑堤,收获稻、黍、麦等七万余石。同时期,还有直隶御史左光斗、天津巡抚李继贞等先后在天津水利营田。

  清代畿辅水利依然得到朝廷上下的关注。康熙四十三年(公元1704年)天津总兵蓝理在天津南设军屯、民屯水利营田。在海河口沼泽洼地修筑圩岸,开贺家口、华家圈两引河,引海河水灌溉、洗碱。河渠、圩岸周数十里,水田一百五十顷。此举首开清代水利营田的先声。雍正三年(公元1725年)海河大水,直隶70州县遭遇洪水灾害,发放七十万石粮食赈灾。次年,设水利营田府,雍正帝命怡亲王及大学士朱轼查勘。文安人、侍读学士陈仪任营田使。雍正五年(公元1727年),营田府下设京东、京南、京西和天津营田四局,下辖39州县(图7-1)。②畿辅水利营田大张旗鼓全面推行,当年营田达到六千余顷,涵盖海河流域主要河流及中下游平原。水利营田类似江南圩田农田水利措施,即通过堤岸、闸坝、沟渠构成引水、排水体系,工程建设成本高。

---

①[明]汪应蛟:《海滨屯田疏》,《畿辅河道水利丛书》,农业出版社,1964年,第373—374页。
②《水利营田图说》,引自[清]吴邦庆辑:《畿辅河道水利丛书》,农业出版社,1964年,第223—225页。

A. 京西营田局范围及水源

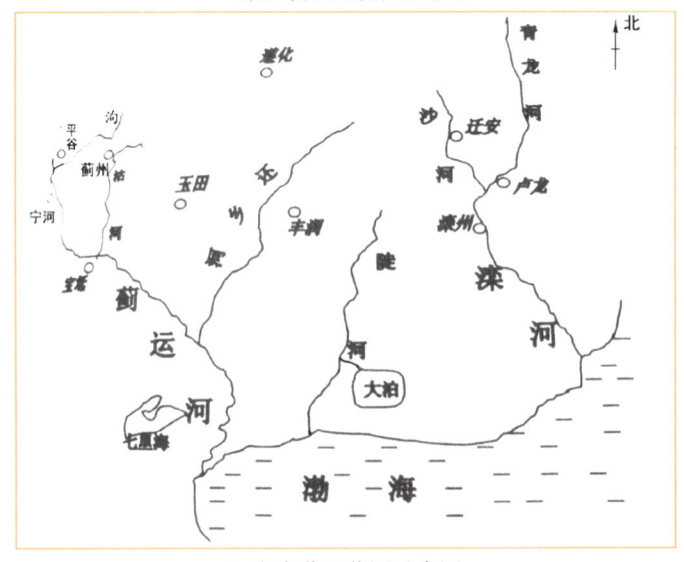

B. 京东营田范围及水源

C. 京南营田局范围及水源

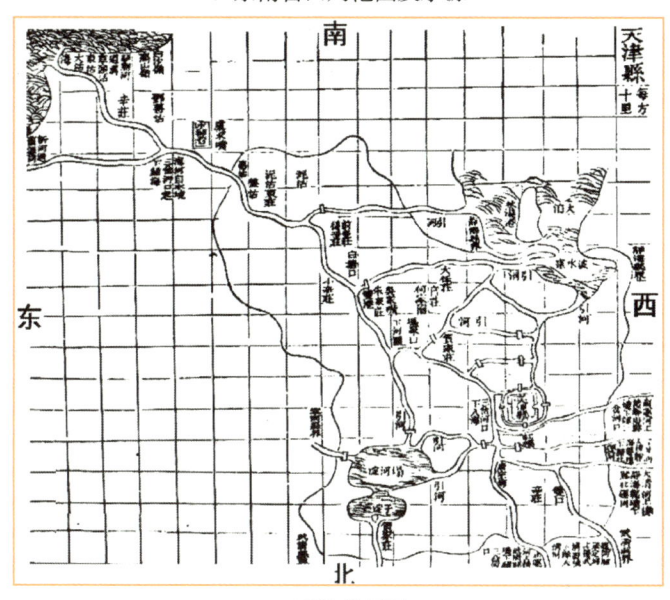

D. 天津营田局

图 7-1　清雍正畿辅水利营田区域范围及河道淀泊

雍正八年（公元1730年），允祥去世，部分水田改旱田。雍正十二年（公元1734年），京东营田一千一百四十余顷，京西二千二百余顷，京南一千九百余顷，天津四百八十余顷，四局共计五千八百余顷，其中民间营田占总数43%。水田亩产四百斤左右。乾隆朝罢营田府，营田交由地方，朝廷主导的畿辅水利营田也人亡政息。及至清末漕运中断后，为了解决军粮供给，在天津东北营田十三万亩，著名的小站稻即始于此。

　　元明清三朝相继以畿辅水利营田为重，但最终没有推行开来。这要从社会和自然两个方面寻找答案。明代徐贞明畿辅水利营田，开渠、筑圩、营造水田与占据河口海岸沮洳之地，攫取芦苇收益的当地权贵发生冲突。海河流域多年平均降水量为500毫米左右，且集中于每年的6至8月，丰水和枯水变幅太大，与水稻生长期的灌溉错开。相比于雍正帝，康熙帝对华北地区水资源特点有更为清醒的认识。康熙四十三年（公元1704年）当大臣提出畿辅水利营田奏折时，他说："朕以为不可轻举者，盖北方水土之性迥异南方。当时水大，以为可种水田，不知骤涨之水其涸甚易。观琉璃河、牤牛河、易河之水入夏皆涸可知。"不同意大规模发展水田，决定只在天津试行。畿辅水利营田最后硕果仅存于京西太行山和燕山山麓，以及海河河口天津东北和东南滨海地带水资源丰富的地区。

二、畿辅水学

　　畿辅水学的命名来自日本中国水利史研究学者森田明。他将以治水之思想、政策与技术，并体系化而形成的治水之学称为"水学"。他还指出水学是政论之学，有时代、区域之分别，当以历史的、地域的观点来划分水学。宋代以后水学的中心二分为华北与江南，随着元代以后国都奠定于北京，华北水学被继承而为畿辅水学。①水学术语及其定义可以客观反映某一特定历史时段、特定区域的治水思想、策略和水利技术。畿辅水学以元明清为时段，涵盖海河下游流域京津冀地区。畿辅水学重点在防洪排涝，而水利营田，解决畿辅粮食问题又是其目的。元代王祯、郭守敬、虞集，明代丘浚、徐贞明、汪应蛟、左光斗、徐光启，清代怡亲王允祥、陈仪、林则徐等是畿辅水学的核心人物。

（一）以水利营田，发展畿辅农业战略布局

元明清都北京，政治中心与经济中心分离。元至元二十六年（公元 1289 年）大运河山东段会通河开通，至元三十年（公元 1293 年）北京段通惠河开通，大运河遂成为南北沟通的经济动脉。但是大运河的运行受制于黄河。黄河自 12 世纪南徙夺淮河故道入海后，决溢频繁，自河南开封以下，但有决溢，便分为数条泛道，洪水或冲断运河，或携带的泥沙淤塞水道。大德四年（公元 1300 年）王祯著《农书》正当南北大运河全线沟通之时。他在《灌溉》篇中，举秦汉京兆郑国渠、白渠，北魏督亢渠、戾陵堰为例，首倡发展灌溉工程，"今其地京都所在，尤宜疏通到达，以为亿万衣食之计。……庶灌溉之事，为农务之大本，国家之厚利也"②。这也是其后所有提倡畿辅水利营田者的主导思想。

元初经历金元战乱的北方地区彼时地旷人稀。泰定时（公元

---

① ［日］森田明著，郑梁生译：《清代水利社会研究》，台湾"国立"编译馆，1995 年，第 408—415 页。

② ［元］王祯：《农书》，卷 3，引自《四库全书》（影印本），第 730 册，上海古籍出版社，1987 年，第 739 页。

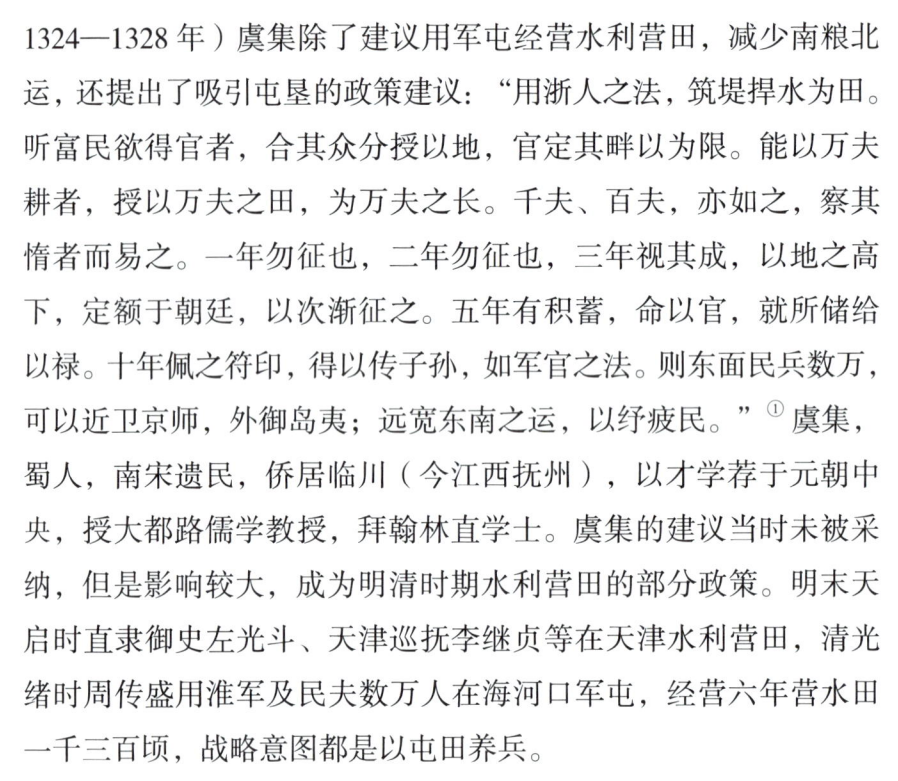

1324—1328年）虞集除了建议用军屯经营水利营田，减少南粮北运，还提出了吸引屯垦的政策建议："用浙人之法，筑堤捍水为田。听富民欲得官者，合其众分授以地，官定其畔以为限。能以万夫耕者，授以万夫之田，为万夫之长。千夫、百夫，亦如之，察其惰者而易之。一年勿征也，二年勿征也，三年视其成，以地之高下，定额于朝廷，以次渐征之。五年有积蓄，命以官，就所储给以禄。十年佩之符印，得以传子孙，如军官之法。则东面民兵数万，可以近卫京师，外御岛夷；远宽东南之运，以纾疲民。"[①]虞集，蜀人，南宋遗民，侨居临川（今江西抚州），以才学荐于元朝中央，授大都路儒学教授，拜翰林直学士。虞集的建议当时未被采纳，但是影响较大，成为明清时期水利营田的部分政策。明末天启时直隶御史左光斗、天津巡抚李继贞等在天津水利营田，清光绪时周传盛用淮军及民夫数万人在海河口军屯，经营六年营水田一千三百顷，战略意图都是以屯田养兵。

（二）水利营田技术讨论

海河流域与南方不仅气象、水文、土壤差异极大，稻作与旱作的耕作方式也截然不同。元明清畿辅营田都曾引江浙技术人才指导。但是，因地制宜的区域水利规划，治水与营田并重的水利工程部署等都需要当局在宏观层面予以把握。

在区域治水宏观技术层面谋划而提出具体措施较突出的有明徐贞明的《潞水客谈》、徐光启的《屯田疏》，清雍正时怡亲王允祥、朱轼、陈仪的《敬陈水利疏》《敬陈京东水利疏》《敬陈畿辅西南水利疏》三疏。他们都有实地勘查，往往指陈海河干支流及淀

[①] [元]虞集：《畿辅水利议》，[清]吴邦庆：《畿辅河道水利丛书》，农业出版社，1964年，第370—371页。

泊问题能够切入本质，提出防洪、排涝和营田的各项技术举措也有实用性。

徐贞明于明隆庆五年（公元1571年）中进士，后授浙江山阴知县。万历三年（公元1575年）到北京任工科给事中，这期间徐贞明主张华北、西北兴修水利，推行屯田，发展生产，寓兵于农，但当时未受到重视，反而因事贬为太平府（治今安徽当涂县）同知。在赴任南方途中，完成水利专著《潞水客谈》。其中徐贞明关于永定河治水中下游通盘谋划的方略在清康熙、雍正时得以实施。"夫治水之法，高则开渠，卑则筑围，急则激取，缓则疏引，其最下者，遂以为受水之区，各因势不可强也。然其致力，当先于水之源，源分则流微而易御，田渐成则水渐杀，水无泛滥之虞，田无冲激之患矣。"[1]他建议在桑干河（永定河上游）保安、怀来广开水田，渚滞洪水。在下游元城洼、罗家桥、高桥铺（即永定河下游三角淀一带）等洼地设置受水淀泊。如此免中游卢沟桥、狼窝等险工段决溢，缓解了海河洪水压力，又有稻作、蓄滞洪水之利。徐贞明还提出了在燕山山麓的平谷、密云、遵化、迁安、卢龙、抚宁、丰润、玉田等水源丰富的上游，以及蓟州、天津潮河、海河下游盐碱滩涂地不同水土条件的水田规划，并在其后的京东水利营田中得到实施。

万历三十二年（公元1604年）42岁的徐光启中进士，自万历三十二年至崇祯六年（公元1604—1633年）服官29年。徐光启大部分时间在北京度过，其中主要的精力在水利、历法、兵法上。在北京期间他在天津、北京的房山和河北涞水购地，试验山麓和

---

[1] [明]徐贞明：《潞水客谈》，引自[清]吴邦庆：《畿辅河道水利丛书》，农业出版社，1964年，第130页。

盐碱地农田水利措施，崇祯元年（公元1628年）八月，徐光启朝见新皇帝崇祯，他以礼部右侍郎督领历法修订，这年他完成了《农政全书》的编撰。崇祯三年（公元1630年）徐光启上《屯田疏》，为风雨飘摇中的明王朝作最后谋划。《屯田疏》分垦田、用水与除蝗、盐策三疏。《垦田疏》以元代虞集的《京东水田议》开篇，提出以仕途鼓励的招垦之策，主要的内容是阐述徐光启的京东垦田之策。为了保障营田成效，徐氏提出凡垦田必须水田种稻，方准作数。若以旱田作数者，则必须在有水源保障的地方，畦种、区种，以及旱稻、二麦、棉花、黍稷轮种，还应备有水车可以救旱的条件，这样的垦田才可作数。对营田的技术标准，他提出了沟渠与土地面积的比例要求，"凡实地种水田，须多开沟浍，作径畛，费田二十分之一以上，方为成田。近大川者，减三之一，宁可过之无不及焉"。对于旱田通水灌溉，沟渠占农田的比例是5%至10%。多开沟浍，利于田间蓄水和排水洗碱，这是徐光启针对海河流域自然特点，提出的很重要的技术措施。《垦田疏》还提出了水利营田的经济指标。开沟渠、建造闸坝，费银一千两，则作水田一千亩。① 在崇祯五年（公元1632年）徐光启以礼部尚书兼东阁学士入阁，次年病逝。

清代陈仪（公元1670—1742年）畿辅营田水利著述最多，怡亲王允祥主持畿辅水利营田，大多奏疏出自陈仪。陈仪，河北文安人，他由大学士朱轼举荐给允祥，雍正水利营田陈仪首功。他考查畿辅河道、水利20多年。仿明汪应蛟圩田制，经营京东、天津圩田，水利设施规划及建设出自他手，提出了适合京东自然特点农田水利规划。允祥去世后，陈仪以金都御史任京东营田观察使，

---

① [明] 徐光启：《徐光启集》，卷5，上海古籍出版社，1984年，第225—237页。

在京东丰润、玉田一带继续主持官民营田，主持的官营田七万余亩，民营田上千亩。陈仪著《直隶河渠志》《水利营田说》。道光时吴邦庆为《水利营田说》补图 37 幅，合为《水利营田图说》，是清代水利营田重要史料。畿辅水利营田奏章有《请修营田工程疏》《直隶河道事宜》《文安河堤事宜》等。怡亲王允祥、陈仪畿辅水利论述涉及海河及其南北系主要河流、南北系各河汇流之东西淀，其中着力最多的是永定河及东西二淀治理。

清道光时（公元 1821—1850 年）吴邦庆在《水利营田图说》中对畿辅水利营田有一个总结："畿辅诸川，非尽可用之水，亦非尽不可用之水。即用水之区不必尽可艺稻之地，亦未尝无可以艺稻之地。试历数之滹沱、永定，此以性悍流浊不可用者。南、北运河关系漕运，此无庸议者。他如磁州、永年之滏河，顺德（即今邢台）之牛尾，阜平、完唐之沙河，唐河、涞水之涞河，平谷之泃河，此皆可用河以成田者。邢台之百泉，正定之大鸣、小鸣，满城之一亩、鸡距，望都之九龙、坚功，定州之白龙、马跑，平谷之水峪寺、龙家务，滦州之暖泉、馆水，此皆可用泉水以成田者。他如宁河、宝坻、天津则可用潮汐以成田。附近淀泊之隆平、宁晋、新安、安州及霸州、文安等处，皆可筑圩通渠以成田。"吴氏所称这些畿辅营田最终硕果留存的区域，都是这些引河、引泉、引潮的区域。他还总结了水利营田的机制，称水利营田需要建闸、开河，这不是民力可以做到的；而渠道所经，有疆界处分，利益冲突也是需要官方深度介入。

元明清畿辅水利营田前后持续约 500 多年，其间起起伏伏，最后归于沉寂。除了自然因素，更多的是社会因素。在水资源短缺的海河流域，在中央政府的强力介入下得以推行，一旦退出，

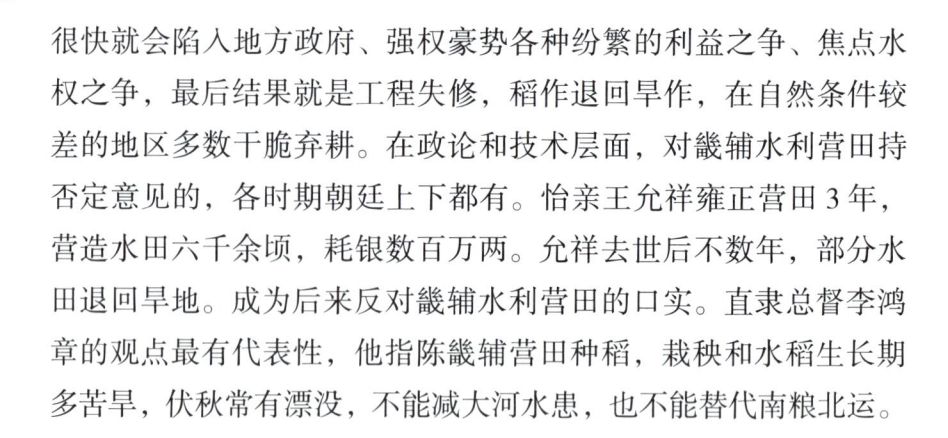

很快就会陷入地方政府、强权豪势各种纷繁的利益之争、焦点水权之争，最后结果就是工程失修，稻作退回旱作，在自然条件较差的地区多数干脆弃耕。在政论和技术层面，对畿辅水利营田持否定意见的，各时期朝廷上下都有。怡亲王允祥雍正营田3年，营造水田六千余顷，耗银数百万两。允祥去世后不数年，部分水田退回旱地。成为后来反对畿辅水利营田的口实。直隶总督李鸿章的观点最有代表性，他指陈畿辅营田种稻，栽秧和水稻生长期多苦旱，伏秋常有漂没，不能减大河水患，也不能替代南粮北运。

三、畿辅玉田水利营田

京畿水利营田全面推动了海河流域灌溉工程兴建和稻作农业发展。在最后一次清雍正营田水利高潮消退后，余波未了，留下了京东、京西北方稻作农业区，并衍生出区域富有的水利工程和水稻优质品种。

玉田地处燕山余脉丘陵到平原的过渡区，北部蓝泉河是蓟运河的水源河，其东有发源遵化的还乡河，自东北而西南汇入蓟运河（图7-2）。明徐贞明提出过玉田后湖庄营田设想。后湖庄地处蓝泉河上游，是受山洪和潮汐影响形成的沼泽湿地，雍正四年（公元1726年）怡亲王巡行玉田，亲自擘画此处营田，拨发经费，选拔官员。先疏浚蓝泉河、还乡河，在后湖洼地中部围堤为塘蓄水，引玉田诸泉于湖。雍正五年、六年（公元1727—1728年）营稻田一百余顷，玉田开启了清水利营田序幕。雍正八年（公元1730年）怡亲王去世，玉田营田中断。雍正十年（公元1732年）陈仪领丰润等处营田观察使，再次推动京东营田。雍正十一年（公元1733年）二月，陈仪奏玉田、丰润新开圩田事。在这份奏折里对玉田丰润营田水利有详细的设计。以玉田罗苟窝营田水利为例，可以看清代畿辅营田水利的基本工程设施。

陈仪选择的罗苟窝在玉田蓟运河、还乡河之间。土地肥沃、水源丰沛，但是受蓟运河潮汐顶托的影响，夏秋多有滞涝，旱作常有淹没之灾。陈仪利用了还乡河高于蓟运河四五尺的地形，建孙家圈引水石闸，开长一千六百丈（约530米）的横渠，连接还乡河和蓟运河。横渠南北筑南围、北围。两围及横渠之间开沟、筑堤、营田。圩渠之间设置涵洞，构成了有灌溉与排水、洗碱功能的圩田体系（图7-2）。罗苟窝营田二百顷，是畿辅营田陷入低潮时较大的一处新圩田。

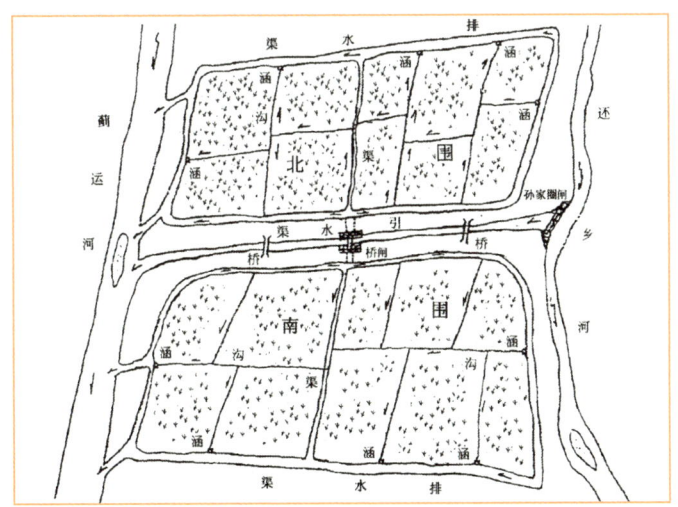

图7-2　玉田县罗苟窝营田及水利工程

▲陈仪奏折："还乡河西岸孙家圈之前建造石闸，开东西横渠一道，长一千六百余丈。夹渠南北分立田围。南围长三千余丈，北围二千四百丈，高七八尺不等。围内沟洫贯通，各随地段形势，套作小围。沟口建涵洞十座，木闸一座，桥三座。共记田二百顷。"①

---

① 雍正十一年二月二十七日，丰润等处营田观察使翰林院特讲学士兼都察院佥都御史陈仪奏请玉田丰润营田事，《宫中档雍正朝奏折》，台北故宫博物院（影印），1979年，第179页。

陈仪任营田观察使期间对玉田、丰润的水利营田都有周密的规划，并依靠中央工费拨发营田得以实现。雍正以后营田划归地方。各地方政府在工程维修、用水秩序等方面管理介入程度不同，加上水资源短缺，很快营田大多工程失修，水田或改回旱田，或弃耕。但是，雍正时期大举畿辅水利营田，使永定河下游东西淀和南北洼、北运河、潮白河等河尾间形成了有堤防、水闸控制的农田水利系统。后来水田改为旱地后，成为有灌溉和排水保障的优质农田。水资源条件较好的太行山、燕山山麓，以及天津沿海高盐碱地区，成为华北地区延续至今的水稻产区。经过数百年的培育，形成了适合本地水土环境的稻谷品种，如天津小站稻、河北玉田和丰润的红莲稻、北京京西稻等。

（一）水利营田遗存：京西稻及其灌溉工程体系

乾隆朝终止了由中央主导的畿辅水利营田，所营水田仍有部分延续下来。延续下来的水田是有水利设施支撑的地方，且官方仍然掌控工程管理和水权。北京西山、玉泉山京西稻产区就是依托昆明湖—长河水利工程设施得以延续至今的典型案例。

北京西部地处太行山余脉和燕山余脉，其西永定河自北而南，流经北京西部。其东有北运河、潮白河流经北京东部，在北京西北、东北有众多泉水出露，汇成淀泊，自西北而东南。北京水利营田种稻的历史可以上溯至东汉时期。其时渔阳太守张堪在狐奴（今北京顺义）屯田，引潮河水灌溉稻田八千余顷。三国曹魏齐王嘉平二年（公元250年）刘靖筑戾陵堰，开车箱渠，引永定河东行，自灌溉蓟（今北京宣武门一带）南北稻田。北齐时屯田幽州，天统元年（公元565年）幽州刺史斛律羡导高梁水入温榆河支流沙河，东至潞河，"因以灌田，边储岁积"①。金元时期中都在今德胜门、积水潭、什刹海、北海一带辟有小片稻田，引淀泊灌溉。

元都水监郭守敬引昌平、西山泉水，建成瓮山泊（即明之西湖，清之昆明湖）、长河输水工程。长河沿线串连了昆明湖、圆明园、紫竹院、积水潭、什刹海、中南海诸湖，是为大运河北京段通惠河的水源工程，也为北京稻作农业提供了完善的设施。明清时期宫廷内务府经营的稻田、稻厂分布在这些湖区的周边和长河两岸。稻田灌溉或自长河、湖塘引水，或打井引取地下水。（明）《燕都游览志》记在今德胜门三圣庵有观稻亭，"南人于此艺水稻，粳秔分塍，夏日桔槔声不减江南"②。而在玉泉山一带更是临西湖，水田棋布，因湖而利，一如东南。清代随着北京城市人口的增加，内城稻田逐渐减少，集中在城西长河沿线。

清代是京西稻大发展时期。在康熙、雍正、乾隆三代皇帝的推动下，京西稻种植面积达到一万多亩。自康熙帝起在北京中南海丰泽园、玉泉山静明园，承德避暑山庄开水田，甚至南巡考察河工还带回南方稻种亲自育种。雍正朝的水利营田，推动了北京稻作农业发展，稻田遍及房山、石景山、海淀、昌平。其中西山山麓以玉泉山为中心的皇家稻作园分布在北坞、海淀镇、万泉庄、紫竹院。乾隆十四年（公元1749年）乾隆帝大举兴工实施昆明湖扩湖工程。扩湖工程修建了东堤、二龙闸和泄水涵洞。湖区水域扩大了两倍，昆明湖库容达到260万立方米。扩湖前有大臣质疑扩湖水源不足，扩湖后又质疑夏秋西山洪水入湖，造成六郎庄溃

---

① [唐] 李百药：《北齐书》，卷17，《四库全书》（影印本），第13页。
② [明] 孙国敉：《燕都游览志》，原书40卷，已佚。引自《日下旧闻考》，卷54，第881页。

涝。乾隆帝作《御制万寿山、昆明湖记》为自己扩湖工程正名，"今之为堋，为坝、为涵洞，非所以待泛涨乎？非所以济沟塍乎？非所以启闭以时东南顺轨，以浮漕而利涉乎？昔之城河水不盈尺，今则三尺矣。昔之海甸（今海淀）无水田，今则水田日辟"①。颐和园东堤建二龙闸，开六郎庄至圆明园水路。昆明湖蓄水工程、二龙闸泄洪及输水工程为西山和海淀的皇家稻作农业提供了最好的灌溉保障，更由于大片稻田开辟，为北京西山洪水提供了蓄滞空间。

昆明湖扩湖和整治后，在湖西拓展出了高水湖、养水湖。两湖将原玉泉山静明园裂帛泉的蓄水方塘扩大，既蓄泉水，也蓄滞西山洪水。高水湖、养水湖与昆明湖以金水河相隔，设闸与昆明湖相通（图7-3）。金水河在漪秀闸前与长河汇合。乾隆二十四年（公元1759年）乾隆帝在他的《御制影湖楼诗》中记："灵泉蓄水拓池宽，灌输期资稼穑艰。楼据湖心揽湖外，客惟舟往亦舟还。"②高水湖和养水湖建成后实现了西山—玉泉山诸湖间的水源调节，可以按地形次第蓄积和节制水量。即两湖在低水期向昆明湖和长河补水，汛期可以将西山洪水排入金水河，保障昆明湖的防洪安全。此外，湖堤设置灌溉涵洞，将稻田扩大到玉泉山较高的地方。高水湖、养水湖以及金水河水利工程体系，形成了以昆明湖为中心的皇家稻作区。

①［清］于敏中等：《日下旧闻考》，卷84，第1392页。其实北京西山种稻始于明代，《长安客话》，卷3，西湖条记载："近为南人兴水田之利，尽决诸洼，筑堤列埭，为畜为畬，菱芡莲菰，靡不毕备"。第50—51页。

②《日下旧闻考》，卷85，第1427页。本书作者于敏中按语："影湖楼在高水湖中，东南为养水湖，俱蓄水以溉稻田。复于堤东建一空（孔）堋，泄玉泉诸水，流为金河，与昆明湖同入长河。"

图 7-3　昆明湖—长河水利工程体系

乾隆朝以来，玉泉山、六郎庄一带农田大多改为水田，内务府在玉泉山下青龙桥设稻田厂，负责征收稻谷地租。西山、玉泉山泉水生产的优质京西稻米成为宫廷贡米。玉泉山下京西稻的种植一直延续到20世纪70年代，终因玉泉山泉水断流而告终结。近年在清河上庄、青龙桥、玉泉山有部分地区恢复稻作。

图 7-4　玉泉山灌溉工程遗存：海淀北坞输水石槽（20 世纪 20 年代）

▲此时养水湖已经干涸。右上远处为玉泉山塔。

A. 玉泉山稻田灌溉工程系统（20 世纪 20 年代）

▲19 世纪末高水湖、养水湖逐渐干涸，辟为稻田。

B. 昆明湖东堤外六郎庄稻田及农田水利工程（20世纪70年代）

图 7-5　玉泉山—昆明湖灌溉工程及稻作农业遗存

第二节　珠江三角洲基围工程

珠江流域年均降水量1620毫米，年径流量仅次于长江。珠江由西江、北江和东江汇集而成，在珠江三角洲平原再分流别派，东南入南海。珠江三角洲地区季节性缺水和频繁的洪水，产生了堤围这样的以防洪排涝为主，兼有灌溉供水的工程类型。堤围或称基围，与太湖、长江中游水网地区的圩区工程体系有类似之处。但是，围即防洪大堤、窦（水闸）、河涌（围内的各级排水渠）的体量更大。堤围有时特指防洪大堤。围内河涌纵横。河涌是排洪通道，也是航运水道。河涌与外河连通则有窦闸控制。从供水、防洪排涝、灌溉来看，堤围又是相对独立的水利区。从堤围形成阶段来看，经历了滩区筑围、开渠，形成小围，然后整合成大围，最后环河大堤合围的过程。

313

一、珠江三角洲基围简史

珠江三角洲由珠江西江、北江、东江三江汇合处浅海湾泥沙沉积形成。10世纪时三角洲边缘已经在今广东新会、顺德、番禺、东莞一带淤积出肥沃的土地。唐代在广州以南三角洲河网地带有聚落和耕地分布高阜，岁以旱涝为丰歉。唐末、宋元间中原动荡，长江以北广大地区有两次向珠江三角洲南迁的热潮。北宋初灭南汉时，南汉包括广东、广西、海南及湖南部分，有户约17万户，人口68万人（按平均每户4人计），至南宋嘉定时（公元1208—1224年）仅广东户数就达到54.7万户，人口超过200万。只有宋元交际短暂回落，珠江三角洲人口持续增加，至19世纪末，广东人口达到2900万，且大多集中在珠江三角洲地区，成为中国人口密度最大的地区之一。[①] 人口密度演变反映了10世纪以来珠江三角洲快速开发和发展的趋势。

北宋至元代（公元960—1368年）珠江三角洲西北边缘的广州、佛山、肇庆、中山等滨水地区逐渐兴建堤围保护耕地和家园，至14世纪时三角洲堤围总长超过220千米，围内农田面积二万四千余顷，分布在南海、高要、高明、三水、东莞、博罗（图7-1）。宋元时期的堤围大多之时护卫土地和村落，少有闭合堤围且多是土堤，护田数十顷至数百顷不等。其后堤围不断完善，形成了多级水道和堤防体系。如东莞的福隆堤，始建于北宋元祐二年（公元1087年），由时任东莞县令李岩主持兴建，以保护濒江沿岸土地。福隆堤沿东江南岸修筑，全长一万二千余丈。围内有石排、京山等河汊。后来在福隆围内沿河陆续兴建西湖堤、牛过蓢堤，形成

[①] 赵文林、谢淑君：《中国人口史》，人民出版社，1988年，第469页。

了福隆围二级堤和堤围内外连通的水道体系。珠江三角洲堤围分布在支流两岸，防洪兼有阻止咸潮内侵的功能。高明诸围大多始建于元至正时（公元1341—1368年）堤围规模小，护田不过百顷，分布在西江支流高明河两岸。珠江三角洲的大型防洪堤始于宋元时期的这些早期堤围。明洪武元年（公元1368年）兴建的高要水矶堤，长12千米，保护农田七百余顷，开启了明清珠江三角洲防洪工程建设的新阶段。

表7-1　　　　10—14世纪西江、北江主要堤围工程分布[①]

所在位置	序号	工程名称	概况	始建年代
高要 西江	1	横江堤	城东七十里。高二尺，周三千七百丈，护田一百五十顷	北宋至道二年（公元996年）
	2	塘步堤	城东六十里，堤周三千七百余丈	元至正二年（公元1342年）
	3	柏树堤	距城二十里。堤周四千七百余丈	元至正十二年（公元1352年）
	4	金西堤	城东百里。堤周一万三千余丈，护田一千二百顷	北宋至道二年（公元996年）
	5	榕树堤	城东百里。堤周三千丈，护田二百余顷	元至正十二年（公元1352年）
	6	范洲堤	城东一百二十里。堤周六千三百余丈	元至正十二年（公元1352年）
	7	罗郁堤	城东南一百二十里。堤周三千一百丈，护田二百五十顷	元至正中（公元1350—1360年）
	8	横桐堤	城东一百四十五里。堤周一千六百余丈，护田百顷	北宋乾道二年（公元1166年）

① 引自《珠江水利简史》"宋元主要堤围"，水利电力出版社，1990年，第100—101页。

续表

所在位置	序号	工程名称	概况	始建年代
高要	9	大滨堤	城东一百五十里。堤周八千丈，护田八百余顷	南宋咸淳八年（公元1272年）
高明	10	大沙堤	县东十里。周四千七百余丈，护上仓、清泰、杨梅、罗塘、田心五都田	元至正间（公元1341—1368年）
高明	11	小零堤	县东三十里，周九百余丈，护田八十余顷	元至正间（公元1341—1368年）
高明	12	石奇堤	上下二围，周二千五百余丈，护田三百六十余顷	元至正间（公元1341—1368年）
高明	13	东坑堤	县东二十里。周八百余丈，护田二十余顷	元至正间（公元1341—1368年）
高明	14	南岸堤	县东三十里。周五百余丈，石窦三，护田三十余顷	元至正间（公元1341—1368年）
高明	14	俊州堤	县东三十里。周二百余丈，护田十二余顷	元至正间（公元1341—1368年）
高明	15	菰荽堤	县东三十五里。周七百余丈，护田一百五十余顷	元至正间（公元1341—1368年）
高明	15	企山堤	县东三十五里。周三百余丈，护田二十余顷	元至正间（公元1341—1368年）
高明	16	伦埇堤	县东三十五里。周五百余丈，护田五十余顷	元至正间（公元1341—1368年）
三水	17	镇南堤	城南五里。护田四十八顷	北宋末（公元1101—1127年）
南海	18	桑园围	城西南八十里。东、西横基二堤，长一万二千余丈，护田一千五百顷	元至元元年（公元1335年）

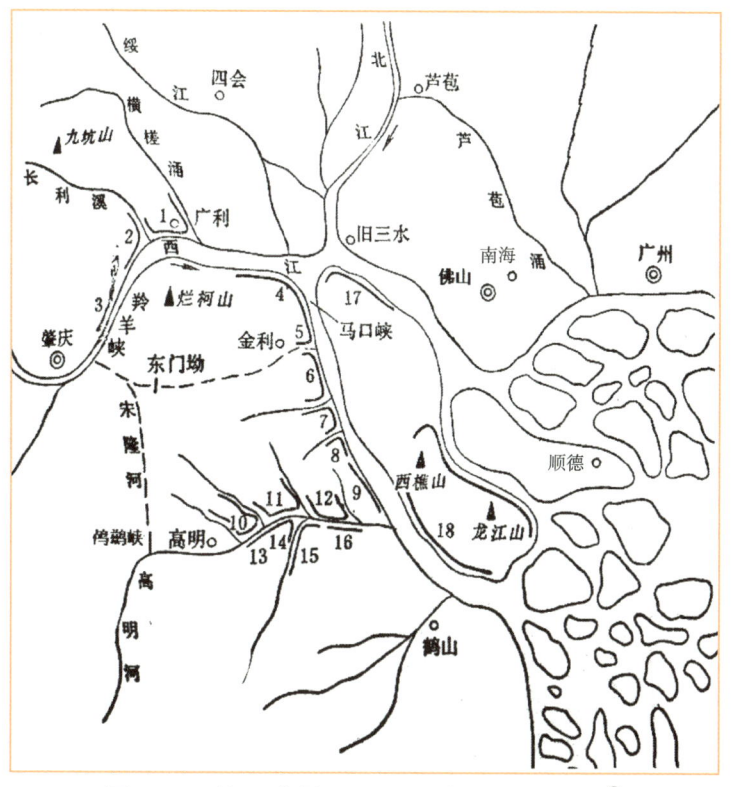

图7-6 珠江三角洲西江、北江水系及堤围分布[1]

明清时期,珠江三角洲的堤围持续建设,至清末增至370余处,共长1500千米。这一时期诸多小堤围在政府的干预下合并而为大围。与堤围发展同步的是堤围内特有的经济形态和生产生活方式的形成。珠江三角洲中部是河涌纵横密布、洪水潮汐往复交替的低洼地带。堤围形成后,堤内很多区域地势甚至低于堤外。合围后稍长时间的降雨,就会造成围内内涝,筑堤围的同时往往整治土地,低洼的地方取土筑堤,整治成塘。将尾闾不通的河涌封堵支汊,开挖新河使与骨干水道连通。封堵的支汊也多成塘。明清

---

[1] 引自《珠江水利简史》,水利电力出版社,1990年,第98—101页。

以来多个堤围内，大大小小的基塘成就了塘内的渔业养殖和基堤上的蚕桑种植。明中期珠江三角洲商品经济发展起来，基塘特有的经济形态：稻作和农业，蚕桑和丝绸业，鱼塘和养殖业形成。明万历时南海顺德、番禺、新会、三水、高明、东莞、新安有纳税的桑基鱼塘十六万亩。明清时桑园围内南海县的九江基塘面积占总耕地面积的 60%~70%，基上种植品种除了桑叶，还有龙眼、荔枝等特色水果。18 世纪以来，清政府封闭了江、浙、闽海关，只保留广州粤海关为唯一对外贸易口岸。广东生丝销量激增，堤围的桑基鱼塘逐渐取代其他种植品种。人口增加推动了堤围建设，堤围工程则推动了珠江三角洲地区的经济发展。明清之际，珠江三角洲已经与长江三角洲平原并列为当时中国农业和经济最发达的地区。

二、珠三角基围工程的典范——桑园围

桑园围是珠江三角洲历史最悠久、规模最大的堤围区。桑园围位于珠江流域珠江三角洲中上部，西江、北江（又称顺德水道）环抱围区。桑园围地跨广东佛山市南海、顺德两区，围堤全长 83.86 千米，围内土地面积 265.4 平方千米，灌溉面积最多达到二十余万亩。桑园围兴建于北宋徽宗崇宁、大观年间（公元 1102—1110 年），至 14 世纪末合围。1950 年代，桑园围再与樵北围合并，20 世纪 80 年代更名樵桑联围。20 世纪 90 年代以后，珠江三角洲城市化进程的加快，许多农田成为城市和工业建设用地，据 2019 年调查统计，桑园围内农田面积仅存六万二千亩。桑园围的古代工程体系和文化肌理保留完好，于 2020 年列入世界灌

溉工程遗产。

隋文帝开皇十年（公元590年），以原南海郡治番禺县改置南海县。顺德于明景泰三年（公元1452年）置县，桑园围包括今佛山南海区西樵和九江镇，以及顺德区龙江镇、勒流镇勒北村（图7-7、图7-8）。

图7-7 桑园围围区略图

A. 水利工程营造的桑园围内景观（西樵山镇附近）

B. 桑园围主要工程设施：甘竹窦河涌、堤围、窦闸[①]

图7-8 桑园围工程体系

（一）历史沿革

桑园围最初应为唐末至五代时南下移民各自兴建的小围，以保护新辟的土地和家园。北宋末年徽宗时（公元1102—1110年），广南东路安抚使张朝栋夏汛入粤，舟过鼎安（即桑园围区，属南

[①] 此为顺德龙江涌英雄闸，龙江涌向西江的排水闸。除了建筑材料不同，与古代工程形制相同。

第三编 近古时期 灌溉工程技术普及与转折

319

海县统称鼎安都），见西北江之间洪潦涨涌，高阜上皆是露天席地而栖者，即奏请筑堤。朝廷遣尚书左丞何执中审度地形兴建堤围，越二年而成。筑堤围后三年，堤决，再修，"张公乃相度地势最狭处，西自吉赞岗边起，东属于晾罟墩，筑横基三百余丈。依照东西两堤高阔，并留余地，以为取土修补之用。今横基亦有"[1]。即先筑临西江的西基，临北江（顺德水道）的东基，三年后又垂直东基修筑了横基，这组堤围后统称吉赞横基，是为桑园围之始，后世在河清堡堤围上建洪圣庙，祭祀张朝栋、何执中。[2] 元明清时期吉赞横基、东基、西基一直为桑园围的公基，维修经费及夫役由全围承，是桑园围中最早成为公共工程的堤围。

此后，南宋至元代堤围逐渐增加，土地大部已经开发。及至元末明初，桑园围每遇汛期，不仅围内积水无法排出，西江、北江洪水还从桑园围西南端的倒流港倒灌入围。洪武二十九年（公元1396年）六月，吉赞横基冲决，洪水自西北入桑园围，全围沦陷。灾害后重筑堤围，这时地处围区下游的九江堡士绅陈博民上书建议堵塞九江倒流港。"旨下有司，属公董其役。洪流湍激，人力难施。公取数大船，实以石，沉于港口。水势渐杀，遂由甘竹滩筑堤。"[3] 九江倒流港堵口工程完工，至此桑园围全线合围。

桑园围合围后，得到大堤保护的围区，减少了来自西江、北

---

[1] 引自"桑园围考"，《桑园围总志》，卷3，广西师范大学出版社，2014年，第334—335页。

[2] "桑园围考"记：河清堤上旧有洪圣庙，并祀张何二公，暨历次有功斯堤者，至清代庙圮，尚有遗址。《桑园围总志》，卷3，广西师范大学出版社，2014年，第334—335页。

[3] 引自"桑园围考"，《桑园围总志》，卷3，广西师范大学出版社，2014年，第335—336页。

江外洪的威胁。15世纪以来，桑园围内人口快速增加，村落、集镇逐渐密集。人与洪水新的博弈也因此开始。明代200年间，桑园围濒江大堤溃决十多次。堤围溃堤决口造成了严重洪水灾害，农田绝收，家园沦为泽国。大灾以后重建主要就是东西堤围的加高培厚，堤高从1~2米发展到5~6米，从土堤演变到石堤。桑园围内外水利工程体系逐渐形成。明代桑园围环堤上开始兴建窦闸，这是大型涵闸，围内河涌与西江、北江连通的关键工程。各堡（由汛守演变而来的村落）有子围和水闸，形成了各自独立又连通的乡村供排水系统。明嘉靖《广州志》记载，彼时的桑园围设有窦闸7座，其中简村堡的吉水窦、云津堡的民乐窦延续至今。16世纪时，桑园围形成了沿江大堤护卫，围内河涌纵横，村堡有小围、沟渠环绕的堤围水利系统。通过窦闸节制围内水量，汛期则闭窦闸。明《（崇祯）南海县志》出现了"桑园围"的名称，其时环西江和北江间断筑起大围，但是互不统属，桑园围只是其中之一。明清时，桑园围成为珠江三角洲最大基围。清代桑园围地跨南海、顺德两县，属广州府，桑园围在区域上统称鼎安都，直到19世纪初，建立桑园围总局，实施全围通修、通管，桑园围之名自此取代鼎安都而为一特定的水利区。

乾隆五十九年（公元1794年）西江大水，桑园围决口20余处。其时顺德县龙山人，翰林院编修温汝适在家乡居，建议南海十一堡、顺德三堡共同出资通修全围。此议得到广东布政使陈大文的支持，成立桑园围总局，大举全围工程复建。[1] 此次大修自布政使陈大文

---

[1] 温汝适：《记通修鼎安各堤始末》，《桑园围总志》，卷1，广西师范大学出版社，2014年，第75—83页。

至围内大户共捐白银五万两，并免当年赋税。嘉庆二十四年（公元 1819 年）嘉庆帝准由广东藩库出借白银四万两，交由南海、顺德当商生息，每年以生息四千六百两为岁修费，五千两归还本金。"责成该围内殷实士绅购料鸠工，不经书役之手。仍由水利各官督率稽查。"① 自此桑园围作为区域性水利工程，官督民办自治性管理机制形成。桑园围总局设在西江左岸海舟堡李村险工段的南海神祠，成立桑园围总局后改称河神庙。河神庙面向西江，庙门有石刻《桑园围全图》（图 7-9），全图标注了桑园围的工程、河涌、窦闸、汛守，以及重要地标位置，还有桑园围的重要文化建筑，如镇水铁牛、书院、塔等。

清嘉庆年间（公元 1796—1820 年）全围通修成为定制。桑园围内原南海、顺德各段由各堡自治的大围如甘竹堡鸡公围、沙头堡中塘围、龙江堡河澎围纳入桑园围通修岁修中。19 世纪的桑园围地连两邑（南海、顺德），堡分十四，烟火万家，东、西两堤，长亘百余里，贡赋五千有余，为珠江三角洲中基围最大之区，工程体系最为完备，规模最大的区域性水利工程。

水利成就了桑园围的富庶和文化底蕴。围内连通北江、西江的大涌，是明清时期通江达海的商业和物流中枢，窦闸内外四方商贾云集。围内建筑精良的古村、名镇比比皆是，见证了桑园围曾经的富庶。经济繁盛也有文化教育发达。清末，仅桑园围内书院就有六处，超出了同时期许多县城乃至省会城市。西樵山被誉

---

① 嘉庆二十三年十一月初六日，两广总督广东巡抚两院奏请"筹议护田基围借款生息，以资岁修，并按年份归款"事；嘉庆二十三年十二月十六日上谕，《桑园围总志》，卷 3，广西师范大学出版社，2014 年，第 301—307 页。

为南粤理学名山，南海文人学子于此探求理学。近代康有为、詹天佑等就是从这里走出去的精英。

（二）桑园围工程体系

与长江中下游、太湖流域的圩区工程类似，桑园围的工程体系由临江堤围及其窦闸、围内各级水道及水闸构成具有防洪、引水、排水和水运功能的工程体系（图7-9）。临江堤围与窦筑就了桑园围防御江河洪水和围内外水量的总节制。有堤围保护的围区，吸引了更多的人定居，推动了更深层次、多元的开发。但是，溃堤造成的灾害损失往往与发展同步。明清以来桑园围多次遭遇灭顶之灾，然后是多次重建。临江大围、窦闸，围内河涌、子围，在屡次大工中不断完善。

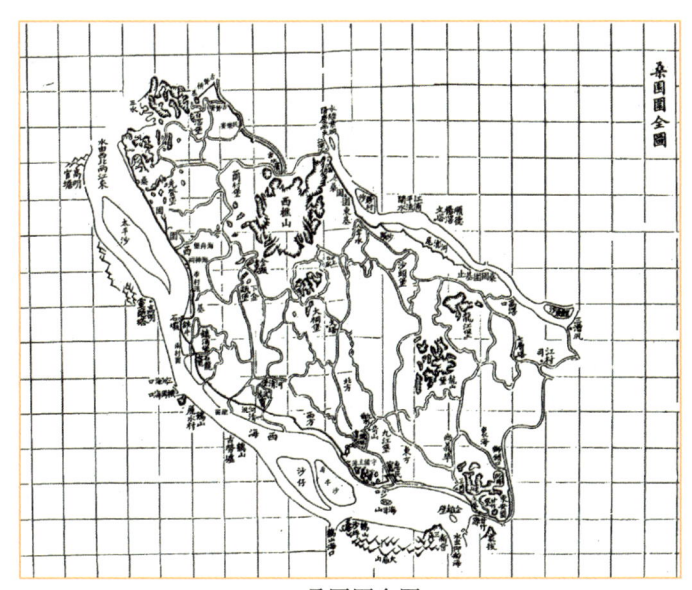

A. 桑园围全图

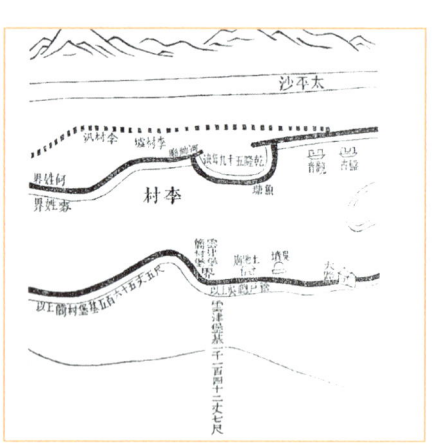

B. 桑园围西基险工段李村汛及河神庙　　C. 桑园围南端九江堡见龙桥险工及排水窦闸的分布

图 7-9　桑园围及其工程体系①

▲图中河神庙是18世纪桑园围管理中枢所在，面向西江。《桑园围全图》碑原在河神庙大门处。全图标注了桑园围的工程、主要河涌、窦闸、汛守，以及桑园围的重要文化建筑（镇水铁牛、书院、塔等）。20世纪逐渐废弃，70年代在原址建工厂，现为油库，遗存荡然无存。

桑园围西临西江，东临北江分支顺德水道。它是西江、北江夹持下，依附西樵山、龙江山屿屿沉积而成的小平原，西江、北江至此分派支汊，流向南海。桑园围是珠江三角洲在人与自然博弈，洪水中求生存、求发展的水利工程典范。桑园围依托吉赞岗、西樵山筑吉赞横基、桑园围东基和西基；其下则依托锦屏山、龙山等山丘和飞鹅岗等丘陵台地筑堤围，于九江倒流港形成抵御外洪的大包围。围内河涌纵横，基围上有沟通内外水的窦闸，是一个具有引水、排涝、水运功能的水利工程体系。

唐宋时，距珠江入海口比现代近，入海西江、北江及其分支

---

① 引自《桑园围总志》，卷1，为了突出重点，做了少量删减。《桑园围总志》，广西师范大学出版社，2014年，第46—47页。

坡降陡，桑园围东西围堤形成一个箕形的开口围。开口围有利于涨潮时的引水入围，围内积水还可以顺潮汐退出而排出，达到了受水利不受水害的目的。宋元以后随着珠江三角洲发育，水道尾闾淤积，桑园围受西江、北江洪水威胁和内涝灾害日趋严重。明初桑园围合围是历经400年东西堤围、围内工程设施能够满足防洪、排水、水运的需要前提下实现的。合围后桑园围堤不断地加高培厚，至19世纪堤高大约一丈二尺（约4米），与之同步的是桑园围东西堤围上的窦闸，围内河涌水系和节制闸持续兴建不断完善，最终构成了复杂而有序的工程体系：东西向、南北向的河涌，实现了顺德水道与西江的连通，具有引水、排涝、水运功能。围内各级河涌和水闸护卫田园，有灌溉、防洪、渔业多方面的效益，桑园围围区不仅是农业区，更是岭南丝绸业生产和转输海外的重地。

桑园围内河涌纵横，窦和闸是其重要的节制设施。建在河涌与西江、北江连通的大型窦闸，除了引水、排水功能外，通航是其重要功能，因此临江的窦往往是形制高大的大型石闸，有"人"字形闸门，视内外水情和内涝水位开启。围内河涌的闸或也称窦，是桑园围内各村落小包围的节制枢纽，部分窦闸上还刻有水则，通过控制水位定量节制出入水量。保留至今桑园围内的窦闸多是清代、近代兴建的。随着近40年来高标准西江大堤、北江大堤相继重建，古堤围和窦大都在大堤以内了。其中民乐窦、吉水窦、下北石塘闸、龙江新闸、龙涌闸、下东双涌口窦闸、炮台涌闸、吴涌水闸等至今保留完好（图7-10）。

中国灌溉工程史

A. 民乐窦（2020年）

▲民乐窦位于今南海区西樵镇官山涌。始筑于16世纪中期，清光绪四年（公元1878年）重修。花岗岩石券单孔窦闸，长25米，宽约8米，高约10米，涵闸宽约3米。民乐窦是内河官山涌与北江顺德水道连通的关窦闸，由此出外河顺德水道可达广州和江门。民乐窦主体工程保存完好，仍在发挥作用。

B. 大伸涌探花桥

▲探花桥桥闸合一，位于南海九江下西村大伸涌口，是下西村引水和排水的关键设施。相传明万历四十七年（公元1619年）陈子壮中探花后，探望居住下西村外祖父朱让后捐款而建。原为木结构，清嘉庆五年（公元1800年）重建时改为石工。1994年九江镇政府及下西村村委会集资修复。

C 九江镇龙涌

图7-10 桑园围窦闸、河涌典型工程

▲至清代桑园围的窦闸和河涌护岸全部砌石取代了土工，由这些工程遗存可见质量上乘。

表 7-2 　　　　　　　清桑园围主要窦闸一览表[1]

所在位置	数量	闸窦
先登堡	1	陈军涌窦
海舟堡	2	李村窦、麦村窦
镇涌堡	3	南村窦、石龙窦、镇涌窦
河清堡	2	河清下窦、河清上窦
九江堡	29	东方闸：奇山涌闸、腾涌闸、新涌闸、沙闸、大谷闸、双涌闸、瓦子涌闸 南方闸：惠民窦、凤冈窦、文昌桥闸、上柳木涌口闸、下柳木涌口闸、礼山涌口闸、棠村涌口闸、华光庙前闸 西方闸：冲吉窦、大稔闸（小伸闸）、昙口闸窦 北方闸：大伸涌口窦、乌布闸（大伸闸）、龙涌闸、新涌闸、朱闸、石塘闸、大堑尾闸、梅圳闸、下巩闸、洛闸窦、新涌口闸
甘竹堡	4	沙涌口窦、大涌口窦、菱角洲闸、甘竹堡窦
百滘云津堡	3	吉赞窦、民乐窦、藻尾窦
简村堡	1	吉水窦
沙头堡	1	石江窦

　　桑园围大多数工程得以留存，得益于其石工结构和优质的施工质量。桑园围自18世纪20年代开始筑石堤。清雍正五年（公元1727年），桑园围海舟堡三丫基段溃决，南海调拨经费采石修筑。至嘉庆年间（公元1796—1820年），桑园围内的吉赞横基、三丫基、禾叉基等处险工段相继改筑石堤，石工段总长达到6千米。道光、同治年间（公元1821—1874年），桑园围发生溃堤洪水12次，这是18至19世纪间水患最频繁的一段时期。这期间桑园围东、西堤围多次决口后重修，大堤材料、结构和施工技术上有较大的

---

[1] 引自中国水利水电科学研究院、水利遗产保护与研究国家文物局重点科研基地：《桑园围灌溉工程遗产系统调查勘察及研究评估》，第25页。

变革。

同治、光绪、民国时期的《桑园围志》对堤围筑堤每道施工程序及质量要求有详细的记载。土堤的质量规范要求包括土质、基础、护岸、护滩等。关于土质规定了土料来源和干湿度，要求选择纯净干湿相宜的黏土"总以老土为佳，即老土难觅，杂用新土，于堤完后务寻老土盖顶""毋用浮杂沙泥"，筑堤施工时要求"泥土干湿得宜，燥则每层须用水洒润"。对于堤围的基础，要求"堤根宜阔，堤顶宜狭，堤毋太峻""堤底以八丈为度，面以五丈为准，高以五丈五尺为凭，每堤一丈，应用土九十七方半"的标准。夯筑施工时，"每土一层用夯，密筑一遍。次石硪，次铁尖硪各筑一遍，复用夯筑平""每土六寸行硪，其歧缝处用夯坚筑"，在新旧堤交界处"用铁硪力筑，层层夯碾，期于一律坚实"[1]。关于护岸护滩要求选择种根系发育的草，在水岸交接处种植芦苇、茭草以挡风和保护岸滩。滩地和背水堤外再规定种植卧柳和直柳。

桑园围的石工参照了浙东海塘营造法式的做法，工程施工质量同样达到类似的水准。如规定对石工施工的时间必须秋冬。石工基础则要求深基，冬季低水退后再开挖地下数尺，然后下梅花桩，用蛮石固桩；关于石料，对石材、尺寸有明确的规定。砌筑施工则要求纵横丁砌，逐层阶梯而上，油灰勾缝。对窦闸则基身砌筑壁立，不能凹凸带有所谓的"鳖裙"。

桑园围的堤围工程材料、结构从土工演进到砌石工程。桑园围设施完备，且以砌石结构即永久性工程为主体，这在古代水利工程中是少有的。

---

[1]《（光绪）重辑桑园围志》，卷10。

（三）桑园围的管理

桑园围得以延续千年，源于完善的管理机制。宋末兴建的吉赞横基及东基、西基，最早作为通围的公基。公基是在地方政府介入下，由全围分摊工程维护经费和劳动力。元明清时期豪势宗族世家兴建的围堤在政府干预下逐渐合并，形成了西江桑园围、甘竹鸡公围、北江中塘围、河澎围四个大围，这些大围遂成为利益所在的各堡公基，但是各围工费、劳役各自摊派，不相统属，这使得承担险工段管理的基户因为负担过重而放弃责任。

乾隆五十九年（公元1794年）西江大水，西江桑园围决口20余处，其中险工段李村汛字合围后频繁罹灾，往往所在海州、先登等堡无力兴举大修。其时顺德九江人后来官至兵部右侍郎的温汝适提出了通围通修，即统一筹款、统一组织。此议遭到下游龙江、甘竹等堡的反对。温的建议得到了广东省布政使陈大文的支持，并带头为大修捐款。桑园围总局成立后，成功地组织了清以来最大的修复工程。此后，桑园围总局设置成为定制。桑园围的核心成员由围内士绅担任，规划、建设以及工费开销由总局统一经管，南海、顺德两县政府在险工段设分司，有主簿代表政府督导桑园围的岁修和防汛。自此桑园围才真正成为统一调度运行的水利工程体系，而通围各堡皆有属地管理的基分，在总局协调下一体经管。诸如巡堤汛守、岁修抢险等。某一堤段负责任者谓之经管基主业户，实际是管理专业户，负责经常性的养护和岁修，以享有所管辖河涌的鱼利作为报酬。官督民办的自治组织有效地维系了此后200年桑园围的管理。

桑园围围区含南海和顺德两县14堡，分别为：南海县的先登堡、海舟堡、镇涌堡、河清堡、九江堡、大桐堡、金瓯堡、简村堡、云津堡、百滘堡、沙头堡；顺德县的龙江堡、龙山堡、甘竹堡。以堡为单位，负责各辖区范围工程岁修和汛守。根据桑园围诸志的记载，桑园围基由西基的桑园围、甘竹鸡公围，东基的沙头中塘围、龙江河澎围组成。其中，桑园围长18.8千米，由南海县的先登、海舟、镇涌、河清、九江、大桐、金瓯、简村、云津、百滘10堡负责维护和汛守；桑园围南接甘竹鸡公围，长约780米，由顺德县甘竹堡负责。东基的中塘长5.7千米，由南海县的沙头堡负责修筑；中塘围下接河澎围，长约1.5千米，由顺德县的龙江堡负责。桑园围险工地段，最险段西基海舟堡的李村、三丫基险工，其次为东基沙头堡的韦驮庙险工。

A. 清代桑园围公所立禁碑　　B. 19世纪桑园围堤围界碑
（2019年出土）

图7-11　清代桑园围工程管理禁碑及基界界碑

桑园围总局，设局于全围最险的李村汛基所河神庙内，全围设总理，各堡分大小公举3至4人，分任催收工费及修筑事宜协理，是为"事统于绅"，遂成为桑园围自主管理机制。这是常设的管理机构，而核心成员却是临时任职的，每有重大维修工程，便设立基局或基所，由全围公推总理、协理若干人任事。后来在总局下设公所，承担各区段工程管理。各堡只负责工费催缴和劳动力组织。这样统筹全局而责任分担的管理机制，对避免不同利益者徇私，起到了公共工程的共同参与、相互制约的作用。为通修成立的桑园围总局延续200多年，这期间桑园围堤围、河涌、窦闸等关键工程得到了大提升。大型石工被用于关键工程中，险工段的挑流石坝、大型窦闸延续至今。

维系桑园围工程还得益于行之有效的规章制度。嘉庆二年（公元1797年），广州府颁布《桑园围管理章程》共九条。道光十四年（公元1834年）章程增加到20条。章程强化了堤围统领和分段负责的制度，重点是汛期巡查、备料、抢险、岁修和大修时工程银两的使用和监督，以及日常维护的分段专管、基主业户的责权利以及基围内的禁止事项等。此外，生产、生活行为涉及堤围及工程安全的，有严格约束和处罚条款。如堤基外滩地不得开采沙石、土方，修筑墓地、开挖沟渠、兴建窦闸引水或排水等；对堤岸护坡植被、防护林保护的相关条款。光绪和民国时期还专门制订了堤围抢险章程，应对巡查排险和抢险。规定四月中旬到七月中旬的汛期，县主簿是堤围巡查和防汛抢险的责任人，基主业户是巡查和抢险的组织者和实施者。古代桑园围工程管理很好做到了权、责、利三者的结合。18世纪以来，桑园围的总局、公所、堡、基主业户四级管理体制，一直维系到20世纪50年代。20世纪50年代以后，桑园围设置管理处归属南海、顺德水利局。

（四）桑园围历史文化遗存

唐末来自中原的移民以宗族聚居，在迥异于故土的土地上，建设自己的家园。桑园围工程见证了南中国开发的历史进程，见证了中华民族坚韧不拔和勤劳智慧的民族品格。

桑园围是少有的文化遗产类型丰富、保存现状好的古水利区，具有极高的技术价值。桑园围遗产可以大致分为工程和非工程遗产。工程遗产包括各级围堤、河涌。近年来，防洪工程的除险加固，老堤已经普遍加高、培厚，被包覆在今堤之内，还有部分堤围重修在古堤之外。也有一些工程设施的石工构件易地另作它用。所幸的是大多数工程完好地保留历史格局，桑园围内的河涌水系也大都完好保留下来。堤围的窦闸还有30座保存完好或较好，14座尚存遗址，9座废弃被封堵或填埋，10座已拆除并原址重建现代水闸。今天，往往一处窦闸或古桥，就是一处以水利遗产为中心的各类文化遗存集中的区域（图7-12）。

A. 见龙桥

▲闸桥结合的排水设施。桥外是甘竹溪（连通西江、北江），内是龙田涌。见龙桥地处桑园围的南端，是14世纪末桑园围合围后，围内重要排水通道之一。

B. 立于见龙桥的禁碑　　　　C. 见龙桥桥头的社稷坛

图7-12　桑园围见龙桥及社稷坛

▲位于今顺德区龙江镇堤围段，跨龙田涌，与甘竹溪连通，为单孔石闸桥。始建于16世纪中期，嘉庆十九年（公元1814年）重建，2001年大修。长11.7米，宽3.6米。保留有"嘉庆十九年重修""诒光堂重修"题刻。

桑园围现存有祭祀封堵倒流港的主持者陈博民的公庙，祭祀各类水神的庙20余处，每一处古桥闸和社稷坛都被保留下来。西江岸的海舟镇水铁牛，以及桑园围全图碑分别藏于当地的博物馆。还有民乐窦碑刻7通、保康围公约碑、桑园围堤界碑、龙江堤围公约碑仍原址保存，桑园围公所禁碑、桑园围禁示残碑、黄公堤水利纠纷残碑，现由佛山市水利局保存。

乾隆五十九年（公元1794年）大工告竣后，桑园围总局首事李昌曜就主持编修了《桑园围志》。同治朝、光绪朝先后编纂了《桑园围总志》《重辑桑园围志》，1919年编纂《续桑园围志》，四志记录了桑园围工程的起源及演变，重大溃决和洪水灾害的演变，险工段和重要工程，管理组织，规章制度和水神祠庙等。桑园围也是少有的拥有最完善的工程志的古代水利工程。

桑园围保留了水利区的文化景观和与水有关的习俗。桑园围内有历史文化名镇2个、历史文化名村和传统古村落4个、历史文化街区5处，它们也是桑园围文化的载体，至今保留完好。今天，桑园围每年的龙舟节都在河涌举行，社稷坛仍然香火袅袅，这些地方是围区百姓祈求幸福共同的精神寄托所在。2020年桑园围列入世界灌溉工程遗产名录后，桑园围的文化遗产将得到系统、科学的保护，为更多的公众共享。

第二节　台湾和海南岛灌溉工程兴起与发展

明清时期随着福建、广东向台湾和海南两大海岛移民，海岛土地渐次开发，水利工程技术随之传播到海岛。台湾、海南年均降水量在1100至2000毫米，但降水量多由台风带来，加上地面坡度较大，高田屡苦缺水而低地常患洪水和渍涝。海岛降雨季节变幅极大，11月至次年3月是干旱缺水的季节，冬春季常有三个月无雨、河塘枯竭的情形。夏秋雨季则往往豪雨不停，山洪泥石流肆虐。引水、排水和蓄水工程是解决海岛生活和灌溉供水的主要工程设施。

一、台湾地区灌溉工程起源和发展

台湾岛面积35759平方千米[①]，耕地面积约8964平方千米。台湾岛以南北向的中央山脉将全岛划分为不对称的东西两部。东部与中央山脉平行的东海岸山脉，其间是花莲、台东河谷地带。

---

① 数据参见中华人民共和国年鉴社编：《中国国情读本（2022版）》，新华出版社，2022年，第22页。

西部是冲积平原,河流自东而西由山地流向平原,汇入大海。河流流短急促,除淡水河外,均称为溪。农业区分布在山麓以西的彰化平原、嘉南平原和屏东平原。其中嘉南平原是拓垦最早的地区,也是灌溉工程修建最早的地区。1624年,荷兰殖民主义者占领台湾时,除了少数福建移民聚居地,多数还是狩猎的地方。荷兰统治者向来自大陆的移民提供土地,也提供兴建陂塘的资金。"自红夷至台,就中土移民,令之耕田输租。……其陂塘堰圳修筑之费,耕牛、农具、种子,皆红夷资给。"[1]这些最早的小型灌溉工程,多是引山溪河流,以土石修筑的称作圳、埤的分水堰坝引水入渠。1662年,郑成功收复台湾后,实施军屯,大力推行水稻种植。台湾地方志记载的圳、陂、埤、池、潭等灌溉工程,大多可以溯源在明末清初这段时间。康熙二年(公元1663年),清政府统治台湾后,台湾水利建设进入了第一次发展高潮。据统计,康熙朝(公元1662—1722年)61年间,台湾兴建灌溉工程81处,其中嘉南平原有74处。而有清一代台湾兴建的工程共计122处。[2]其中推动灌溉工程发展最为得力的是台湾府诸罗县(乾隆时更名嘉义县)知县周钟瑄。周钟瑄曾任福建邵武知县,康熙五十三年(公元1714年)到诸罗任内后,捐谷二千石、银百两,资助田户修埤圳32处。其中较大的工程有诸罗山大陂(又名柴头港陂)、鸟树林大陂、哆啰国大陂等,这些灌溉工程无论是建设还是受益区都突破了宗族聚居的界限,引水干渠长超过了二十里,灌溉四五个庄子不等。灌溉工程发展又进一步推动了耕垦扩大,至乾隆九年(公元1744年)台湾共有纳税田六十万亩,广布于今高雄、台南、嘉义、

---

[1] [清]陈培桂:《淡水厅志》,第2—3页。
[2] 陈鸿图:《水利开发与嘉南平原的发展》,《台湾史研究论丛》,第75页。

台中、新竹、澎湖等地。

有清一代，台湾建成的著名灌溉工程有台北的王留公圳、大安圳、后村圳等，彰化的八堡圳，丰源的葫芦墩圳，高雄的曹公圳等。这些灌溉工程大多是用水户筹资自建，只有高雄曹公圳是一个例外。曹公圳始建于道光十六年（公元1836年），凤山县知县曹谨主持开九曲塘，自淡水河引水，渠长二百五十余里，灌溉面积三千一百五十甲（一甲等于十四亩半），这是当时台湾第一大圳，台湾府为之定名"曹公圳"。日本占据台湾时期，在浊水溪上兴建了台南嘉南大圳、新竹桃园大圳等灌溉面积逾百万亩的现代大型灌区。嘉南大圳1930年建成，在浊水溪修筑高坝，形成55亿立方米库容的珊瑚水库，灌溉面积二百万亩。桃园大圳1928年建成，是引蓄结合的大型灌溉工程，干渠长25千米，灌溉面积三十三万亩。

二、八堡圳：台湾灌溉工程始建与转型

浊水溪是台湾最长、水资源量最大的河流。康熙年间彰化八堡圳的兴建开启了浊水溪灌溉工程的历史。八堡圳又称施厝圳，位于今彰化南，由士绅施世榜捐资修建。工程始建于康熙四十八年（公元1709年），历时10年，耗资五十万两白银。但是渠道建成后进水口引不进水。来自福建的移民林大喜携图前来，指点迷津，于是改渠首，重建引水工程。工竣，干渠水流畅通，八堡之田皆得灌溉。林大喜还引入了内地木笼堆石技术筑圳，用藤扎木成围，上广下狭，中实以大小石块。石笼上大下小，层层叠叠，如钉砌既稳定又抗冲。康熙六十年（公元1721年），黄仕乡等人在浊水溪下游又修十五庄圳，以及庆丰、大义、义和、同庆四圳，

都采用了林大喜的技术。民众后在八堡圳为林大喜建祠，纪念他对当地水利的贡献。

八堡圳为施氏家族所有，施家每年可得水租数万石，其后嗣世袭为圳主，五房轮流执掌管理。清末施族式微，八堡圳的养护和经营随之松弛，灌溉时节时有断水，用水户纷争不息。1896年，灌区用户推举辜显荣为圳长，主持八堡圳管理。次年，台中惨遭台风袭击，八堡圳完全冲毁。日本人统治台湾后，1906年由北斗、员林、彰化办事公署主持兴工恢复，从此八堡圳归于当地政府管理的公共工程。重建后的八堡圳，将浊水溪的十五庄圳及五圳并入，又在南投、区名、间乡三处兴建砌石坝拦水。由第一进水口引水至14千米处，分出第一圳、第二圳（即两条干渠），第一圳是原八堡圳干渠，第二圳为旧十五庄圳干渠（图7-13）。八堡圳干渠长33千米，十五庄圳干渠长29千米，总计灌溉面积三十三万多亩。1923年，成立八堡圳水利协会，八堡圳成为台湾最早由水利协会管理的灌区。八堡圳至今仍是台湾中部重要的水利工程，它的创建对台湾的水利建设产生了深远的影响。八堡圳是内地水利工程技术根植台湾的肇始，又是传统灌溉工程走向现代的样本。

三、海南琼山拒咸蓄淡和陂塘工程

海南岛总面积33900平方千米，耕地面积4875平方千米，平原占总面积75%。中部五指与广东雷州半岛山脉相连，是全岛河流的分水岭。海南岛气候分为冬春旱季和夏秋雨季，年平均降水500~1300毫米。

海南岛耕地集中在北部琼山近海平原（今海口市范围），以及环岛负山临海的平原，这些地区水资源丰富，土地肥沃，具有发展农业天然条件，是唐宋至明清大陆移民开发最早的地区。除琼山县（今海口琼山区）以外，其他各县灌溉工程规模较小，数量较少，工程类型以堤防、陂塘闸坝为主。

琼山灌溉工程最早记载见于《宋史·河渠志》："（开宝）八年，知琼州李易上言：'州南五里有度灵塘，开修渠堰，溉水田三百余顷，居民赖之。'"① 至清代塘还在，工程失修多年。元代，海南岛有梁陈陂、洪口陂、衍丰渠等灌溉工程。义丰堤闸，始建元至元三年（公元1337年），筑河堤以护田，建闸拒咸蓄淡，农田十万余顷受益。海南岛更多的水利工程出现在明清两代。清康熙《琼山县志》记载各类工程31处，咸丰《琼山县志》记载了52处。包括海塘、圩堤、陂塘、闸坝等。灌溉工程中以蓄水陂塘为多，山溪引水工程次之。灌溉面积自数十顷至数千顷不等。

明清时期，滨海平原海堤圩田兼有拒咸蓄淡功能的闸坝工程成就尤其突出。如苍茂圩岸，始建于明嘉靖时（公元1522—1566年），是一段海堤，清康熙五十一年（公元1712年）雷琼道申大成、琼州知府林文英主持扩建，在县东南顿林都苍茂溪上筑滚水坝，水小蓄水溉田，汛期洪水由坝泄走，演变为具有灌溉、排水和阻挡咸潮综合功能的工程。民间自建的琼山县西的五丈塘，"乡人每里筑一陂，名曰'塘闸'。涝则开，晴则闭，引水溉田"②，其工程体系和运行管理可谓完备。其他如滨壅圩岸、搏浪圩岸、东溪圩岸、长牵圩岸、北堡堤等都是清康熙以来建成的滨海平原拒咸蓄淡工程。

---

① 《宋史·河渠志》，引自《二十五史河渠志注释》，中国书店，1990年，第170页。
② 《（咸丰）琼山县志》，卷3，《中国地方志集成·海南府志辑（影印本）》，江苏古籍出版社等，第277页。

引水和蓄水工程多分布在离海岸较远的海口内陆。明名臣海瑞（公元 1514—1587 年）所开的官隆图田沟距海口六十里，"（沟）自万乐至鸡头等处，迤逦十余里，灌田甚广"①。海南岛内陆最多的是以泉水为源的蓄水陂塘。最著名且至今尚在发挥作用的陂塘是今海口市龙泉镇的岩塘和亭塘。这是两处相邻的引泉蓄水陂塘。《海南韦氏家谱》记载，岩塘系唐后期宪宗朝元和时（公元 806—820 年）被贬宰相韦执谊所建，亭塘为韦执谊十世孙韦敬匡 11 世纪时始建，后历经明清韦氏后裔多次续建。韦执谊（公元 764—812 年），京兆杜陵（今陕西西安）人，年二十为唐德宗翰林院大学士，入中枢，历德宗、顺宗、宪宗三帝。永贞元年（公元 805 年）十一月贬为崖州（今海南海口）

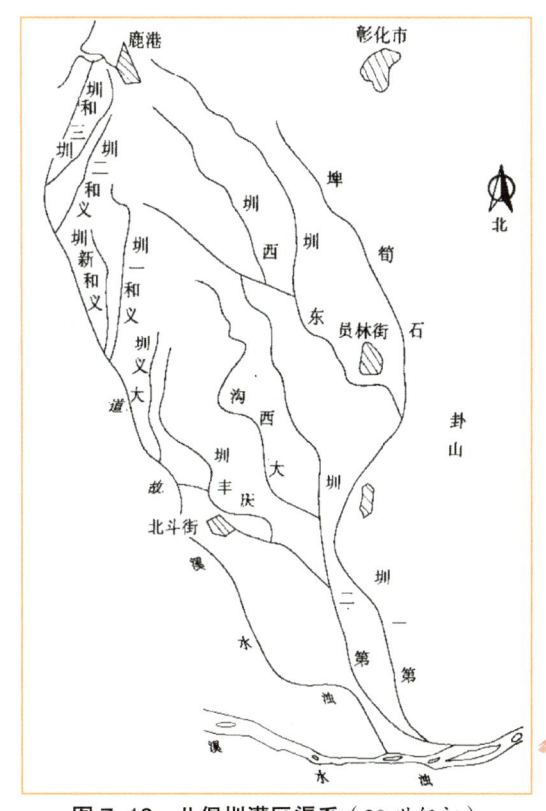

图 7-13　八堡圳灌区渠系（20 世纪初）

▲八堡圳以灌溉东螺堡、武东堡、武西堡、燕务上堡、燕务下堡、诚东堡、马芝堡、二林堡而名。1906 年整治后归入第一圳。

第三编　近古时期　灌溉工程技术普及与转折

---

①《（咸丰）琼山县志》，卷 3，《中国地方志集成·海南府志辑（影印本）》，江苏古籍出版社等，第 277 页。

339

A. 岩塘陂体

B. 岩塘—亭塘渠系工程

图 7-14　海口岩塘—亭塘古代工程遗存（李云鹏提供，2019 年）

司马，元和二年（公元 807 年）在贬所病逝。岩塘是官塘，地方志称始建北宋端平时，系乡人所建。[①] 陂堤高一丈六尺（约 5.3 米），宽三丈八尺（约 12.7 米），长二百余丈（约 670 米）；亭塘陂体高二丈五尺（约 8.3 米），长百余丈，规模与岩塘应不相上下。岩

[①]《（咸丰）琼山县志》，卷 3，《中国地方志集成·海南府志辑（影印本）》，江苏古籍出版社等，第 276 页。

塘、亭塘应是古代南方少有的大型蓄水工程。两塘下分南北干渠，灌溉水田数百余顷。设有陂长一名，陂甲32名，专事维修。陂长一职由韦氏后人充任。

四、雷州半岛海康拒咸蓄淡工程

雷州半岛处于中国大陆最南端，广东省的西南部，东接南海，西濒北部湾、南接琼州海峡与海南岛对峙，与山东半岛、辽东半岛合称中国三大半岛，全境面积13225平方千米。雷州半岛属热带季风气候北缘，地形地势平缓，年平均降水量1400~1800毫米。汉代于雷州半岛置徐闻县，治今雷州。隋改治海康，明设雷州府，仍治海康。1994年撤海康县，更名雷州市。

雷州半岛海康（今雷州市）、遂溪两县拒咸蓄淡工程始于12世纪，最初由特侣塘、西湖和渠道构成蓄水及引水工程，后在各渠尾闾通海处建闸、筑海堤。形成了由特侣塘、西湖和河渠，环半岛94.6千米海堤和107闸组成的具有防洪、挡潮、蓄水、灌溉、排水、水运等效益的工程体系，是沿海拒咸蓄淡工程经典案例。

特侣塘、西湖原为自然湖塘。南宋绍兴二十八年（公元1158年），郡守何庾在遂溪县以南一百六十里处建特侣塘闸，在府城以西建西湖闸，开东西二渠。二渠并流南下在府城南惠济桥合流，号称灌溉南洋农田万顷。乾道五年（公元1172年），继任郡守戴之邵以特侣渠近山易受山洪泥沙淤积，于遂溪向东别开一渠，下分八条支渠，于海康县新开二渠，各渠道尾闾皆建闸以泄水。在沿海修圩堤以防海潮。戴之邵制订了工程维护和闸门启闭的制度。端平时（公元1234—1236年），西湖围垦水域萎缩，失灌溉之利，沦为放生池。元至顺三年（公元1332年）疏浚西湖，重建堤闸，湖畔兴建寺庙。①元末西湖再废，明成化、弘治时多次修治西湖。嘉靖二十三年（公元1544年）雷州知府林恕重筑西湖新堤，建五闸，引水入湖，疏浚西湖及二渠。明清时西湖为雷州府城名胜并有灌溉之利，清末西湖再次失修，"堤崩、渠塞、湖淤为田"②。至清末特侣塘水域面积四十八顷，环湖筑堤建闸后成为有节制功能的水库，直至20世纪50年代，一直是雷州半岛最大的蓄水工程。

  元明清时，随着雷州半岛滨海平原耕地开发，蓄水陂塘、渠道、引水窦闸、海堤、节制闸（挡潮和泄水）逐渐全面推行，完善的工程体系，使雷州半岛实现了"湖泉不出，海卤不入"③。除特侣塘、西湖外，清《雷州府志》记载海康有塘堰27处、遂溪有15处，号称有二十四渠（这应该是概数）。在特侣塘设置水则以管制用水。以水则水位开启闸门控制引水的制度始于明万历三十二年（公元1604年）。特侣塘是雷州最大的蓄水工程，下游希望多蓄水，上游则水位过高而土地渍涝。司特侣塘理高维岳以塘闸最低的第十一闸处立石碑为水则，水则为上、中、下三则，以节制闸板启闭时间和块数。三年后雷州知府水利同知张应麟规定除留一闸外，其余各闸钥匙交官收管。清雍正十年（公元1732年），雷州知府叶思华规定蓄水位以明水则碑"中"字为准。嘉庆时因为湖塘淤积，

---

① [元]陈光大：《惠济东西桥记》，《（咸丰）雷州府志》，卷18，《中国地方志集成·广东府志辑（影印本）》，江苏古籍出版社等，第500—501页。

② 《（咸丰）雷州府志》，卷2，《中国地方志集成·广东府志辑（影印本）》，江苏古籍出版社等，第67页。

③ [明]李义庄：《捍海堤记》，《（咸丰）雷州府志》，卷18，《中国地方志集成·广东府志辑（影印本）》，江苏古籍出版社等，第519—520页。

改为以"下"字尾为准。

雷州特侣塘拒咸蓄淡工程的维系来自同样完善的工程管理制度。16世纪时延续数百年的南宋塘长统管制度,既管陂塘,又管河渠及堤岸的官方管理,改为官民协同管理,由塘长管理湖塘、海堤、渠道按段属地管理的制度。嘉靖三十二年(公元1553年)海堤按照六艺、二十八星宿、十天干、千字文四十六字编号,各属地按号管理(表)。特侣塘用水管理制度延续400多年,为古代雷州半岛的拒咸蓄淡工程体系的运用提供了制度保障。

第四节　元明时期屯田区的灌溉工程

元明清各朝代交替时期,往往数十年的动乱,人口剧减,农业凋零,既往的灌溉工程失修。当新的统治者立足的时候,也是区域水利重建之际。明初朱元璋称帝不久,"昭所在有司,民以水利条上者,即陈奏"[①]。此开明代上至尚书、御史朝廷大员,下至地方士绅,竞相议论地方水利事。洪武二十八年(公元1395年)郡县奏报开塘堰40987处。据地方志记载,明代有兴修水利记载的县多分布在浙东临海、仙居、天台、桐庐、遂安、临安、浦江、安吉、长兴、衢州、永康、常山等丘陵山区以及福建莆田、仙游、宁德、惠安、建瓯、福清、浦城等地。明中期,江西赣中丘陵山区塘堰多数始建于明。至明中期塘堰数18000处,到了清代一县的塘堰数则数百上千不等。

---

① 《明史·河渠志》,《二十五史河渠志注释》,中国书店,1990年,第460页。

一、云南滇池六河水利

明清时期云南、贵州的屯田将西南山区灌溉工程的兴建推向了高潮。洪武时有南直隶（今江苏、安徽）、江西 280 万移民进入贵州、云南，两地屯田新开耕地二百多万亩，众多山间小平原得到开发，灌溉工程由此在云贵山地发展起来，从江河引水堰坝工程到微型蓄水水梯田，自然和社会环境的差异，营造出因地制宜的灌溉工程类型。

云南居云贵高原大部，平均海拔 2000 米以上，境内群山叠嶂，江河贯流其间，然大多湍急。农田大多分布在谷地和小坝（山间小盆地），灌溉工程以小型引水工程和塘堰居多。高原湖泊众多，其中以昆明滇池、阳宗海，玉溪抚仙湖、星云湖，大理洱海等最为著名，元明两代屯田大多也分布在这些湖区周围，其中昆明坝子是最大的屯区，由官方主持兴建的灌溉工程主要集中在滇池这一水资源条件优越的地区。

云南省会昆明位于滇池东北。滇池地处金沙江支流普渡河的上游，是云贵高原最大的湖泊。滇池西依西山，北、东、南三面是土壤肥沃的昆明坝子，池周 20 余条河自北而南，或自西而东汇入滇池，其中盘龙江是滇池的主源。海口是滇池的出水口，海口河或称螳螂川，自滇池西南北流，出安宁后即称普渡河，北流入金沙江。滇池湖岸线长 163.3 千米，水深 5~8 米，总库容 15.7 亿立方米。滇池自西而东分布海源河、银汁河、盘龙江、金汁河、宝象河和马料河，并称省城六河（图 7-16），具有得天独厚的水资源条件。六河水利始于南诏国时期，元代松华坝兴建和海口河整治，六河由此形成工程体系。

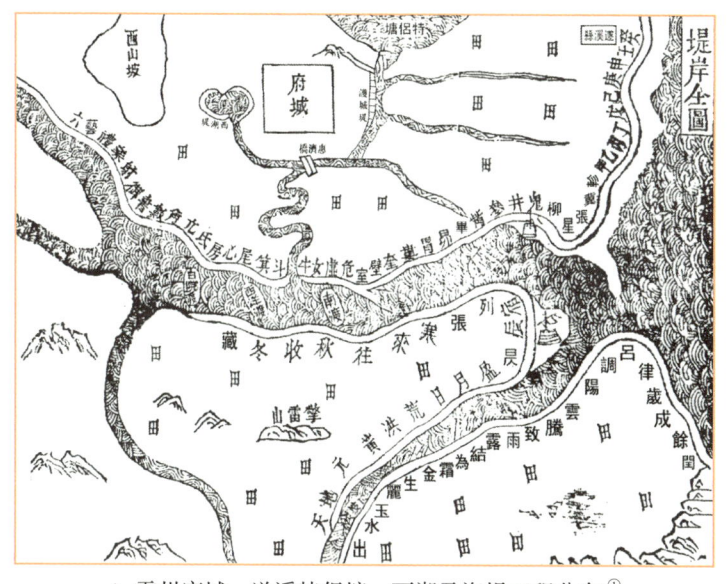

A. 雷州府城、遂溪特侣塘、西湖及海堤工程分布①

▲蓄水工程以西湖、特侣塘为大，在丘陵区还有众多小山塘。字号既是海堤分段管理的标志，也是设置闸坝的关键位置，通常一个字号工段有一或两处闸。通过海堤和潮闸，将珍贵的淡水留在了岛内。

B. 海康、遂溪海堤及节制闸工程体系概况表②

海堤属地		字号起止	段数	闸数	海堤长丈（约合千米）
海康	南堤西段	天—藏	24	32	6614（22）
	南堤东段	闰—出	22	29	4216（14.1）
	北堤	六—轸	36	38	13037（44.5）
遂溪		甲—癸	10	8	4520（15.1）
总计			92	107	28387（94.7）

图7-15 明清时期雷州半岛南部拒咸蓄淡工程体系

① 据[清]"岸堤全图"绘制，引自《（咸丰）雷州府志》，卷2，《中国地方志集成·广东府志辑（影印本）》，江苏古籍出版社等，第81页。

② 《（咸丰）雷州府志·水利》，卷2，《中国地方志集成·广东府志辑（影印本）》，江苏古籍出版社等，第81—84页。

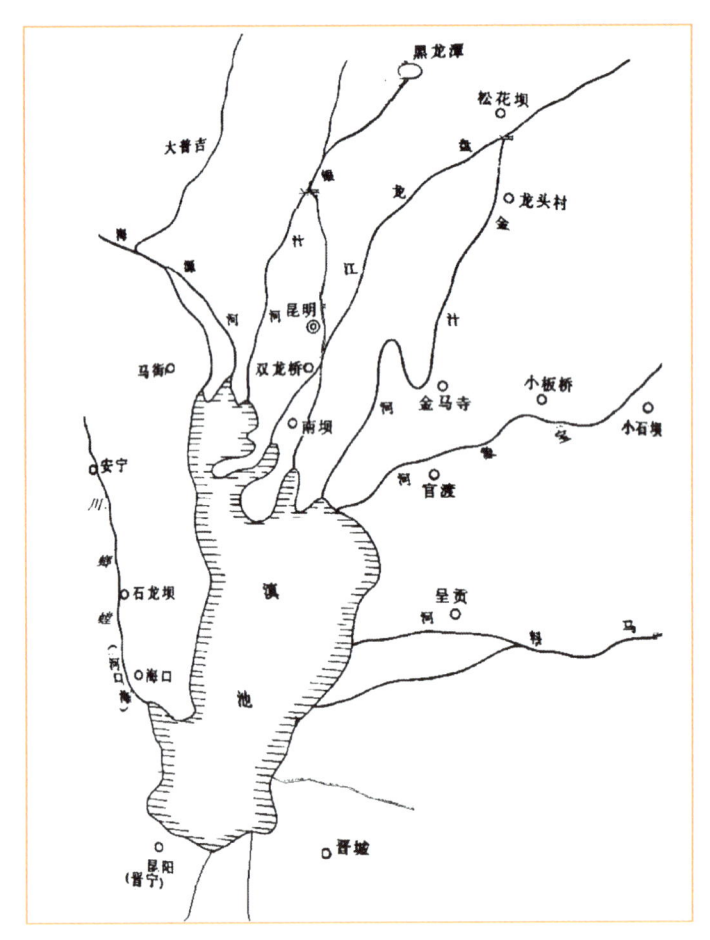

图7-16　六河及海口河分布

　　滇池在西汉末年已有灌溉工程的兴建。记载其时益州（治滇池县）太守在滇池屯田，"造起陂池，开通灌溉，垦田二千顷。"[1] 东汉以后云南大都自外中原政权，与唐并存为南诏国，与宋政权并行为大理国。在大理国第十代王段素兴时（约10世纪40年代）在东京（即今昆明）盘龙江筑云津堤，在金棱河（后称金汁河）

---

[1]《后汉书·西南夷》，卷116，《四库全书》（影印本），中华书局，第19页。

上筑春登堤，捍御蓄泄，有灌溉之利。[①]金棱河，后称金汁河，是盘龙江支流。云津堤、春登堤的兴建，提供了盘龙江与金棱河稳定的分水口和节制功能。金棱河在六河中灌溉效益最大。云津堤、春登堤是盘龙江分水堤，两堤类似都江堰分水鱼嘴，分盘龙江入金汁河。分水入金汁河不仅有灌溉效益，更重要的是有效地缓解了盘龙江下游防洪压力。

南宋宝祐二年（公元1254年）元灭大理国，至元八年（公元1271年）元建都北京，中国再次回归一统国家。至元十一年（公元1274年）置云南行中书省，治大理。至元十三年（公元1276年）迁治昆明。云南结束了与中央王朝长期分离，成为中国的一省。云南行省首任平章政事赛典赤·赡思丁于元初在云南屯田。至元年间（公元1264—1294年）昆明滇池一带军屯、民屯开田十一万余亩，滇池水利因此大兴。赛典赤·赡思丁和劝农使张立道主持了盘龙江松华坝以及金汁河、银汁河灌溉工程的兴建。明清滇池北部银汁、宝象、马料、海源各河相继筑堰建闸引水灌溉。松华坝下游盘龙江与金汁河、银汁河河渠系彼此沟通，构成了水量调度的水利区，减轻了昆明城市的防洪压力，具有灌溉和水运的效益。马料、宝象、海源三河水利以灌溉为主，有各自相对独立的受益区域。

盘龙江—金汁河水利受益区以昆明为主，是六河水利中规模最大且体系完善的工程体系，具有防洪、灌溉和城市供水多方面的功能。松华坝位于昆明市区以北14千米盘龙江松华山谷，这一

[①]［明］杨升庵：《南诏野史》，卷上，《中国方志丛书》（影印本），成文出版社，1968年，第31页。

段盘龙江河面仅宽30多米，兴建松华坝主要是向金汁河分水。元代松华坝应该是前大理国云津堤、春登堤的继承，建成后灌溉面积约三万亩，明清的形制也大致类似，为无坝引水工程，不同的是工程材料和结构由土石演进为砌石坝。明代松华坝工程体系逐渐完善。景泰五年（公元1454年）动用夫役8万余人，于盘龙江下游，昆明城南5千米处兴建南坝闸，灌溉农田数十万亩。成化十八年（公元1482年）云南巡抚吴诚主持疏浚盘龙江、金汁河，灌溉面积数万顷。其中弘治九年（公元1496年）云南知府董复主持修石坝，长度八十余里，此石坝即为石堤，渠首为分水导流堤，其下是岸堤，于分水坝下盘龙江及金汁河分设闸门。万历四十八年（公元1620年）大修松华坝及闸，动用匠作及夫役57000人。这是一次重要的大修，松华坝全部木闸改为石闸、石堤永久性的工程结构。松华坝渠首及灌区工程设施也因此基本固定，成为昆明城区防洪和向昆明坝子农田供水的区域性的水利工程，这与15世纪以来云南全域开发，昆明成为西南经济重镇是相互推动同步发展起来。20世纪50年代在松华坝原址兴建了松华坝水库，坝高47米，库容6830万立方米。

明末清初云南遭遇连年战乱，滇池水利工程多年弃修。康熙中期云南全境逐渐稳定。雍正七年（公元1729年），云贵广西总督鄂尔泰、云南巡抚张允随于滇池上源昆明六河兴工水利工程46项，呈贡县诸河27项，于滇池出水水道晋宁、昆阳、安宁兴工88处。[①] 是役历时数年，系统治理水道和灌溉堰坝，为其后昆明城市防洪

[①] 长江流域规划办公室《长江水利史略》编写组：《长江水利史略》，水利电力出版社，1985年，第167页。

安全和农业发展提供了完好的基础。清代六河治理重点仍在盘龙江。其时松华坝重建,维系闸坝结合的枢纽工程,节制闸时称"锁水闸",仍是分洪金汁河,保障两河城乡和灌溉用水的关键工程。其他昆明四河则普遍建闸,修涵洞,灌溉之利超过前代(表7-3)。[1]

表 7-3　　　　　　滇池六河及海口河灌溉工程概况表

河名	工程设施	附注
盘龙江	松花坝 撇水大闸 堤防工程	"于凤岭、莲峰二山箐口,水出川原之间建松花坝,以时启闭。……又自松华坝莲花山麓凿开一河,名金汁河。"[2] 盘龙江至分水岭三十里间,东岸用金汁河、西岸引银汁河灌溉,分水岭以下。 至分水岭以下始分支别派。分水岭以下分派各河田高水低,俱水车提水灌溉。 下游流经昆明府城,分流入于护城河。分水岭以下正河及支河堤防俱系官管工程。
金汁河	留沙桥 锁水闸	"由莲峰山麓向西流坝旁设撇水大闸。……撇水闸下设锁水闸以平水势。水小则开闸枋注水入金汁河,以收水利;水大则闭闸枋送水入盘龙江。"[3] 留沙桥上下为溢流坝,莲峰山山洪由松华坝泄入盘龙江。 金汁河自锁水桥以下,盘山而行东岸田高水低,用水车提水灌溉。西岸水高田低,设涵洞引水灌溉,沿程按灌溉水次先后分为五排,依排官督民修。

---

[1] 汪家伦、张芳:《中国农田水利史》,中国农业出版社,1990年,第459页。
[2] [清]黄士杰:《云南省城六河图说·盘龙江》,第5—8页;《图说》作者黄士杰于雍正八年(公元1730年)任云南府同知粮储水利副使。《图说》有道光十五年(公元1835年)刻本、光绪六年(公元1880年)重刻本存世。
[3] [清]黄士杰:《云南省城六河图说·金汁河》,第9—14页。

续表

河名	工程设施	附注
银汁河	分水大闸 泄水涵洞 十字流沙闸 引水诸闸 积水堰塘	发源昆明东北山麓黑龙潭，沿程有白龙潭水汇入。"正河设一大闸，因时启闭，以资灌溉，并泄水入盘龙江。"[①]于五老山山洪冲沟处设置十字流沙闸，泄山洪于盘龙江，以减少泥沙淤塞河道。 自黑龙潭口至滇池河口，沿程开沟渠引水灌溉。渠与积水塘堰相通。每年于腊月初一封闭黑龙潭、白龙潭闸口，收水入银汁河诸积水堰塘。嗣后沿河开始灌溉。干支渠各依水次编排，为灌溉用水秩序和岁修基层组织。
宝象河	大石坝 小石坝 响水闸 头二三闸 斗门诸闸	其源有三，至板桥驿城汇为一河。其后接纳小龙潭、高坡山水入河。 大石坝分出西鸳鸯沟，小石坝分出东鸳鸯沟两支流。灌溉之利主要在西鸳鸯沟。西鸳鸯沟诸渠由响水闸及头闸、二闸、三闸分水。 宝象河诸渠大多田低水高，可以自流灌溉。少数高田需要水车提水，不承担岁修工费摊派。[②]
马料河	流沙桥 蓄水堰塘 猪圈闸 左中右三闸	发源黄龙潭。至呈贡万朔村分出羊落堡、万朔两堰塘，蓄水灌溉，"堰东有山涧二道，建流沙桥过洞二座（渡槽），送山涧沙泥入马料免致壅塞"[③]。 正河建猪圈闸，及中闸、左闸、右闸，分水四渠。每年自腊月十河，五日至立夏轮排灌溉。
海源河	左中右三闸 十字闸 漫水闸	发源海源寺龙潭。潭前建中左右三闸。左闸分出东龙须，右闸分出西龙须。中闸为干渠，设有漫水闸。海源河灌区水高田低，开沟灌溉共有十二排，每年寺院初一为始轮排灌溉。
海口河	普安闸 清水河闸 石龙坝	为滇池出水水道，河低田高，难资灌溉。河之南有众多山溪河流汇入，冲淤成滩阻塞河流，以致昆明、呈贡、晋宁、昆阳沿河田亩受淹，四属承担海口河道疏浚人夫。普安闸、清水河闸及石龙坝壅水灌溉，并阻山溪洪水，减少泥沙入河。

① ［清］黄士杰：《云南省城六河图说·银汁河》，第 15—18 页。
② ［清］黄士杰：《云南省城六河图说·宝象河》，第 19—24 页。
③ ［清］黄士杰：《云南省城六河图说·马料河》，第 25—28 页。

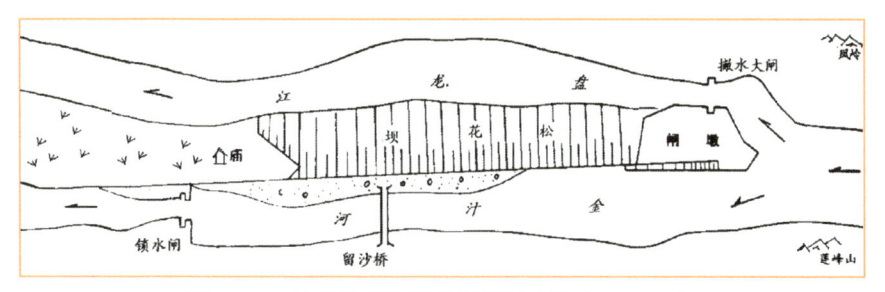

图 7-17　清代松华坝渠首枢纽示意图（19世纪）

昆明六河自元代为官方管理的水利工程。元代赛典赤·赡思丁时六河及海口设报马、看水等，专事滇池诸河和水利工程汛守。明代云南布政司下设粮储水利道。清雍正十年（公元1732年），于海口设昆阳州设水利同知，昆明及云南通省有水利之处，凡同知、通判、州同、州判、经历、吏目、县丞、典史等官，均加水利衔，专理境内水利。[①] 表7-3为雍正年间云贵总督鄂尔泰大兴滇池水利后六河灌溉工程情况，彼时关键工程多为砌石结构，各河水利设施已经相当完善。明清以来六河及海口河，关键工程多为砌石结构，石工、桩木官为动项，土工、人夫各按田头派出。

滇池六河水利与昆明的发展互为推动，水利工程不仅营造了古代云贵高原的农业经济区，还为昆明提供了城市河湖。今天六河水利工程大多改造为现代工程结构和材料，但是基本工程体系依然保持，泉塘河湖为滇池四围平添了诸多风景名胜。

二、延甘宁边镇屯田与水利兴起

陕北地区的灌溉工程源起北宋、明代的戍边屯田。北宋时，黄河以东陕西北部至甘肃东部是西夏政权与宋王朝对峙的边疆地区。仁宗康定元年（公元1040年）范仲淹以龙图阁直学士，出知

[①]《清世宗实录》，卷117，雍正十年四月乙卯。

永兴军，此后先后兼知延州、庆州，充任陕西诸招讨使、安抚使，在戍边西北期间，既统兵打仗，又以"积极防御"的守边方略屯田于此，陕北水利由此肇始。陕甘宁地区先后为西夏、元政权统治，大半沦为游牧社会。

明代，中央王朝与北元蒙古鞑靼部再次对峙陕北。明置延绥镇即今陕西榆林、延安，甘肃庆阳一带。延绥镇为明九边重镇之一，前线向北推进至黄甫川、榆林塞、定边堡一线，军屯和民屯深入至黄河中游流域的干旱地区。明代陕甘宁地区的灌溉工程得到较大发展，部分工程延续至今。

明洪武九年（公元1376年）大将军汤和击败元蒙古军，置绥德卫指挥所，迁山西汾、平、泽、潞之民于河西，迁江南上江军于绥德。由此立屯田法戍边，设延绥镇，治绥德。成化元年至五年（公元1465—1469年）北元蒙古军频繁入侵榆林塞，纵深威胁延安府及关中。成化八年（公元1472年）副都御史余子俊巡抚延绥，次年徙延绥镇治于榆林，筑骆驼城为延绥镇所在，即后之榆林县城。余子俊镇延绥后，置戍屯田，筑延绥边墙，东由黄甫川西至定边营。东至黄河岸山西偏关界，西接宁夏镇灵州界，屯军四卫榆林、庆阳、绥德、延安，墩堡相望，连绵一千八百里。成化以后长城以内相对安定。

延绥四卫地处塞上，毗连套内。榆林镇城四望黄沙，营堡沿长城以南分布，设在有泉水或溪流的地方，为戍边将士生活用水和屯田提供相对较好的条件（图7-18）。自余子俊之后历任巡抚经营下，延绥镇有营田万顷，兼有盐池之利，岁征租赋供军费及兴建水利工程之费。延绥这样的干旱区竟也引河、引泉，水利工程勃然而兴，有力地支撑了边镇营田。延绥镇兴屯田，发展农业，兵民仓廪充实。榆林则由边塞小庄逐渐成为陕边重镇。清代延绥边镇硝烟散去。陕北凡承继明代边镇水利之处，皆是极旱之区的米粮川。据明万历四十七年（公元1619年）成书的《延绥镇志》记载，镇、堡、营有水利工程保障的屯田，相当部分是稻作，粮食产量远高于旱作黍类作物。

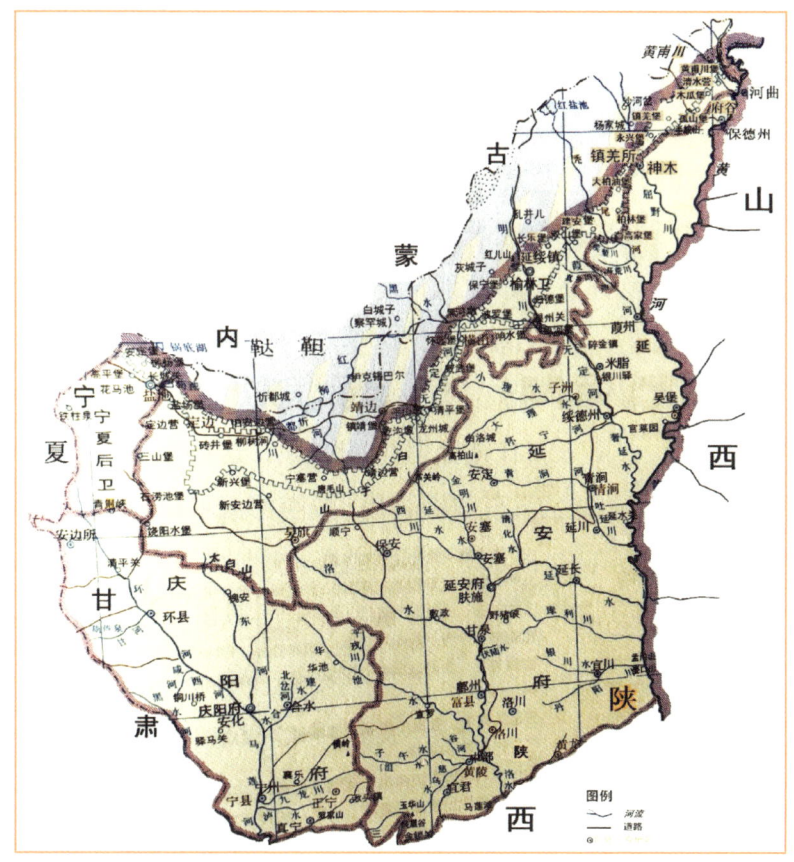

图7-18 明清延绥镇范围（陕甘宁边区）[①]

---

① 引自《中国历史地图集·陕西》第8册，地图出版社，1987年。

三、延安、庆阳府灌溉工程

11世纪时北宋与西夏对峙的边界交错于河套、榆林。西夏的铁骑经常深入到陕北绥州、延安，甘肃庆阳。北宋以延州（治今陕西延安）、鄜州（治今陕西富县）为根据地，范仲淹的屯田军设在延州、保安（今陕西志丹）、清平关（今甘肃环县西北）一线，即延安府神木、府谷、米脂、绥德、富县、定边、庆阳。明初由山西、江南移军民，亦屯垦于这一带。堡、营不仅依凭水资源条件好，还有交通便利，出产煤或石油的地方设置。

明清时延安、庆阳府灌溉工程主要为河川沿岸，以及泉、池引水工程，以及分布于峁塬地带沟涧上的淤地坝。延安府北缘的横山县地势平衍，水资源丰沛，诸堡屯田以稻作为主。发源长城以外，由沙漠边缘地下水汇集而成的芹河、沙沟河、无定河都是季节性河流，水田分布在河流两岸的滩地，这些地方水位高，春天只需要开沟打坝，就可以栽秧耕种，夏季河流水涨，水多被淹浸，正好利于水稻生长。初秋水退，水稻成熟。根据明万历《延绥镇志》、民国《延绥揽胜》记载，横山一带水稻种植面积在一万三千亩上下。延安、庆阳两府灌溉工程见表7-4。

表7-4　　　　　　　延安、庆阳两府灌溉工程

属地	工程名称	水源	概况
府谷	府川渠	西沟	在平川，溉田五百亩，畦畎纵横，菜蔬出焉。
	孤山川渠	山溪	在西南孤山堡，长四十里，引川水灌者，下流甚多。
	木瓜园渠	不详	在西南木瓜堡，引渠灌溉，水泽肥美。
神木	西沟渠	西沟	治城西，沟长数十里，灌田数十顷。

续表

属地	工程名称	水源	概况
神木	高堡诸渠	秃尾河	高家堡附城四郭,各有水渠良田。其中东南两渠,阡陌层叠,沟畦纵横,嘉禾交映,杨柳成荫,各渠水声,浪浪入耳,灌溉面积最广。
	云惠渠	屈野河	石堑子沟口拦河筑坝引水灌溉。20世纪30年代初毁于洪水,1939年重建。
葭州	螅蜊峪沟	山溪	在县东南,地邻吴堡县,沿沟引水溉田。
	四字川	山溪	源出县西北百六十里,居民引水治田,浇灌颇广。
横山	黑河渠	黑河水	溉县东北稻田五千余亩。渠长二十余里,正渠黑峁墩、黑河子、胡石窑、坝头、王家湾、孙家湾等。计溉田十余村。
	芹河沟渠	芹河	在波罗堡东北,沟长二十余里溉田二千亩。良田肥饶,最利稻植。内有水碾磨十余所,远近居民胥赖颇殷。
	沙河沟渠	沙河沟	在波罗堡北,源自边外龙泉墩,全长三十五里,溉水田一千亩。居民大半种稻。每值夏季,恒被浸淹。
	柳沟渠	柳沟	在响水堡北,渠长七里,多系稻作。惟田畦低湿,常有洪水冲刷之患,屡建屡辍。
	大理河渠	大理河	在县西南清平堡。上游各沟到处引水溉田,园圃极广,土壤肥饶,稍施肥料,即收获倍常。
	小理河渠	小理河	在县南。引水灌溉成田者,有鲁家河、油房头、水地湾、银州关、巡检司等地。
	新开沟	山沟	水出沙峰子。有水田六百亩,水浇地一百五十亩。
米脂	流金河	无定河	"在米脂县南。每岁居民垒石作堰,长五十余丈,引以为灌田,利同黄金,故名。"[①]
	织女渠	无定河	县西北,治坝浚渠,浇灌沿岸西川田数十里。1938年改建,不久渠道淤塞,工程告废。
	南河渠	山溪	在米脂县南门外,筑坝引水至城西,溉田一百六十亩。始建明正德时,清雍正元年(公元1723年)扩建。城关居民食其利。

① [明]《延绥镇志·山川》,第116页。

续表

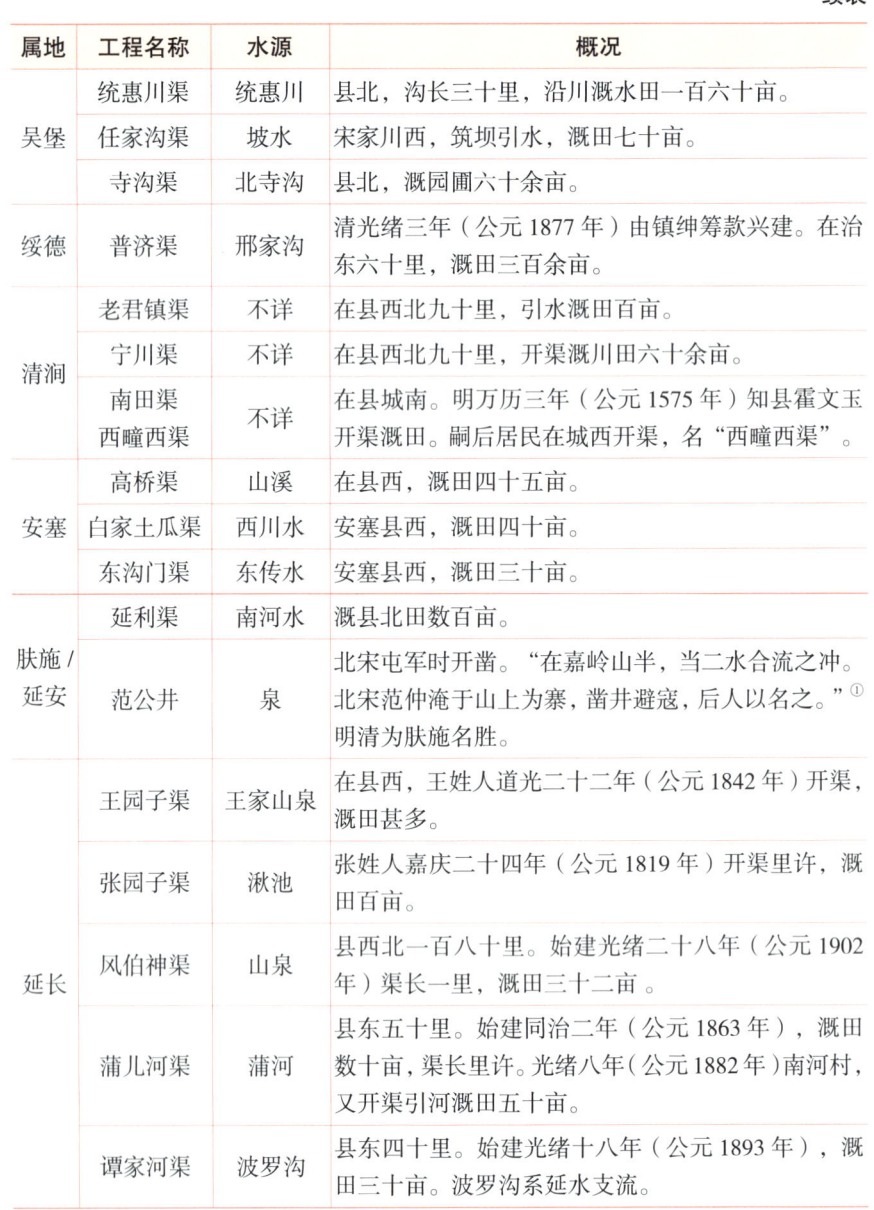

属地	工程名称	水源	概况
吴堡	统惠川渠	统惠川	县北，沟长三十里，沿川溉水田一百六十亩。
	任家沟渠	坡水	宋家川西，筑坝引水，溉田七十亩。
	寺沟渠	北寺沟	县北，溉园圃六十余亩。
绥德	普济渠	邢家沟	清光绪三年（公元1877年）由镇绅筹款兴建。在治东六十里，溉田三百余亩。
清涧	老君镇渠	不详	在县西北九十里，引水溉田百亩。
	宁川渠	不详	在县西北九十里，开渠溉川田六十余亩。
	南田渠 西疃西渠	不详	在县城南。明万历三年（公元1575年）知县霍文玉开渠溉田。嗣后居民在城西开渠，名"西疃西渠"。
安塞	高桥渠	山溪	在县西，溉田四十五亩。
	白家土瓜渠	西川水	安塞县西，溉田四十亩。
	东沟门渠	东传水	安塞县西，溉田三十亩。
肤施/延安	延利渠	南河水	溉县北田数百亩。
	范公井	泉	北宋屯军时开凿。"在嘉岭山半，当二水合流之冲。北宋范仲淹于山上为寨，凿井避寇，后人以名之。"① 明清为肤施名胜。
延长	王园子渠	王家山泉	在县西，王姓人道光二十二年（公元1842年）开渠，溉田甚多。
	张园子渠	湫池	张姓人嘉庆二十四年（公元1819年）开渠里许，溉田百亩。
	风伯神渠	山泉	县西北一百八十里。始建光绪二十八年（公元1902年）渠长一里，溉田三十二亩。
	蒲儿河渠	蒲河	县东五十里。始建同治二年（公元1863年），溉田数十亩，渠长里许。光绪八年（公元1882年）南河村，又开渠引河溉田五十亩。
	谭家河渠	波罗沟	县东四十里。始建光绪十八年（公元1893年），溉田三十亩。波罗沟系延水支流。

① ［明］《延绥镇志·山川》，第116页。

续表

属地	工程名称	水源	概况
延长	槐林坪渠	大村沟	县西五里，地邻延水。清光绪三十年（公元1904年）知县余元章请公帑三百两兴建。渠长四十余里，溉田三百六十余亩。
	千谷驿渠	史家沟	渠长一千三百步，溉田二百五十亩。
甘泉	甘泉渠	泉水	县西门外，西依洛河，北接山溪，光绪二十九年（公元1908年）知府刘济坤修渠引水，溉田十余顷。后废。
中部	上善泉	泉	"在桥山北。唐刺史崔骈疏导，引上善泉入城中，以资日汲灌溉，居民感惠至今，祠祀之。"①
以上延安府			
定边	清平沙	环河	溉清平堡东园田。
	八里河渠	山溪	清道光二十三年（公元1843年）南山洪水冲出九涧，邑武举郭九龄筑坝修堤（淤地坝），引水溉田三千亩。
以上庆阳府			

注：①采用明代政区区划；②除注明时间者，其他工程为表中所述的时间始建。

延安府东北府谷、葭州地濒黄河，与山西隔黄河相望，水深地高多以山溪水，引水溉田。府谷各堡、营及乡村，多有沟渠，用礓槽（渡槽）引水不胜其数。神木县居秃尾河、屈野川上游，还有常年喷出原油的油井。神木县为明镇羌所治所，境内有神木堡、高家堡、大柏油堡、永兴堡等。其中高家堡是北宋和明延绥屯田重地。高家堡在秃尾河的上游，堡城三面临渠，引河水植稻，水田膏沃；临河或渠架设水轮，水碾水磨轧轧有声，有灌溉之利，也有水力之利。在无定河下游米脂、绥德，北宋、明都是镇所所在，这里有大理水、小理水，米脂、绥德沿河往往治坝，开沟引水灌溉农田。民国《延绥揽胜》记载："大理河，沿川有三皇峁盐田，

---

① ［明］《延绥镇志·山川》，第116页。

周崄、三川沟煤矿。土地肥沃，树艺繁茂，居民多资沿河灌溉之利，耕稼利赖，百谷禾苗，恒占大有，庄村殷硕，黎庶颇富。"①

位居延安府中部的清涧、延安、安塞、保安、宜川等地，有清涧水、延水、洛水等黄河支流，灌溉工程往往分布沿河堡营附近。如宜川县是延安府最大的县份，典型的陕北黄土塬区，有川泽十余处，沟渠纵横，而山涧平原之间，多是淤地坝这类工程，即于畎亩之间起坝聚水，聚洪水淤灌，积肥成地，治水与治田并行，不数年渠湮地与堤平，成连片的良田。如延水上游的安塞县，是陕北立县最早的县，全县号称十三川，明清以来垦荒者以淤地坝营地，人烟逐渐密集。

庆阳府（治今甘肃庆阳市）有黑水河、洛水、华池水、环河等黄河一级或二级支流，境内多有地下水出露，有花马池、红柳池、莲花池、盐池等湿地陂池分布。北宋政和七年（公元1117年）在庆州设庆阳军，设置城、堡、寨、关防御西夏。庆阳军或濒河开渠引水溉田，或环陂池列营筑寨。南宋及元弃耕为牧水利尽废。明正统时（公元1436—1449年）设庆阳卫和环县守御千户所，庆阳成为延绥地的重镇之一，再度大举屯田积粮。庆阳府最著名的灌溉工程位于府城以北六百里的花马池。池周四十三里，与相近的嘛槽、滥泥、锅底等池互为连通，遂为河套以南的最大屯区。

四、榆林镇灌溉工程及红石峡渠

明初于陕西绥德设延绥镇防御北元蒙古军南下，北元蒙古军往往轻骑至米脂、吴堡、安塞，以致延安府城屡屡告急。成化九

---

① ［民国］曹颖僧：《延绥揽胜》，史学书局，2006年，第111—112页。

年（公元1473年）延绥巡抚余子俊北移镇城于榆林。榆林原是边塞小庄，余子俊筑骆驼城（即榆林城墙），沿长城设堡、营、寨，由此延绥边镇东起黄甫川，西至定边营，墩、台相望，屯田交错其间，榆林因此成为明九边重镇之一。明榆林卫有七堡，东路常乐、建安、双山三堡，西路保宁堡，南则为归德、鱼河、镇川堡。清撤延绥镇及延安、庆阳、榆林三卫，陕北堡、寨演替而为村落、集镇，前代的屯田则视水利条件或耕或牧。

自成化余子俊筑边关城堡、兴屯田水利起，明中期以降黄甫川、屈野河、秃尾河、无定河，以及无定河的支流榆溪、黑水河先后兴建起了近20处灌溉工程（表7-5）。榆林卫北与毛乌素沙漠交界，蒙古高原与黄土高原的交界处，西北为砂碛之地，西南有沟渠和水利设施的地方，地利耕稼，园圃罗列，阡陌纵横，以生产菜蔬、稻米为长。

表7-5　　　　　　　　明清榆林灌溉工程基本情况

工程名称	水源	概况
红石峡渠（西渠）	榆溪	在河东岸。引水干渠隧洞、明渠参差于红石峡两岸，灌溉城南。明清多次失修或毁于洪水。清渠名为"广泽渠"。
芹河渠（东渠）	芹河	在河西岸，引芹河灌溉。刳木为渠，跨大河而东入城，溉镇西廓诸衙门园田。又沿川溉田一千二百亩。
刘指挥河（南渠）	水掌儿泉	在榆林镇城东南，溉榆林城南较场西官民稻田。嘉靖初又分流，灌城西南隅。后为官方衙门专用水源，水利不均。巡抚张子立建分水制度，官民共用按限分水。溉田一千三百余亩。
龙王庙渠	龙王泉	在镇廓东，分为二支。一支西折溉西总府并副府园田。一自经玄帝庙西折，溉按察司园田，再西出城西廓，溉镇巡府园田。
北龙王庙渠	山泉	出钟楼西。水自石出停潴不流，镇城东北人畜用之不竭。
镇北口外渠	榆溪	在榆林城北口外引榆溪，溉牛家梁、二道河子、三道河子、四道河子田共一千九百余亩。

第三编　近古时期　灌溉工程技术普及与转折

359

续表

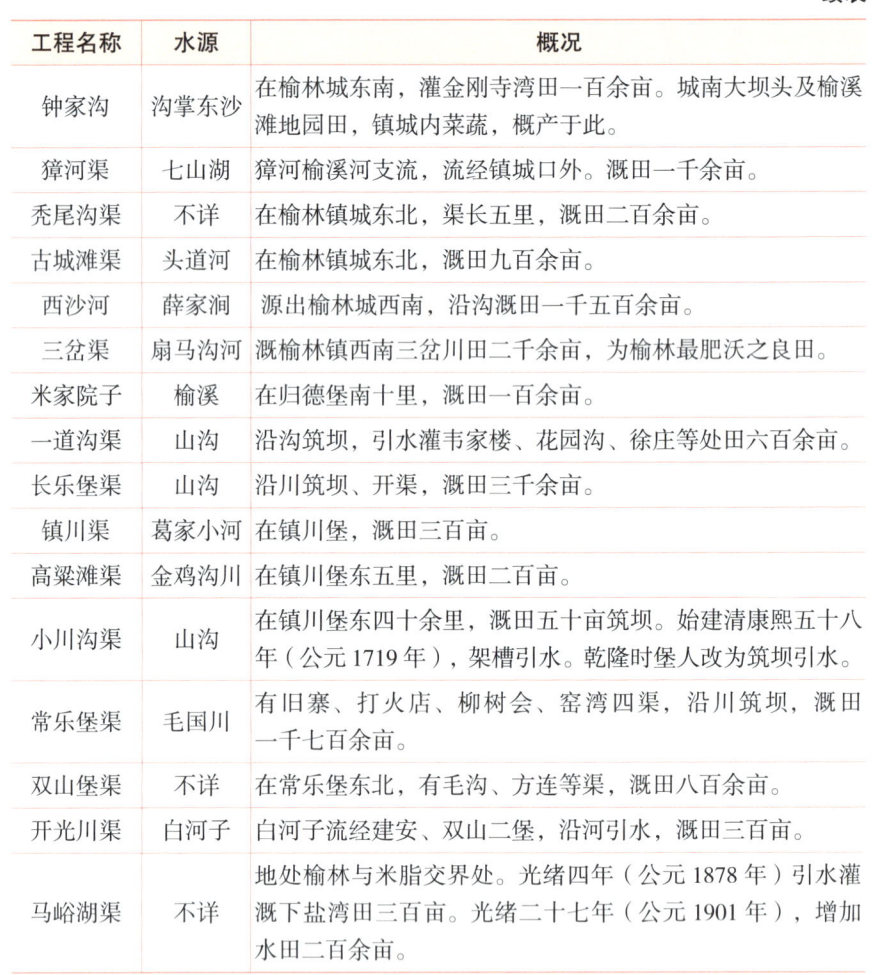

工程名称	水源	概况
钟家沟	沟掌东沙	在榆林城东南，灌金刚寺湾田一百余亩。城南大坝头及榆溪滩地园田，镇城内菜蔬，概产于此。
獐河渠	七山湖	獐河榆溪河支流，流经镇城口外。溉田一千余亩。
秃尾沟渠	不详	在榆林镇城东北，渠长五里，溉田二百余亩。
古城滩渠	头道河	在榆林镇城东北，溉田九百余亩。
西沙河	薛家涧	源出榆林城西南，沿沟溉田一千五百余亩。
三岔渠	扇马沟河	溉榆林镇西南三岔川田二千余亩，为榆林最肥沃之良田。
米家院子	榆溪	在归德堡南十里，溉田一百余亩。
一道沟渠	山沟	沿沟筑坝，引水灌韦家楼、花园沟、徐庄等处田六百余亩。
长乐堡渠	山沟	沿川筑坝、开渠，溉田三千余亩。
镇川渠	葛家小河	在镇川堡，溉田三百亩。
高粱滩渠	金鸡沟川	在镇川堡东五里，溉田二百亩。
小川沟渠	山沟	在镇川堡东四十余里，溉田五十亩筑坝。始建清康熙五十八年（公元1719年），架槽引水。乾隆时堡人改为筑坝引水。
常乐堡渠	毛国川	有旧寨、打火店、柳树会、窑湾四渠，沿川筑坝，溉田一千七百余亩。
双山堡渠	不详	在常乐堡东北，有毛沟、方连等渠，溉田八百余亩。
开光川渠	白河子	白河子流经建安、双山二堡，沿河引水，溉田三百亩。
马峪湖渠	不详	地处榆林与米脂交界处。光绪四年（公元1878年）引水灌溉下盐湾田三百亩。光绪二十七年（公元1901年），增加水田二百余亩。

榆林镇城东依骆驼山，西邻榆溪。明兴建的灌溉工程中，以镇城以西榆溪沿岸的红石峡渠最为著名。红石峡又称雄石峡，位于榆林城北六里，榆溪河穿峡而过，与明代大边长城遥遥相望。红石峡渠在榆溪两岸，为东西二渠，因为开凿在山崖之中，工程经久且便于管理，至今仍是榆林市的主要水利工程。

图 7-19　榆溪红石峡段（自下而上拍摄）

▲此时为榆溪的枯水期，红石峡渠的东西渠在两岸山崖下部。

红石峡渠有东渠、西渠、南渠三条干渠。东渠是为芹河渠，明成化时榆溪上架渡槽，引芹河东入榆林镇城，灌溉城西。西渠在榆林镇城北引榆溪。明清《延绥镇志》的红石峡渠有时特指西渠。东、西渠在榆溪两岸，在红石峡段各傍山崖南行，暗渠、明渠参差其间。南渠即刘指挥渠，在镇城东南引水掌儿泉，灌溉镇城南的土地。

成化（公元 1465—1487 年）初余子俊于红石峡左岸凿石通渠，是为东西二渠。这一引水工程为镇城生活和灌溉提供了充足的水源。东渠跨榆溪渡槽，南渠是余子俊的后继者吕雯采纳百户谢瑜的建议所修。除了东、西、南三条干渠外，还有镇北引榆溪的牛家梁渠、二道渠、三道渠、四道渠，灌溉面积达到一千余亩。镇城内有两处山泉，为镇城各衙门提供生活和园圃灌溉用水（图 7-20）。陕北屯田水利极大地改善了沙漠边缘的榆林边镇的自然环境，为镇守官军提供较好的生活保障。《延绥揽胜》称："榆地三面黄沙,西南园圃,阡陌罗列,播种园户者,特长培植菜蔬。……春则紫蒜青菠,冬则韭黄芹苗。"① 明代东、西、南三渠及龙王庙两渠为镇守官军专有,"或时官浚,或官借夫匠、桩石,园户添工修浚"②。镇城东南的南渠(刘指挥河),灌溉城南官民稻田和菜园,后也为镇城内各衙门专用,引起官民用水纠纷。嘉靖时巡抚张子立制订分水制度,官民各依限用水。

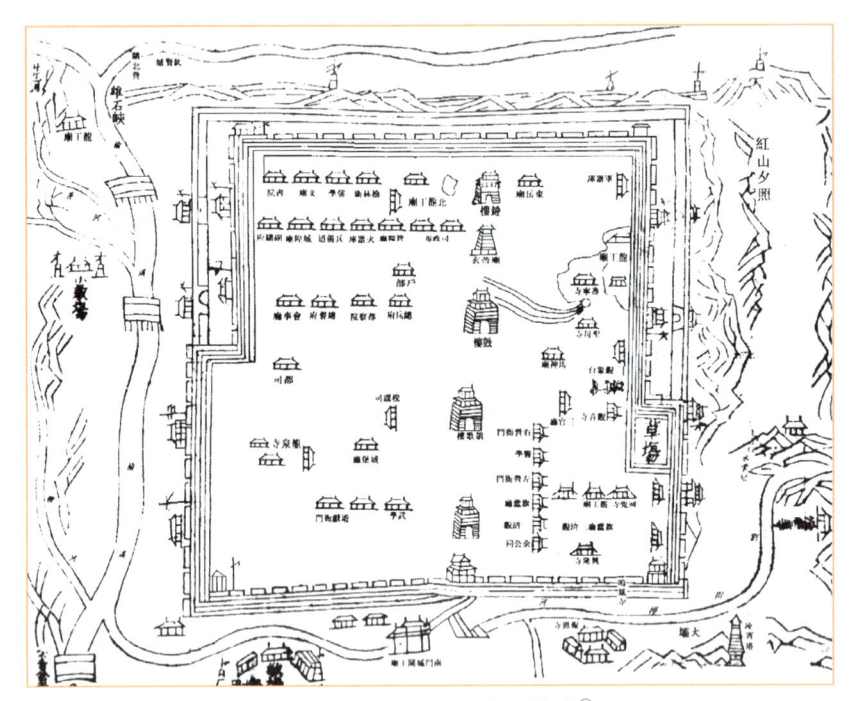

A. 明延绥镇城及红石峡干渠图③

---

① [民国]曹颖僧:《延绥揽胜·陕北风俗各论》,史学书局,1945年,第90页。
② [明]郑汝璧等:《延绥镇志·水利》,卷2,上海古籍出版社,2011年,第161页。
③ [明]据《延绥镇志·图说》绘制。

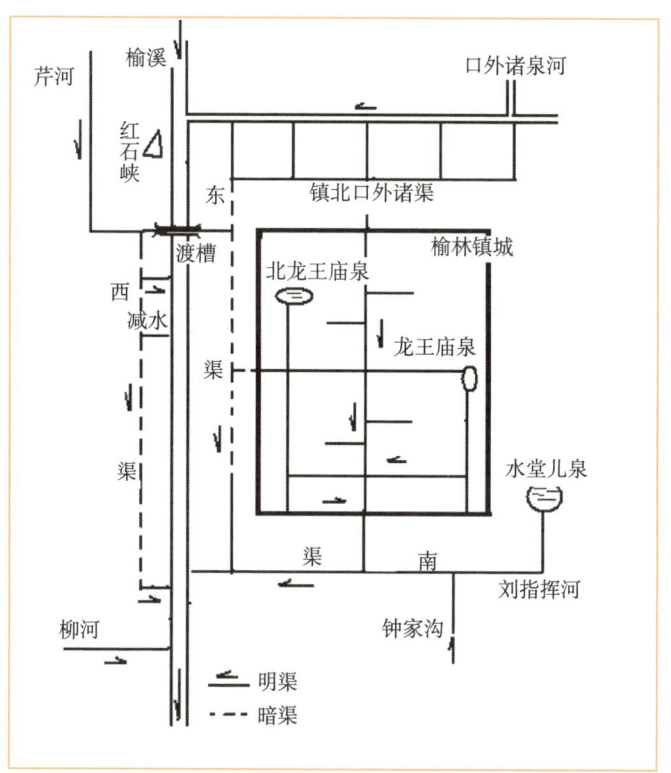

B. 红石峡渠及工程设施概化图

图 7-20　明延绥镇城及其水利工程

A. 东渠渠首枢纽（左为进水口，右为退水口）

B. 东渠暗渠段　　　　　　　　　C. 东渠明渠段

D. 东西渠的跨榆溪渡槽①　　　　E. 西渠明渠段

图7-21　延绥镇城及榆溪红石峡渠遗存（2021年）

红石峡渠自明成化至万历（公元1465—1620年）150年的经营，17世纪时俨然是陕北地区最大的水利区。明末清初红石峡渠多有失修，但是重修或修复得以延续至今。②清康熙三十六年（公元1697年）榆林道佟沛年凿石开渠，"引榆溪河水至城西骆驼顶止，灌田三百余亩。次年逐次扩充，南接响岔桥北，溉田甚多"③。乾

---

① 原为双孔砌石渡槽，明成化时始建，多次毁于洪水。此为1960年再次毁于洪水后在原址重建。
② [明]郑汝璧等：《延绥镇志·水利》，卷2，上海古籍出版社，2011年，第160页。
③ [民国]曹颖僧：《延绥揽胜·水利》，史学书局，1945年，第238页。

隆时，知府舒其绅溯源山北，开渠十五里，名广泽渠。清陕北不再军屯戍边，灌溉工程为地方经营。清代的两次开渠，可能都是明代红石峡的重修。①

　　成化时余子俊、吕雯等对榆林边镇的水利工程建设，对陕北榆林一带的发展贡献极大。榆林镇城北凭长城，东有骆驼岭，西依榆溪，四围山麓有密集泉河分布，有兴建水利工程的良好条件。红石峡诸渠解决了城镇内外生活、灌溉用水。榆林镇城以蔬菜为主，兼种水稻，解决了镇城官军蔬菜和部分粮食的供给。红石峡渠至今依然发挥灌溉效益。榆溪段红石峡两岸崖岩壁立，北宋及明清摩崖题刻布列如屏，榆溪两岸东西二渠与红石峡摩崖题刻融为一体，不仅是陕北的胜景，更在黄沙三面包围中的陕北营造出蔬菜基地，让榆林成为优美的田园。

---

①《(道光)榆林府志·舆地》卷4记载："乾隆年，知府舒其绅溯源山北，拓使南注，长十五里，名广泽渠"，《中国地方志集成（影印本）》，江苏古籍出版社等，第184—185页。

第八章　元明清时期灌溉工程的普及与技术进步

　　11世纪至17世纪，经历南宋至清代多次朝代更迭，引发人口数次南移高潮，自此长江以南至台湾、海南诸岛得以全面开发，继江南之后成长出华南、东南、中南多个农业经济区。这一时期也步入了农耕文明的最后阶段，灌溉工程承数千年的根基，向更加广大的地域延续。灌溉工程的普及和发展，产生在千差万别的自然和社会环境下，出现了更为丰富的工程类型，更加多元的管理和文化形态。

　　元明清时期，灌溉工程多属公共工程，在政府和用水户之间形成了权、责、利结合的机制。省治、府县治、镇城，往往地处区域自然条件最好的或大或小的平原，有河川提供水源兼有舟楫之利。在现代水利工程兴建之前，省城、县城、镇城但凡有大江大河的二级到四级支流可资利用，大都有官方主持兴建的灌溉工程。县域跨县域的灌溉工程，大多规模较大，兴利范围涉及多个行政区，且工程在灌溉效益之外，多是城镇生活生产主要水源，也有为粮食加工的水碓、水磨、水碾提供动力的效益。列为灌溉工程遗产名录的工程中，这样的工程占有较大的比例。受益范围大、效益多元的灌溉工程是公共工程。元明清时期地方官主导了这类工程的管理，官方督导和用水户自治机制有效地保障了工程的可持续运用。宗族管理是乡村水利工程管理的主体。涉及多个家族或有综合效益的灌溉工程，政府主要参与堰规制订、调解纠纷等环节。

　　数千年的水利发展至元明清时期，无论普及程度还是技术都达到了历史的最高程度。可以说濒临江河的县、镇、乡至此都拥有了规模不等的骨干工程，以及与之相适应的水利管理组织。尽管这一时期大多数工程是承继前代的重建，也多沿用竹笼、杩杈等临时性的工程结构和材料。但是，技术进步还是突出的。从留存至今的古代堰坝工程可以看出，除了工程科学规划，还有适应复杂地形、河流地质和水文条件的周到设计。砌石结构堰、坝、闸等关键工程无论是工程型式，还是建筑结构与材料都体现出传统工程在材料选择和施工工艺方面严谨和难以超越的精良。

　　明清时期，随着山地丘陵区土地开发，在年降水量超过700毫米的地方，田间微型水利工程——山塘开始普及。明代浦江人毛凤韶著《筑塘解》，根据田块分布，提出了塘与田的比例："田无溪堰者，则为塘。如田五亩相连，则将上一亩筑塘；田散落，则每坵一小塘，大约以十分为率，将二三分之，为积四时之水为一时之用，何愁于旱。"① 在耕地连片的地方，塘地面积为20%，而小块农田（或指丘陵区梯田），则塘水面占20%~30%，他没有提塘深度的要求，但他所在的浦江县，地下水比较丰富，为了节省土地，多数都是深塘，称为水仓。至于塘占耕地的面积矛盾，毛认为水是最重要的，没有水就没有收成，塘占了耕地，可以用

---

① 《（嘉靖）浦江志略·塘堰》，卷1，《天一阁藏明代方志选刊》，上海古籍出版社，1963年，第36页。

精耕细作来弥补。"田有塘，则永有秋，粪多力勤，所利足以补所伤矣。若惜田不为塘，使终不旱则可，旱则并弃之矣。"[①]

20世纪以来，地处城镇的传统堰坝逐渐为现代水利工程所取代。传统堰坝对河流及环境干预最小，较小的工程规模和维护成本加上持久的效益，使得相当部分的传统堰坝被保留下来。列入灌溉工程遗产名录的四川夹江东风堰、浙江龙游姜席堰、江西抚州千金陂都是这类工程，今后随着调查的深入，遗产价值认知的改变，将有更多具有地域特色的灌溉工程遗产揭示出来、保护下来。

第一节　灌溉工程普及和技术特点

元明清时期，南方灌溉工程数量激增的区域主要在山区、丘陵区，如江西省，明中期70余县堰坝陂塘数量超过2万，其中90%集中在山区丘陵。地处丘陵区的广信府，在明嘉靖府志记录塘堰总数为395处，清康熙府志记录为645处，乾隆府志达到2605处，没有记载的小型陂塘不在少数。《（雍正）浙江通志》记载全省有堰坝4340处，分布在浙南和浙西山区的常山（524）、天台（249）、龙游（200）、衢州（192）、永康（191）、于潜（153）、金华（140）、兰溪（131）、新城（125）等县。留存至今且仍在发挥作用的堰坝大都由早期的竹笼或抛石临时工程改为砌石结构。大规格的石料，砌筑精良的砌石堰坝，在湍急水流中历久弥坚，极大地降低了工程建成后的岁修工程量和管理成本。

南方山区、丘陵区以溪流、泉水、降雨为水源，可利用水资

[①]《（嘉靖）浦江志略·塘堰》，卷1，《天一阁藏明代方志选刊》，上海古籍出版社，1963年，第36页。

源丰富，但是有较大季节水量变幅，加上地形复杂，水低田高，往往在一县或数村的地域范围内，由于不同的地理和水资源条件而有引水、蓄水不同的工程类型。沅州，即沅陵，地处武陵山、雪峰山山系交会地区的中山和深丘陵区，《（乾隆）沅州府志·水利》记载了境内水源、灌溉工程类型和功能区别，"府境之利资以灌溉者，有二，曰山溪、曰洞泉。壅溪曰堰，引堰之水而入田者曰圳。亦有障堰而蓄水者，曰陂。通泉曰渠。刳木引渠之水而入田者曰枧。其凿地而潴水者曰塘。举具斛塘之水而入田者曰戽。转轮激水曰车。陂亦曰车堰，溪亦曰港，泉亦曰井"①。从水源到引取的各种工程或机械（具）可谓完备，由此可见南方山区农耕发展的深度。

　　堰坝，江西、浙江、广东、广西或称陂、圳、堨。山区丘陵区溪流所经，往往临近乡村沿河筑坝，节节分段拦蓄，引水灌田或为山村水源。广西、广东、浙江、福建、江西、湖北、湖南、四川山区河流上，多是一河数堰。地方志水利篇多有如一河六堰、十三堰、二十四堰、三十六堰的记载。浙江《常山县志》记载："溪水大者自上而下，势如建瓴，恐其一泻无余，故多设木坝或筑石坝为蓄水之计。山水……多从坝面浮流而下，故坝以蓄水而不至阻水，而一溪之流常数十坝。"②江西赣州南康区境内赣江支流章水的数十条溪流上节节筑坝，共筑陂210处。同时章水支流的上犹江筑陂11处。③梯级堰坝与相应高层的蓄水塘、梯田灌溉沟渠相通，构成了山丘灌溉工程体系，使山地梯田成为可以种植水稻的高产水梯田。这是南方山地水资源利用技术上的进步。

---

①《（乾隆）沅州府志·水利》。
②［清］《清查水利详文》，《（光绪）常山县志》，卷39。
③《（康熙）南康县志·水利》，卷3。

浙江金华白沙溪36堰，其中26堰属汤溪县，其余10堰属金华县（今浙江金华金义新区）。36堰相传始建者为汉柱国将军卢文台，可能大部分是宋以后陆续兴建的，至清时才有这样的规模。白沙溪36堰分布于白沙溪上中下游，引水灌溉受益农田二十余万亩，"堰各有潭，潭各筑塞，大抵俯仰诘曲与溪为谋"[①]。这里的潭即塘，各堰有渠道与潭相通，潭建有闸门可以节制，形成渠潭（塘）结合的引蓄工程。20世纪60年代、90年代先后在白沙溪的上游兴建了金兰、沙畈水库，古代灌区大部分改由水库供水，堰坝原有的引水功能失去。近年，这些堰坝多被改造为河道景观工程。2020年金华白沙溪36堰入选第七批世界灌溉工程遗产名录。

在近年的灌溉工程遗产调查中，重庆秀山发现了山区同一区域、不同水源的两个堰，巨丰堰和永丰堰，由于两堰灌溉不同高程而形成了复合型灌区。巨丰堰在沅江支流平江河引水，干渠长18千米，在三合场通过五涧河渡槽跨过复兴河，在蚂蟥村通过三涧桥渡槽，跨过泥河，灌溉县城西三千亩农田。永丰堰在泥河引水，堰在三涧桥下，引水干渠长6千米，灌溉朱家院农田一千余亩。巨丰堰始建于清乾隆三十二年（公元1767年），永丰堰现称黄角堰，始建于清嘉庆二十五年（公元1820年）。巨丰堰渠首为拦河低堰，竹笼修筑，20世纪40年代改为砌石堰。永丰堰进水口利用泥河基岩开凿而成（图8-1）。

地处偏远山区、丘陵区的乡镇、村落形成的过程中，也是灌溉工程从无到有逐渐完善的过程。南方山村将引水入村的进口及其周边小区域称为"水口"，是类似井台的公共区域，与风水林、

[①]《（民国）汤溪县志·水利》，卷5。

家祠构成乡村文化景观。乡村水利工程以宗族或家族管理为主，乡规民约支撑了乡村水利工程持续运用。

图 8-1 秀山平江河巨丰堰和泥河永丰堰立交（2020 年）

▲巨丰堰在沅江二级支流平江河引水，在蚂蟥村通过三洞桥渡槽，跨过泥河，与泥河及永丰堰渠首引水渠立交。

这一时期北方干旱或半干旱区，井灌、引泉工程得以持续发展，水权管理制度的建立，是这一时期灌溉工程管理进步的主要特征。唐宋以来，井灌逐渐在华北平原、关中地区干旱和半干旱地区发展起来。在政府的主导下，元明清已经成为主要的灌溉工程类型。北方井灌见前面章节，本节以山西汾河引泉灌溉工程为典型案例，透过这些地区在水权主导下，引泉灌溉工程的持续运用，可以看出元明清时期在水资源贫乏地区，灌溉工程管理的特点和进步。

一、浙江龙游县的灌溉工程与姜席堰

龙游县地处浙江省西部，境内南为仙霞岭余脉，北为千里岗余脉，中部是金衢盆地，衢江自西向东横贯县境中部，地形南北高，中部低，亚高山、丘陵、平原交错，海拔最高点是县西南茅山坑，

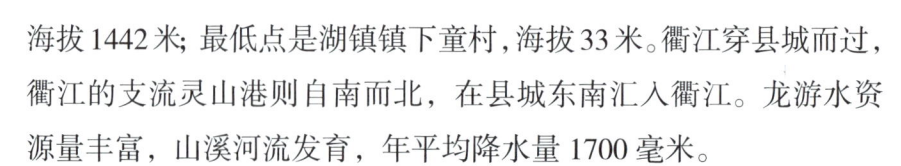

海拔1442米；最低点是湖镇镇下童村，海拔33米。衢江穿县城而过，衢江的支流灵山港则自南而北，在县城东南汇入衢江。龙游水资源量丰富，山溪河流发育，年平均降水量1700毫米。

龙游县是浙江最早开发的地区，秦于其地置县太末，属会稽郡。唐更名龙丘，属衢州，五代吴越时更名龙游，属衢州。历经上千年的发展，龙游从山区到平原土地充分开发，区域内灌溉工程设施齐全。龙游的灌溉工程因地制宜，而有泉塘或称井塘，这是分布山区的微型灌溉工程，灌溉面积十余亩到百余亩不等；沿衢江、灵山港以及溪流，则筑坝引水。这类引水工程统称为堰，主要效益是灌溉和生活供水，此外为水碓、水碾、水磨所用。堰灌溉面积数百亩、上千亩，甚至上万亩都有。在丘陵、平原区则多是湖或塘，这是与引水工程配套的蓄水工程，可以调节丰枯水量。根据《（民国）龙游县志·水利》记载，至20世纪20年代，龙游有泉塘17处，堰93处，湖塘207处。[①] 这些数据可能不全面，尤其是山区农户经营的小型陂塘不在其中。1925年修《龙游县志》时，曾对境内水利工程有过调查，发现明万历、清康熙县志所记载的部分灌溉工程在清末因失修而废弃，或被山洪冲毁。民国所记载的灌溉工程多数是明清延续下来的。

姜席堰是龙游县记载历史最长、灌溉面积最大的灌溉工程。《（康熙）龙游县志》记载其灌溉面积有五万亩，《（民国）龙游县志》记载其灌溉面积二万一千七百亩。姜席堰是姜村堰（今简称姜堰）、席村堰（今简称席堰）的合称，位于县城南二十里，元至顺时（公元1330—1333年）达鲁花赤察儿可马创建。始建的

---

① 《（民国）龙游县志》，《中国地方志集成·浙江府县志辑（影印本）》，江苏古籍出版社等，第116—126页。

时间失于记载,这其实是察儿可马出任龙游县达鲁花赤的时间。①姜席堰渠首类似都江堰,也是利用天然河流江心洲、河岸山崖地形布置引水、泄洪、排沙节制工程(图8-2A)。姜、席二堰依凭灵山港江心洲修建。姜堰在沙洲右侧,位于上游,低堰横截主流,壅水入江心洲左岸岔道(图8-2B)。席堰位于沙洲尾部左侧,处于下游,如都江堰的飞沙堰,起壅水和泄洪的作用(图8-2C)。现在姜堰长100米,堰底宽32米,堰顶高程63.2米。下堰长50米,呈弧形,堰底宽30米,堰顶高程63.1米,导水入干渠进水口。两堰通过堰顶高程的合理设置,调节控制引水位和引水量,既保障灌溉需水量,多余洪水也可通过堰顶溢流下泄。现代席堰与进水闸之间建了冲砂闸,防止进水口淤积。历史上灵山港是重要的通航河道,姜堰上设有筏道,灌溉供水高峰时封堵,保障引水,其他时间则打开通航。这些工程的布置因地制宜、因势利导,共同组成姜席堰兼有引水、排洪排沙、通航等功能的渠首枢纽。

A. 灵山港姜席堰段及关键工程设施分布(2011年)

① 《(民国)龙游县志·通纪》:"筑堰年份失考,今依察儿可马履任时书之。"第23页

B. 上堰——姜堰（2011年11月）

▲右上箭头方向为灵山港岔道，即姜席堰引水渠；中部堰上箭头所指为灵山港主河道。

C. 下堰——席堰（2011年11月）

▲席堰依托江心洲尾部修筑，堰为壅水、导流、泄洪的工程设施，为史料记载的"马胫"，类似鱼嘴，以形似而命名。箭头方向为席堰排沙泄洪闸，1986年建。

图 8-2　姜席堰渠首枢纽及关键工程分布

16世纪姜席堰经历三次冲溃，三次大修。因这三次政府主持的大修，使姜席堰工程设施见于史料。明嘉靖四年（公元1525年）姜席堰为洪水所坏，推官郑道筑马胫八十丈（约270米），以杀其势。筑堤坝一百五十丈（约500米），以固其址。这是最早关于姜席堰马胫的记载。十几年后县令钱仕在他的《重修姜村、席村二堰记》记："嘉靖二十二年（公元1543年）洪水泛涨，堤防冲决，堰腹、马胫沦没无存。向之洪流巨浸，悉易而为荒沙乱石淤积之场也。自是水皆泄于大河，民田不被其泽。"① 堰腹、马胫被洪水冲毁后，"水皆泄于大河"，由此可见堰和马胫是具有导流功能的堰坝。

嘉靖二十四年（公元1545年），钱仕重修姜席二堰，他记载大修情况："其石砯长一百五十丈。内穿三洞，通水道也；马胫二条，共八十九丈，俱筑土砌石，壅泉利也；于堰支流别派，各排决疏导，周渥泽也。"② 钱氏所称的马胫、石东坝是堰坝工程。"内穿三洞"是引水隧洞，在引水渠左岸，早已废弃，现在遗址还在。明代马胫、砯坝都是砌石和夯土结构。称为"马胫"的工程设施，应该是以形似命名，如都江堰所称的鱼嘴（图8-2B、图8-2C）清代的文献不再说马胫。非永久性工程的堰坝，型式各时期不尽相同，称呼自然也不同，但大致型式相差不大。现代的姜堰、席堰改为浆砌卵石结构，但是枢纽工程的基本格局应该在明清时定型。姜席堰渠首工程各设施的布置，经过数百年的不断完善，形成了因地制宜、因势利导，以最少的工程设施，取得了引水、排洪排沙、通航等综合功能。清乾隆元年（公元1736年）知县徐起岩重修姜席堰时，开支渠引水入龙游城，向护城河补水。至此姜席堰衍生为有城市供水、景观和生态功能的区域性水利工程。

古代姜席堰的堰坝都是就地取材，用河中卵石干砌，或装入竹笼堆砌，嵌入松木桩，稳固堰体（图8-2）。现代姜席堰上下二堰改为浆砌石结构后也多次被冲毁重修。1955年改建进水口，增

---

① 引自《（民国）龙游县志·文征》，卷34，第648页。
② 引自《（民国）龙游县志·文征》，卷34，第648页。

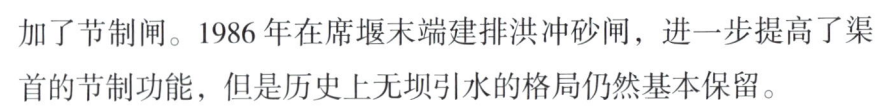

加了节制闸。1986年在席堰末端建排洪冲砂闸，进一步提高了渠首的节制功能，但是历史上无坝引水的格局仍然基本保留。

姜席堰古代号称有72堰，这应该是斗农渠的数量，且是概数。1973年以后，姜席堰渠系经过整合优化，目前灌溉渠系有总干渠和东、中、西、官村四条干渠，总长18.8千米，现有灌溉面积三万余亩。

历史上灵山港是重要的通航河道。姜席堰用水冲突主要是通航和灌溉引水的矛盾。姜堰横截主河道，堰上设有筏道，灌溉用水时封堵，保障引水；其他时期则打开通航。船只希望常年开堰，灌区用水户则要求灌溉期间涓滴入堰。16世纪时姜席堰已经形成了灌溉水权优先的用水制度。明万历时，定于每年六月一日固定封堰。《（康熙）龙游县志》记载了崇祯时县令黄大鹏执法的情况。黄县令每到六月灌溉供水封堰时节，便带衙役，自携食箱，月巡河、巡渠三四次，周履各堰坝，检视河工，不使滴水泄于河，并严禁河干竹木筏过往，直至秋八月正河开堰放行，黄县令才执法完毕。看来只有制度还不够，还需要执法人忠于职守。清代，姜席堰为每年四月初一封堰，封航的时间延长，说明管理体系运行状况良好。

姜席堰从工程的兴建、维护，到用水秩序等关键环节都有县政府高度参与，建立了官方主导下灌区自治的管理制度。各时期的管理制度不尽相同，废弃也时有发生。如同治至光绪初制度废弛，工程失修多年。光绪十二年（公元1886年），知县高英募捐大修姜席堰，其后设立堰工局，制订了渠首修堰章程、经费筹措和问责制度。1927年灌区成立由20多人组成的姜席堰管委会，1932年姜席堰管委会颁布《姜席堰管理章程》。渠首有堰公田、堰神庙等公产，收入维系常规管理、堰神祭祀等费用。元明清以来各项管理制度得以实施，维系了姜席堰的延续，并由此而衍生出姜席堰灌区特有的水文化。2018年，姜席堰列入第四批世界灌溉工程遗产名录。

二、四川夹江县灌溉工程与东风堰

夹江县地处峨眉山东北麓，四川盆地西南边缘向峨眉山中山区的过渡地带。县境西部海拔1000米以上的山岭属峨眉山余脉，中部为青衣江流域河漫滩地和谷地，东部为成都平原南缘。全县最高点华头镇斗笠口，海拔1451米，最低点为甘江镇青衣江出县境处，海拔380米。地形由西北向东南倾斜，构成山地、丘陵、平原地貌，县境内山地、丘陵、平原各约占三分之一。平原土地肥沃，水资源丰富，是富庶的农业经济区。

夹江，秦汉为南安县地，隋开皇十三年（公元593年），划龙游、平羌二县地置夹江县，属嘉州，县治在千佛岩青衣江边"泾口"，因青衣江至此有两山对峙、一水中流的自然形胜，"夹江"因此得名。唐武德元年（公元618年），夹江县治地迁至今县城。

明末清初，四川经历了近半个世纪的战乱，几乎所有的水利工程失修，农业全面凋零，彼时四川总督的衙门还在川北的阆中县城。康熙元年（公元1662年），夹江县令王仕魁首先为久违的和平环境按下了兴修水利、恢复民生的按钮。以这年开工的毗卢堰为起点，失修多年的引水工程逐渐得以重建。据《（嘉庆）夹江县志》记载统计，至嘉庆时（公元1796—1920年）夹江境内有大堰10处，大堰所分支渠级堰85处；直接从山溪引水的堰有12处，引蓄塘堰13处（表8-1），有灌溉的耕地面积居青衣江流域之首位。

377

表 8-1　　　　　　　　19 世纪四川夹江境内灌溉工程[①]

水源	灌溉工程	受益乡
青衣江	毗卢堰　即今称东风堰，千佛岩毗卢寺下青衣江左岸引水。康熙元年（公元 1662 年），县令王仕魁主持兴建。竹笼工导流坝，壅江水入渠。由所属市街堰、八小堰用水户承办岁修。每年清明放水日祭祀水神，夹江县令主祭。市街堰（光绪时更名永丰堰）　毗卢堰南干渠，在县东谢潭分水。干渠绕城西而南，渠长十五里，沿程有大罗堰、佳堰子、杨小堰、王高堰、曾堰、刘冯堰、王堰、沈堰、普陀堰等九堰。八小堰（光绪时更名龙头堰）　毗卢堰东干渠，在县东谢潭分水，干渠绕城北而东，渠长十七里。下分金带沟。沿程有门坎堰、水碾堰、杨公堰、龙堰、小罗堰、易堰、刘堰、彭堰、火烧堰、张堰等十堰。	在古、永丰、辛仙
	永通堰　县南三里，原属市街堰，乾隆初年在青衣江左岸另开引水口。分流八沟。	永丰、汉川
	凿箕堰　西北五里，明万历十七年（公元 1589 年）建，于化山下堰青衣江右岸引水，有拦河堰九道分水。即石板堰、罈罐堰、白家堰、张堰、八尺堰、王家堰、瓦宰堰、元坛堰、骆家堰。	永兴、汉川
	龙兴堰　县南十里，青衣江左岸引金银河水，分水六沟，《清史稿·水利志》有记载。	永丰、汉川
甘江河	刘公堰　县南十五里。康熙四年（公元 1665 年）知县刘际亨主持兴建，故名。分水十沟。	汉川
	双合堰　县南二十里，截取甘江河及丁麻堰余水，乾隆四十三年（公元 1704 年）建分水六沟。	在古
云吟溪	廖家堰县北八里，砌石拦河坝，下有杨堰、龙洞堰、凿拨堰、郑堰、彭堰、杨柳堰、蒲堰、徐家堰等八堰分水。	辛仙
南安溪	大堰溪　县北二十五里，贮石为闸壅水灌田，分流小堰四道。	南安

① 《（嘉庆）夹江县志·水利》，卷 4，《四川历代方志集成》，国家图书馆出版社，2017 年，第 83—86 页。

续表

水源	灌溉工程	受益乡
蟠龙河	代河堰 县东二十三里，下分出白土堰、剩工堰、梅塝堰、刘堰。	辛仙
	椒子堰 县东，分有小堰十二道（三根堰、水碾堰、宿堰、柏木堰、张堰、土堰子、南山堰、丁麻堰、姚堰、川简堰、徐堰、烈接堰）。	辛仙
东山溪	沿溪有十一道堰引水：贾家堰、白支堰、刘家堰、汪家堰、郑家堰、石家堰、二道堰、三道堰、周家堰、谢家堰、龙神堰。	辛仙乡
南山溪	有堰四道：板堰子、朱家堰、甘张堰、鸡鸣堰、双河堰。	在古、汉川
西山溪	有堰二道引水：唐家堰、凤山堰。	永兴
北山溪	小堰五道引水：七星堰、回龙堰、张堰、堰冲口。	南安
引蓄工程	坡塘：梁家塘、赵家塘、王家塘、郑家塘、萧家塘、杨家塘、胡大塘、郑大塘、李家塘、大堰塘、吴大塘、海塘池、大堰塘。	辛仙、永丰、汉川、永兴、南安

《（嘉庆）夹江县志·水利》："毗卢堰，县北五里，东南总堰也。前人因青衣江支流原筑有市街、八小二堰，以溉东南田亩。田多水少，不敷灌注。康熙元年邑令三原王仕魁乃与邑士江宾玉、江逢源等，于毗卢寺外支江分流之首，竹笼贮石截入江心百余丈，壅江水入支流。"[1] 这段记载很清晰地保留了最初毗卢堰渠首的基本情况。毗卢堰以竹笼工为导流堤，伸入青衣江中，壅水入渠。毗卢堰干渠将明代市街、八小诸堰归入其中，是为总堰。有了总堰，岁修、疏浚集中于此，便于工程的维护且减少了成本。王仕魁为表彰乡绅江氏督工之功，为江宾玉题"山高水长"，为江逢源题"泽润生民"，后人刻于千佛岩石壁上（图8-3）。青衣江的古泾口边、

---

[1]《（嘉庆）夹江县志·水利》，卷4，《四川历代方志集成》，国家图书馆出版社，2017年，第83—84页。

A. 千佛岩、东风渠及滇藏茶马古道

B. 康熙三年（公元1664年）县令王仕魁为乡绅修堰督工的纪功题刻之一

C. 康熙三年（公元1664年）县令王仕魁为乡绅修堰督工的纪功题刻之一

图 8-3　千佛岩的水文化遗存

千佛岩和滇藏茶马古道之间的毗卢堰，是清代夹江最大的灌溉工程。千佛岩的古泾口，得名秦惠王时徙秦八万家移民于青衣江畔，"思泾水不得饮，此似之，故名"①，17世纪来自陕西三原的县令王仕魁不仅把自己留在了历史中，更将青衣江、千佛岩水利工程融为夹江永远的名胜。

后来古泾口下的毗卢堰，也经历了郑国渠类似的命运。9世纪中期以来，毗卢堰的两条干渠市街堰和八小堰发生争水纠纷，兴讼连年不息。清光绪二十六年（公元1900年），嘉定府知府雷钟德会同夹江县令申辚，现场查勘后在两堰分水处修筑分水长堤，以平分水量。建分水堤后八小堰即更名为龙头堰，市街堰更名为永丰堰。彼时因为青衣江河道下切，毗卢堰进水口已经堰高水低，两干渠建分水堤只是平息一时的争水纠纷，引水问题只能越来越困难，春灌时间不得不一再推迟。1930年6月，夹江县长胡疆容成立堰工事务所并自兼所长，县商会投资，用水户按田亩摊款。向上游新开渠道3000多米，在千佛岩下开凿400米长的隧洞，将进水口改到上游石骨坡，地形高差提高7米，增加了引水流量。扩建工程当年冬季动工，半年后竣工，新堰名龙头堰，或称胡公堰。其后连续三四年对渠首和新渠加固完善，龙头堰极大地改善了引水条件，成为水量充沛、灌溉及时的大堰。

1968年，龙头堰更名"东风堰"。20世纪70年代由于渠首青衣江河床下切，引水困难，将进水口上移5.6千米至五里渡。后五里渡水电站建成，进水口进入库区，彻底摆脱河道下切的困扰。

毗卢堰是有多方面效益的官堰。干渠在谢潭分出市街堰和八小堰环抱夹江平原。两堰分流别派，其中市街堰分出的一支入城壕，

---

① 《(嘉庆)夹江县志·方域》，卷2，《四川历代方志集成》，国家图书馆出版社，2017年，第59页。

A. 东风堰、引水干渠（2013年）

▲右为青衣江。此段干渠明渠进入暗渠的过渡段。

B. 千佛岩段暗渠与明渠交错

C. 东风堰节制工程之一——溢流堰

▲侧向溢流堰位于引水渠穿过千佛岩后进入明渠段起点。

图8-4　东风堰及其关键工程

为县城提供了有市政功能的水道。市街堰和八小堰的尾闾最终合流至夹江东南二郎庙归入青衣江。毗卢堰渠首由用水户承担，官方的管理主要体现在主导大修的策划、劳动力和工料组织，参与堰规的制订和用水纠纷的调解等方面。毗卢堰堰口的川主庙、堰尾的二郎庙是灌区祭祀水神的专庙，是官民之间联系的文化纽带。尤其是每年清明节毗卢堰堰口的祭祀，"县令必亲祭焉"[1]。

毗卢堰即今东风堰，是区域性灌溉工程在历经动荡、社会走向安定的转折时期兴修水利推动社会经济复苏的典型案例。唐宋是岷江—青衣江流域灌溉工程发展的高潮时期，地处青衣江下游夹江平原区的灌溉农业已经得到充分发展。众多灌溉工程在历朝历代更迭的战乱中因多年失修不知其踪。当和平时期到来时，政府在区域性灌溉工程延续上发挥了重要作用，或有重建，或有改建，都是在地方行政长官的主导下实施的。夹江八小堰、市街堰始建时间没有记载，至少是明代就有的工程，清康熙元年（公元1662年）兴建毗卢堰，实际是两堰的改建和扩建，进水口合并，改在了毗卢堰干渠上分水，整合成了毗卢堰的两条支渠（表8-1）。毗卢堰—东风堰，是夹江留存至今历史最悠久、灌溉面积最大的灌溉工程。它以300年的历史，以与青衣江、千佛岩相宜相依的独有文化景观，2014年首批列入世界灌溉工程遗产名录。

第二节 "水"社会的典型案例：
以山西引泉灌区水权管理

山西东南部汾河流域的霍渠和温泉渠是两处延续1500年的引

---

[1]《（嘉庆）夹江县志·水利》，卷4，《四川历代方志集成》，国家图书馆出版社，2017年，第84页。

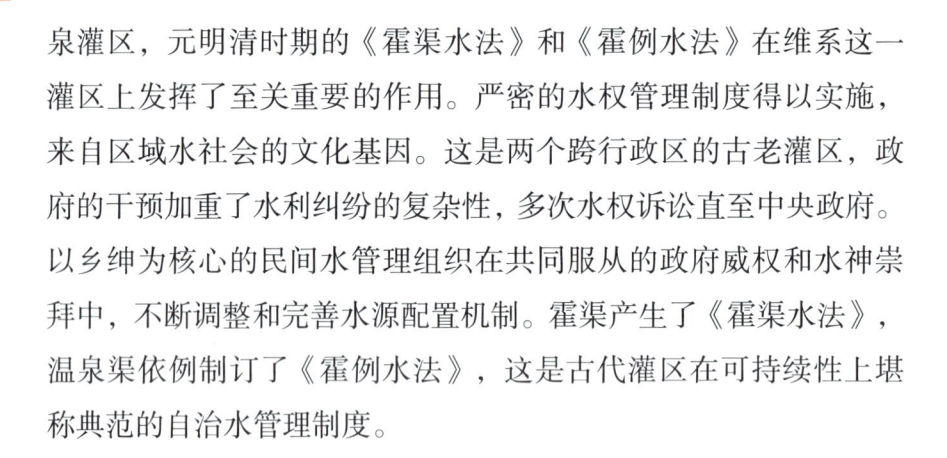

泉灌区，元明清时期的《霍渠水法》和《霍例水法》在维系这一灌区上发挥了至关重要的作用。严密的水权管理制度得以实施，来自区域水社会的文化基因。这是两个跨行政区的古老灌区，政府的干预加重了水利纠纷的复杂性，多次水权诉讼直至中央政府。以乡绅为核心的民间水管理组织在共同服从的政府威权和水神崇拜中，不断调整和完善水源配置机制。霍渠产生了《霍渠水法》，温泉渠依例制订了《霍例水法》，这是古代灌区在可持续性上堪称典范的自治水管理制度。

一、霍泉引水工程及其灌区管理

洪洞县位于临汾盆地北部，东依霍山，西临吕梁山，年平均降水量400~500毫米，属于半干旱区。但是这里有丰富的地下水资源，是汾河流域最适宜农耕的区域。泉水灌溉水源稳定，水温适宜农作物生长，自然成为有产者竞相占有的资源。霍渠以霍山山麓霍泉为水源，灌溉洪洞、赵城两县。两县自秦设县，此后或分或合。金代同属平阳府，元代洪洞属晋宁路（治今山西临汾），赵城属霍州。直到1958年两县合为洪洞县。历史上为两县或分属不同府州时，灌区水资源管理的冲突就愈加尖锐。

霍泉位于山西洪洞县东北约15千米霍山西南，泉水出露的地方筑堤成方池，称"海场"，霍泉出海场以后分为南霍渠、北霍渠。南渠灌溉洪洞、北渠灌溉赵城。本地引泉灌溉历史悠久，唐代已有南霍渠、北霍渠、润民渠等，灌溉面积达到4万多亩。历经宋大中祥符元年（公元1008年）、金天会二年（公元1124年）、元至元八年（公元1271年）及至大元年（公元1308年）四次规模较大的持续建设，有引水渠42条，灌溉面积达到十六万亩。宋元时期引泉灌区基本达到现有规模。明清时期仍有新渠出现，灌溉面积增加六千多亩。

霍泉灌区经过唐代的扩展，至北宋时灌溉受益已达到130村1747户，水浇田九百六十四顷十七亩，沿程水磨45轮。宋庆历五年（公元1045年）南霍泉的洪洞与北霍泉灌溉的赵城两县因分水发生争水械斗，两县各有死伤。经平阳府调停，赵城得水七分，洪洞三分，并在两县取水口设置分水堰。自此两县相安。金天会十三年（公元1135年）赵城县用水户虞潮状告洪洞县用水户在分水口筑拦河石堰，壅高水位，使南渠得以多引水二成。水权官司导致两县官府互讼，最后诉至金中都（今河南洛阳）。天眷二年（公元1139年）河东南路兵马都总管完颜谋离也奉命处置。完颜谋离也率两县官吏及用水户共千余人现场勘验，赵城县出具了被洪洞县拆去的北宋判决分水碑的碑文。最后完颜谋离也仍依北宋三七分水的判定对分水堰及两县进水斗门形制做了规定。为今后"免使更有交争者"，参与水权纠纷处置的平阳府判官杨丘行撰写了《都总管镇国定两县水碑》，以镇国上将军平阳府尹兼河东南路兵马都总管完颜谋离也名义立石，嗣后在南北渠分水处和平阳府衙内各建碑亭，以碑为证作为两渠利益相关方共同遵守的法定依据。[①]

当霍渠灌溉效益不再是几家几村，而是一个区域农业的支撑时，水神庙便应时而生。霍山上的广胜寺是一座建于汉代的佛教寺院，唐开始供奉霍山山神，并在西南山麓霍泉出露处建水神庙，为广胜寺下寺，祀霍山泉水神"明应王"。明应王被认作霍山山神之子，于唐天宝十年（公元751年）封应灵公，北宋政和四年（公

[①]《都总管镇国定两县水碑》，金天眷二年（公元1139年），引自黄竹三、冯俊杰等：《洪洞介休水利碑刻辑录》，中华书局，2003年，第4—5页。

元1114年）加封号灵应王，元大德二年（公元1298年）封崇德应灵王。水神庙附近的水神祭祀建筑还有龙王庙、郭公祠等。这是不同功能的祭祀场所，龙王庙用于祈雨，郭公祠祀郭逢吉，是赵城县人纪念北宋庆历时（公元1041—1048年）死于两县争水井中的赵城人郭逢吉。元重建的水神庙，塑忽必烈禅像，供佛舍利，还有世祖赐藏经，是一座规格极高的水神祭祀的官庙。

由山神衍生其子，由山神之子而为水神，下寺之设，原为看守霍泉，其实与所有水利工程的堰祠一样，建庙就被赋予了使命：利用神权维护南北霍渠分水比例。水神庙金贞祐时（公元1213—1217年）毁于兵祸，元初属北霍渠灌区的赵城县县令及渠长就着手重建。经过元（公元1234年）、至元十五年（公元1278年）两次大修后，水神庙的规模超过前代。今天水神庙还保留了元代修复后的壁画。水神庙存放的最早一块碑刻是金代《都总管镇国定两县水碑》，这块碑有干渠进水口断面尺寸的规定："北霍渠水口宽一丈六尺一寸，得水七分，溉赵城县永乐等二十四村庄，共田三百八十五顷有奇，西北入汾。""南霍渠，渠口宽六尺九寸，得水三分，溉赵城县道觉等四村，南溉洪洞县曹生等九村，共田六十九顷有奇。"通过官方额定的两渠进水口尺寸，确立了洪洞和赵城用水户水权。此外，水碑确立了渠长、沟头、水巡管理层级。这块具有法律效力的碑刻，历经元明清三代分水条款，在水权分配上发挥了重要作用。明末清初因为引水渠水道演变，分水石废坏，以致既定的南北渠分水比例被破坏，两县开始频起争水械斗。时有官司各由两县知县诉讼至知府、省督，直到中央按察院派出御史调节纠纷。但是依然不能制止相互破坏分水门限石、分界石桩事件发生。雍正二年（公元1724年）终于在大规模的争斗之后，采纳平阳府代理知府刘登庸建议，于渠口分水界石，立铁柱11根，下铺铁梁，分为十洞，洪洞占三赵城占七，而进口广狭高低一律以梁为准。于南北渠相邻的第三、第四洞之间还修了数丈界堤。铁栅分水方案经由山西布政司及按察司所属衙门获准得以实施，自此平息了上百年因分水设施而起的纠纷。嗣后两县于雍正四年（公元1726年）各立纪事碑，洪洞县的《建霍泉分水铁栅记》存分水亭南侧，在分水亭北侧是赵城县的《建霍渠分水铁栅详》及分水铁栅图。

A. 霍渠分水工程

B. 分水铁栅及分水堤近景

▲以铁栅控制渠进水口高度，以分水堤决定分水渠宽度。

C. 分水亭

▲分水亭分水口北侧和南侧，由赵城县和洪洞县各自兴建，亭里立有分水铁栅纪事碑，碑阴刻分水铁栅图。

图 8-5 霍渠分水工程及分水亭

　　金代和清代分水碑刻是水神庙重要的水利碑刻，涉及到中央、省、府、县及用水户对水权的裁定和认可。水神庙还有元明清留下的有关灌溉的用水制度、管理组织、维修及工费征集的碑刻如元延祐六年（公元 1319 年）《重修明应王殿之碑》，明万历四十八年（公元 1620 年）《水神庙祭典文碑》，清康熙四十三年（公元 1701 年）《北霍渠功竣碑记》，乾隆五年（公元 1740 年）《治水均平序》，乾隆十一年（公元 1746 年）《督水告竣序》，嘉庆二十二年（公元 1817 年）《督水勤劳碑记》，道光二十二年（公元 1842 年）《北霍渠碣记》等。

　　存于霍渠水神庙的水利碑刻和存于用水户的《霍渠水法》，是水权的象征，谁拥有，谁就有解释权和控制权。每年的水神庙祭祀是对水权例行的确认，为南北渠（或两县）用水户共同遵守，一旦有一方破坏，就打破安宁，发生争水械斗。水神庙的水利碑刻，实际是以"水"为中心的社会契约的总成，水神庙在灌区管理中就是议事中心。

二、《霍渠水法》及其实施

元代霍渠灌区两县同属晋宁路，霍渠水神庙经过元代多次大修成为京城大都以外首屈一指的官庙，大殿之上是"世祖薛禅御容，佛之舍利，恩赐藏经在焉，乃为皇家祝寿之所由"，岁时皇帝遣使致祭。[①] 水神庙地位更加尊崇。大德七年（公元1303年）八月初六，河东发生大地震，水神庙毁坏，渠堰震损严重，水不得通流。当年十一月，本路总管命府委霍州及县官吏主持修复大工，南北两渠水投工投物，两年后水神庙重建竣工，并开渠浇灌。

元代霍渠管理堪称完善，《霍渠水法》（或称水册）即将各陡门、夹口（石砌分水堰）、堤堰形制一一列入。水法将渠道所经各段受益村落定为一节，一节为一个水程。水册上记载了各程长度，水浇地田额，额定岁修夫役数，以及各程的渠长、沟头职掌。各村有各自的水册，水册登记了用水户水浇地面积，根据面积确立各户"水例"。[②] 水程是重要管理单位，自上游而下游分为上中下三节，各节依时定量灌溉，并遵守先下游后上游的原则。所有各节沟长，持水册组织灌溉和工程修守，以此约束豪强不敢恣情妄为。[③] 各渠渠长，各节沟头或水巡负有维护本管理区域内灌溉秩序的责任。渠长人选是有勤谨公正的口碑和有恒产的乡村精

---

① 元延祐六年（公元1319年），《赵城县尹兼管本县诸军奥鲁劝农事王剌哈剌：重修明应王殿之碑》。

②《洪洞县水利志》，山西人民出版社，1993年。洪洞县渠册最早集中收录在《洪洞县水利志补》（公元1917年）。

③《洪洞县水利志》，山西人民出版社，1993年。

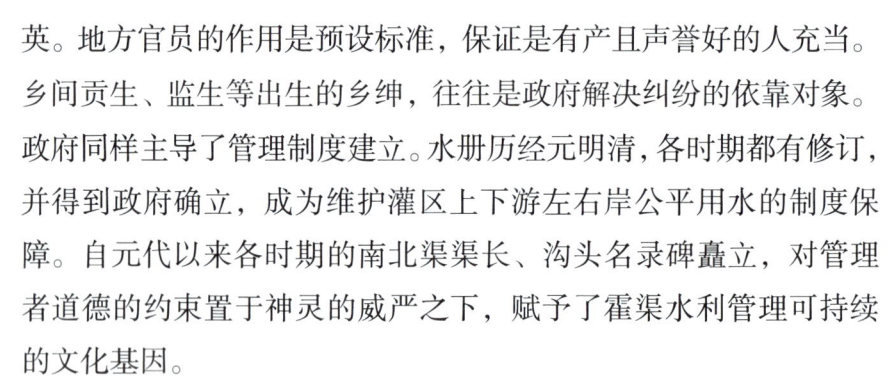

英。地方官员的作用是预设标准，保证是有产且声誉好的人充当。乡间贡生、监生等出生的乡绅，往往是政府解决纠纷的依靠对象。政府同样主导了管理制度建立。水册历经元明清，各时期都有修订，并得到政府确立，成为维护灌区上下游左右岸公平用水的制度保障。自元代以来各时期的南北渠渠长、沟头名录碑矗立，对管理者道德的约束置于神灵的威严之下，赋予了霍渠水利管理可持续的文化基因。

水神庙是灌区事务公议场所，也是当地精神家园。三月八日是水神的诞辰，官员到水神庙是行水神祭祀并祈雨之礼，百姓则是参加一年中最喧哗的庙会。元代《重修明应王殿之碑》记其时"远而城镇，近而村落，贵者以轮蹄，下者以杖履，挈妻子，舆老羸而至者，可胜既哉"。庙有田产以及民众捐资，足以维护自己运行。但是，作为霍泉的专庙，南北两渠不仅参与庙的维修，还要资助水神庙的庙会。水神庙所陈元至正二十七年（公元1367年）《祭霍山广胜寺明应王殿祈雨文》、明万历四十八年（公元1620年）《水神庙祭典文碑》、明万历四十八年（公元1620年）《校正北霍渠祭祀记》、康熙十二年（公元1673年）《水神庙清明节祭典文碑》、康熙十六年（公元1677年）《北霍渠掌例》等祭典碑反映各时期水神崇拜的程式以及祭品来源、数量的限制。祭祀费用按灌溉面积摊派。明万历四十八年（公元1620年）《水神庙祭典文碑》记其时"每亩甚有摊至四五钱者。神之所费什一，奸民之乾没十九，百姓苦之"。为此赵城县知县裁革繁缛，酌定祭品只银四两，牲一羊、一豚，果品等物。但是这类借祭典搜刮百姓的行径，难以禁止。清代祭祀碑反映出祭祀所费已经远超明代规格。

北霍渠禁约（节选）

北霍渠各坊里水地，据志共五万九千二百有余，今止报三万余，虽有□结，隐匿尚多。今后人夫簿办祭者，得公明用水，如系隐藏者，与旧例无夫地同罪（隐匿不入用水名册的土地）。

各村沟头已有额设工食盘费，不得仍复科派地亩。

各村沟头已领工食，须用心看守陡门，不得偷惰，以致浸破渠堰。如有浸破，本名承当许□地亩。

各村沟头浇灌地完，即闭塞陡口，挨次兑流，不许重浇，亦不得以余水骗钱射利。

三月、八月祭祀，渠长率领沟头斋戒致祭，不许杂项员役搀入亵神。

下寺之设，原为看守霍泉，应承庙祀往来人等，往常科验无数，今已酌定住歇公费，主持僧再不许在各里绰收秋夏。

北霍渠一带上下树木，原为护渠，以防浸破，除本县公用，民间敢有擅自伐取者，渠长秉县究罪。

无夫地本不得用水，但即征地粮，姑将余水照本等日期浇灌，渠长等不得索掯勒。未征水地粮者，不准此例。

渠长每年春季率沟头沿渠空闲处，补栽树木，共栽若干，如数执结报县，以凭稽查，如违究罪。

北霍渠上下一带芦苇，除公用，余存贮以备修庙柴栈之用，庙户收掌。

三、温泉渠轮灌制度与《霍例水法》

汾河流域下游的山西曲沃境内温泉渠，是灌溉面积不到两千亩的灌区，却是河东少有的水稻产区，它更以著名的《霍例水法》

第三编　近古时期　灌溉工程技术普及与转折

在水利史有特殊的地位。温泉出曲沃县东北三十里海头村，又名龙泉、七星泉，有七个泉眼汇集成渠，自东北而西南至曲沃县城，尾水最后流入汾河。①温泉水资源在唐代已经开发利用，永徽元年（公元650年）曲沃县令崔翳开渠引水溉田，即《新唐书·地理志》所记的新绛渠。②至北宋温泉灌区含翼城、曲沃二县，与霍渠同处汾河谷地的引泉灌区。天圣二年（公元1024年）两县因灌溉发生持续20多年用水纠纷，直到嘉祐四年（公元1059年）经由朝廷判决灌区上游属翼城的10个村落连同土地划归曲沃，曲沃则划出相应村落和土地置换。由礼部尚书曾公亮、工部尚书平章事韩琦、礼部尚书平章事富弼具名发布文告，准温泉河水权曲沃县水户为拥有，刻石县龙王庙，永为遵守。③依灌区调整村落和耕地后，消弭了因县域行政区划在水管理数百年的纷争。

北宋水权裁定了温泉灌溉范围为21村，官渠21道，灌溉面积十三顷六十三亩，用水户按亩摊派水费。其后在灌区内部还是不可避免经常发生争夺水源纠纷。元初曲沃县将诉讼一直打到朝廷，大德十年（公元1306年）十月十五日，由大都发出的圣旨成为最终裁定："差权达鲁花赤提河水官，言说与曲沃县提河所长官，今后渠工公事照此《霍渠水法条例》，依理施行，无得有顺人情，

---

① 《（乾隆）新修曲沃县志》，卷19，第2至11页。温泉渠在明嘉靖三十四（公元1555年）前东北入曲沃县城儒学泮池，出池后西南出城，最后注入汾河，渠道也是县城多功能的水道，嘉靖三十四、三十五年连遭地震后渠道中断，不再入城。200年后乾隆二十一年知县张坊重修泮池及引水渠后，温泉水送入县城。

② 按《新唐书·地理志》，曲沃东北三十五里有新绛渠，永徽元年（公元650年）令崔翳引古堆水溉田百余顷，北宋时灌溉面积只有十三顷六十三亩，可能温泉渠是唐代引古堆水灌渠之一。

③ 《霍例水法》："温水人户浇溉田土，条制备录在后，永为遵守实行。"

不得违犯。奉此须者开款于后,永为遵守施行。"在曲沃县令主持下,一部完全参照《霍渠水法》制订的《霍例水法》在灌区施行。《霍例水法》历经元明清三朝并无大的修改,及至民国才增加了21村的冬灌水程。《霍例水法》刻石立碑,分别存于上游温泉村和下游曲沃县城的两处龙王庙中,还刻印成册,取名水册,由灌区21村持有。

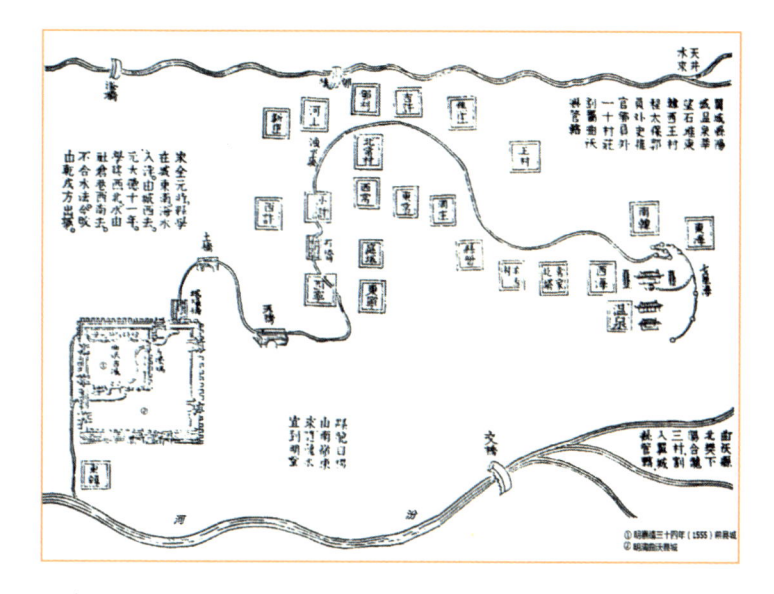

▲下节7村:张亭村(西宁村)、东宁村、西许村、东许村(小许)、听城村、靳庄村、河上村

中节6村:西常村、东常村、北常北村、郇村、吉许村、西县册村

上节8村:东县册村、北王西村、北王村、西杨城村、郭寺村、温泉村、郇庄村、东韩村

图8-6 世纪曲沃温泉渠经行及灌区二十一村三节[①]

《霍例水法》含轮灌制度、水权、工程修守、祭祀管理等条款,条款额定灌溉水亩数,将全灌区二十一村分为上中下三节,每年

① 据《(乾隆)新修曲沃县志》卷18及《(民国)霍例水法》。

第三编 近古时期 灌溉工程技术普及与转折

393

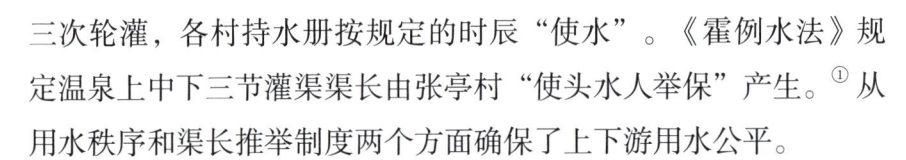

三次轮灌，各村持水册按规定的时辰"使水"。《霍例水法》规定温泉上中下三节灌渠渠长由张亭村"使头水人举保"产生。① 从用水秩序和渠长推举制度两个方面确保了上下游用水公平。

水神崇拜在维系轮灌制度中有不可或缺的作用。位于温泉海场附近的温泉村龙王庙是温泉渠的专庙，根据《霍例水法》各村社渠长、沟长有必须参与一年一度的灌区水神祭祀活动的义务。这天也是灌区供水灌溉的日子，是灌区特定的灌溉节日。由主祭官年复一年地宣读《温泉龙神祀文》，其实这是灌区轮灌在水神祭祀这样庄重的时间和地点的确认和强调，祭祀的例行议程标志着管理制度的世代延续。祀文如下：

> 新田艮方出温泉，恩及二十一庄口，分为三节迎神社，每年三翻轮周旋，清明之日祭海庙，各村甲首皆得全，三节渠长把香上，帅领众村参神虔。张亭村内是首祭，② 东宁小许听城连，③ 一村一村有次序，不得取便胡占先，二十一村皆祭毕，上节才得将神搬。二月十五放头水，放至张亭起了翻，浇至八月初十后，水能进城方安然。④ 三节渠长西宁举，周靳海头自古传。各管一节分上下，上八中六下七联。惟愿龙神多保佑，水渠满流浇百川。

---

① 《霍例水法》轮灌条款对时间规定层次严谨，水册规定：不依大小月，按日、时辰记，水册一一开列各村依日时的灌溉时间，称："无差误讹谬之忒，免思错疑胡赖。"

② 张亭村，又名西宁村，地处灌区最下游，是轮灌头翻第一村，为下节七村灌溉之首。

③ 原文作"东凝"。水册轮灌下节共七村：张亭村、东宁村、西许村、东许村、听城村、靳庄村、河上村，"凝"是"宁"之误。

④ 下节共八村，在灌区的上游，系温泉出口，轮灌最后一村是东韩村，时间是八月初九申时至初十日未时，一天时间。

从祀文可以看出温泉灌区实行一年三灌，自下游而上游的灌溉制度，每年二月二十五日，三次轮番，分三节，每番以下节张亭村为首灌，至八月十五日止。每年的首轮灌溉有隆重的仪式，水神的牌位随着灌溉的秩序逐村传递，最后"上节才得将神搬"，地处上游的温泉村接神后，第一番灌溉完成，祭祀完成并水神归位。

《霍渠水法》已经佚失，现存《霍例水法》为1943年刻本，系灌区21村之一西常村的水册。除了21村的轮灌日时（图8-7），还有禁例条款，是用水户自律的准则，也是政府问责或治罪的法律依据。

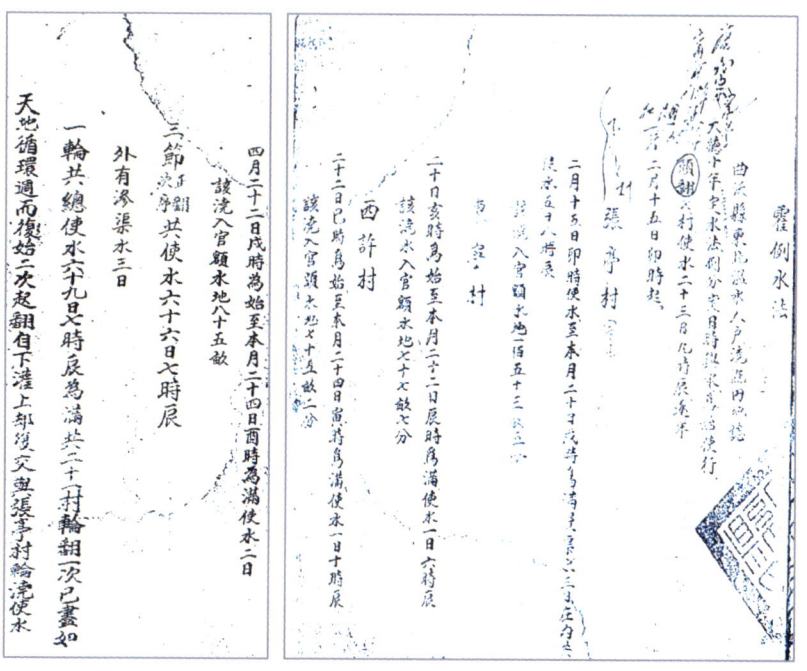

图8-7　《霍例水法》水册（部分）以及灌溉秩序

A. 龙神庙正殿，庙前的泮池与庙后温泉蓄水池相通

B. 龙神庙左庑嵌在壁上的《霍例水法》

图 8-8　温泉龙神庙（2015 年）

▲ 2004年随着最后一滴泉水流出后，此处再无泉水出露。温泉灌区已经名存实亡，龙神庙见证着它的历史。

《霍例水法》禁例要点

禁止温泉渠沿途各村放养渠内家禽六畜；各村打井供人畜饮用，不许牛羊渠内饮水。违者罚白米三石；

各村有破堤开沟盗水事，看守地方官、水甲头及所属地主均罚白米十五石并科罪；

渠式额定深三尺，宽四尺，各村照式挑浚，堤岸修筑牢靠。两岸管水各官随时巡查，违期误时不修，罚米三石；

有意破坏堤岸，盗水浇地每亩罚银三两，断罪；

不按轮次使水，或断下村水路，本村人应报官，隐情者或河官亲见，捉拿人犯加倍科罚问罪；

灌溉时不得擅动水磨。不得因较低破官水轮渠堰；

神社祭祀之时有误行香者，罚白米五石。

第三节　南方丘陵山区的乡村灌溉工程

明清时期随着南方土地开发，偏远南方山区、丘陵区深处的村落日渐增加。长江以南山区丘陵区以宗族、氏族聚居的村落，多是来自中原的移民，有根深蒂固的农耕文化传统。在移入和定居的数百年间，在封闭山区筚路蓝缕，不仅拓荒种植，更是开山凿石，兴建水利，在偏远蛮荒之地营建出有水利设施保障的家园。

乡村水利多是相对独立的微型工程体系，以泉水、山溪为源，大多有引、蓄、提多种工程类型，具有为乡村提供生活、灌溉用水、水碓等动力多方面的功能。塘在乡村水利中居于工程体系和水管理的中枢。在水源地除了堰坝引水外，就是筑塘收集和蓄积地下或地表水。在用水终端，塘在水量的周调节、月调节上是不可或缺的关键设施。南方山村水塘多在村口，引水渠在此分出灌溉和生活用水两路。村口水塘称为"水口"，类似北方井台的公共区域，与风水林、家祠构成一乡一村各异的文化景观。

图 8-9　福建长汀定光陂（2020 年）

▲ 定光陂位于长汀河田镇，相传始建宋代。定光陂是典型乡村灌溉工程常见的类型。堰顺导溪水入渠，过堰水流方向为山溪河道，前端有槽口，可以上下船只。

一、贵州鲍屯乡村水利

贵州安顺大西桥镇的鲍屯是明统一云南战争中的数百个屯堡村落之一（图 8-10）。明洪武年间，为消灭盘踞西南地区的元朝梁王把匝瓦尔密，朱元璋派 30 万大军两路进攻，史称"调北征南"。[1] 元朝残余势力消灭后，14 万征南的军队官兵连带家属留在贵州，实行军屯。鲍屯形成于 14 世纪末，即明洪武十五年至三十一年间（公元 1382—1398 年）。[2] 由战争时期的驿站到军屯，再延续为宗族村落，

---

[1] [清]谷应泰：《明史纪事本末》，中华书局，1977 年。据该书记载，明统一云南的战争始于洪武十四年（公元 1381 年）。是年九月，朱元璋命傅友德为征南将军，蓝玉、沐英为左、右副将军，率步骑 30 万人由贵州进入云南，对云贵地区发展历程影响深远的战争由此拉开帷幕，是为征南战争。明军首先攻克贵州普定、乌撒，然后进入云南曲靖，随即占领昆明、大理等地。次年二月，平定云南，战争历时仅半年。

[2] 朱伟华：《黔中鲍屯水文化探考》，2008 年。朱伟华研究指出：安顺第一个驿站饭笼驿（今天龙镇）的设驿时间为洪武十五年（公元 1382 年）。战争后期开始以驿为基础置屯。如果以安顺第一个驿站设驿的时间洪武十五年为上限，以征南战争结束的洪武三十一年（公元 1398 年）为下限，则鲍屯最早建于 14 世纪 80 年代。

鲍屯乡村水利工程的始建与完善便贯穿屯堡演化的进程中。[1]

鲍屯位于有"八山一水一分田"之称的贵州安顺地区岩溶河谷平坝区，海拔在1200~1400米之间，年降水量约为1300毫米。散布于崇山中的坝子，土地肥沃，溪流纵横，具有从事农耕的先天优势。鲍屯就是众多这样的坝子之一。来自江南地区的留守大军和移民在安顺屯堡定居后，随之将稻作农业的耕作方式和生活习俗带到这里。至迟在明末，鲍屯灌溉工程已经具有完善的工程体系。迄今工程运行约600年。起源军屯的背景，使鲍屯这个移民村寨有强烈的集体意识，在水利工程兴建和管理中，这一文化无疑发挥了重要作用。

（一）鲍屯堰坝工程体系

鲍屯水利工程体系位于长江上游乌江水系的三级支流型江河（鲍屯人称大坝河）。鲍屯古代乡村水利工程以型江河为水源，以移马坝为渠首枢纽，采用引水、蓄水、分水结合的方式，将上游河道一分为二，形成老河和新河两条输水干渠、3个水仓、1个门口塘，再经过二级坝分水，将水量分配到下级渠道，实现了全村不同高程耕地的自流灌溉（图8-10）。另外，还充分利用河水落差和地形条件兴建多处水碾，为村民提供生活用水和粮食加工的便利，是具有综合效益的水利工程体系。

驿马坝首工程枢纽，由顺坝（与大坝河方向同向）和横坝（横截大坝河方向）构成的"L"型拦河坝，营建出区间蓄水池——水仓。水仓深1~2米，水域不大，在水稻栽种用水之际，可以做到水量的日调节。顺坝是主坝，长128米，高1.4米，堰顶宽1米，

---

[1] 无论是文献还是地方志，鲍屯水利工程记载几乎是空白点。鲍屯水利研究基于既有的贵州屯堡文化研究成果、《（民国）鲍氏家谱》、田野调查。

图 8-10　鲍屯乡村水利工程俯瞰图（2006 年）

▲老河和新河是两条干渠。老河为型江河河道，有大小青山堰两道拦河坝分水。新河是开挖渠道，有小坝（拦河坝）、门前坝（顺坝）、水碾房等。

堰顶高程 1310.4 米，型江河故道称老河，开挖引水渠称新河。横坝长 30 米，高 1 米，宽 0.7 米，下为新河。顺坝和横坝上均设有不同高程的龙口，使不同高程的农田都能获得灌溉水源。汛期大坝河主流由顺坝分流，经老河下泄，仅有少量洪水入新河（图 8-11）。

鲍屯灌溉工程有完善的干、支、斗、农、毛渠渠系。新河和老河是两条干渠。新河是向鲍屯地势最高的耕地供水的干渠，完全人工河。干渠有小坝和门前坝二级分水坝，向斗渠分水。小坝位于新河中间位置，长 17 米，高 1.5 米，堰顶宽 1.1 米，堰顶高程 1309.5 米。门前坝位于鲍屯南端，长 81 米，高 2 米，堰顶宽 1.4 米，坝顶高程 1308.5 米。坝上设分水龙口，低水时向下游分水。分水龙口分布在堰的不同高程，可以在水位最低时向农渠分水。

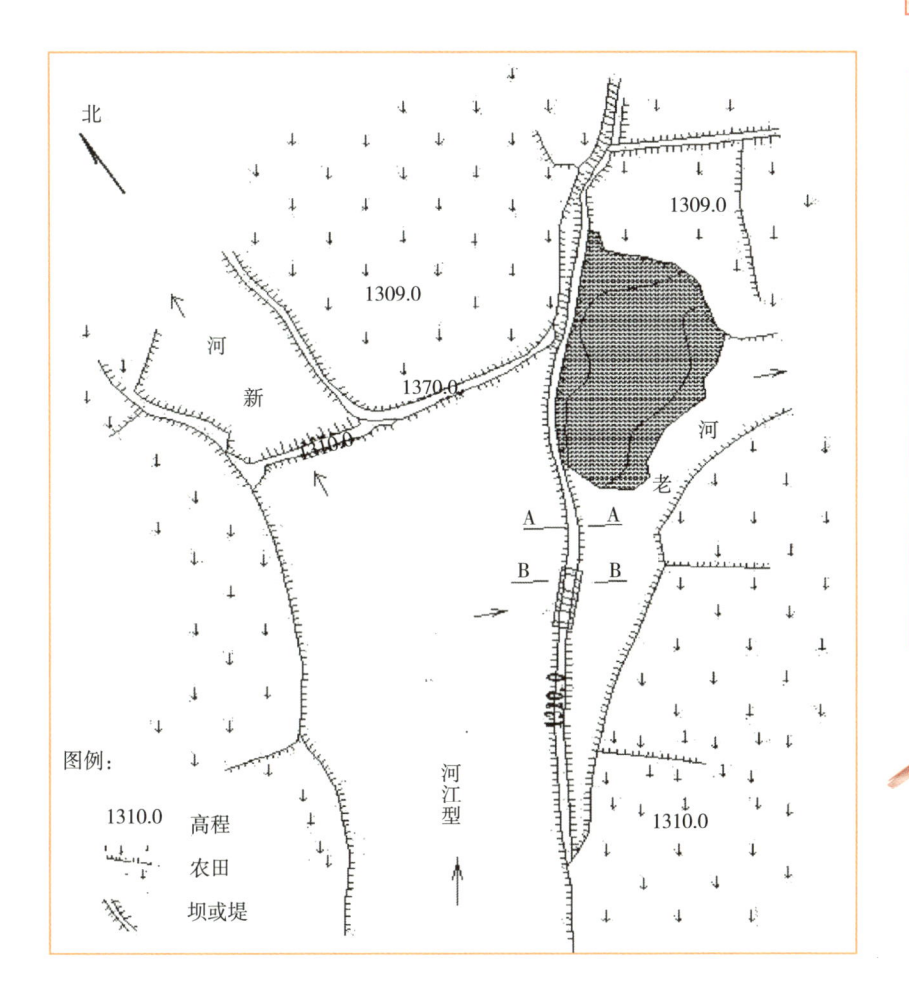

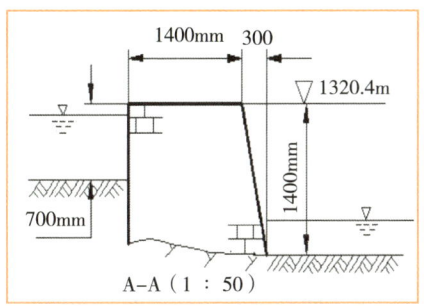

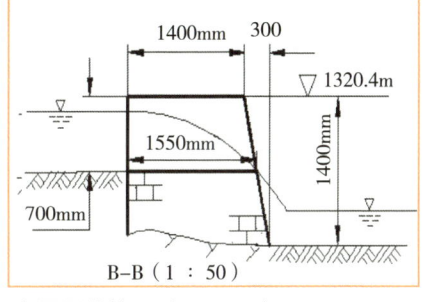

图 8-11 鲍屯水利工程平面布置暨结构图（1∶500）

A. 驿马坝顺河而建，坝上设置龙口，低水位时龙口过水，蓄水和输水并行

B. 汛期全坝过水，快速将洪水排入老河

图 8-12　驿马坝及其运行实景

A. 新河上的小坝与龙口①

B. 小坝过水实景（有人处为支渠进水口）

图 8-13　小坝及其工作实景（2007 年）

①小坝横截干渠，上游分出一条支渠，壅水入支渠。坝上不同高程的龙口有不同的功能，最低位置的龙口是排沙底孔，分水时可以将渠道底部的泥沙带走，减少上游干渠的淤积。

A. 水碾房实景图（自北而南）

▲ 碾房前水塘可以对水量作日调节，水碾不工作时，可以自门前坝上龙口向下游放水。此水碾的拥有者是建造者的六代孙，水碾至少有150年历史，至今仍可运转。

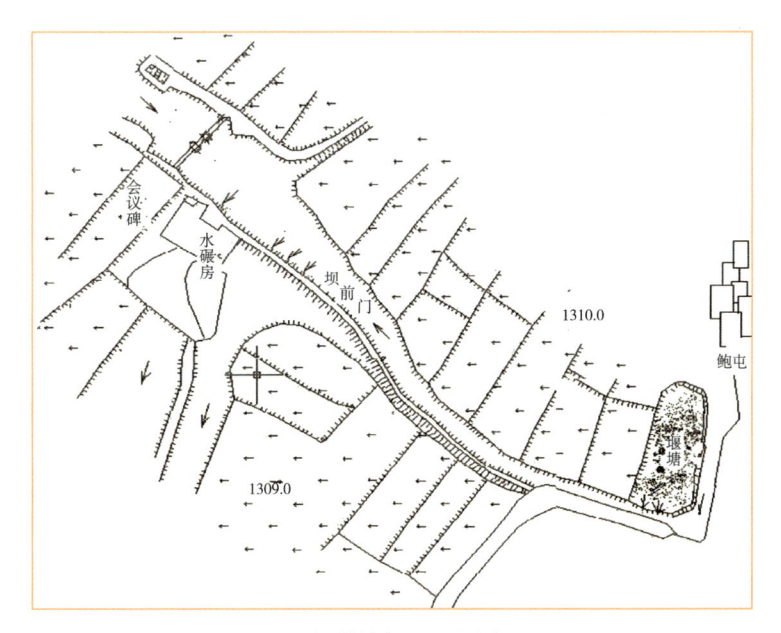

B. 门前塘枢纽工程图

图 8-14　门前塘及水碾房

▲ 新河至门前塘，与来自鲍屯的排水渠汇合。村子排出的雨水和生活污水汇集在村口堰塘中。堰塘种植荷花、蒲草等水生植物，经过滤后进入排水渠，再由门前塘下泄至回龙坝入型江河。这个枢纽实现了灌溉、粮食加工、生活污水处理与排水多方面的效益。

第三编　近古时期　灌溉工程技术普及与转折

403

老河是利用自然河道的干渠，渠上有大小青山堰两道，坝后引水渠分出一支，灌溉鲍屯地势最低区域的农田。大青山堰长60米，高1.6米，堰顶宽1.3米，堰顶高程约1306.53米。小青山堰在大青山堰下游250米处，长19米，高1.6米，堰顶高程约1306.4米。

鲍屯工程体系的最后关键是回龙坝。回龙坝是新、老河的汇合处。回龙坝长77米，堰顶宽1.6米，顶高程1306.2米，形成水利系统最后一个水仓。枯水期，回龙坝可蓄积来水，维持水仓和新老河道的水位，满足灌溉和生活用水需求；汛期洪水经由长达77米的溢流面，可在较短的时间内将上游洪水及时下泄，保障了村落的防洪安全。

在鲍屯乡村水利工程体系中，坝是关键工程，因地制宜地布置成顺坝和横坝，再利用地形形成具有蓄水功能的水仓。它主要通过坝线走向、坝的高度对水资源总量进行控制；又通过坝上不同高程的龙口，进行水量的再次分配，从而使得水稻栽插季节各用水户都可以同时获得灌溉用水。位于坝底的龙口则有排沙孔的功能。整个工程体系简洁且功能完备，具有灌溉、生活供排水和水能利用等综合效益，且没有一处闸门，不需常规管理人员，以极低的运行和维护成本持续运用400年。

鲍屯水利系统的堰坝长者数百米，短者数十米，高1~3米。其中，驿马坝和回龙坝最为典型。它们以低坝和优美的曲线型坝轴线，延长了溢流堰过流长度，减小了堰顶单宽流量，却可以获得最大瞬间溢洪效益，同时降低了洪水时的垮坝风险。鲍屯各堰均建在基岩上，这赋予坝体稳定的基础。堰体用本地石灰岩条石干砌，以黄泥混合石灰勾缝，以减少枯水期渗水。

图 8-15　回龙坝泄洪实景

在斗渠和农渠上的分水口，统称"龙口"。鲍屯灌区的水量节制工程主要由坝和龙口来实现。鲍屯的每一道坝都有龙口，设在坝的不同高程上（图 8-16）。龙口有两个主要功能，一是在枯水和低水期向下游供水，保障了春灌之际上下游用水的需要；二是排沙，设坝最低位置的龙口是排沙底孔，过水时可以将底河的部分泥沙带走，减少干渠的淤积。鲍屯水利工程没有一处闸门，却以最少的工程设施实现了最便利的管理和供水公平。

A. 门前坝上的龙口

第三编　近古时期　灌溉工程技术普及与转折

B. 小坝上的龙口　　　　　C. 驿马坝龙口运行实景

图 8-16　渠系节制工程：龙口

A. 农渠高于田，便于自流灌溉；沟低于田，利于排水

B. 排水沟

▲分为两级，干沟一侧利用基岩，一侧筑堤，以拦截和排泄坡水。稻田中可看到与干沟走向垂直的较低级的排水沟。

图 8-17　渠系工程：灌溉渠和排水渠

鲍屯古代水利工程规划和建筑型式不仅体现出工程体系对区域环境的适应性，更通过工程措施达到了河流上下游水资源公平分配的原则。这一水利体系以最少的工程设施满足了灌溉、生活用水和防洪的需要，其工作机理可以用村民一句话来概括："一道坝一沟水一坝田"，即以坝壅水，在河道上形成水仓；沿等高线开渠引水，一条渠道可以灌溉在同一等高线范围内的稻田。坝是节制水量的关键工程，低水位时壅水，达到一定高程后开始泄水。设在坝上不同部位的龙口可在不同水位时过水，是春季灌溉用水高峰之际调节上下游用水的主要设施。

（三）乡村水利的自治管理及其运行

支持鲍屯古代水利工程持续运行的是良好的村民自治管理制度，以及用水户对乡规民约的普遍支持和遵守。

鲍屯留存至今的明清石碑见证了乡规民约在工程管理中的作用，一在驿马坝附近，为明正德年间（公元1506—1521年）的残碑，碑文是："因一时无知，□□泉水退缩，亢旱禾苗，见之不忍□□，自知情愧，愿□□后不敢侵犯。倘后有□□如有放水□□勿谓言之□□。"从这段文字中可大致推断出，碑文内容是干旱时，有人不遵守村规，

图 8-18 刻有水管理的乡规民约碑[①]

---

① 石碑上刻文字：咸丰六年五会公议：禁止毒鱼、挖坝。不准鸭子打鱼、洗澡。不准赶罾、赶鱼。违者罚银一两二钱（图8-18）。

私自盗水灌溉，事后遭到谴责并被勒令刻石立碑，以示惩戒。碑上同时重申遵守用水制度的乡规。另一石碑立于水碾房前水仓，是清咸丰六年（公元1856年）的石碑，碑文内容主要是关于水质保护的约定。

鲍屯是鲍姓宗族聚居的村落，有官田用于家族祠堂祭祀、堰坝维修、沟渠疏浚、道路整治等公共事务开支。[1]据《（民国）鲍氏家谱》记载，除官田外，本村公共事务经费（即公费）还有一个来源：水费。根据各户水田亩数、有无水碾等情况，每年秋收后按比例收取谷子。公费的管理选择家境较好、德高望重且热心公益事业的农户执行，每年春秋两季公开收支情况。水利工程的维护工作主要由用水户承担。每年冬十月，在族长的主持下，各用水户出工打坝。所谓打坝，即加固坝身，疏浚沟渠。水利工程的公有性质和土地的私有制在宗族性质的乡村管理中融为一体，从而使鲍屯工程得以持续运用。

清代贵州安顺屯堡的军事性质消退后，屯堡的集体意识在水利工程的维护中得到发挥。水利成为村民重要的集体活动和公共事务，并演变为以乡规民约为保障的灌溉秩序：如先远后近、先高田后低田的水田泡田的顺序；捕鱼时全村统一行动，禁止私下个人行动。鲍屯乡村水利工程管理在古代基层或乡村水管理中具有普遍性，反映这一历史时期村民自治管理的有效性。

二、徽州主要灌溉工程类型

徽州为古代皖南政区，汉晋时属新安郡大部，唐宋时浙江淳

---

[1]《（民国）鲍氏家谱》详细开列了各用水户的田坝亩数，又记载官田共133块，年收租25石，"用作祭祀以及修理各费"。

安部分析出。徽州的地域源于唐武德四年（公元621年）的歙州，其时歙州辖歙、休宁、婺源（今属江西）、绩溪、黟、祁门六县，宋宣和三年（公元1121年）改名徽州，自此徽州政区一直延续至20世纪80年代。1983年改为黄山市，辖屯溪、黄山二市，以及歙、休宁、黟、祁门、绩溪、石台、旌德七县。

唐宋古代徽州战略地位十分重要，水路沟通湖广、浙闽，陆路连接江南和中原。魏晋南北朝以来各改朝换代的时期，徽州是中原衣冠士族南下的必经之路，中国南北文化交流的通道，也是南方水利的先声，工程技术由中原传至徽州，再传至东南沿海和岭南地区。

徽州全境黄山山脉横贯东西，其西是长江支流青弋江的发源地，其东是钱塘江上游新安江的发源地，境内山岭纵横，溪流众多，地形南高北低，南部山区是面积数百亩的田畈，中部和北部为低山和丘陵，有二千至三千亩的农田分布其间。以北宋为南方土地普遍开发为起点，至明清时皖南山区丘陵区大中小型灌溉工程已经密布。

徽州水利工程大致有堨（当地读作hui）、坝、塘、陂、堤防、水射六种工程类型。拦河修筑壅水堰称堨，较大体量的称坝。而堨和坝在功能上也有区别。堨是灌溉工程，壅水、引水入渠。坝是水运工程，壅高河道水位，使坝上游河流可以通航，坝中部或一侧有缺口供船只上下，如歙县渔梁坝。塘、陂是蓄水工程。水射或称射，是与河道水流斜交的挑流坝，坝的下端修在岸滩进水口一侧，类似都江堰灌区斗渠或农渠上的引水鱼嘴。塘与渠道串连，既蓄水也供水，有水量季节调节的功能。陂是拦截和蓄积雨水的微型蓄水工程，多是一户或一村共用，有灌溉、生活供水的

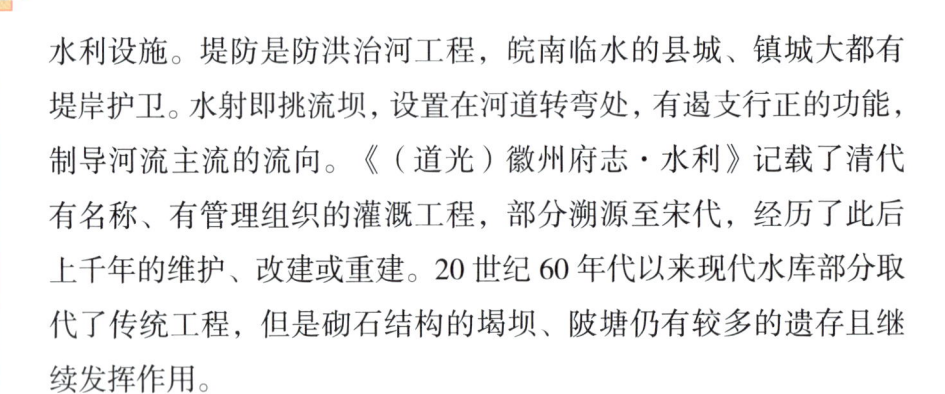

水利设施。堤防是防洪治河工程，皖南临水的县城、镇城大都有堤岸护卫。水射即挑流坝，设置在河道转弯处，有遏支行正的功能，制导河流主流的流向。《（道光）徽州府志·水利》记载了清代有名称、有管理组织的灌溉工程，部分溯源至宋代，经历了此后上千年的维护、改建或重建。20世纪60年代以来现代水库部分取代了传统工程，但是砌石结构的塥坝、陂塘仍有较多的遗存且继续发挥作用。

表 8-2　　　　　　古代徽州各县灌溉工程设施概况表 [①]

县		各时期兴建水利工程数量（至19世纪50年代）			
歙县	宋	塘1207处，塥262处	休宁	宋	塘510处，塥210处
	元	缺记载		元	塘379处，塥225处
	明	塘72处，塥35处		明	塘278处，陂2处，塥166处，堤2处，坝1处
	清	塘149处，塥63处，坝2处，水射1处		清	塘295处，塥172处，陂2处，堤2处，坝1处
婺源	宋	塘157处，塥17处	祁门	宋	塘237处，塥975处
	元	缺记载		元	塘272处，塥975处
	明	塘43处，塥138处，陂121处，渠1处		明	塘30处，塥142处
	清	塘70处，塥185处，陂122处		清	塘40处，塥185处，坝4处
黟县	宋	塘190处	备注	至19世纪50年代，徽州全境有塘708处，塥840处，陂124处，堤防5处，水射1所	
	元	塘6处，塥165处			
	明	塘7处，塥172处，陂121处，渠1处			
	清	塘110处，塥127处			

[①]《（道光）徽州府志》，卷4，《中国地方志集成·安徽府县志辑（影印本）》，江苏古籍出版社等，1998年，第300—322页。

堨、堨坝、塘堨或陂塘是古代徽州对灌溉工程的统称，有时特指拦河的堰坝，或包括拦河、引水口、节制闸的枢纽工程；或指代一个灌区工程体系，如吕堨、昌堨、庆丰堨。徽州文化地域的形象，不仅仅有山村宗族社会、徽商和徽派建筑，堨坝是徽州文化元素中具有厚重历史文化内涵、不可忽略的基本构成。

三、徽州乡土水利的典范：歙县堨坝

徽州行政区划延续至今，以唐宋徽州五县的历史最长，这是徽州文化地域。歙县地处徽州文化区的核心，歙县修筑堨坝的历史悠久，工程类型丰富，管理文化传承至今，在皖南山区丘陵区具有典型性。

中原移民宗族聚居，生存发展的需求，南下带来的水利工程技术在皖南八山一水一分田的自然环境，产生出堰坝（堨）引水工程，渠塘引蓄结合工程类型，以及宗族为主体的灌溉工程和用水管理组织。明清时期，皖南山区丘陵区人口激增，在土地深度开发的同时，堨坝向深丘陵区发展，灌溉工程遍及山村。很多小型的古代灌溉工程至今仍在发挥作用。

歙县地处徽州东部，与浙江临安相邻，属钱塘江上游新安江流域，黄山横贯西北，天目山逶迤东南，白际山延绵西南，最高天目山清凉峰海拔1787米，最低街口村海拔110米，全境相对高差1670多米，地形自西向东倾斜，在蜿蜒起伏的群山、丘陵间是山间盆地。歙县河流众多，都是新安江水系，主要河流有新安江、渐江（新安江源南支）、练江（新安江源北支）。杭徽公路开通前新安江及渐江、练江是徽州通往杭州的主要水道。歙县由渐江上溯可达屯溪（今黄山市）；由练江上行，过渔梁可达绩溪。歙

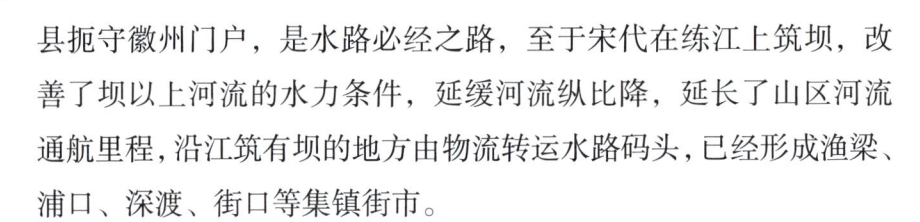

县扼守徽州门户，是水路必经之路，至于宋代在练江上筑坝，改善了坝以上河流的水力条件，延缓河流纵比降，延长了山区河流通航里程，沿江筑有坝的地方由物流转运水路码头，已经形成渔梁、浦口、深渡、街口等集镇街市。

东晋咸和二年（公元327年），新安太守鲍宏在丰乐河兴建了第一座灌溉工程鲍南堨。200年后南梁时，新安内史吕文达在其下游建堨，后人称之吕堨。这两处堨坝成为歙县灌溉工程之肇始。北宋元祐五年（公元1090年）有山塘1245处，清乾隆时有山塘1492处，至1949年有山塘8785处。18世纪以后山区可开发土地殆尽，灌溉工程深入山区，微型山塘遍布乡村。至20世纪50年代歙县境内有名称且规模较大的堨坝有1963处，灌溉面积达到四万一千余亩；其中570处堨坝为水碓、水磨供水。[①] 徽州地区乡村或镇城水利工程体系通常由堨（堰）—水圳（渠）—塘构成，具有灌溉、生活供排水、蓄滞洪水等综合功能（图8-19）。

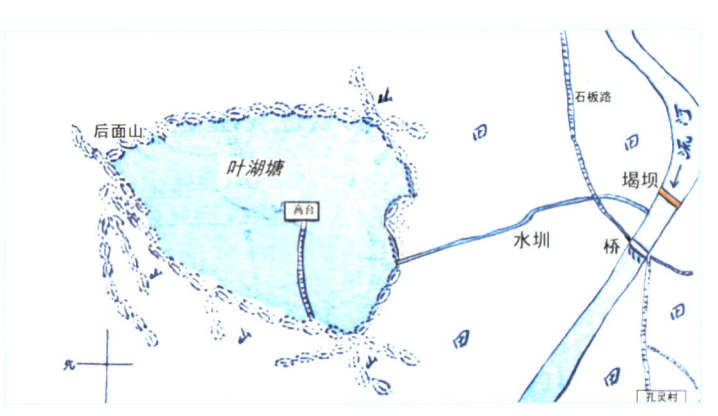

图8-19 徽州乡村水利工程体系典型案例：绩溪县孔灵村（1951年）

至20世纪80年代，歙县灌溉面积在一千亩至五百亩以上的

[①] 歙县水利局编：《歙县水利志》，1989年，第45页。

堨坝留存11处（见表8-3），五百亩至一百亩留存71处。多数堨干支渠设有水碓、水碾、水磨，利用水能加工粮食、茶叶或制陶等。水碓等水力机械往往下游弃水。

表8-3　　　　　　　歙县现存灌溉面积五百亩以上古堨

工程名称	始建年代	地点河流	灌溉面积（亩）	备注
鲍南堨	东晋咸和二年（公元327年）	岩寺镇 丰乐河	3700	新安太守鲍宏创建，至清代，鲍氏家族所有坝长一百六十丈（约530米），分南北支渠，现有灌溉面积五百亩
吕堨	梁大通元年（公元527年）	西溪南村 丰乐河	10000	新安内史吕文达倡建，清代为郑、许、朱、徐诸族共有。吕堨报功祠为堨祠。现有桩石坝高1.2米，长120米，灌溉面积七千五百亩
庆丰堨	明洪武年间（公元1368—1398年）	牌头村 扬子河	2000	洪氏家族始建，清代为黄氏家族所有。原为木桩卵石坝，现增加砌石护坡，现灌溉面积一千三百亩
连村堨	隋大业十四年（公元618年）	富堨村 富资河	2000	凌、汪两族合建。1966年连村堨、富堨、隆堨三堨合并。现灌溉面积一千八百四十一亩
昌堨	明初 14世纪	西邨村 丰乐河	2000	吴、余两族合建，原坝高0.7米，桩石坝。现高1米，灌溉面积两千八百亩
条龙堨	明正德元年（公元1506年）	西邨村 丰乐河	1200	吴氏家族修，原为木桩石坝。现代多次改建，灌溉三千亩
雷堨	南宋祥兴元年（公元1278年）	西溪南村 丰乐河	1700	程氏家族修。雷堨现长120米，高1.4米，现有灌溉面积两千两百亩
长湖堨	明初 约14世纪70年代	丰瑞里村 布射河	800	江村、丰瑞里、承狮三村合建。20世纪50年代重建石堨，现有灌溉面积八百四十二亩

第三编　近古时期　灌溉工程技术普及与转折

413

续表

工程名称	始建年代	地点河流	灌溉面积（亩）	备注
小姆堨	约13世纪中期	郑村丰乐河	200	郑氏家族修。现为条石堨，坝高3米，灌溉面积五百亩
大姆堨	约13世纪中期	棠越村丰乐河	200	鲍氏家族修，现为条石堨，坝高3米，灌溉面积五百亩
塞堨	约16世纪	富堨村富资河	430	清末程霖生、王锦章捐资重建，原为干砌石坝。现为浆砌石坝，灌溉面积五百亩

唐末随着歙县山区丘陵区逐渐开发，北宋时以家族为主导蓄水山塘，以满足灌溉和生活用水的需要。1956年水利调查全县有名称的山塘13171处，这些山塘都是历代兴建传承下来的。蓄水量1万至10万立方米，灌溉面积十亩至数百亩不等。

四、吕堨工程及其管理

歙县吕堨始建梁大通元年（公元527年），堨坝横截新安江的三级支流丰乐河，有南北两条干渠。吕堨是家族世袭的灌溉工程，各时期所属家族或一族，或四五族之多。各时期经营模式不同、工程规模也有较大差异，灌溉面积最大在宋代，达到二万亩。元明时期在一万亩上下，清中期还有五千亩，清末失修也有三千六百亩。20世纪80年代改建后灌溉面积达到七千五百亩。[1] 吕堨历史沿革在徽州众多灌溉工程中很有典型意义。

吕堨创建于南朝时期，由新安内史吕文达、郑思创建。吕家世居南阳，齐武帝时代齐新安王萧昭文守藩地。天监元年（公元

---

[1]《（民国）歙县志》，卷2，江苏古籍出版社，1998年，第74页。歙县水利局编：《歙县水利志》，1989年，第47页。

502年）梁取代南齐政权后，吕文达问舍求田，无意朝廷事，携家族定居新安。吕家与当地郑氏家族联姻后成为望族。吕文达有《吕堨记》记其开渠"率四民畚锸疏凿一十余里。上通深渊洄洑之所，横绝中流，筑而捍之。约高五丈有奇，横阔二十余丈，引水入渠。（南渠）地势差高，灌田一万余亩；北渠差低，田则倍之。经始于大通元年丁未八月十五日，成通于十一月二十日"[①]。吕文达的《吕堨记》最早载于清咸丰成书的《歙县吕堨志》，这是吕堨堨董郑时辅所撰，收入了南朝和明朝记各1篇，其余全部为清顺治至咸丰朝的文档共42篇，咸丰朝有26篇。吕文达的这篇《记》，《（民国）歙县志》作注称《记》系后人托吕文达之名所撰，反映了早期吕堨的工程情况（图8-20），但是按此《记》载，坝高约合今制17米，宽70余米，不可能也没必要修建如此极大体量的竹笼堆石坝。记的记载可能有误，估计丈是尺之误。如是高1.7米，宽7米，依据歙县遗存的堨坝来看，这样的形制才是合理的。《歙县吕堨志》记载了明宣德、成化、万历、清康熙、乾隆、咸丰、同治各时期数次重建，堨的位置多有改变，堨坝一直为竹笼充填卵石的临时坝。1951年，竹笼坝代为木桩石坝，增开了支、斗、农渠及闸门、涵洞等配套设施，受益面积扩大，现有灌溉面积七千五百亩，是歙县灌溉面积最大的灌溉工程。

吕堨工程体系简单但实用（图8-20）。渠首在西溪镇东南，拦河堨坝位于丰乐河上。堨坝多次重修和扩建，现为木桩石坝结构，高1.2米，长120米。干渠进水口在丰乐河左岸，进水口以下右岸渠堤为节制水量的泄水坪，即具有导流和溢流功能的低堰，

[①]［南朝梁］吕文达：《吕堨记》，引自《（民国）歙县志·艺文》，卷15，江苏古籍出版社，1998年，第617页。

低水时遏渠道水流东下，水位超过泄水坪顶开始溢流，余水排入。汛期渠首引水流量为 1.5 立方米每秒，枯水期最少 0.2 立方米每秒。泄水坪以下分为北渠和南渠。北渠是干渠，分出头塝、大吕塝、庄塝等支渠。南渠尾水在富饶村归于丰乐河，北渠尾闾至塝田村逸北入丰乐河。古代吕塝没有一处闸门，凭借泄水坪和完善的渠系完成了七千多亩农田灌溉和 10 余个乡村的防洪排涝。

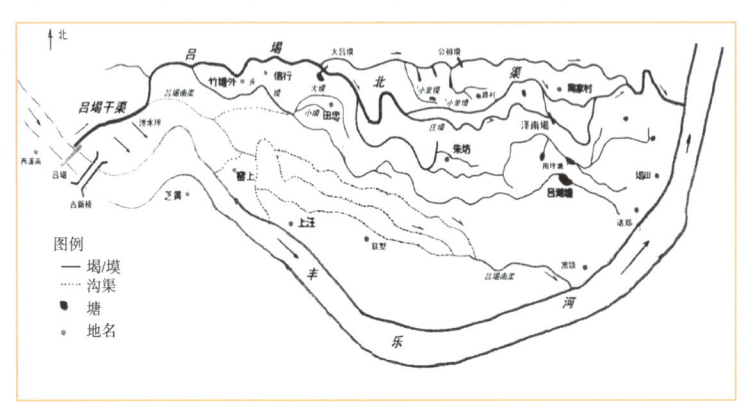

图 8-20　安徽歙县吕塝工程体系（据《歙县吕塝志》北渠、南渠图改绘）

南宋时，吕塝设"提督塝事"，在地方政府的支持下行使工程和水管理。其时吕塝为方、汪、徐、朱四姓共有。士绅方行文任提督塝事，凭借官方的支持任藉定灌溉田亩，按亩征收水费，建立准军事化的专事工程维护的管理队伍。方氏对吕塝的把控直至元末。明代吕塝先后由朱、徐、晏、郑、汪、程姓等氏族掌控，徐氏、郑氏、晏氏买田开渠，北渠的头塝、大吕塝、晏塝、汪塝、程塝、小里塝、庄塝都是明代 200 年间逐渐开挖的支渠。明后期郑氏家族在吕塝管理中拥有主导权。万历二十六年（公元 1598 年）塝田乡郑廷美、郑以祥在地方政府的支持下，集资疏浚渠道，这次大修还重修塝祠——报功祠、吕文达墓地。吕文达被奉为塝神，并且规范了吕公的祭祀仪礼，政府官员和用水户参与祭祀活动。这样的文化建设对于强化政府在工程管理中的督导、协调能力，凝聚多个家族的力量，共同遵守规章制度，履行责任和义务参与管理发挥重要作用。郑氏家族对吕堨的掌控延续至清末。乾隆二十年（公元1755年）徽州知府主持了吕堨的大修和《吕堨条例》的制订并主导堨董的选举，从制度层面干预灌区水利事务。咸丰时监生郑时辅为堨董，去世后由其子郑广镇继续掌管吕堨。郑广镇出任堨董的清末民初数十年间，从仅有数十亩田产的小地主成为坐拥千亩良田的大地主。

表8-4　　　　清代《吕堨条例》记载的各支渠轮灌制度

干渠	支渠名称	灌溉面积（亩）	自流灌溉（亩）	车水（亩）	自流并车水（亩）	轮灌周期
北渠	头堨	622	465	157		8日一轮
	大吕堨	810	458	70	283	10日一轮
	晏堨南圳	215	215			7日一轮
	晏堨北圳	639	555	84		10日一轮
	小里堨	446	82	31	334	6日一轮
	庄堨	455	61	33	361	8日一轮
南渠		1600				9日一轮

支撑吕堨延续至今一千多年的是有效的水利管理组织，这是政府参与下的用水户自治管理组织，近年来被历史学界称为水利社会。成书清咸丰的《歙县吕堨志》由时任堨董郑时辅主持编纂。《歙县吕堨志》收入了历代吕堨记载，包括碑记、吕堨南北渠图、管理条例等，以此作为工程维修、用水秩序的管理准则和规范。如吕堨南北渠图标注了灌区村落及其附近的堨坝、分水口（堨口）、湖塘、闸坝等关键工程。志收入了各时期徽州、歙县各级官员调停吕堨与上游雷堨用水纠纷的公文、吕公报功祠祭祀规程、吕

公田、工费摊派、劳动力组织、堨董及堨首的职责和报酬等文书。

吕堨是宗族兴建、管理的灌溉工程，多个家族在工程延续、水权把控的博弈中，用水户之间的冲突和妥协中形成了行之有效的管理机制，即与堨—堨工程体系相应的堨董、堨首、堨甲、堨众管理层级，尽管各时期称呼不同，但是基本架构不变。这个管理体系负责工程维修组织、用水监督、税费征收，或劳动力、工料采购。以清代为例，吕堨管理章程规定堨董、堨首公议产生，田产多的大户往往有话语权，工程维系也与他们关系最大。堨董由德高望重的乡绅出任，主持全堨的公务，主要有与政府官员的联络，堨祠管理和祭祀、各项章程制订，解决与相邻上下游堨坝的纠纷等。堨首则巡查工程，纠察处置擅自改变引水口尺寸、溢流堰高度行为；岁修工程监工、工料和劳动力组织；处分灌区盗灌行为、违规引水等。堨甲是专职管理人员，堨众是临时召集而来，协助管理的人员。凡有岁修不到工、车水过时不停、私开水口等行为的枷号示罚、罚工监督等都是这些人员经办的。

吕堨的管理机制一直延续到20世纪40年代末，政府对水利事务的管理通常只到达堨董层级。政府的督导，以士绅阶层为首领的管理组织有效地保障了水利社会的延续。

五、浦江乡村水利——天渠和水仓

浦江地处浙江省中部，建县于东汉兴平二年（公元195年），称丰安县，吴越天宝三年（公元910年）更名为浦江县沿用至今。13世纪末偏安杭州的南宋走到了改朝换代的末路，宋室皇族及世家大族纷纷避祸隐居山林。他们的到来推动了山区的开发和士大夫文化乡土化进程，此后元明清三代浦江人才辈出。

浦江大范围的灌溉工程建设以宋为发端，明清进入了全面发展阶段。灌溉工程兴建由平原到山区，随着自然环境和水资源条件的差异，工程类型和管理机制也走向多元。浦江灌溉工程以家族兴建、经营为多。如郑氏家族自南宋初定居浦江，历经宋、元、明、清，近20代人。在家族鼎盛的明中期，人数最多时达3000余人，明开国皇帝朱元璋赐名"江南第一家"。郑氏后裔所居之地，今天是历史名镇——浦江县郑宅镇，镇街有白鳞溪贯通，溪上十桥，石桥下十堰梯级分布。桥将全镇联系起来，堰为镇提供生活和农田灌溉水源。在山区的村落，更是家族数百年的繁衍、聚居地，茂密的山林中考究的乡土建筑、完善的供排水设施，四围更是为整治有方的梯田、沟渠所环绕。丰厚的文化底蕴，反映到古代水利工程上，功能之外兼具建筑之美。

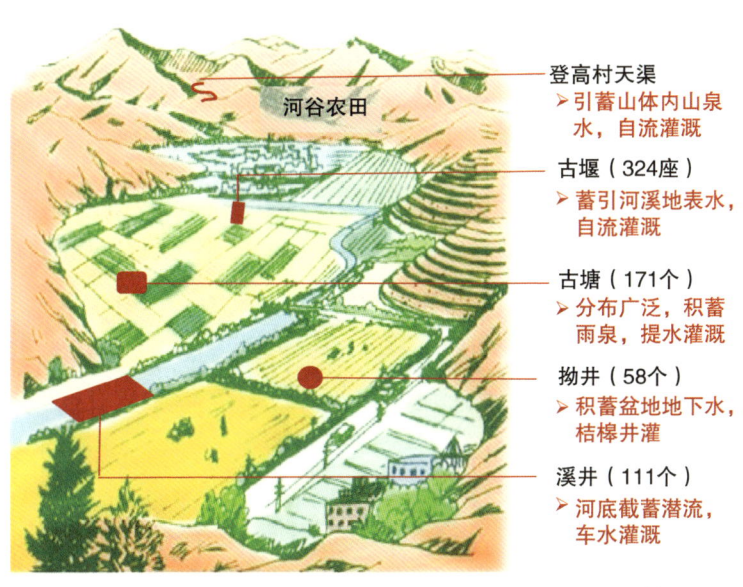

图 8-21 浦江灌溉工程类型及其分布（截至 1985 年）[1]

----

[1] 李云鹏：《浦江灌溉工程遗产研究报告》。

浦江县以低山丘陵为主，西北高东南低，县内最高海拔1050米，最低海拔近24米。浦江地处钱塘江流域，境内有钱塘江一级支流浦阳江和壶源江，均发源于浦江县花桥乡高程822.5米的地方。县境年均降水量1512.8毫米，降水和水资源总量大，但是县境河流地处流源段，径流量变差大，地表水存蓄能力有限，水资源调节周期只有10天左右，局地性小旱多发。浦江县域七山二水一分田，大多数农田分散于丘陵山间小盆地及平坝区，农作物以水稻为主。浦江是古代灌溉工程遗存较多的县，以其工程数量多、规模小、类型多样而独具特点。因水源不同而有山地引泉的天渠、溪流的堰坝引水、田间㧟井和村边的井塘等（图8-22）。除了通常的灌溉工程外，还有专为备旱的应急水源工程——修建在溪流中的溪井。凡蓄水工程当地人一概称为"水仓"。浦江乡村灌溉工程极少见诸记载，甚至家谱也少有记载。只有从家族聚居开始形成村落的大致时间，作为始建的年代。今天留下来的传统灌溉工程大

A. 白鳞溪堰桥之一（2020年）

▲集灌溉、生活用水和交通一体的水利工程。堰也是石桥基础，引水渠与堰上游暗涵相接，渠首枢纽紧凑简洁。全部石砌工程，利于管护。

B. 田间微型灌溉工程——宽口浅井

C. 村镇集中供水工程——塘井

▲水仓有小塘或宽口浅井等类型，在浦江山区和平坝都有分布。宽口井在井口有引水槽（砌石），槽口架龙骨水车提水，小口井则用桔槔提水。

▲水塘中的井经过井底和井壁的过滤，可以改善水质，用作饮用水。

图 8-22 浦江乡村水利工程

多经历了数百年持续完善和维护的结果。浦江登高村的天渠、溪流中的溪井，以及地表和地下蓄水设施水仓为它处所独特。

（一）登高村天渠——山村引水工程

登高村天渠在山区乡村引泉工程中的很有代表性。登高村是有近 800 年历史的古老村落。该村以赵姓为主，传说 13 世纪时，宋太宗赵光义宗室一支在元兵南下时由河南迁居于此。村子地处山下不曾见、登高可望远的山林之中（图 8-23），山泉是生活、灌溉用水唯一可依赖的水源。天渠是以泉水为水源，由积水水仓、引水渠、石槽、蓄水水仓和沟渠构成具有生活、灌溉供水功能的乡村水利工程。

图 8-23　建在山顶上的浙江浦江登高村

▲登高村为海拔 600~800 米高山环绕，是登高村天渠源源不断的泉水的来源。

　　登高村在浦江仙华山北麓，海拔高程 450 米左右，四周群山包围。在村子后山高程 482 米的地方有一股常年有水的泉水。登高村在山崖中凿洞成池，洞壁砌石，泉水从石壁中渗出，在池中存积起来，蓄水池水位到达洞口石阶高度便溢出入渠，然后涓涓泉水进入石槽。石槽顺山势而下，将水源源不断送入村口的水仓。水仓为上中下三塘：上塘承接泉水，作为饮用水源；中塘为洗涤之类的生活用水；下塘接入灌溉渠道，是灌溉用水（图 8-24）。这一水利工程体系应是逐渐形成的。首先是登高村的先辈发现了泉水，然后选择了山间平地建村，与此同时是引泉工程的实施。在民居、宗祠的渐次兴建、扩建中，这一基础的供水工程也在不断完善中。

A. 集水水仓（2020年12月）[①]

B. 水仓出口与引水渠的起点[②]

C. 天渠上段

D. 天渠结构及材料细节

E. 天渠入村段

F. 天渠水仓（上中下三塘）

图 8-24　登高村天渠工程体系及运行机制

[①] 泉水从砌石洞壁渗出，汇入水仓。
[②] 出口处的石阶，为水仓提供了蓄水空间。

（二）溪井——备旱水仓

溪井当地也泛称水仓，或为水匣、闷塘、水孔，一般修建在溪流中，顺河流方向长5~20米，宽度5~8米，顶部与河床平，深度2米左右，蓄水量可灌溉农田五至数十亩。溪井井口与河底持平，用松木封顶，井壁石砌，汇集河底渗水（图8-25）。溪井是当地备旱特有的设施，只在大旱之年，无水可用时才开仓应急。

溪井水仓不知源起何时，估计明清时已有。在2019年、2020年的田野调查中，当地人都说祖辈就有了，也都记得20世纪以来开仓引水的情况。嵩溪村老人印象最深的是1934年大旱，60多天无雨。村里水井、水

A. 水仓在溪流的位置及开仓后井口

B. 水仓口及架龙骨水车引水厢的石槽

C. 溪井内部结构

图8-25　浦江嵩溪溪井水仓

塘俱涸，只有歇马亭等几个溪流的水匣尚有水渗出，村民日夜守在"匣"边，保住了全村生活饮水和丘田灌溉。1959年、1960年大旱，浦江多处溪井开仓应急，这是距今最后一次启用。到目前为止，已经发现的浦江这类水仓有上百处之多，留存状况良好的仍有十余处。其中浦江县岩头镇刘笙村就有深堰水仓3处，都在浦阳江的支流蜈蚣溪中，井的尺寸为15米×5米×0.8米，每口的应急灌溉面积可达二十四亩。

六、喀斯特区灌溉工程：湖南新田鹅井陂

在地下水资源丰富的南方喀斯特地区，多是引蓄结合的工程体系，在地下水出露地区利用地形筑陂蓄水，开渠引水，将水引自耕种条件更好的平坝地区。这样的工程类型充分利用自然环境开发水资源，在更大程度上实现区域旱涝保收。湖南新田鹅井陂在喀斯特地区蓄水和引水工程很有代表性。

湖南新田县地处湘江上游流域，明崇祯十三年（公元1640年）始置县，新田与广西兴安接壤，同处于喀斯特区地貌区，有丰富的地下水出露。这里称为井或洞的都是地下水出露的地方，只需要少量的筑堤，就可以形成蓄水陂塘（图8-26A、图8-26B）。据《（嘉庆）新田县志》记载，彼时出露泉水共18井，汇为71陂，灌溉新田农田。其中县南石羊岩岩溶区漕洞平地涌水，水量大且衡定。[1]据水文勘察，鹅井涌水口约一亩，年出水量1180万立方米，年平均涌流量每秒374.3公升，四季不增不减，相当于一个中型水库。鹅井汇为鹅池。鹅池实际是大大小小若干陂塘组成的蓄水工程，

---

[1]《（嘉庆）新田县志》，卷2，《中国地方志集成·湖南府志辑（影印本）》，江苏古籍出版社等，第24页。

A. 鹅井出水口及鹅池　　　　　　　　B. 鸡池

C. 打莲花亭与鹅池陂分水支渠　　　　D. 水打莲花附近渠道

图 8-26　新田县鹅池蓄水引水工程

陂塘有多个出水口,通过引水渠引水灌溉。其中一支引水至大桥亭,与鸡池引水渠汇合。鸡井发源鹅井五里以外的南乡山洞,出洞后汇为鸡池。大桥亭是鹅池、鸡池引水渠汇合的地方。

大桥亭在治南三十里,是鹅池的分水枢纽。鹅池水量约占总量的70%,鹅池、鸡池一南一北的水源在此汇合后,经过分水枢纽的分配,向四外支渠供水,灌溉石羊镇土地(图 8-26C)。大桥亭为鹅池的地标性建筑,地处两池水流会合处,亭上有匾"水打莲花"。河渠中水流击打青石板,绽出水花如朵朵莲花。莲花绽放的河渠横跨石拱桥，与河畔的大桥亭亭、洋溢稻香的农田，构成了世外桃园恒久的图景。今天大桥亭已经少有人提及，人们称"水打莲花亭"，它建造在清道光七年（公元1827年）的建筑遗址上，亭内有前人碑刻。亭有对联："泽沃劳人功德远，思铭善眷颂歌长"，应出自百年前乡绅的手笔。

七、梯田及其田间水利工程

今天在中国约二十亿亩的总耕地面积中，超过1/4的耕地都是梯田。旱梯田和水梯田将古代农业种植区域从年降水量300毫米覆盖到2000毫米，从浅丘陵拓展至亚高山地区。中国梯田不仅面积可观，还是梯田类型最丰富的国家（图8-27）。梯田是人类社会发展到一定程度，进入丘陵高山区求生存和发展中，挑战自然的产物。但是梯田的出现又重塑了丘陵和山区的自然环境，留下了人类文明史进程中改造自然的历史见证。

从浅丘陵到亚高山，从旱梯田到水梯田，千百年来梯田将水、田资源的利用发挥到了极致。春秋时期已有坡地开辟为耕地的记录。《诗经·小雅·正月》"瞻彼阪田，有菀其特"[①]，赞美偏远山区坡地上生长着茂盛庄稼。在坡地开荒耕种，往往导致水土流失，数年间郁郁葱葱的山林，变成寸草不生的童山。从阪田到梯田，经过平整后的土地，山坡改为阶梯状的耕地，不仅提高了农作物收成，也减少了水土流失。而从旱作的梯田，到种植水稻的水梯田，可以获得更大的土地产出。水梯田需要更为稳定的田埂保水，从功能上它又是山地的水土保持工程。水梯田的出现既是坡地田

---

① ［唐］孔颖达：《毛诗正义》，卷12，《十三经注疏》（影印本），中华书局，1979年，第175页。

制的进步，更是农田水利技术的进步。

A. 四川自贡丘陵区坡地和梯田（20 世纪 40 年代）[①] 　　B. 湖南新化紫鹊界亚高山地区的水梯田

C. 贵州从江县加榜梯田

▲贵州从江县加榜梯田是侗族、瑶族和壮族的创造。以水梯田为核心的山水—林田—村寨构成了特定环境下亚高山乡村社会的文化景观，它反映出经过数百年乃至上千年的亚高山环境下艰难拓荒的历程，稻作农业终成山地乡村社会的经济基础。

图 8-27　著名水梯田

元代王祯的《农书》已经以文字和图谱的形式记载了旱作和稻作的两类梯田，"梯田，谓梯山为田也。……上有水源则可种

---

①明清以来四川浅丘陵地区土地开发殆尽，从照片可见自上而下呈坡地、旱梯田、水梯田分布。

秔秋；如止陆种，亦宜粟麦。盖田尽而地，地尽而山，山乡细民，必求垦佃，犹胜不稼"①。13世纪以前长江以南广大丘陵山区已有水梯田大量分布。元明清之际随着人口快速增加，水梯田发展到云南、广西、湖南、贵州的亚高山地区。以水梯田为核心的山水—林田—村寨构成了特定环境下亚高山乡村社会文化景观，偏僻山区不仅土地得以开发且免于水土流失，较好地保护了山区的自然环境。然而，从梯田到水梯田的演变，除了少数地区有族谱记载外，多数地区尤其是亚高山地区缺少史料记载，只有在民间的传说、山歌中保留着遥远的记忆。

中国有三大著名的亚高山水梯田，云南红河州元阳哈尼梯田、广西桂林龙胜龙脊梯田、湖南娄底新化梯田。这些梯田集中于南方少数民族瑶族、侗族、壮族、苗族聚居区，它们有共同的技术特点，一是呈一山一坡一沟分布；二是四围为更高的山峰环绕，山顶和较高处有很好的阔叶树种为主的森林覆盖，其总面积通常大于或等于下方梯田总面积的

图 8-28 元代梯田图②

①［元］王祯：《农书·农器图谱》，引自王毓瑚校《王祯农书》，农业出版社，1981年，第190—191页。

②［元］王祯：《农书·农器图谱》，引自王毓瑚校《王祯农书》，农业出版社，1981年，第190—191页。

1~2倍；三是拥有基岩透水性好的较完整弱风化或微风化的弱透水基岩，如花岗岩或细砂岩等；四是土层较厚。土壤层厚一般大于50厘米，且也偏于黏重土壤；五是年降水量一般在1000~2000毫米之间，都是较为完整的山间小水系，且落差明显。三大古梯田经过数百年上千年的不断完善，已经具备区域内水土保持功能。

云南哈尼梯田总面积超过100万亩，层级自下而上达3000余级，最大垂直落差2000余米，山地坡度15°~75°。秦汉时西北氐羌族群开始漫长的东南方向的迁徙，其中的一支最终定居于云南哀牢山区，这就是今天的哈尼族。哀牢山地处云贵高原横断山脉，平均海拔2000米以上，最高海拔3200米。哈尼梯田地处哀牢山南部，梯田延绵元阳、红河、绿春、金平等县，较大的地形高差形成了从温带到亚热带的分布，孕育了高海拔地区的茂密森林，山区有丰富的山泉出露汇集的众多溪流。聚居于海拔800~1500米的哈尼族，凭借自然条件，引水入山寨、入梯田，哈尼族梯田随地形而变，缓坡是数亩的大田，陡坡最小的田可以只有簸箕大。元阳县境内全是崇山峻岭，梯田面积十七万亩，大部分是水梯田。哈尼族《天地和人》的传说称最早竹筒的稻谷种子来自龙王的赐予，水稻种植技术来自汉族地区，或许从定居哀牢山起，就开始了稻作农业，水梯田的出现与村寨的历史基本同时。2013年云南元阳哈尼梯田文化景观列入世界文化遗产名录。广西龙脊梯田层级最多达1100余级，最大垂直落差860余米。梯田分布海拔300~1000米之间，梯田坡度26°~35°之间，最大坡度35°。龙脊山地处漓江发源的越城岭，是壮族和瑶族聚居地，环绕海拔1500米以上群山，这些高山原始森林为龙脊山梯田提供了源源不断的水源。龙脊梯田始于元末壮族和瑶族的拓荒，经过600多年的经营，至清初达到今天的规模。

湖南新化紫鹊界梯田位于雪峰山脉腹心地区，地处长江支流资江和沅江的分水岭，是我国亚高山区水梯田最北端。紫鹊界梯田分布海拔460~1540米间的浅山丘陵到亚高山区，地面坡度在25°~40°，区域年均降水量1700毫米。紫鹊界是苗族和瑶族的聚居区，水梯田形成至迟应在宋代，明清时期紫鹊界梯田已经形成规模，目前总面积为6416公顷。简易的技术、天然的材料、因地制宜的自流灌溉工程体系，为广袤的梯田提供了水利保障。2014年，湖南新化紫鹊界梯田被国际灌溉排水委员会公布为首批世界灌溉工程遗产。2018年与南方稻作梯田入选全球重要农业文化遗产。

水梯田的灌溉供水与排水工程体系通常由三大部分组成：水源工程、灌溉供水与排水渠系。灌溉用水主要引自山涧，密如蛛网的沟渠分散于梯田之间，构成了完整的梯田灌溉与排水体系。水梯田所在的地区降水量大，植被茂盛，水源涵养条件好。山谷间泉水、溪流众多，常年不竭。通常在山间溪流上修建梯级小型砌石或堆石堰坝，拦水供给梯田，暴雨时洪水可从堰顶溢流泄走，或冲溃后来年初春重建。堰坝上游为引水口，为保障引水安全，引水口与溪流呈60°以上夹角。进水口之后可能有蓄水或沉沙功能的小塘。梯田田块也是蓄水工程，田埂有20~30厘米的高度，每亩梯田可以蓄水50~60厘米。如紫鹊界梯田的蓄水能力可达1000万立方米。加上土壤涵养的丰富水量，梯田农业有了充足的水源。狭长的田块也是主要的输水通道。大部分梯田通过这种

称为"借田输水"的方式可以满足梯田灌溉供水的需求。部分梯田则沿着田埂开沟，从塘坝或其他田块引水。在向孤立山头的台田输水时，就地取材架竹筒引水过涧。梯田上下级输水时，在田埂上开口或用竹筒向下游送水。水梯田的工程设施通常因地制宜，利用地形溪沟解决。如紫鹊界梯田渠道总长仅153千米，通过最少的工程量和最简单的设施，实现了整个梯田区的自流灌溉（图8-29）。

A. 紫鹊界梯田不同高程农田自上而下的供水

B. 紫鹊界梯田田间工程：同一高程的水田通过沟渠输水

C. 紫鹊界梯田田间工程：平水梁是供排水的节制设施

▲当溪水高于平梁时梯田依靠平水梁将山溪来水输送到田间或排入山沟。

D. 浙江景宁英川梯田：田间沟渠与山溪衔接

E. 浙江景宁英川梯田：田间沟渠与山溪衔接（细部）

图 8-29　南方亚高山及深丘区水梯田工程设施

附　录

附录一　世界灌溉工程遗产概况

1. 设立缘起

鉴于20世纪以来，全球性传统灌溉工程逐渐消失，为保护传统灌溉工程及其悠久的灌溉文化，在世界范围内推动灌溉工程遗产的保护和传统灌溉工程技术的可持续利用，2012年在澳大利亚阿德莱德召开的国际灌溉排水委员会（ICID，The International Commission on Irrigation and Drainage）执行理事会上，时任国际灌排委员会主席、中国水利水电科学研究院总工程师高占义提出了设立"世界灌溉工程遗产"的提案，随即国际灌排委员会执行理事会议通过并启动了前期工作。2013年在土耳其马丁召开的国际灌排委员会执行理事会讨论通过了遗产申报评选的标准、程序、管理办法，形成管理和技术框架。2014年首次举行了世界灌溉工程遗产评选。同年9月，在韩国光州举行的第22届国际灌溉排水大会暨国际灌溉排水委员会第65届国际执行理事会上，公布了首批灌溉工程遗产，此后每年评选1次。截至2019年，世界灌溉工程遗产评选6次，总数91处，中国有19处灌溉工程遗产入选。

2. 入选世界灌溉工程遗产名录程序和标准

世界灌溉工程遗产（WHIS，World Heritage Irrigation Structures）的申报项目由ICID成员国家或地区委员会推荐，每个国家

（或地区）每年申报不得超过4项，并经由国际专家组评审通过后，交由国际灌排委员会执行理事会审核通过后正式公布。世界灌溉工程遗产分为两类：至今仍在发挥灌溉功能的工程（List A）；已不能发挥历史功能但仍具有历史价值的遗址（List B）。

世界灌溉工程遗产名录入选必须标准：灌溉工程历史在100年以上；工程型式可以是引水堰坝、蓄水灌溉工程、灌渠工程，或水车、桔槔等原始提水灌溉设施、农业排水工程，以及古今任何关于农业用水活动的遗址或设施等。

除必选标准外，工程还必须在以下一个或几个方面具有突出价值：①是灌溉农业发展的里程碑或转折点，为农业发展、粮食增产、农民增收做出了贡献；②在工程设计、建设技术、工程规模、引水量、灌溉面积等方面（一方面或多方面）领先于其时代；③增加粮食生产、改善农民生计、促进农村繁荣、减少贫困；④在其建筑年代是一种创新；⑤为当代工程理论和手段的发展做出了贡献；⑥在工程设计和建设中是注重环境保护的典范；⑦在其建筑年代属于工程奇迹；⑧独特且具有建设性意义；⑨具有文化传统或文明的烙印；⑩是灌溉工程可持续运行管理的典型范例。

3.列入世界灌溉工程遗产名录的所在国的分布

世界灌溉工程遗产名录截至2019年已评选公布6批，共计来自15个国家的91项工程列入世界灌溉工程遗产名录（见附表1）。国际灌排委员会成立于1950年，是以国际灌溉、排水及防洪前沿科技交流及应用推广为宗旨的国际组织，目前成员包括78个国家和地区，覆盖了全球95%以上的灌溉面积。世界灌溉工程遗产在国际灌排委员会成员国的推动下，目前已经在亚洲、欧洲、非洲、北美洲和大洋洲5大洲都有分布，类型涵盖了有坝引水、无坝引水、

蓄水灌溉、地下水灌溉、区域排灌系统、传统提水机械灌溉及圩田、梯田、葑田（浮田）等特殊田式灌溉系统等，工程型式非常丰富，在全球范围已经初步具备传统灌溉工程技术的广泛代表性。

附表1　　世界灌溉工程遗产项目（截至2019年）

所属洲	国家	遗产名录
亚洲	中国	东风堰、木兰陂、通济堰、紫鹊界梯田、芍陂、它山堰、诸暨桔槔井灌、槎滩陂、太湖溇港、郑国渠、宁夏引黄古灌区、汉中三堰、黄鞠灌溉工程、长渠、都江堰、姜席堰、灵渠、河套灌区、千金陂
	日本	Fukarayousui灌渠，Inaogawa灌渠，Ogawazeki灌渠，Sayamaike水库，Schichikayousui灌溉系统，Tachibaiyousui灌渠，Tanzansosui灌溉系统，Tsujunyousui灌溉系统，Yamadazeki水坝及灌溉系统，Genbegawa灌渠，Irukaike水库，Jikkasegi灌溉系统，Kumedaike水库，Minamiieki-kawaguchi-yusui灌溉系统，Murayama-rokkamurasegi-sosui灌渠，Sodaiyousui灌溉系统，Takinoyusegi&Ohkawarasegi灌溉系统，Tokiwako水库，Uchikawa灌溉系统，Uwae灌渠，Asakasosui灌溉系统，Asuwagawa灌渠，Kounomizo-Hyakutaroumizo灌溉系统，Mannou-ike水库，Meiji-yousui灌渠，Naganoseki灌渠，Teruizeki灌渠，Doen灌溉系统，Matsubara-Muro灌溉系统，Nasu灌溉系统，Odai灌渠，Kitadate灌溉系统，Gorobe灌溉系统，Shirakawa灌溉系统，Tsukidome灌溉系统，Jukkoku-bori灌溉系统，Minuma-Dai灌溉系统，Kurayasu and Hyakken Rivers灌排系统，Kikuchi灌溉系统
	巴基斯坦	Balloki水坝
	斯里兰卡	Abaya Wewa水库，Nachchaduwa Wewa水库，Elahera堰，Kantale Wewa水库，Sorabora Wewa水库，Minneriya水库
亚洲	泰国	Sareadphong大坝，Rangsit灌渠和Chulalongkorn调节设施，Sa Reed Phong大坝
	韩国	Byeokgolje水库，Chukmanje大坝，Dangjin Hapdeokje大坝，Manseokgeo大坝（Ilwang水库）
	印度	Large Tank塘（Pedda Cheru），Sadarmatt堰

续表

所属洲	国家	遗产名录
亚洲	伊朗	Abbas Abad 综合水利体系，Baladeh 坎儿井系统，Kurit 水坝，Shushtar 历史水力应用系统
	马来西亚	Wan Mat Saman 灌渠
非洲	埃及	Aswan 大坝，Delta 堰群
欧洲	俄罗斯	Novgorod 区域排水系统
	意大利	Aqua Augusta and Piscina Mirabilis 蓄水灌溉系统，Berra 灌溉设施，Migliaro 引水闸，Panperduto 水坝
大洋洲	澳大利亚	Goulburn 堰，Bleasdale Vineyards 水闸
北美洲	墨西哥	Chinampa 浮田（Prehispanic 下部灌溉农场），La Boquilla 大坝
	美国	Alamo 灌溉系统，Theodore Roosevelt 水坝

注：①资料来源：国际灌排委员会；②顺序按列入世界灌溉工程遗产名录时间先后及英文名称首字母顺序排列；③国外遗产名录除工程型式外保留英文名称。

附录二　中国的世界灌溉工程遗产

中国大部分国土地处季风气候区，需要灌溉工程来调节水资源的时空不均，以维系农业生产。灌溉工程修建和管理贯穿中国五千多年历史，至今仍留存数量可观的古代灌溉工程，且有数量可观的工程仍在发挥效益。截至2019年中国世界灌溉工程遗产项目共19处。与其他国家相比，中国是拥有遗产工程类型更为丰富、综合效益最为突出、分布范围最为广泛（附表2）的国家。中国灌溉工程遗产在不同水资源条件，不同的地形地貌下都有分布。迄今为止中国进入世界灌溉工程遗产名录的项目全部为A类，也就是说都是至今仍在发挥多方面效益的工程，据统计中国目前19项世界灌溉工程遗产总灌溉面积为3286万亩（1亩≈666.67平方米），其总规模相当于100多个大型灌区，很多遗产工程发挥综合水利效益。

附表2　　　中国申报成功的世界灌溉工程遗产（截至2019年）

年份	遗产名称（所在地）
2014	东风堰（四川夹江），通济堰（浙江丽水），木兰陂（福建莆田），紫鹊界梯田（湖南新化）
2015	芍陂（安徽寿县），它山堰（浙江宁波），诸暨桔槔井灌（浙江诸暨）
2016	郑国渠（陕西三原），太湖溇港圩田（浙江湖州），槎滩陂（江西泰和）
2017	宁夏引黄古灌区，汉中三堰（陕西汉中），黄鞠灌溉工程（福建宁德）
2018	都江堰（四川成都），灵渠（广西兴安），姜席堰（浙江龙游），长渠（湖北襄阳）
2019	内蒙古河套灌区（内蒙古巴彦淖尔）、千金陂（江西抚州）

图书在版编目（CIP）数据

中国灌溉工程史 / 谭徐明著．
-- 武汉：长江出版社，2024.7
（世界灌溉工程遗产研究丛书 / 谭徐明总主编．中国卷）
ISBN 978-7-5492-8790-1

Ⅰ．①中… Ⅱ．①谭… Ⅲ．①灌溉工程-水利史-中国-古代 Ⅳ．① S279.2

中国国家版本馆 CIP 数据核字（2023）第 054279 号

中国灌溉工程史
ZHONGGUOGUANGAIGONGCHENGSHI
谭徐明　著

出版策划：	赵冕　张琼
责任编辑：	张琼　刘依龙
装帧设计：	汪雪　彭微
出版发行：	长江出版社
地　　址：	武汉市江岸区解放大道1863号
邮　　编：	430010
网　　址：	https://www.cjpress.cn
电　　话：	027-82926557（总编室）
	027-82926806（市场营销部）
经　　销：	各地新华书店
印　　刷：	湖北金港彩印有限公司
规　　格：	787mm×1092mm
开　　本：	16
印　　张：	28
彩　　页：	4
字　　数：	314 千字
版　　次：	2024年7月第1版
印　　次：	2024年7月第1次
书　　号：	ISBN 978-7-5492-8790-1
定　　价：	178.00 元

（版权所有　翻版必究　印装有误　负责调换）